Transformer & ChatGPT
解密：原理、源码及案例

王家林　段智华　编著

北京航空航天大学出版社

内容简介

本书是一本系统介绍 Transformer 原理、源码、应用的技术书籍，全书分为 Transformer 架构及源码篇、ChatGPT 技术：从基础应用到进阶实践篇。

Transformer 架构及源码篇，从 Transformer 的基本原理入手，深入浅出进行讲解，可使读者能够深刻理解 Transformer 的工作原理和设计思想，包括 Transformer 架构的理论知识、实际案例以及 Transformer 架构在时序预测等领域的应用等。本篇特点是采用大量的图片和图表，通过图文并茂的方式让读者直观地了解 Transformer 的原理和应用和 Bayesian Transformer 思想及数学原理完整论证、Transformer 架构源码完整实现、Transformer 语言模型架构、数学原理及内幕机制、GPT 自回归语言模型架构、数学原理及内幕机制、BERT 下的自编码语言模型架构、数学原理及内幕机制、BERT Pre－taining 模型源码完整实现、BERT Fine－tuning 背后的数学原理详解、使用 BERT 进行 NER 案例实战、使用 BERT 进行多任务 Fine－Tuning 解密、使用 BERT 对影评数据分析的数据处理、模型代码、线上部署等方面的内容，深入分析 Transformer 在自然语言处理中的应用。

ChatGPT 技术：从基础应用到进阶实践篇，则以 ChatGPT 技术为主线，介绍了 GPT 系列模型的发展历程和技术特点、ChatGPT 技术的基本原理以及 OpenAI API 的基础应用实践等内容。

本书中既有理论讲述，又有案例应用指导，结构清晰，详略得当，既可作为机器学习、人工智能及大数据等从业人员学习用书，也可作为 Transformer 架构和源码剖析高手修炼的参考书，以及相关院校人工智能专业教材使用。

图书在版编目(CIP)数据

Transformer&ChatGPT 解密：原理、源码及案例／王家林，段智华编著. --北京：北京航空航天大学出版社，2024.4

ISBN 978-7-5124-4310-5

Ⅰ.①T… Ⅱ.①王… ②段… Ⅲ.①自然语言处理 Ⅳ.①TP391

中国国家版本馆 CIP 数据核字(2024)第 011686 号

Transformer&ChatGPT 解密：原理、源码及案例

王家林　段智华　编著

策划编辑　杨晓方　　责任编辑　杨晓方

*

北京航空航天大学出版社出版发行

北京市海淀区学院路 37 号(邮编 100191)　http://www.buaapress.com.cn

发行部电话：(010)82317024　传真：(010)82328026

读者信箱：copyrights@buaacm.com.cn　邮购电话：(010)82316936

涿州市新华印刷有限公司印装　各地书店经销

*

开本：710×1 000　1/16　印张：31　字数：661 千字

2024 年 4 月第 1 版　2024 年 4 月第 1 次印刷

ISBN 978－7－5124－4310－5　定价：129.00 元

若本书有倒页、脱页、缺页等印装质量问题，请与本社发行部联系调换。联系电话：(010)82317024

前　言

人工智能正在改变着我们的世界。

2016 年 3 月，阿尔法狗战胜人类围棋高手，表明人工智能实现了很多前所未有的技术突破。

2023 年初，ChatGPT、GPT4 作为人工智能技术的新突破出现了，其改变着人类的生产方式、生活方式和思维方式，推动着人类智能化的进程。ChatGPT 的出现标志着人工智能技术发展的新阶段，其创新性的应用为人们带来了前所未有的体验，突破了人工智能技术的极限，大大提高了相关行业的生产力和效率。

Transformer 作为自然语言处理领域的一项重要技术，引领了人工智能的发展方向，已经引起了广泛的关注和研究，ChatGPT、GPT4 等作为 Transformer 技术的代表，更是在自然语言处理领域掀起了一场工业革命。如何驾驭人工智能时代的技术？如何掌握 Transformer 各种具体的实战技术？本书中基于 Transformer 的实践尝试给予这些问题答案。

Transformer 架构及源码篇，旨在系统地介绍 Bayesian Transformer 思想及数学原理完整论证、Transformer 架构源码完整实现、Transformer 语言模型架构、数学原理及内幕机制、GPT 自回归语言模型架构、数学原理及内幕机制、BERT 下的自编码语言模型架构、数学原理及内幕机制、BERT Pre - taining 模型源码完整实现、BERT Fine - tuning 背后的数学原理详解、使用 BERT 进行 NER 案例实战、使用 BERT 进行多任务 Fine - Tuning 解密、使用 BERT 进行影评数据分析的数据处理、模型代码、线上部署等，深入分析 Transformer 在自然语言处理中的应用，力求简明扼要，结构清晰，以帮助读者掌握 Transformer 和 Bayesian Transformer 的重要思想和方法，以及在实践中的灵活运用。ChatGPT 技术：从基础应用到进阶实践篇，则以 ChatGPT 技术为主线的技术指南，涵盖了从基础应用到进阶实践的内容，介绍了 GPT 系列模型的发展历程和技术特点、ChatGPT 技术的基本原理以及 OpenAI API 的基础应用实践等内容。

本书遵循启发式学习理念，使用动手实践的方式，引导学习者一步步完成学习任务，为读者提供了一种极具互动性、轻松愉悦的学习方式以及无痛苦的学习体验。

读者在阅读本书的过程中,如发现任何问题或有任何疑问,可以加入本书的阅读群(QQ:602728657)讨论,群里会有专人答疑。同时,该群也会提供本书所用案例源代码及内容配套学习视频。笔者的新浪微博是 http://weibo.com/ilovepains/,也欢迎大家在微博上与我交流。

由于时间仓促,书中难免存在不妥之处,请读者谅解,并提出宝贵意见。

王家林

2023 年中秋之夜于美国硅谷

目 录

第 1 篇　Transformer 架构及源码篇

数字建设已经成为全球各国的重要战略规划，各国都在积极探索数字化转型的路径，以提升经济竞争力和国际影响力。数字建设的特点在于其具有全球性、系统性和创新性。数字化技术的普及和应用已经超越国界，成为全球经济和社会发展的重要驱动力。数字化技术的应用涉及产业链和价值链的各个环节，需要具备全面系统的数字化能力和数字化素养。数字化转型需要不断创新和探索，在新技术和新业态的基础上，推动产业升级和商业模式创新。在全球范围内，数字建设已经成为各国经济社会发展的重要推动力。

数字建设将数字技术与业务应用场景相结合，利用数字化、智能化的手段，提升产业效率和效益，推动企业数字化转型。数字建设已经成为当前行业经济发展和社会进步的重要推动力，而 Transformer 作为一种先进的深度学习模型，也在数字建设中发挥着重要作用。

Transformer 架构及源码剖析深入讲解 Transformer 模型的原理、应用和实现，涵盖了 Transformer 模型的基本原理、实现方法、优化技巧、应用场景等方面的知识，并提供了大量的实际代码和数据示例，以方便读者实践应用。本书与数字建设的联系主要体现在以下几个方面：

强大的自然语言处理能力：Transformer 模型在自然语言处理领域中具有很强的应用能力，可以应用于机器翻译、问答系统、语义分析等领域。在数字建设中，自然语言处理技术可以应用于客户服务、信息推送、文本分析等方面，提高企业业务效率和效益。

支持多模态数据处理：Transformer 模型不仅可以处理文本数据，还可以处理其他多模态数据，如图像、声音等。数字建设中，多模态数据处理可以应用于智能监控、语音识别、图像识别等领域，提高企业的监控、识别和决策能力。

高效的神经网络模型：Transformer 模型是一种高效的神经网络模型，其自注意力机制可以减少神经网络的计算复杂度，提高模型的训练速度和性能。在数字建设中，高效的神经网络模型可以应用于大规模数据处理、高效计算等方面，提高企业的数据处理和决策效率。

支持自主学习和迁移学习：Transformer 模型可以帮助大家进行自主学习和迁移学习，不仅可以从已有数据中学习，还可将其应用于新的数据集中。在数字建设中，自主学习和迁移学习可以应用于数据挖掘、预测分析等领域，提高企业对未来的预判和决策能力。

数字建设是一项综合性的工作，需要各种技术的支持和应用。而 Transformer

作为一种先进的深度学习模型,其强大的自然语言处理能力、支持多模态数据处理、高效的神经网络模型、支持自主学习和迁移学习,涵盖了自然语言处理、语音识别、图像识别等多个领域,这些领域都是数字建设的重要应用场景。目前 Transformer 架构是最优秀的自然语言处理模型,已经在多个领域得到广泛应用。Transformer 架构具有高效、灵活、易用等特点,在自然语言处理领域已经成为标杆模型。同时,Transformer 架构也具有普适性,可以应用于其他领域,如图像识别和语音识别等。Transformer 架构及源码剖析的内容对于数字建设具有重要意义,可以帮助企业和机构掌握数字化技术的核心能力,推动数字化转型和数字化创新。

第 1 章　Bayesian Transformer 思想及数学原理完整论证

1.1　贝叶斯数学原理

传统人工智能算法是相对于贝叶斯(Bayesian)的视角来讲的,从教学的角度,Bayesian Transformer 是星空智能对话机器人在全球首家提出来的,即用这种方式帮助大家更好地去掌握 Transformer。

图 1-1 显示的是线性回归的一个的例子,其使用一个回归模型进行最大程度的拟合,数据拟合的目标是回归模型与所有的不同的数据点的距离或者误差最小。

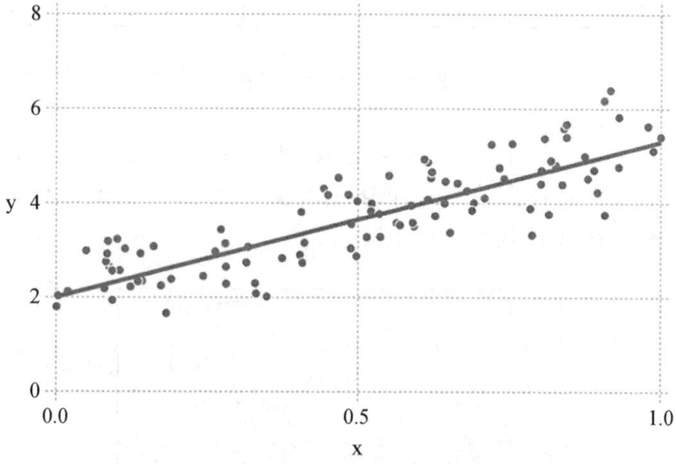

图 1-1　传统人工智能算法线性回归模型

在图 1-2 所示的深度学习神经网络中,$X = \{x_1, x_2, \ldots, x_N\}$, $Y = \{y_1, y_2, \ldots, y_N\}$,$X$ 是输入数据,Y 是标签,表示为:

$$\widetilde{y_l}(x_i) = w_2 \cdot \alpha(w_1 x_i) \qquad (1-1)$$

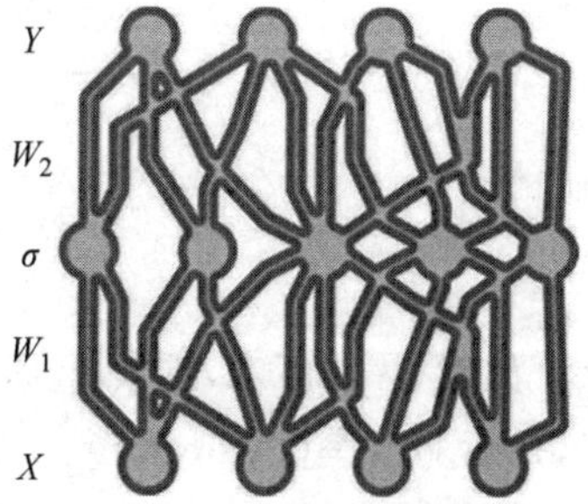

图 1-2　多层神经网络模型

输入数据 x 产出是 y,y 的上面有一个波浪号表示模型的预测值。中间经过了两层线性变换,两层线性变换中间会有非线性变换,这些都是深度学习的基本内容,模型的目标是寻找参数 w,使得输

入的 x 通过神经网络模型得出 $\tilde{y}$ 值要尽量地接近标签 y,要尽可能接近于实际的值。从线性回归的角度看,这种做法是让模型尽量接近所有的数据;从神经网络的角度看,也是让模型尽量接近真实的结果。这两种方式代表了 AI 经典的机器学习做法,背后是贝叶斯公式衍生出来的内容,但还不是 Bayesian 的方式。

贝叶斯公式如图 1-3 所示。

$$P(A|B)=P(A)\times\frac{P(B|A)}{P(B)} \tag{1-2}$$

$P(A|B)$的概率是 A 在 B 的情况下发生的概率。

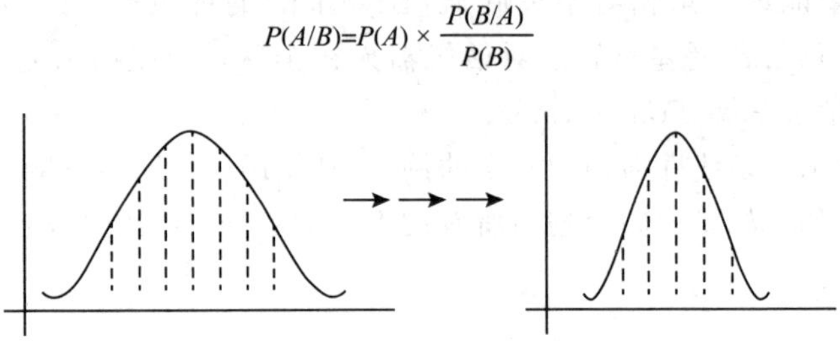

图 1-3 贝叶斯公式

如图 1-4 所示,贝叶斯公式之所以有效,其实有一个很基本的点,就是它表达了 A 和 B 之间相交和相互作用的部分,两者有相交的区域,所以能够将 A 在 B 的情况下的概率转换成 B 在 A 的情况下的概率。

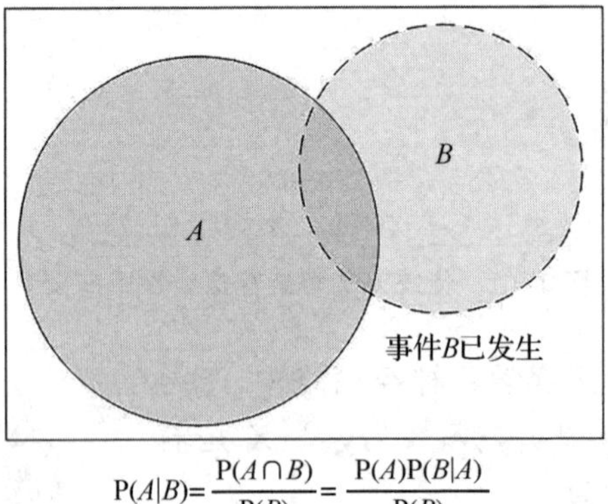

图 1-4 A 和 B 相互作用

如图 1-5 所示,从贝叶斯术语的角度看,$P(A|B)$是 A 在 B 发生情况下的概率,是后验概率(Posterior)。后验概率是和先验概率相比较的,后验是经过数据调整后的模型。

$$\boxed{P(A|B)} = \boxed{P(A)} \times \frac{\boxed{P(B|A)}}{\boxed{P(B)}} \tag{1-3}$$

似然函数　边缘概率

后验概率　先验概率

图 1-5　先验、后验、似然、边缘分布

先验概率(Prior)是原有的一个信念或者原有的模型、原有的思维结构。当我们训练的时候要调整模型 $P(A)$，它是没有数据的模型，$P(A)$ 要经过数据的调整，在加入数据的情况下来改变 $P(A)$，这就是模型的更新。数据的调整在 $P(A)$ 的情况下时，$P(B|A)$ 应让概率尽可能大。$P(B|A)$ 是似然函数(Likelihood)，分母 $P(B)$ 是边缘概率(Marginal)，是所有的情况下提供的数据(Evidence)，表示在整个数据集所有情况下的概率。这些都是概率统计的基本知识，$P(A|B)$ 是从数学的角度考虑的。

从机器学习的角度或从数据和模型的角度看，数据用 D 代表，模型用 H 代表，H 表示假设(Hypothesis)或者信念(Belief)。模型在数据情况下的概率 $P(H|D)$ 可以转过来用 $P(D|H)$ 来表达，之所以能用 $P(D|H)$ 来表达，是因为它们有相交的部分，相交就是两个相互作用的共同的区域。

$$P(H \mid D) = \frac{P(D \mid H)P(H)}{P(D)} = \frac{P(D,H)}{\int_H P(D,H')dH'} \tag{1-4}$$

$P(H)$ 是先验概率，先验概率要被现实或者被数据事件进行更新，即乘以 $P(D|H)$，$P(D|H)$ 就是数据在模型存在的情况下的概率。$P(H)$ 是某一个信念假设，被这个数据模型更新。从整个数据的角度讲，可能有很多假设(Hypothesis)，因此除以 $P(D)$，在 $\int_H P(D,H')dH'$ 公式中可以看得很清楚，$P(D)$ 可以拓展为所有不同的信念(Belief)来构成的。这边是微积分的方式，H 上有一撇 H'，表示一个变量，分子 $P(H)$ 只是某一个假设(Hypothesis)或者信念(Belief)，然后分母把它展开，它代表的所有的可能，$P(D)$ 也是边缘概率(Marginal probability)。

先验概率是 $P(H)$，后验概率是 $P(H|D)$，他们之间的理解以及理解到多大程度，代表了智力发展的不同水平。如图 1-6 所示，这幅图最左侧的这个地方显然只有假设(Hypothesis)，不管外界的情况，这是最原始的一种智力水平，是很多年前的状态，然后到达了第二个阶段。

第二个阶段中的 X 就代表以上公式中的 D 数据，实践的过程中发现外界跟想象的不太一样，但是由于智力水平比较低，所以走向了另外一个极端，它没有自己任何的信念(Belief)或者假设(Hypothesis)，是纯粹的是以数据或者事件驱动的一种方式。

图 1-6 智力发展的不同水平

第三个阶段的智力进一步发展,用信念(Belief)、假设(Hypothesis)或者它的模型来最大化现实状况的一个产出,这个就是 $P(D|H)$ 的方式,即用模型最大化现实的产出。例如在很多年前,采摘果子或选择不同的栖居地时,大家会有一个对植物或者水果生长周期的一个判断,然后根据这个判断选择不同的栖居地来获得最大的产出。

第四阶段进一步发展为 $P(D,H)$,这中间的逗号代表贡献,贡献是 A 交 B 的部分。为什么是一个进步?因为第三阶段是在模型或者信念的情况下来最大化现实的产出。可是在实践的过程中,人们发现有一个模型或者是有一个信念,它不一定能够得到最大的产出,因为别人可能也有模型或者信念。别人的产出跟我不一样,所以这个时候就进入了下一步,既观察现实的数据,又思考自己的模型,开始进入了内观的模式,进入了第四阶段。它相对第三阶段是一个进步,但还不是一种非常高级的智能状态,因为仅知道观察现实的数据,仅观察自己的思维模式或自己的信念(Belief)或者假设(Hypothesis),但不知道怎么有一个更好的信念(Belief)或者假设(Hypothesis)或构建一个模型(Model),所以就有了第五阶段。

第五阶段就是贝叶斯阶段 $P(H|D)$,用数据 D 来更新 H,$P(H|D)$ 是 H 在 D 情况下的概率。这时候人们追求的是通过现实的实践活动来更新自己的认知模型、信念(Belief)、假设(Hypothesis),或模型(Model)。这是几百年前人们就已经达到了这样的一种状态。贝叶斯概率公式大约是 300 多年前提出的,抛弃了原先的就是纯粹以自然为核心,或纯粹以个人信念为核心的一种方式,转过来调整自己的思维系统或是模型来更好地适应自然。

本书希望通过这样一个形象例子,能够很好帮助大家能够进一步理解贝叶斯公式的不同的部分,说明对先验、后验的不同认知而达到不同的智力水平状况。

回到机器学习,包括传统的回归或者神经网络,目标其实都是让模型尽量去靠近数据,用数据转过来去更新模型,其实这个就是贝叶斯公式表达的一种基本方式。在这边也是这样,其具体的做法是什么?具体的做法其实有两部分,第一部分就是经典的最大似然估计(Maximum Likelihood Estimation,MLE),第二个部分就是最大后

验概率(Maximum A Posteriori,MAP)。这两种方式无论是传统的机器学习算法,还是神经网络,都是通用的底层的机制,因为这两者决定了我们怎么来调整模型来靠近现实,即采用贝叶斯的方式来靠近实际的数据。这两种方式都是在不同的情况下来对概率分布进行评测的方式。在实际计算的时候,MLE 及 MAP 都是 argmax,argument 是模型的参数,max 是最大化。

最大似然估计 MLE 公式:最大化 θ,θ 是我们的模型,X 是我们的数据,在模型成立的情况下,让数据出现的概率最大化,也是我们描述的传统机器学习的算法,选取一个模型,例如线性回归、神经网络,让这个模型最好去拟合我们的数据。

$$\begin{aligned}\theta_{MLE} &= \arg\max_{\theta} P(\mathrm{X}|\theta) \\ &= \arg\max_{\theta} \prod\nolimits_{i} P(x_i|\theta)\end{aligned} \tag{1-5}$$

最大似然估计 MLE 演算公式:

$$\begin{aligned}\theta_{MLE} &= \arg\max_{\theta} \log P(\mathrm{X}|\theta) \\ &= \arg\max_{\theta} \log \prod\nolimits_{i} P(x_i|\theta) \\ &= \arg\max_{\theta} \sum\nolimits_{i} \log P(x_i|\theta)\end{aligned} \tag{1-6}$$

贝叶斯公式:

$$\begin{aligned}P(\theta|X) &= \frac{P(X|\theta)P(\theta)}{P(X)} \\ &\propto P(X|\theta)P(\theta)\end{aligned} \tag{1-7}$$

最大后验概率 MAP 公式:

$$\begin{aligned}\theta_{MAP} &= \arg\max_{\theta} P(X|\theta)P(\theta) \\ &= \arg\max_{\theta} \log P(X|\theta) + \log P(\theta) \\ &= \arg\max_{\theta} \log \prod_{i} P(x_i|\theta) + \log P(\theta) \\ &= \arg\max_{\theta} \sum_{i} \log P(x_i|\theta) + \log P(\theta)\end{aligned} \tag{1-8}$$

最大后验概率 MAP 演算公式:

$$\begin{aligned}\theta_{MAP} &= \arg\max_{\theta} \sum\nolimits_{i} \log P(x_i|\theta) + \log P(\theta) \\ &= \arg\max_{\theta} \sum\nolimits_{i} \log P(x_i|\theta) + \mathrm{const} \\ &= \arg\max_{\theta} \sum_{i} \log P(x_i|\theta) \\ &= \theta_{MLE}\end{aligned} \tag{1-9}$$

1.2 MLE 和 MAP 数学推导

我们首先看式(1-5)$\theta_{MLE}=\arg\max_{\theta}P(X|\theta)$,MLE 最大化 θ,就是最大化似然估计,在式(1-2)贝叶斯公式 $P(A|B)=P(A)\times\frac{P(B|A)}{P(B)}$ 中就最大化了 $P(B|A)$ 的部分。最大化似然估计具体怎么做?式(1-5)中 $\arg\max_{\theta}\prod_i P(x_i|\theta)$公式中的 π 表示乘法连乘运算。在线性回归模型中,对于不同的数据点,我们力求让每个输入的数据 x 通过回归模型得到的预测值 y,与它相应真实值的差距最小,由于这个模型表达是对所有数据的表达,是不同的点分步骤完成,所以使用乘法运算。具体在运算的时候,如果是乘法运算,它会有很多比较小的数字的累积,累积到一定程度,可能计算机硬件运行不支持,这时候 log 运算就登场了。在式(1-6)中,θ_{MLE} 表示为 $\arg\max_{\theta}\sum_i \log P(X_i|\theta)$,因为 log 运算不改变它的方向,不改变它的运算的结果。我们的结果就是要找到最优的模型,而 log 运算的好处就是把乘法运算变成了加法运算,加入 log 的方式的时候,就变成了加法的方式,所以 log 运算在计算机中,尤其在人工智能中是非常重要的,这是因为人工智能很多时候有很多参数,也有很多数据。很多数据处理的时候,如果用模型表达一个信息,可能需要多步骤的乘法,这个时候它可能导致 underflow 这些运算级别的错误,因此采用 log 运算的方式。从运算的角度讲,为了避免 underflow 错误,使用 log 来进行高效计算,模型进行不同的调整,可能调整一下方向或者平移等,最终找出一个最佳的模型,这个过程就是 arg max,是最大似然估计 MLE,也是绝大多数传统机器学习 AI 算法背后的数学依据。

然后,我们看最大后验概率(Maximum A Posteriori,MAP),有了最大似然估计 MLE,大部分的情况下,为什么还需要 MAP?这个原因其实也是很简单的,MLE 只是数据在模型的情况下能够最大程度地呈现,但没有加入一些其他的内容。例如一些领域的专家知识,以前积累的一些内容,而是完全从头开始,然后基于这个数据,通过 MLE 公式实现它的值最大化,因为从头开始探索,肯定有极大的时间成本,而一种可能更节省时间的方式,是能够加入相应知识,就是最大后验概率 MAP。在式(1-8)中 $\theta_{MAP}=\arg\max_{\theta}P(X|\theta)P(\theta)$,$P(X|\theta)$和 MLE 的这部分就是一样的,$P(X|\theta)$乘上 $P(\theta)$模型本身,也变成了数据计算的一部分,模型来源于专家知识系统,也可能来自其他模型训练的结果,因为它本身是乘法运算,通过 log 的方式把它变成了加法运算,式(1-8)中 $\theta_{MAP}=\arg\max_{\theta}\log P(X|\theta)+\log P(\theta)$。我们会发现 MAP 的左侧就是式(1-6)MLE 的表示 $\arg\max_{\theta}\log P(X|\theta)$,然后加上 $\log P(\theta)$,$\log P(\theta)$表达的就是先验知识,这样做不但能够融合领域知识,而且还非常适合小数据的训练。

因为如果纯粹是 MLE,即完全基于数据来提炼出模型,可能需要很多的数据,尤

其是大数据的这种场景,如果没有几百万条,甚至上亿条或者万亿条的数据,可能就只有几百条或者几千条。这时候如果有很好的专家知识系统来指导这个模型,让其一开始就达到非常好的状态,然后通过几十条或者几百条的数据进行微调,模型就达到很好的状态,这显然是很理想的一种结果。从理论上讲,MAP 是一种比 MLE 更先进的方式,$\log P(\theta)$代表一种先验的知识,θ 是一个概率模型,如果这个模型下所有的参数的不同的状态都是同样的,在式(1-9)中,θ_{MAP} 表示为 $\arg\max_{\theta}\sum_i \log P(x_i|\theta)+$ const,$\log P(\theta)$其实就是一个静态常数,是统一的一致先验(uniform prior),一个模型不同的参数状态。例如神经网络在训练的过程中,模型的参数肯定会调整,调整参数也是数据训练的核心,对于每一种参数状态,它在所有参数状态中会占有一个概率,假设这些概率出现的情况都是一样的,即一致先验(uniform prior)。如果概率都是一样的,$\log P(\theta)$就是个常量。从求最大值的角度它不影响状态,所以可以把 $\log P(\theta)$去掉,式(1-9)就变成了 $\arg\max_{\theta}\sum_i \log P(x_i|\theta)$,这就是 MLE 的计算公式。

通过 MLE 的方式去求参数模型的最优参数模型,无论是 MAP 还是 MLE,都要求这个参数 argument 或者 parameter 是最优的状态。之所以是最优,是因为它是用了 max 最大值计算,这就是绝大多数传统的机器学习或者神经网络算法背后的核心数学的驱动力。通过的上述论证的过程,我们发现 MLE 其实是 MAP 的一种特殊情况,也有其他的正常情况或者非特殊情况。例如,如果是高斯分布产生先验知识的时候,就不是平均的 uniform 的方式,这时候,MAP 就不等于 MLE,当然也可以有其他很多的分布,大家可以围绕这个思路探索下去。

最大似然估计 $P(D|\theta)$是模型存在的情况下,即数据出现的概率最大化,后验概率 $P(\theta|D)$的方式是使用数据来更新模型,让后验概率最大化。它们的共同点就是给我们一个最优的设置,所有的模型参数中寻求一个最优的设置,即从可能无数种的模型参数状态中,选取能够最大化概率的一种情况。

如图 1-7 所示,横轴坐标 θ 表示不同的模型的参数状态,纵轴坐标是 $f(\theta|x)$是 MAP,即是用数据更新模型的方式,θ_{MAP} 在这里面选用的参数是最优的,抛弃了其他所有的模型的参数的状态。

如图 1-8 所示,从神经网络的角度看,神经网络一般会采用反向传播的方式。

至此我们就完整论述了传统的机器学习算法背后的数学的真相,以及训练过程中的一些核心步骤。

总结一下,本节以线性回归和神经网络为例,从数学的层面讲解贝叶斯,贝叶斯公式之所以成立,是因为两个对象,即 A 和 B 在交互的过程中有共同的区间,也就是 A 交 B 的部分。因为有了 A 交 B,要计算 A 在 B 的情况下的概率,转过来可以通过 B 在 A 的情况下的概率来表达。$P(A|B)$是后验概率,也就是被数据更新后的模型,$P(A)$是原始的模型状态,$P(B|A)$是可能性似然函数,就是模型在 A 存在的情况下数据存在着的概率,而 $P(B)$是边缘概率,$P(B)$实现的方式一般情况下会采用

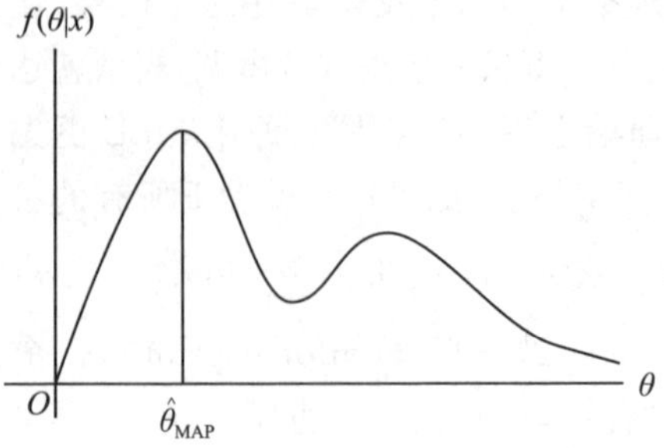

图 1-7　不同的模型的参数状态

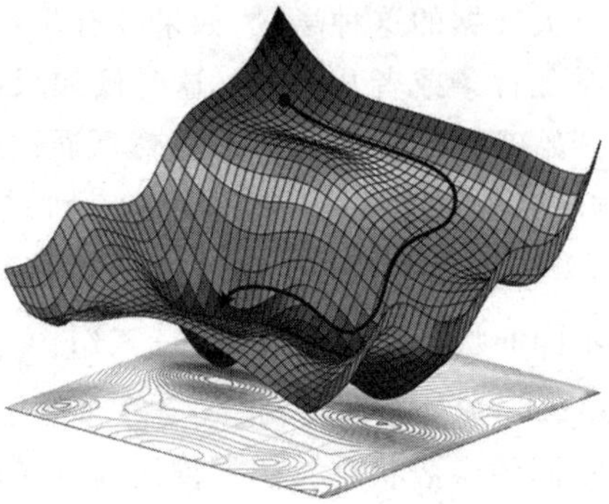

图 1-8　神经网络梯度下降

积分，当然如果是离散的数据，可能也会产生加法的方式，关键点就是考虑所有的模型参数，H' 代表的是模型参数的假设（Hypothesis）或者信念（Belief）。

本节分享了 MLE、MAP 的公式以及计算过程，并说明了 MLE 其实是 MAP 的一种特殊情况。他们共同点都是要寻求所有的模型参数中最优的一个，而放弃掉其他不是最优的参数，这是传统机器学习背后的真相。从数学的角度看，在数学计算的过程，无论是神经网络的反向传播，还是线性回归的计算过程中，其实都是微积分的求导，可以求出极值状态。

1.3　语言模型 Language Model 原理机制、数学推导及神经网络实现

为了更好地理解 Transformer，有必要谈一下语言模型。一个好的语言模型，其实它本身是一个分类器，这个分类器是基于上下文的，里面有两个重要的点，一个是上下文，一个是分类器。具体语言模型能够预测接下来发生的事情，情况比较多，一般情况下，不可能捕获所有的情况，而是通过概率的方式进行预测。如图 1-9 所示，如果使用 Google 搜索，输入星空智能对话机器人的“星空”，输入的“星空”是上下文，Google 会给一些提示，提示的列表就是预测接下来的内容，这就是语言模型。

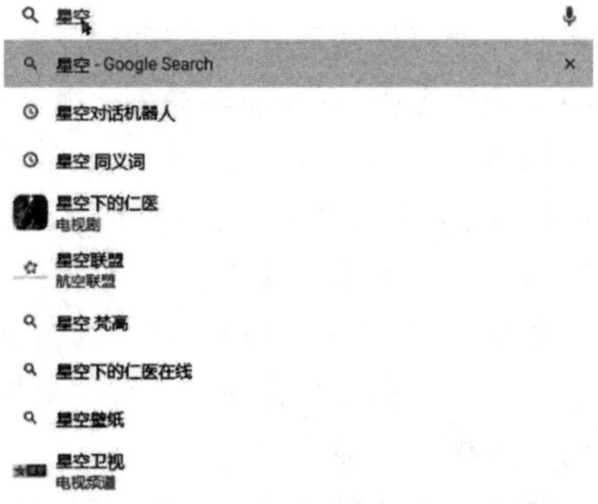

图 1-9　Google 查询

语言模型是对语言进行建模，语言本身是一串文字，$w_1^n = w_1 \cdots w_n$ 代表一个句子的序列。要让序列成立，从概率的统计角度看，要使用链式法则：

$$P(w_1^n)=P(w_1)P(w_2|w_1)P(w_3|w_1^2)\cdots p(w_n|w_l^{n-1})=\prod\nolimits_{k=1}^{n}P(w_k|w_1^{k-1}) \tag{1-10}$$

首先是 w_1 存在的概率,然后是 w_2 存在,因为是一个序列,w_2 存在的前提是 w_1 存在。在这个链式法则中是 $P(w_2|w_1)$,在贝叶斯公式中,$P(A|B)$表示条件概率,语言模型序列都是条件概率,$P(w_3)$依赖了前面两个单词,$P(w_n)$依赖了前面 $n-1$ 个单词,它是一个序列,每一个单词都依赖于前面所有的单词,而且由于它是个序列,分成很多不同的步骤,因此是乘法连乘的运算,它的表达方式就是 w_k 依赖于前面 w_1^{k-1} 的内容。

如果每一个词语都考虑前面所有的内容,这不切实际,而且从具体计算的角度讲,先不说计算的成本,考虑前面所有的情况也可能导致更差的结果。为什么会导致一个更差的结果?假设一个句子序列考虑这一句话中的第 15 个单词,即要考虑前面所有的 14 个单词的情况,这种概率其实是极为少见的,它并不是一种很经典的状态,所以我们会引入 N - gram 及基于马尔科夫链法则的指导思想,即可能考虑前面依赖的一个单词,或者前面依赖的两个单词。

二元组模型(Bigram Approximation) 是当前的单词仅依赖前面的一个单词。

$$P(w_1^n)=\prod\nolimits_{k=1}^{n}P(w_k|w_{k-1}) \tag{1-11}$$

N 元组模型(N - gram Approximation) 是当前的单词依赖前面的 N 个单词。

$$P(w_1^n)=\prod\nolimits_{k=1}^{n}P(w_k|w_{k-N+1}^{k-1}) \tag{1-12}$$

但正常情况下都是依赖前面两个或者三个单词的情况,基于贝叶斯公式表达条件概率的依赖关系,在训练的时候,语言模型是基于上下文的预测,它是一个分类器。

如图 1 - 10 所示,输入文本“I saw a cat on a”,即我们想知道单词 a 的下一个单词是什么,神经网络会对它进行一个编码,编码形成一个向量(vector),形成一个上下文的代表,然后上下文通过一个线性层(Linear Layer),使用一个矩阵的操作跟所有的词汇(vocabulary)所代表的向量(vector)相乘,词汇表可能有 3 万个或者 5 万个或者更多。矩阵乘法或者向量乘法的核心意义代表相似程度,假设现在有一个单词向量,语言模型里面有 3 万个词汇,它和不同的词汇会有不同的相似度,然后使用 softmax 采用指数运算的方式把相似度变成 0～1 的之间的概率。对不同的词汇它的相似程度不同,它的概率就不一样,所有的单词概率加起来等于一,得到最大化的基于上下文的下一个最有可能的词汇,这个过程跟传统的机器学习的算法思维其实是一样的,即无论是线性回归还是神经网络,都是让模型能够判断出当前的状态,基于当前的状态得出的预测能够最大化。

如图 1 - 11 所示,从具体矩阵运算的视角可以看见向量 h 是通过神经网络产生的内容,然后和整个词汇表可能包括 3 万个具体的单词的向量进行矩阵相乘运算。

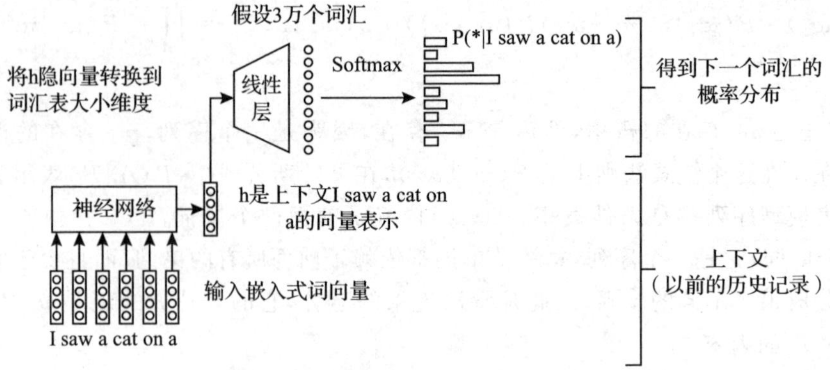

图 1-10　神经网络预测下一个单词

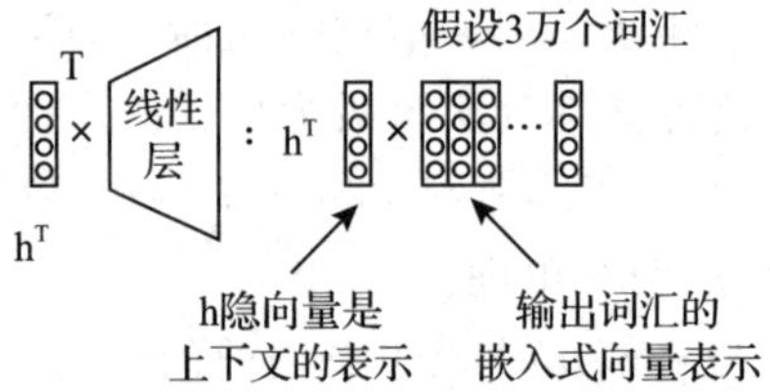

图 1-11　具体矩阵运算过程

如图 1-12 所示，语言模型训练每一步要实现的是概率最大化，例如，在训练(training)的阶段，看见了“I saw a”这三个单词，要将“cat”这个单词的概率最大化，但模型开始的时候可能不是理想的状态，如果没有很好的先验的设置，它可能会有误差。

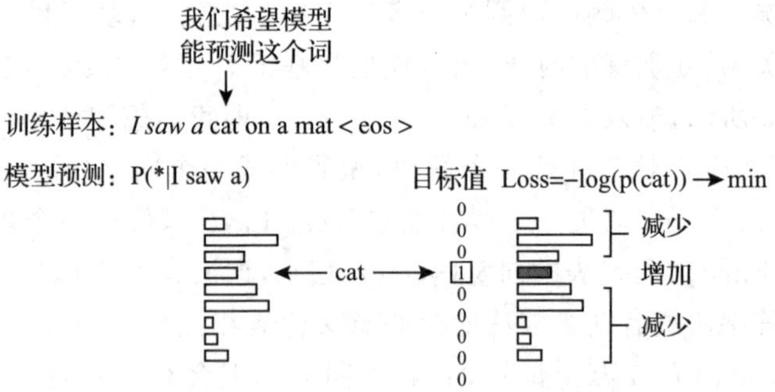

图 1-12　预测单词的概率最大化

在神经网络中如果有误差，就有个反向传播(Back Propagation)的过程。从训练示例(Example)的角度讲，在下一个单词中，“cat” 在这里面显然不是最大的概率的状况，当然这还是训练阶段，模型的判断有个损失度(Loss)，就要进行反向传播，增加(increase)单词“cat”所在的位置的权重，然后减少(decrease)其他的位置的权重，这样就完成了语言模型的训练，如图 1-13 所示。

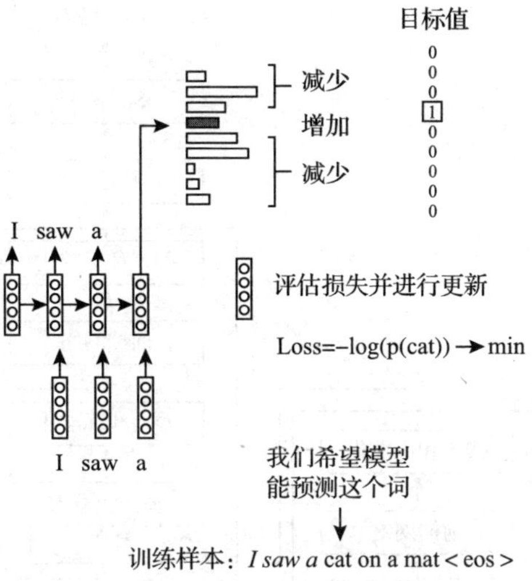

图 1 - 13　神经网络反向传播调整权重

简而言之，语言模型是根据上下文来最大化下一个词语出现的概率，其实跟 MLE、MAP 的方式是完全是一致的。我们谈了语言模型之后，接下来谈最经典的 Transformer NLP 模型。

1.4　图解 Transformer 精髓

如图 1 - 14 所示，是 Transformer 编解码的示意图，中间有个关键内容是状态(State)，输入的数据会被编码器(Encoder)编码成状态或者是上下文(Context)，解码器(Decoder)会使用这个上下文，与所有的词汇进行向量和矩阵的乘法操作，得出一个结果。

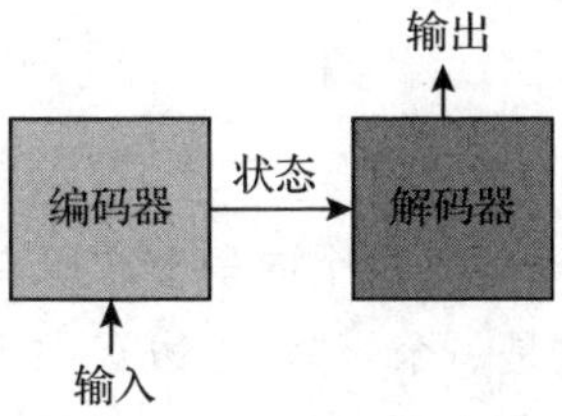

图 1 - 14　编码器、解码器示意图

如图 1 - 15 所示，具体来看，左侧是输入(Inputs)信息，形成了输入嵌入词向量(Input Embedding)，使用向量的方式来表达，其中有一个非常关键的地方是多头注意力(Multi - Head Attention)，通过这种方式能够捕获更多的信息，表达更多精细的信息。这里还有一个前馈神经网络(Feed Forward)，图中的 $N_{\times}$ 表明有很多层，然后把数据传给解码器(Decoder)。

解码器(Decoder)阶段，每个层的多头注意力机制有两部分，因为它是一个语言生成模型，除了跟左侧编码器多头注意力(Multi - Head Attention)相同的部分以外，还有一个掩码多头注意力机制(Masked Multi - Head Attention)，语言生成模型从理论上讲不希望看见未来要预测的内容，但不同的高级的 Transformer 模型对这方面有很多处理。从产出的角度讲，左侧的编码器加上右侧的解码器产生的其实是一

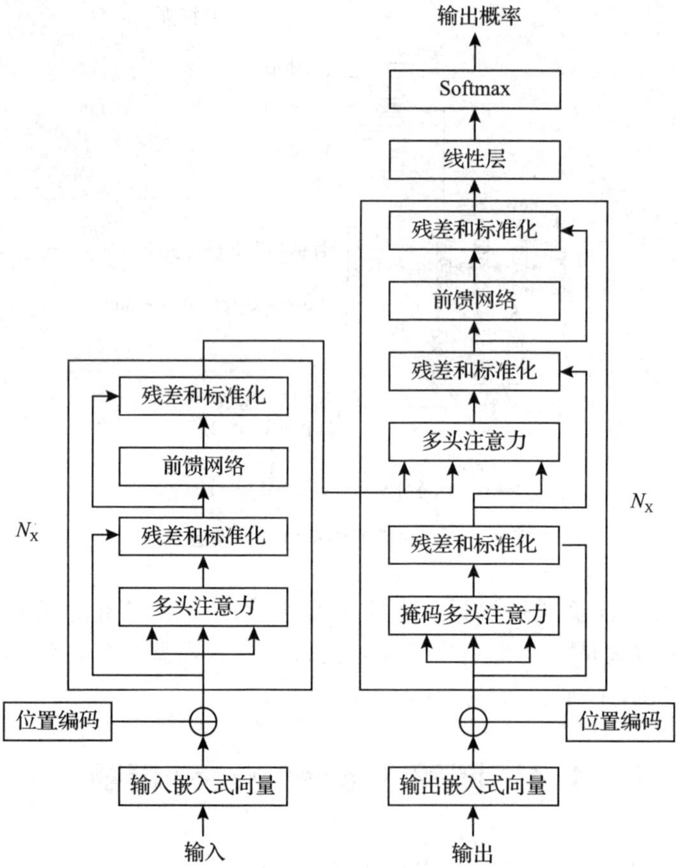

图 1-15　Transformer 架构图

个向量，这个向量会和所有的词汇所代表的向量进行乘法，所有的词汇所代表的向量它是一个矩阵，这边有一个线性层（Linear）操作，然后通过 softmax 把它变成概率，最大化下一个词语出现的概率。

Transformer 架构有不同的层，无论是编码层还是解码层，都可以有很多不同的层，可以设置为 3 个、5 个或 12 个，每一层都有多头注意力机制。如图 1-16 所示，不同的颜色代表不同的头，发现每个词汇在不同的头上面，会代表不同的颜色，颜色程度的不同代表倾注的注意力不一样，这个就是多头注意力机制。

如图 1-17 所示，从训练的视角，阐述 Transformer 整个训练的数据流程，输入文本数据“you're welcome”，把它变成嵌入词向量（Embedding），在构建嵌入词向量之前，根据整个的字典，把 you、are、welcome 这三个单词变成 ID 的方式，然后转换为词向量（Embedding）。为了考虑顺序，也要有位置的编码，将位置编码和输入词向量两个加起来就形成了输入的编码，然后通过不同的编码层（Encoder）完成上下文的编码的部分。

图 1-16　Transformer 的层次

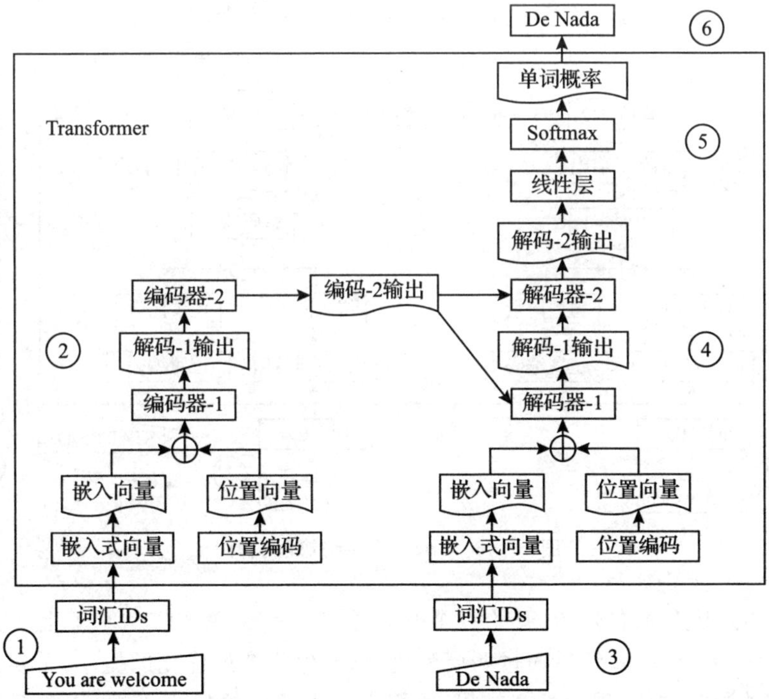

图 1-17　Transformer 训练流程图

训练的时候，在解码器输出端，从序列号③开始，西班牙语“De Nada”是训练的目标，把训练目标也作为一种输入，是一种训练的策略，这个是 Teacher 的模式，或是 Teacher Force 的一种模式，相当于直接给了答案，让你去调整自己的参数的状态。这背后有很多的数学机制，也有很多的工程实践的最佳的一些技巧，整个的目标是让你快速进行拟合或者快速调整参数，然后基于这个目标的参考答案或者结果进行编码，编码完成之后，解码器会使用编码器送过来的信息，也会使用自己的信息进行处理。这是和编码器端不太一样的地方，它借助了编码器端产生的结果，每一层都是这样，然后进行 Linear 的线性操作及 soft max 运算，计算每个词汇的概率（Probabilities），获取最终的结果，这是训练的过程。

如图 1－18 所示，是推理（Inference）预测的功能，预测的功能编码端的步骤都一样，解码端就不一样了，解码端（Decoder）的时候肯定不能直接拿结果，这时候就没有“De Nada”的内容。

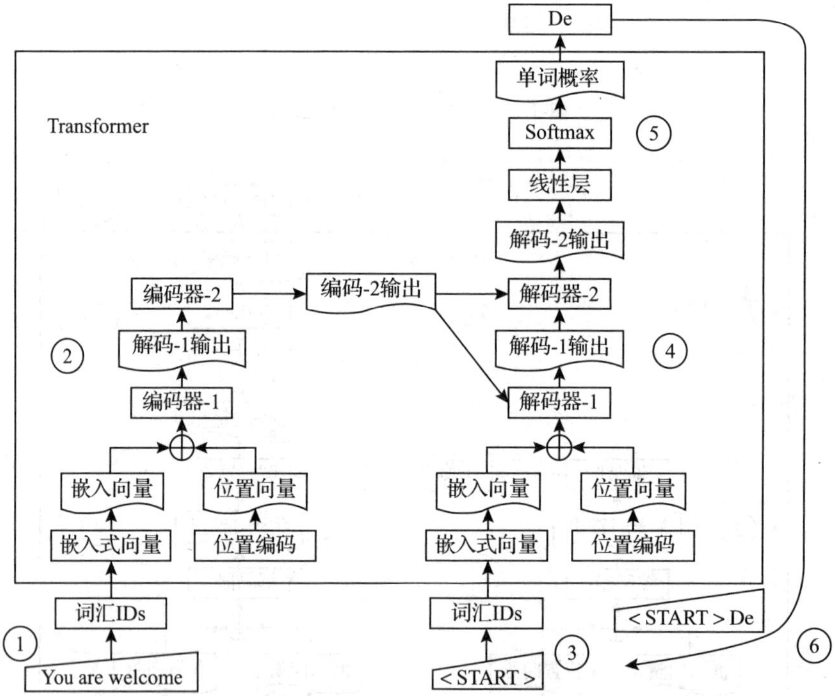

图 1－18 Transformer 推理流程图

解码端是从左到右开始，开始有个开始符号是＜START＞，基于上下文加上它的开始符号，进行编码，然后通过两层解码层，产生一个最优化的概率，希望它是西班牙语“De”单词的方式，得出这个结果，再把它输入解码器的输入端，依次循环预测下一个单词，直到完成整个的翻译的过程。

这就是 Transformer 的训练过程的数据流，以及推理（Inference）过程的数据流，

接下来我们进一步看见内部的情况。

第一是输入端怎么变成向量的？如图 1－19 所示，输入一般采用批量（Batch）的方式，可能一次输入 100 个或者说 200 个，这边是 5 个。然后对每个词汇进行嵌入，每个向量（vector）有 3 个维度，每个句子有 4 个词汇，输入之后对它进行编码，由于每个词汇都有 3 个维度，因此呈现为 x 轴、y 轴和 z 轴的一个立体的图形，加上位置编码，它产出的结果是对输入的一批序列文本（Batch of Input Sequences）进行的一个编码，其形状为 Samples×SeqLen×Embeddingsize，表示多少个示例（Samples），即每个 Samples 的长度以及嵌入词向量的维度大小。

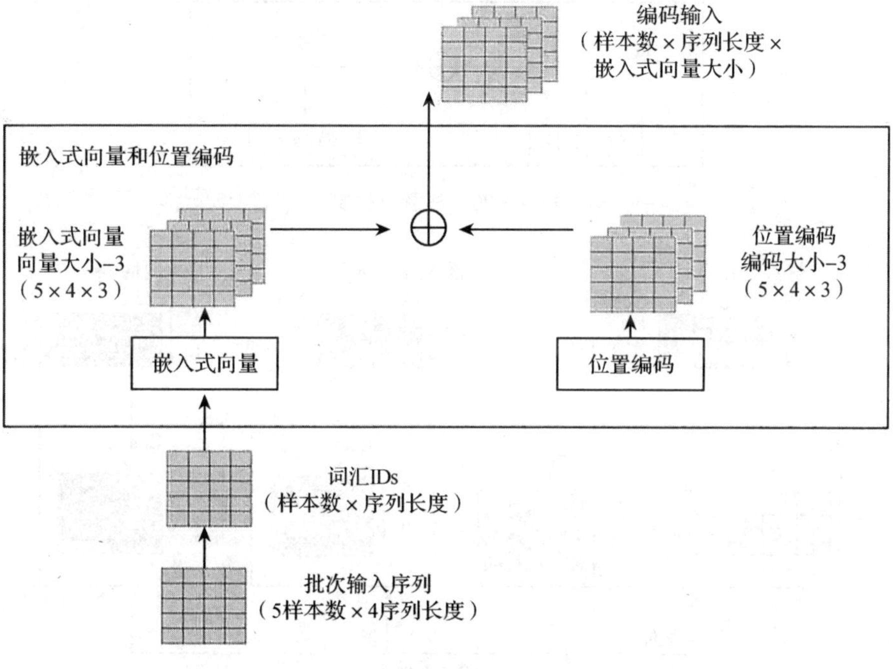

图 1－19　输入端向量转换过程

如图 1－20 所示，输入之后肯定要进行注意力的计算，进行注意力的时候它产生了 Value、Key、Query。

第二是 Value、Key、Query 矩阵怎么产生的？如图 1－21 所示，它是通过线性操作（Linear Operation）产生，将输入向量与对应的 W_q 矩阵相乘，生成 Query 矩阵；将输入向量与 W_R 矩阵相乘，生成 Key 矩阵；将输入向量与 W_r 矩阵相乘，生成 Value 矩阵。

如图 1－22 所示，有了 Query 矩阵及 Key 矩阵，可以让他们两个进行相乘，得出注意力的分数，当然也可能会加入 Mask 的机制，尤其是单独训练右侧解码器的时候，在 GPT 系列模型中，这个掩码非常重要。在单独训练左侧编码器的时候，这个掩码也非常重要，例如，训练 Bert 模型的时候，为了训练对语言的理解，它会产生掩码（Masked Language Model，MLM）的方式，这就是掩码的语言模型。

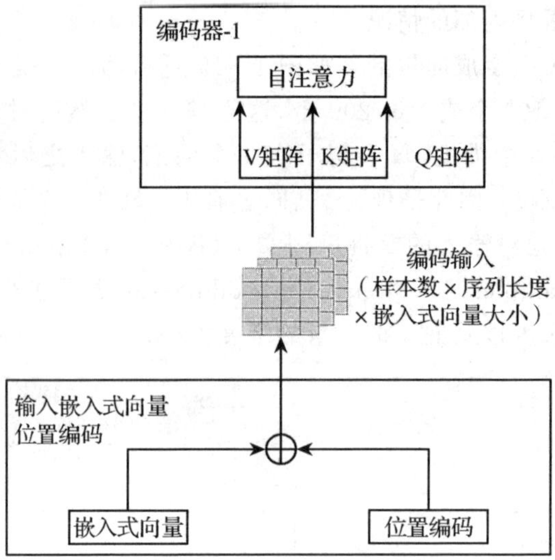

图 1-20 注意力机制

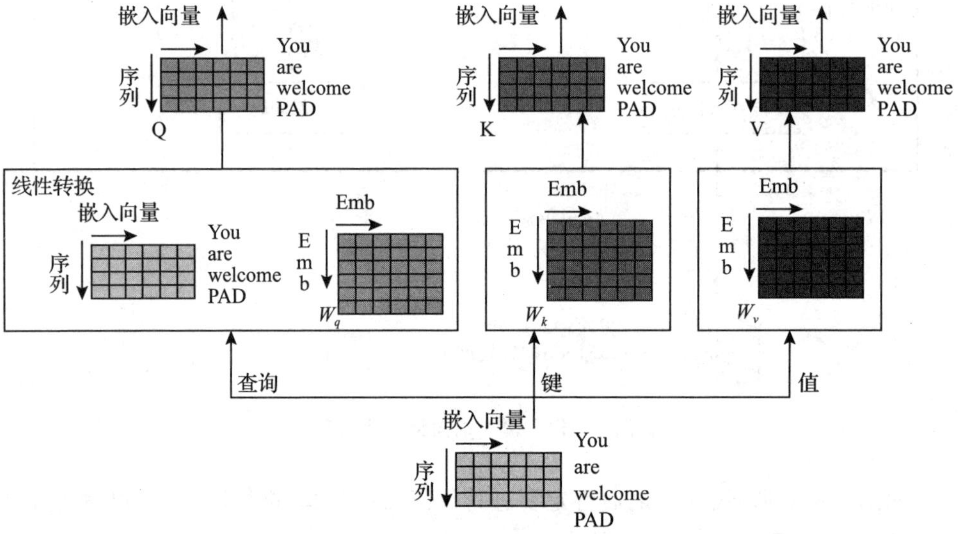

图 1-21 Value、Key、Query 的产生过程

一旦算出了注意力，每个词有了当前掩码的词汇以外的其他词构成的当前的词汇表示，或者在句子中其他所有的词汇来表达当前的词汇，这就是注意力机制本身，如图 1-23 所示。

其实这过程本身很简单，就是 Query 矩阵及 Key 矩阵进行相乘，得出具体的分数，然后再和 Value 矩阵进行相乘，会得出一个具体的结果，这个是注意力机制部分。

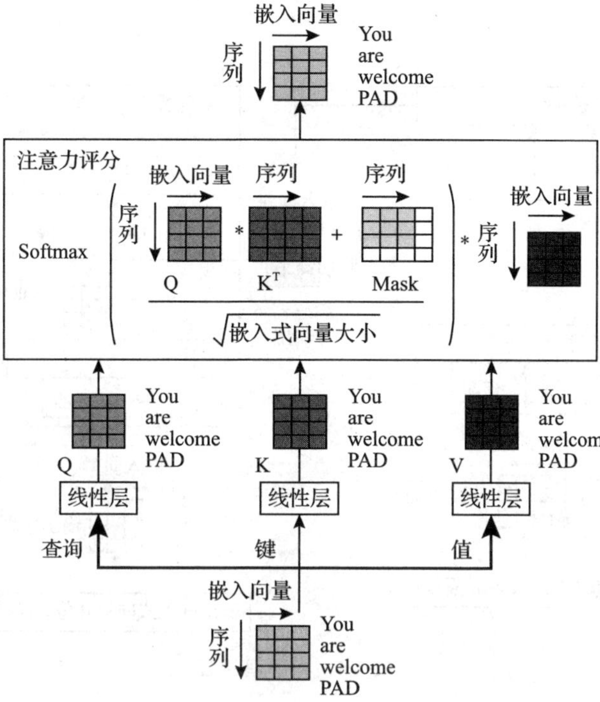

图 1-22　注意力计算过程

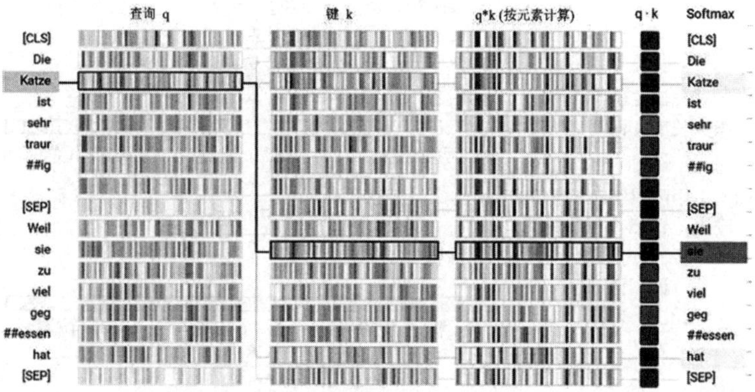

图 1-23　Query 矩阵及 Key 矩阵相乘

如图 1-24 所示，注意力机制加上前馈神经网络(Feed Forward Network)，以及正则化层等，就形成了编码器部分，解码器部分的机制过程是一样，只不过它的注意力多了一个掩码的注意力机制。

如图 1-25 所示，从整个输出的角度，解码器端给了一个矩阵，这个矩阵会和整个语言模型的词汇库。例如 3 万个词汇的向量进行线性转换，会得出具体的分数，具体分数通过 softmax 的方式，根据得出的分数进行排名，寻找出最优的方式。

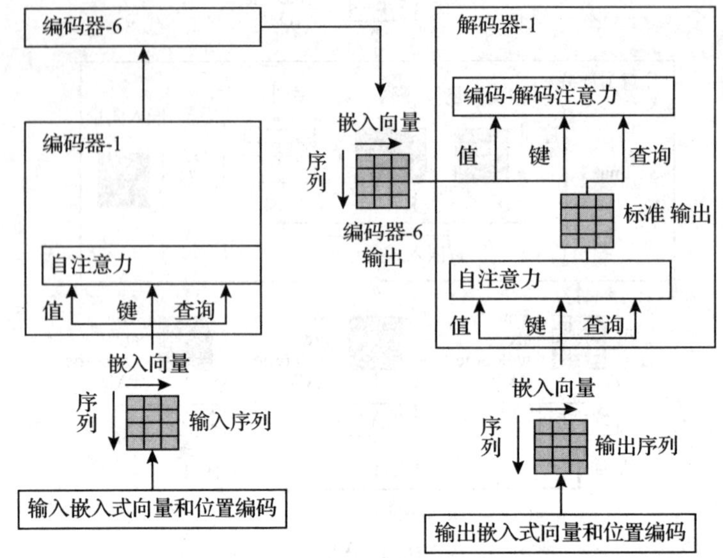

图 1-24 编解码过程

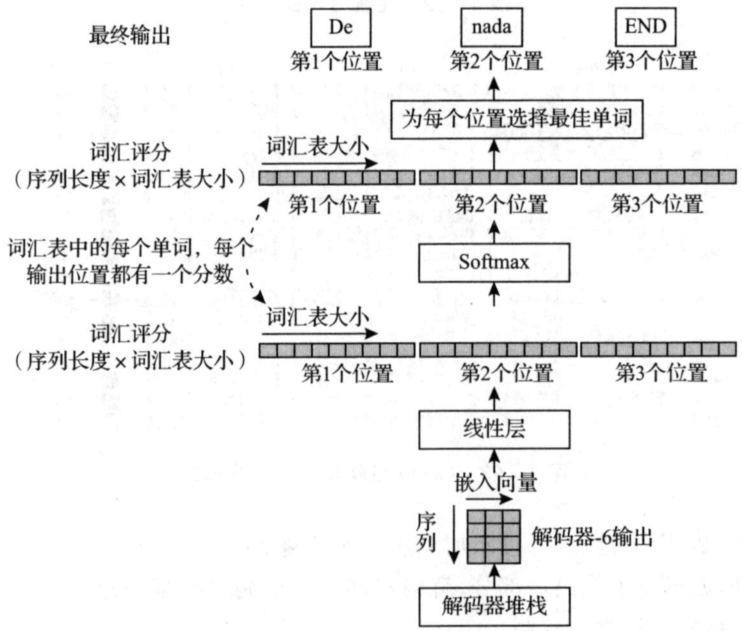

图 1-25 模型的输出过程

如图 1-26 所示，多头注意力机制中的每一个头都具有上面描述的整个操作过程，在计算结果上，其实是把所有头的结果进行联合起来，联合就是进行拼接，读者可能会提出拼接之后的 size 跟原有的 size 不一样。这个其实很简单，线性变化是一个产生魔法的地方，它从一种状态移到另外一种状态，或者从一种空间变到另外一种空间，能将转换后的 size 保持一致。这就是我们简短地跟大家回顾的关于 Transformer 的内容。

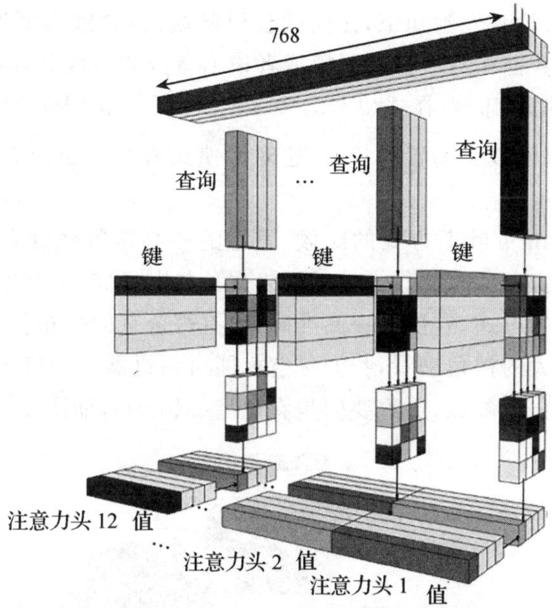

图 1-26 多头注意力机制

我们跟大家谈了传统的机器学习背后数学的核心驱动力，谈了语言模型，也谈了 Transformer，作者从 2017 年开始自研对话机器人，名称为星空智能对话机器人，是围绕 Bayesian 的理念产生的，而 Bayesian Transformer 是什么样的一种实现？与传统算法有什么大的不同？我们在下一节进行讲解。

1.5 Bayesian Transformer 和传统 Transformer 的主要区别

在式(1-2)中，贝叶斯公式 $P(A|B)=P(A)\times\dfrac{P(B|A)}{P(B)}$ 中，重点是从找一个参数模型到找所有的模型的参数，这不仅考虑最优点，也会考虑其他所有的部分。从贝叶斯公式的角度讲，就是分母的 $P(B)$ 部分，贝叶斯 $P(B)$ 是打开 Transformer 之门的钥匙，贝叶斯方式的核心是边缘概率 $P(B)$，边缘概率就是考虑任何情况。在式(1-4)

中，$P(H|D)=\frac{P(D|H)P(H)}{P(D)}=\frac{P(D,H)}{\int_H P(D,H')dH'}$ 公式中，边缘概率描述为 P(D)，表示为积分的方式，如果是连续的情况，H 是假设（Hypothesis）或者信念（Belief）或者模型的状态，它会把所有的模型状态都考虑进去。

而在 MLE 或者 MAP 的方式中是找最优的，寻找 $f(\theta|x)$ 值最大化的地方，背后有很多原因，其中一个基本原因就是神经网络往往参数规模很大，而数据量不足。当数据量不足时，如果没有先验知识，往往就会很麻烦，会导致模型训练不能足够很好地去拟合数据。从数据相对模型的规模或者模型参数的角度看，数据不足，而最大后验概率 MAP 会有先验部分，在式（1－8）中，$\theta_{MAP}=\arg\max_{\theta}\log P(X|\theta)+\log P(\theta)$，会加入领域知识 $P(\theta)$ 或者前置的状态，这时即使只有几十条或者几百条数据，依旧能够得出很好的模型。

在思考 Bayesian 贝叶斯方式的时候，思考的核心是边缘概率，而不是某一个设置、某一个参数状态，在这时候作为神经网络这种状态，思考贝叶斯的模型尤其重要，贝叶斯这种边缘化的方式，它能够提高准确性，更符合它的分布的一种状态。

如果从一个更大的视角来看，我们星空智能对话机器人一贯主张的是：不仅要看数据以及模型最优化的参数，更重要的是看模型（Model），如图 1－27 所示。

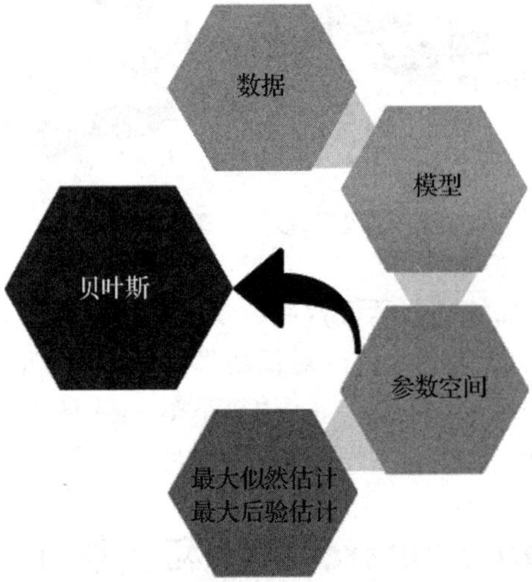

图 1－27　Model 模型的重要性

为什么更重要的是要看 Model？因为会思考 Model 的不同状态的参数，如果不从 Model 的角度去思考，仅仅寻求的是最优化的参数，这是传统的机器学习或者是人工智能算法的一种思维，是通过 MLE、MAP 的这种方式。但如果从 Model 的角度看，一个 Model 的参数有很多不同的状态，包括训练的过程中不同的层次，即使同一个层，由于数据输入的不同，它也会调整不同的状态。当思考所有情况的时候，就

形成了一个参数空间(Parameter Space),参数空间是由一个又一个的模型参数构成的,不同的模型参数状态会构成整个空间,这时候 Bayesian 贝叶斯的方式也就是 $P(B)$的方式,这是打开 Transformer 之门的钥匙。

回到 Transformer 多头注意力机制,多头注意力机制的多头肯定是相对单个头的视角来说的,允许 Model 从不同的视角关注信息,原先单一的方式只有一个头,多头注意力机制有 12 个头即 12 个矩阵。考虑了更多的情况,但不完全是 $P(B)$,因为 $P(B)$是考虑所有的情况,而不仅仅是最优的情况,但至少从 θ_{MAP} 唯一的最优化的场景,变成了多头的方式,这显然是一个很重大的变化,而这个重大的变化也是 Transformer 的精髓之一,因为它使用不同的参数,每个头从理论上讲,得到的都是用不同的参数来表达同样一个信息。

贝叶斯方式的核心是考虑不同的参数状态的一种集成。可以认为是某种程度的集成学习,但这个集成学习跟传统意义上的集成不太一样,例如,Transformer 多头注意力机制是对同样一个数据采用不同的模型参数。对同样一个数据的表达,然后进行集成,这种方式对神经网络特别重要,因为很多时候训练的时候,数据是不够的。这也是一些很著名的模型,尤其是 GPT 系列的一些模型,数据越来越多的原因。当数据越来越多的时候,可以看到 GPT3 模型比 GPT2 模型更好,那是因为更好进行拟合,如果没有那么多的数据,要考虑更多的参数模型的状态,采用类似于 Transformer 的多头注意力机制就至关重要。多头注意力机制考虑不同的情况,从现实的角度,每一种情况就是一个模型的参数,模型的参数有多大的概率是成立的,每一种情况的概率分布表达了这个模型,如果表达的信息或者结果差异很大,这时候显然就具有极大的不可靠性,可能整个模型都是有问题的。如果模型有问题,可能就要人工干预,例如在自动驾驶或者医学系统。

由于考虑不同的情况,而不是直接采用最优化的方式,因此 Bayesian 考虑的是一个概率的分布,不同的情况是一个分布,分布中的每一个模型参数的状态,其实都是后验概率。

$$\text{posterior}=\frac{likelihood * prior}{evidence} \tag{1-13}$$

$$P(w|D)=\frac{p(D|w)p(w)}{p(D)} \tag{1-14}$$

$$\text{evidence}=\text{p(D)}=\int p(D|w)p(w)\mathrm{d}w \tag{1-15}$$

通过似然函数(likelihood)和先验概率(prior)进行相乘,然后除以数据(evidence)的边缘概率,或者表示为 $P(w|D)$,D 就是整个的数据(evidence),w 是其中某一个模型参数的状态,$P(w|D)$是最大后验概率 MAP。

Bayesian 贝叶斯方式的核心关注点是它的分母,在式(1-2)中,$P(A|B)=$

$P(A)\times\frac{P(B|A)}{P(B)}$ 的角度是 $P(B)$。在式(1-14)中,$P(w|D)=\frac{p(D|w)p(w)}{p(D)}$ 公式里面就是 $P(D)$,把 MLE、MAP 这种最大概率的可能变成了考虑所有的情况,考虑数据(evidence)本身,也就是 $P(D)$ 本身,把不同的情况集成起来。$p(D|w)p(w)$ 从计算的角度讲,就是最大后验概率 MAP,即式(1-8)$\theta_{MAP}=\arg\max_{\theta} P(X|\theta)P(\theta)$,在进行运算的时候,如果先验是一致先验(uniform prior)的前提条件下,MLE 是 MAP 的一种特殊情况,要进行 Bayesian 这种思维框架的计算,思考的是整个数据或者整个 evidence 本身。在式(1-15)中,$\int p(D|w)p(w)\mathrm{d}w$ 这是积分表达的事项,把所有的 MAP 集成起来,里面的每一个模型参数状态都是要考虑的,而不仅仅是寻求最优的参数,这就是 Bayesian 贝叶斯的一种思维架构。

Transformer 通过多头注意力机制,每个头(Head)对同样一个数据有不同的表达,不同的表达可能有一些信息冗余性的问题,Transformer 把每个头集成起来,更好表达信息,这就是 Transformer 对于 Bayesian 的一种实现,我们称之为 Bayesian Transformer 的方式。整个 Transformer 中除了多头注意力机制,还有很多其他的方面表现了 Bayesian 的思维状态,从简单的角度来讲,Bayesian 模式能够表达一个置信和分布区间,概率分布是概率统计的一个基本的内容。如图 1-28 所示。

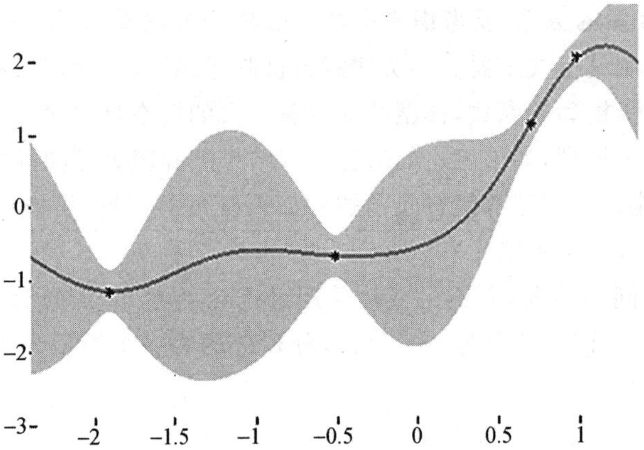

图 1-28 回归任务的预测分布

但这里面其实有很多的问题,如果要考虑所有的情况,这个计算不切实际,所有的情况是指有无数种情况,计算可行度不高,因此在进行计算的时候,很多时候会采用抽样的方式,例如贝叶斯模型平均(Bayesian Model Averaging, BMA)的方式。也有其他很多的抽样方式,很多技术都围绕它来产生,在无数种的状态中,无数种模型的参数中,采样出哪些参数模型来代表整个模型,这肯定是一个高技术的实现。Transformer 本身就是使用多头注意力机制来代表它,我们称之为 Bayesian Transformer。

1.6 Bayesian Transformer 在学术和工业领域的意义

思考 Bayesian Transformer 会有很多的价值和意义，第一是认识到 Transformer 多头本身类似一个 Sample 机制，每个头相当于抽样的一个样例（Sample），从一个全新的不同的视角，注意力头（Head 1）只是抽样的一个样例。注意力头（Head 2）也是一个样例，注意力头（Head 12）也是一个样例。所有的情况有无数种，Transformer 12 个注意力头在无数种情况中抽出了 12 个样例，但抽样的时候原始的 Transformer 并没有给一些提醒，提示应该怎么进行抽样，这可能会产生很多问题，例如，12 个头可能产生信息冗余。理想中是让每个头代表不同的信息，然后通过集成的方式更好表达更丰富的信息，但可能从 Head 1 一直到 Head 12，这 12 个头表达得差不多，从抽样的角度，抽样是类似的样例，这不是没有可能的。再次回到 Bayesian Transformer 的视角，其实会发现很多事情很容易解决，由于 Bayesian Transformer 强调的是 P(B)或者数据（evidence），可以从这个视角出发去改变 Transformer 输入输出以及结构的很多部分，这里面所有的工作的核心就是通过正则化来增加它的差异性（diversity）。

如图 1 - 29 所示，在词嵌入的时候，可以使用稀疏特征（Sparse Feature），也可以使用预训练词向量（Pretrained Embedding），联合构成嵌入词向量（Embedding）空间的内容，从而转过来影响多头注意力机制。

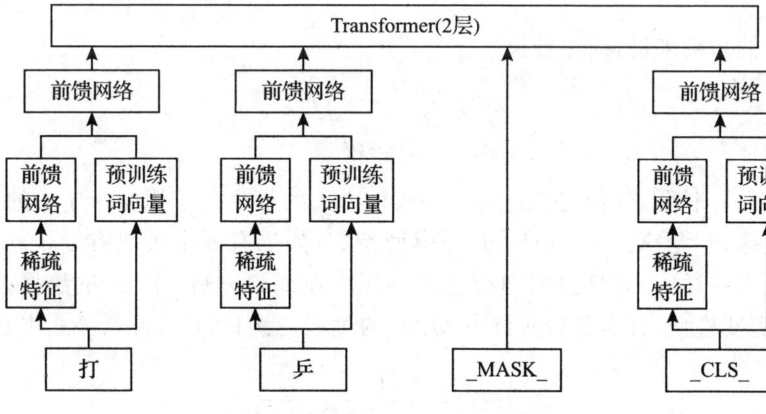

图 1 - 29　Transformer 词嵌入

从冗余的角度，整个 Transformer 会分很多不同的层，$N_{\times}$ 表明有很多层，一个很重要的优化技巧，不同层次的每一个层之间的注意力也可以 Bayesian 的方式去进行集成。例如，第二层的 Block 会联合第一层的注意力机制，第三层会联合第一层和第二层的注意力机制，这也是一种很有效的改进方式。从词嵌入的角度及不同层的角度看，以 Bayesian 的视角来看它的威力。

Transformer 处处皆是 Bayesian，不同层次是 Bayesian；多头是 Bayesian；自注意力（Self Attention）本身肯定是 Bayesian 的方式，因为考虑的不仅仅是自己，也要考虑其他的东西。通过一句话所有的单词，跟它关系的紧密的程度来表达自己，这显然是一种 Bayesian 的方式；Drop out 肯定是一种 Bayesian，因为每个批次（Batch）进行了 Drop out，至于每个批次而言，看见的网络是不一样的，得出的是同样一个模型（Model）。把不同的网络联合起来，构成了一个更有效的模型。如果是海量的参数（Huge Parameters）。训练的时候每次可能只训练其中一部分，不同的训练或者多轮训练的时候，其实是在构建同样一个东西，海量参数也是 Bayesian。词嵌入可以使用稀疏特征（Sparse Feature）及预训练词向量（Pretrained Embedding）联合，词嵌入是 Bayesian 的方式。不同的模型进行集成，其实也是 Bayesian 方式。一个框架中不同阶段（Stage）的参数也可以进行集成操作，这是一个很重要的技巧，在 Transformer 的高级模型中都有应用，残差网络（Residuals）是 Bayesian 的最直观的一种表达方式。

Bayesian Transformer 是把 Transformer 的多头注意力机制看作是一种 Sample 机制，是 Sample 具体的一个实现，不同的类别 Transformer 的变种，在实现 Sample 方面有很多的技巧，在工业实践中有很多有价值的实现方式。如果要更进一步看，接下来我们从系统化数学的角度跟读者分享 Bayesian Transformer 背后的数学系统。

1.7 贝叶斯 Bayesian Transformer 数学推导论证过程全生命周期详解及底层神经网络物理机制剖析

从数学的角度来讲，线性转换

$$z=g(z_1,\cdots.z_M) \tag{1-16}$$

$$z_i=f_{att}(x;\theta_i) \tag{1-17}$$

其中函数 g 联合了所有头的操作结果，每个头的产生是采用一个 f_{att} 的函数，x 是输入的数据，θ_i 是第 i 个头（Head）的模型参数，如果有 8 个头就有 8 个 θ_i。理论上讲它们是不一样的，而且我们期待它不一样。在式（1－17）中，x 是数据，θ_i 是参数，用数据更新模型，其实是后验概率 MAP 的过程，我们回到贝叶斯公式本身

$$P(\theta|D)=\frac{P(D|\theta)P(\theta)}{P(D)} \tag{1-18}$$

如图 1－30 所示，对于多头注意力机制而言，数据是同样的数据，用这一个数据来更新不同的头和不同的模型，下标从 0～7 一共 8 个头，包括 8 个 θ_i 的内容（θ_0～θ_7），分子是 $P(D|\theta)P(\theta)$，分母 $P(D)$ 是所有模型的表现方式，这是 Bayesian 的精华。

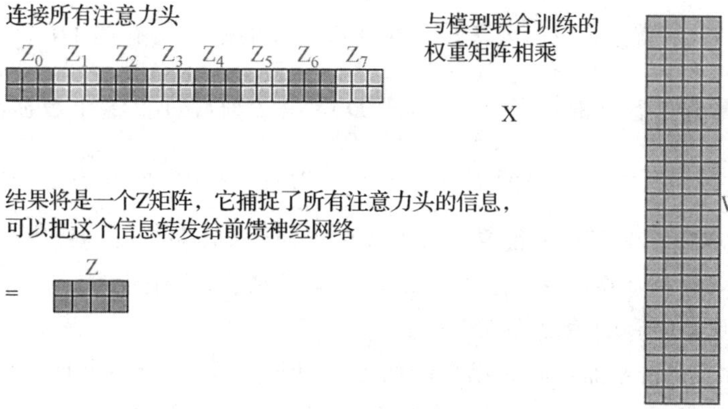

图 1-30　8 个注意力头

在公式

$$P(D)=\int_\theta P(D,\theta)d\theta \tag{1-19}$$

式(1-19)中采用积分的方式，其中 θ 是积分变量，每个头相当于一个变量的状态。这时候 $P(D,\theta)$ 对它进行积分操作，而 $P(D,\theta)$ 中的逗号从概率的角度讲，是数据和模型 θ 共同出现的概率，回到最开始的式(1-2)，贝叶斯公式 $P(A|B)=P(A)\times\frac{P(B|A)}{P(B)}$，由于 A 和 B 相互作用，它们之间有相交的部分，在 B 的情况下求 A 就是后验概率(posterior)，可以转换成在 A 的情况下求 B 就是似然估计(likelihood)。当然这里面乘上了 $P(A)$ 先验概率(prior)，除以 $P(B)$ 边缘概率(Marginal)的内容。

$P(D,\theta)$ 在数据和模型共现的情况下，式(1-19)对它求积分的操作，考虑到链式法则，得到以下公式：

$$P(D)=\int_\theta P(D|\theta)P(\theta)\mathrm{d}\theta \tag{1-20}$$

将其代入后验概率分布的公式中，得到以下公式：

$$P(\theta|D)=\frac{P(D|\theta)P(\theta)}{P(D)}=\frac{P(D\mid\theta)P(\theta)}{\int_\theta P(D\mid\theta)P(\theta)\mathrm{d}\theta} \tag{1-21}$$

从每一个模型参数的角度讲，可以把 p(D)去掉：

$$P(\theta|D)=\frac{P(D|\theta)P(\theta)}{P(D)}\propto P(D|\theta)P(\theta) \tag{1-22}$$

$$\theta_{MAP}=\arg\max_\theta P(D|\theta)P(\theta) \tag{1-23}$$

式(1－23)其实就是 MAP，而 $P(D)$本身它要算的是把所有的 $\int_\theta P(D|\theta)P(\theta)\mathrm{d}\theta$ 进行集成，从最开始看见的式子(1－19)$P(D)=\int_\theta P(D,\theta)\mathrm{d}\theta$ 这个数据和模型共现的概率，转换成计算式(1－20)的 $P(D)=\int_\theta P(D|\theta)P(\theta)\mathrm{d}\theta$，其中 $P(D|\theta)$是似然估计 MLE 的部分。发现一个很有意思的现象，要计算 Bayesian 的概率分布，转过来要求助于 θ_{MAP} 最大后验概率，从 Bayesian 的角度来看，不是仅看这一个 θ_{MAP} 最优的情况，而是其他所有的情况都要考虑。

对于 Transformer 而言是采用多头的方式，但这里面涉及一个具体的实现，就是 Transformer 为什么使用多头的方式，而不是采用积分的方式，Transformer 直接简单地进行了一个联合的操作，把多个头拼接在一起，这里面有一个概率分布的计算方式。

如图 1－31 所示，如果值都是连续的，称之为稠密概率分布(probability dense distribution)，曲线下面的概率面积加在一起是 1。

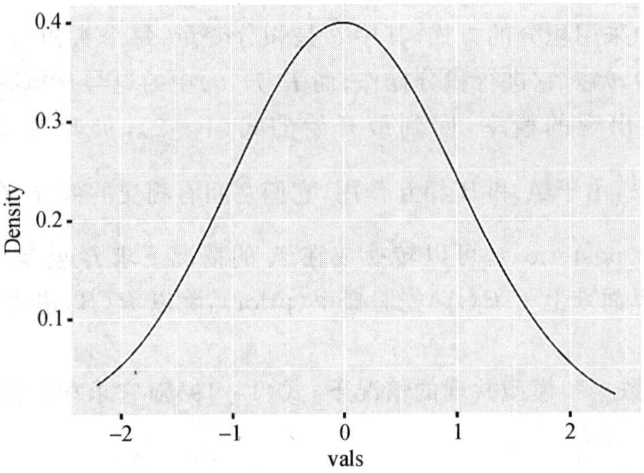

图 1－31　概率分布

如图 1－32 所示，如果值是不连续的，即称之为概率质量分布(probability mass distribution)。

Transformer 多头注意力机制，每个头可能表达的概率不一样，假设有 4 个头，头的编号是 0、1、2、3，每个头可能出现的概率不一样，这时候它使用的是概率质量分布(probability mass distribution)，而不是稠密概率分布(probability dense distribution)。这是在工程实现时候的一种权衡或者考量，跟计算机本身的离散性也是紧密相关的，从神经网络的角度讲，神经网络开始会有个初始化的状态，初始化的状态很多时候是随机的状态，如果不考虑迁移学习或者前置的信息，即使考虑其他的信息，也不能保证完全的连续，因此这是一个非常精妙的实现。

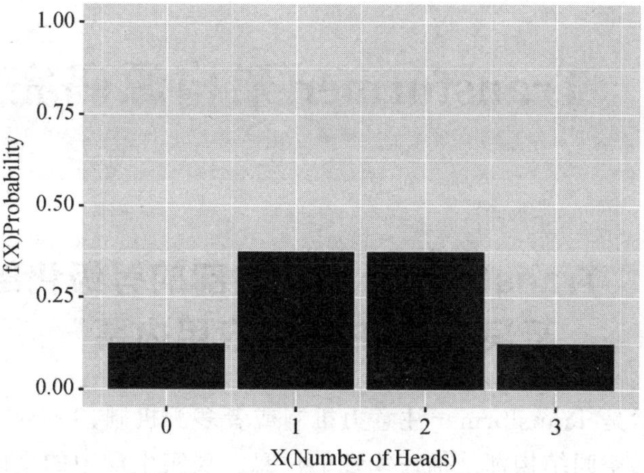

图 1-32 概率质量分布

Transformer 产生多头注意力机制实现概率分布，Transformer 有不同的头，在计算的时候，每个头都会有一种概率的状况，每个头都能表达一种概率。式(1-17) $z_i = f_{att}(x;\theta_i)$，$z_i$ 是头(Head)的模型参数对当前的 x 能够表达的概率的情况，采用概率质量分布(probability mass distribution)，在式(1-16)中，$z = g(z_1, \cdots, z_M)$，使用 g 函数把每个头的概率联合起来，而不是采用积分公式的计算方式：

$$P(z|x,D) = \int \delta_{f_{att}(x;\theta)}(z) p(\theta|D) d\theta \tag{1-24}$$

Transformer 就完成了 Bayesian 的过程，这是 Bayesian Transformer 背后的数学论证。

接下来将从代码的角度，完整地实现 Transformer 整个编码端及解码端，从数据、训练、推理的视角，完整地实现整个过程。

第 2 章　Transformer 架构源码完整实现

2.1　Transformer 架构内部的等级化结构及其在 NLP 中的应用内幕

图 2-1 所示是 Transformer 注意力机制或者多头机制，Transformer 研究的是空间结构，看见的空间结构都是描述线性的信息。现实生活中的空间结构是线性的等级结构，也可能是网状模型的一个特殊形式，最常用的方式之一就是等级结构。

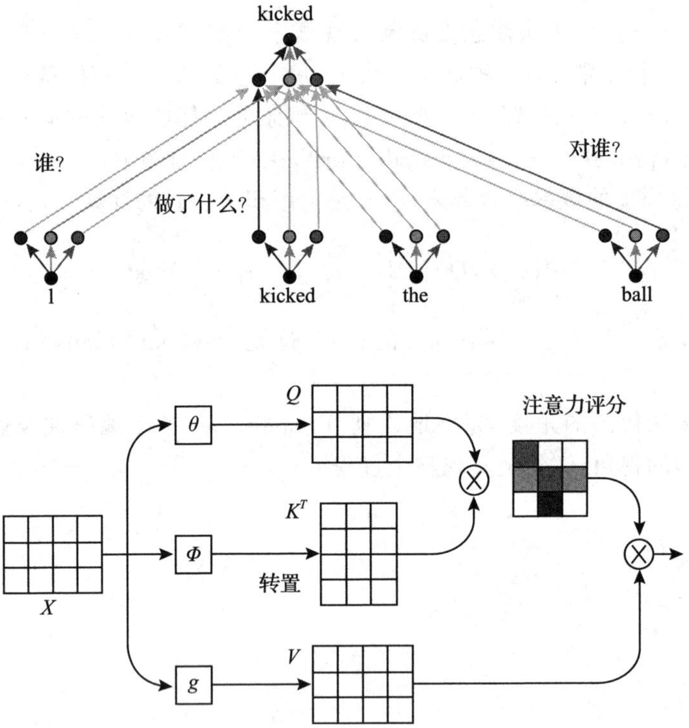

图 2-1　注意力机制

如图 2-2 所示，正常的空间结构中一个很常用的结构就是等级结构，图片识别一辆车，在低级别的时候倾向于像素的片段，很原始的一些片段，然后中等级别可以看见一下初步的形状，更高级别可以看见更多的形状，这就是等级结构。

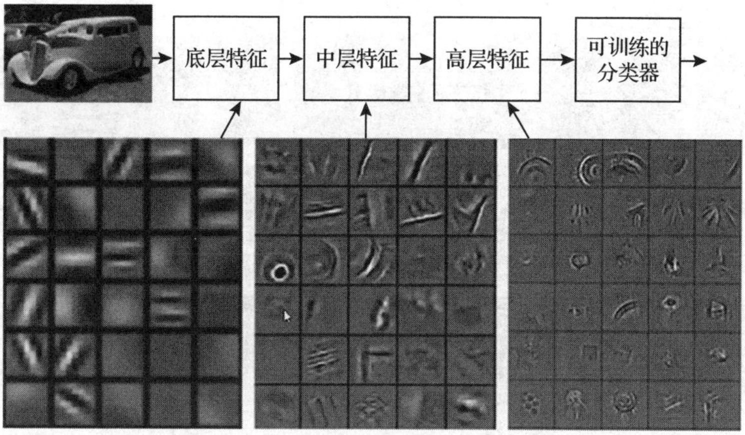

图 2-2　图像识别等级结构

Transformer 或者神经网络之所以有用，核心原因就是能表达等级结构。如图 2-3 所示，Transformer 有很多层，可能是一层、两层，也可能是 12 层或者更多层。Transformer 模型训练的层次越来越多，背后的原因就是提出更多的等级结构。从自然语言的角度看，最底层的层次可能是最简单的单词切分，进一步可能就是语法层次，它表示不同的时态，一些更高的层次，可能就是语义层次。

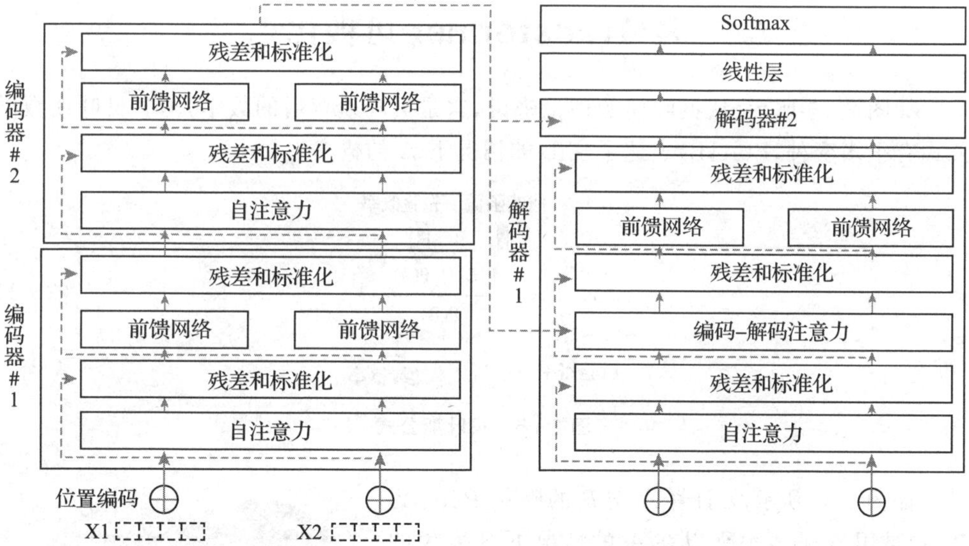

图 2-3　Transformer 内部结构

Transformer 的层次如图 2-4 所示，我们会发现这里有很多层，不同的层次会有不同的一套自然语言的理论，层次越低，表达的信息就越原始，层次越高的时候，表达的信息就越综合。

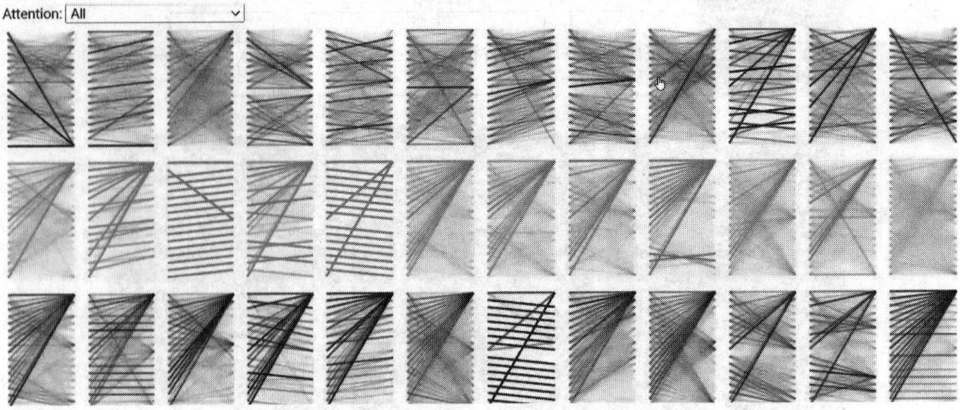

图 2-4　Transformer 层次

模型的最底层捕获了最遥远的关系，这里涉及距离的远近，当前这个单词可能开始看到自己相邻的部分，也有可能看更远的部分。相邻和更远的部分怎么去衡量，就是等级化的决定。在 Transformer 的模型中，模型中间的层次很好地表达了语法关系，背后都有很多素材，本节就是点到为止。

2.2　数学内幕、注意力机制代码实现及 Transformer 可视化

如图 2-5 所示，从贝叶斯的理论来讲，这是贝叶斯背后的数学公式，贝叶斯数学公式有很多变种，P(A|B)表达了在 B 的情况下 A 的概率。

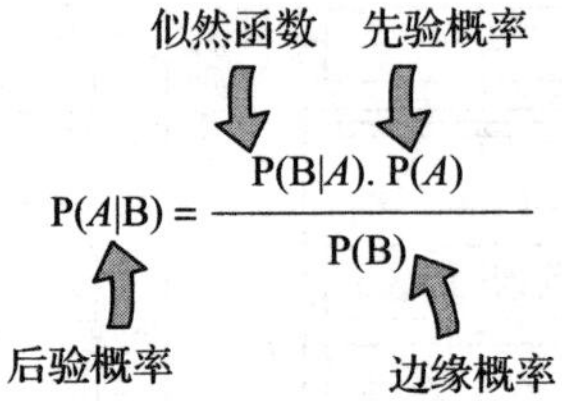

(2-1)

图 2-5　贝叶斯公式

如图 2-6 所示，要计算 A 交 B 的概率，$P(B|A)P(A)$ 是用 A 的概率乘以在 A 的情况下 B 发生的概率，相乘就代表它们同时产生。同时产生就变成了 A 交 B 这一块的面积，然后通过式(2-1)的 $\frac{P(B|A)P(A)}{P(B)}$ 公式就得出了在 B 的情况下 A 发生的概率 $P(A|B)$。除法运算的本质是计算先后

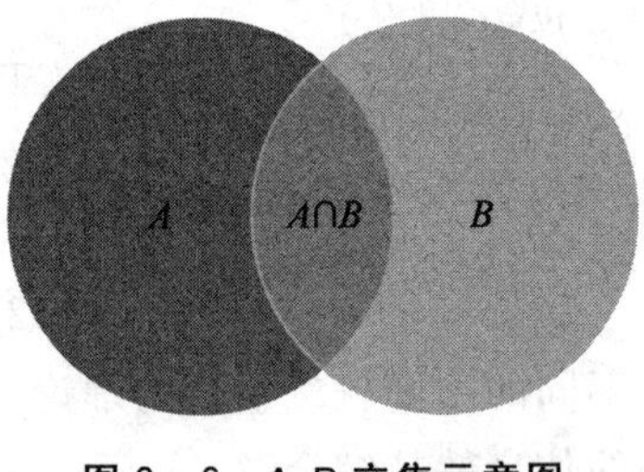

图 2-6　A、B 交集示意图

关系，由先后关系变成了因果关系，这就是贝叶斯公式。在生成语言模型中，在有 B 的情况下，同时输入 A，它会产生一个新的语言内容。

Transformer 自注意力公式：

$$\text{Attention}(Q,K,V)=softmax\left(\frac{QK^T}{\sqrt{d_k}}\right)V \tag{2-2}$$

Transformer 注意力机制代码实现：

```
1. def attention(query, key, value, mask = None, dropout = 0.0):
2.     " Scaled Dot - Product Attention"
3.     d_k = query.size( - 1)
4.     scores = torch.matmul(query, key.transpose( - 2, - 1)) / math.sqrt(d_k)
5.     if mask is not None:
6.         scores = scores.masked_fill(mask = = 0, - 1e9)
7.     p_attn = F.softmax(scores, dim = - 1)
8.     # dropout described below
9.     p_attn = F.dropout(p_attn,p = dropout)
10.    return torch.matmul(p_attn, value), p_attn
```

上段代码中第 4 行较简单，将 Key 矩阵进行转置，通过 torch.matmul 方法将 Query 矩阵和 Key^T 矩阵进行矩阵相乘，这是线性代数一些最基本的概念。

上段代码中第 7 行通过 F.softmax 方法得到分数排名。

上段代码中第 10 行将计算的注意力分数和当前的 Value 矩阵值进行相乘，得出想要的结果。

Transformer 多头注意力公式：

$$\text{MultiHead}(\text{Q},\text{K},\text{V})=Concat(head_1,\cdots,head_h)W^O \tag{2-3}$$

$$head_i=Attention(QW_i^Q,KW_i^K,VW_i^V) \tag{2-4}$$

Transformer 多头注意力机制有一些不同的初始化的状态，Transformer 多头注意力机制代码实现如下：

```
class MultiHeadedAttention(nn.Module):
    def __init__(self, h, d_model, dropout = 0.1):
        " Take in model size and number of heads. "
        super(MultiHeadedAttention, self).__init__()
        assert d_model % h = = 0
        # We assume d_v always equals d_k
```

```python
        self.d_k = d_model // h
        self.h = h
        self.linears = clones(nn.Linear(d_model, d_model), 4)
        self.attn = None
        self.dropout = nn.Dropout(p=dropout)

    def forward(self, query, key, value, mask=None):
        "Implements Figure 2"
        if mask is not None:
            # Same mask applied to all h heads.
            mask = mask.unsqueeze(1)
        nbatches = query.size(0)

        # 1) Do all the linear projections in batch from d_model => h x d_k
        query, key, value = [
            lin(x).view(nbatches, -1, self.h, self.d_k).transpose(1, 2)
            for lin, x in zip(self.linears, (query, key, value))
        ]

        # 2) Apply attention on all the projected vectors in batch.
        x, self.attn = attention(
            query, key, value, mask=mask, dropout=self.dropout
        )

        # 3) "Concat" using a view and apply a final linear.
        x = (
            x.transpose(1, 2)
            .contiguous()
            .view(nbatches, -1, self.h * self.d_k)
        )
        del query
        del key
        del value
        return self.linears[-1](x)
```

图 2-7、2-8 所示是 Transformer 内部运行的非常详细的内容，可以很清楚地展示底层运行包括物理级别、系统级别、日志级别的信息。

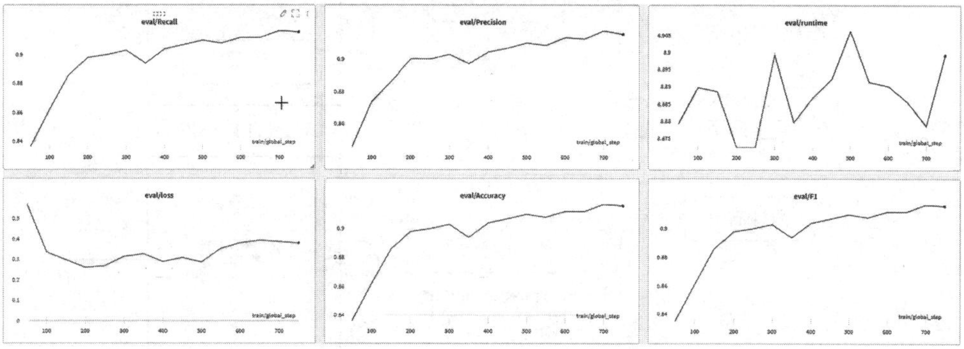

图 2-7 Transformer 内部运行内容

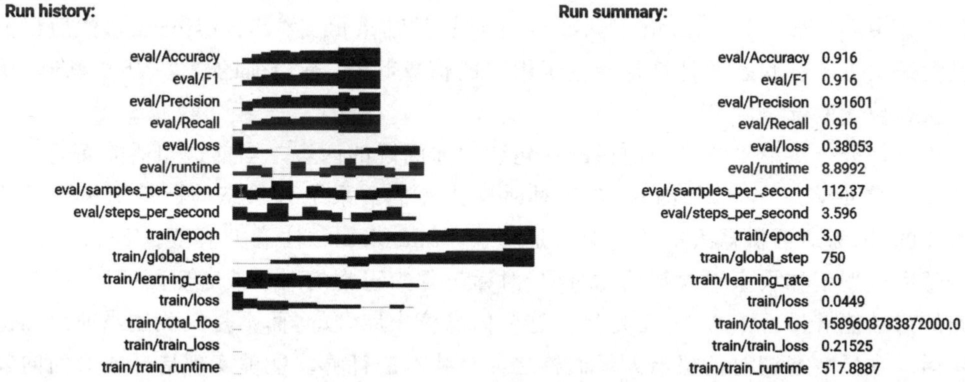

图 2-8 Transformer 运行日志摘要

从架构的角度看，Transformer 运行内幕、数学依据以及研发过程的物理本质，都是双向思考法。一步一步解耦的同时完成内聚，星空智能对话机器人的代码从 500 行左右变成核心代码 12 万行。Transformer 是一个底层的基石，从整个大的系统的角度，它并不具有自己的意志或者想法，要让 Transformer 有意志或者想法，要用 Star Space 去完成，让星空智能对话机器人的代码由几百行变成了十几万行。

2.3 以对话机器人的流式架构为例阐述 Transformer 学习的第三境界

图 2-9 所示以对话机器人的流式架构阐述 Transformer 学习的第三境界。

在对话机器人的流式架构中，消息进来和消息出去是一个流动的过程。当这个消息进来的时候，它会经过 Transformer 的处理，Transformer 处理之后交给有状态

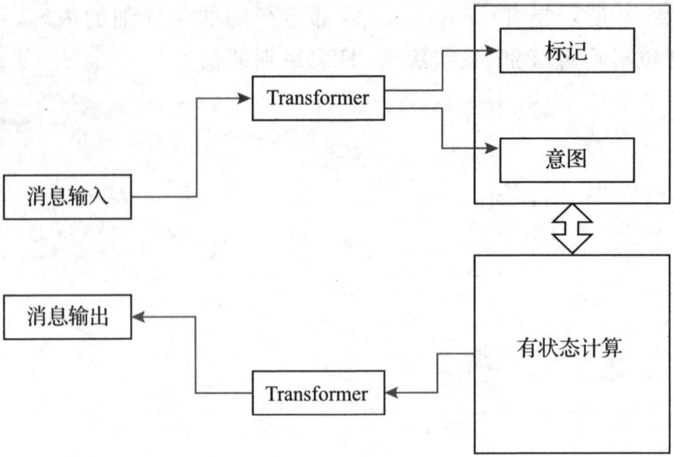

图 2-9　对话机器人的流式架构

的计算中心(stateful computations),会把计算的结果再交给 Transformer,然后将消息发送出去。有状态的计算是指基于用户的信息状态,有当前的状态、历史状态,历史状态包含两部分:

一部分是对话系统中当前说的这句话的前面说的内容。当前这句话前面的 3 句话、5 句话或者 10 句话的内容,对于对话机器人整个系统有状态的计算决策是至关重要的,因为对话机器人的流式架构是基于 Transformer 注意力模型。Transformer 注意力模型就如大家平时说话的过程,对话过程中正常的对话或者反问问题,彼此之间的对话能够进行下去,一定是基于这个信息流去展开的,而不是仅关注当前说的这句话。在星空智能对话机器人里面称之为有状态的计算。能够实现局部或者面向领域信息理解的关键就在于当前的话本身并不重要,完成理解是基于过去的状态,这和 Transformer 是天然的吻合,这是有状态的计算在整个对话流程中第一个很重要的点。它考虑当前输入的内容,但前面输入的内容其实也至关重要,前面所有的内容对当前信息理解的语义是有决定性作用的。

另一部分是信息画像,是用户的画像或者知识库里面的内容。在推荐系统中,背后有很多信息画像和用户画像的内容,同时也有知识图谱和知识库的内容,无论是输入的对话还是历史信息,都不是一个静态的画像。画像是一个动态的过程。

对话机器人反馈给用户的信息、机器人处理信息的动作、机器人反应的动作、用户输入的信息、用户的动作、消息传输的动作,把这一切的信息都当作事件,对事件进行编码,这些事件就构成一个事件流。事件流是一个循环(Loop),把对话作为一个事件流,在这个事件流中,可能有用户输入 20 句话的事件、机器人反应的 100 个动作的事件,然后在循环的过程中遵循一个线性的流程,就构成一环又一环的事件流。在环中流通的时候,使用 Transformer,基于对话机器人的流式架构对 Transformer 学习的理解就进入了第三境界。

2.4 以智能对话机器人为例阐述 Transformer 的自编码 autoencoding 和自回归 autoregressive 语言模型内幕机制

图 2-10 所示是自编码语言模型，可以根据上下文的注意力进行填充，神经网络背后是向量，隐向量填充有一个程度的问题，填充正确与否是一个自编码的过程。像做填空题一样，在填空题对一些关键信息进行挖空，即自编码语言模型根据上下注意力来填入相应的内容，再跟实际的内容进行对比，根据实际的结果来校正神经网络，然后自编码语言网络就能够理解数据左侧的部分。

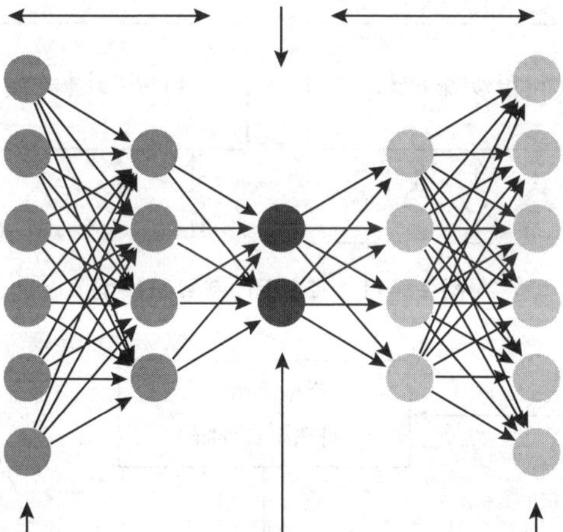

图 2-10 编码器、解码器

如图 2-11 所示，图中左侧的部分是自编码的过程或者是双向注意力机制，图中右侧的部分是自回归的过程。自回归的过程相当于和对话机器人对话，在跟对话机器人交互的过程中，用户给对话机器人输入一句话，对话机器人就会根据历史对话信息、知识库、推荐系统、用户画像的内容构建下句话或者下一个动作的内容。

在 Transformer 架构中，Transformer 左侧是自编码的过程，Transformer 右侧是自回归的过程，左侧是以 BERT（Bidirectional Encoder Representations fromTransformers）为核心代表，用于理解语言，右侧是生成语言。

图 2-12 是对话机器人的系统架构图，当对话输入进来，基于 Transformer 模型进行语言理解 NLU（Natural Language Understanding），然后有语言生成 NLG（Natural Language Generation）。语言生成的时候，根据当前输入的内容、历史信息

如过去说的 5 句话或 10 句话、用户画像、知识图谱、推荐系统等内容生成语言信息。自然语言理解 NLU 这个部分的注意力机制是双向注意力机制，而自然语言生成 NLG 的是单向注意力机制。

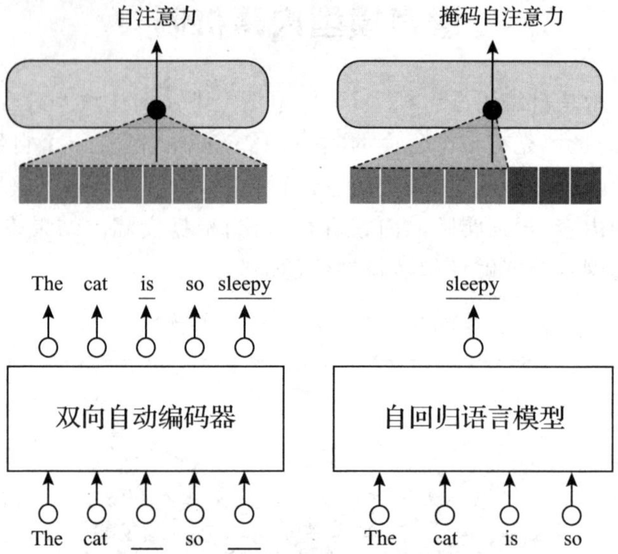

图 2－11　自编码、自回归模型

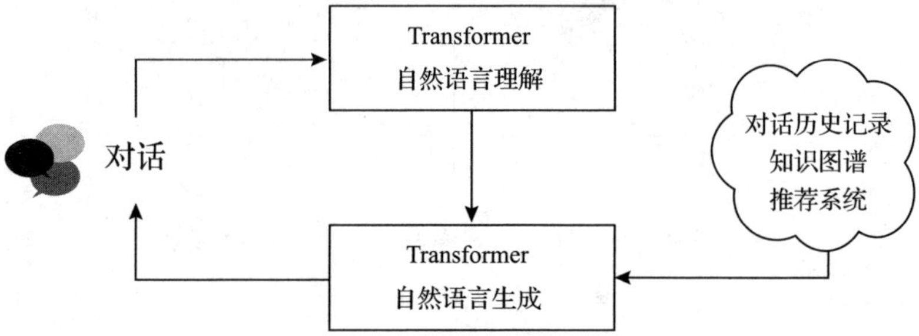

图 2－12　对话机器人

第3章　Transformer 语言模型架构、数学原理及内幕机制

3.1　语言模型的链式法则、运行机制及其分类器特性

语言模型本身比较简单，它是一个预测词汇或者单词序列概率分布的模型。

$$P(y_1,y_2,\cdots,y_n)=P(y_1)\cdot P(y_2|y_1)\cdot P(y_3|y_1,y_2)\cdots\cdots P(y_n|y_1,\cdots,y_{n-1}) \tag{3-1}$$

$$=\prod_{t=1}^{n} P(y_t|y<t)$$

通常，有一句话是有顺序的，即一个单词序列。假设这句话里面有 y_1,y_2 一直到 y_n，那么其中先有 y_1，然后再有 y_2，y_2 是在 y_1 的情况下存在的，y_3 是在 y_1 和 y_2 情况下存在的。如果要算这一句话的概率，显然是 $P(y_1)$乘上 y_2 在 y_1 情况下的概率 $P(y_2|y_1)$，乘上 y_3 在 y_1 和 y_2 情况下的概率 $P(y_3|y_1,y_2)$，依次连乘至 $P(y_n|y_1,\cdots,y_{n-1})$，这是贝叶斯公式表达的条件概率。为什么是乘法操作，是因为一个序列是有顺序的，在排列组合中，一个有顺序的不同步骤的操作都是乘法操作，$\prod_{t=1}^{n} P(y_t|y<t)$是一种简洁的表达方式，$\prod$ 是一个乘法符号。在 y 小于 t 的条件下，也就是前面所有的词汇的情况下，对于语言模型表达，一个概率或一句话不同的词汇会有不同的顺序。一个好的语言模型表达的肯定是正常的一句话，给它分配的概率会更高。

看一个例子，例如：P(the cat is small) > P(small the is cat)，“the cat is small”是一句正常的话，好的语言模型给它分配的概率肯定比“small the is cat”这句话要高，因为“small the is cat”这句话显然语句不通。一个序列进行一个概率的判断，语言模型训练的目标就是给正常的说话赋予更高的概率，实际上说明语言模型是一个分类器。在做各种分类的时候，在众多的概率中进行比较，一般会选取概率最大的，或者概率最小的，语言模型是基于上下文的一个分类器，后面的词汇依赖前面的词汇，前面是它的上下文或者历史信息。从语言生成的角度，语言模型非常重要的功能是语言生成，一个好的模型能够很好预测，基于前面的上下文或者说历史信息，给出一个合理的下一个单词或者下面两个单词的内容。

再看一个例子，如图 3-1 所示，“I was happy to see _”，要预测下一个词语。

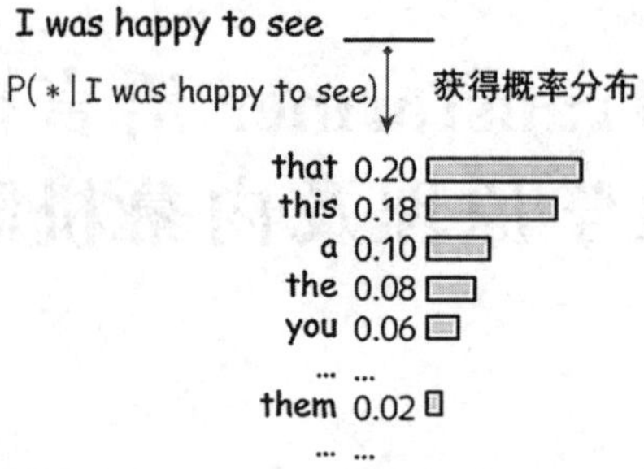

图 3-1　语言模型的预测示例

从计算的角度，可能是从整个语言模型的词库中来看它的概率，假设整个语言模型有 3 万个词汇，基于历史信息它会形成一个向量（Vector）。从神经网络的角度，基于这个历史信息就是“I was happy to see”前面所有的信息，即会通过神经网络把它编码成一个上下文（context）或者一个向量的内容，向量会和所有的词汇，例如这 3 万个词汇进行向量（vector）和矩阵（Matrix）的乘法。矩阵（Matrix）的长度是 3 万个，每一个都有它的向量表达方式，其实是和每一个向量每个词汇所代表的向量进行相乘。两个向量相乘表达的是它的紧密程度，乘法之后就可以衡量要填空的词汇和 3 万个词汇中哪一个词语的距离最近，会通过 softmax 操作变成 0～1 之间的概率，而且确保这 3 万个词汇跟当前上下文紧密程度的概率加起来之和等于一，从另外一个角度来理解这个语言模型，就是它预测揭晓了会发生的结果。

GPT（Generative Pretrained Transformer）系列模型语言生成做得非常好，在训练的时候有大量的语料。一个语言模型本质上是一个分类器，用来预测概率，把正常语序的句子赋予更高的概率，实际选择的时候会选择正常的语序，同时它可以预测接下来发生什么，本质上讲最重要的功能是基于上下文来预测接下来发生什么。

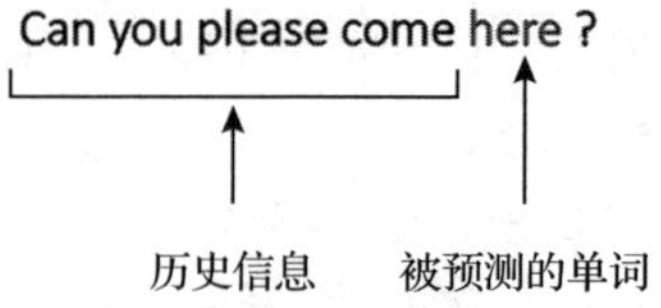

图 3-2　语言模型的预测示例

如图 3-2 所示，当前单词“here”的上下文是它前面的内容。“can you please come”是历史信息（History），也是“here”的上下文。语言模型会把这 4 个单词编码成 1 个向量，一个 vector，向量可能是 256 个维度、128 个维度或者自定义的维度，然后它会和词汇库中 3 万个词汇所代表的向量进行相乘，发现“here”这个单词在上下文环境下，它的可能性是最高的，所以“here”就是要预测的单词（Word being predicted），就生成了“can you please come here”这一句话。

这是我们对语言模型的一个基本性的定义，或者说一个基本性的理解。简言之，它是基于上下文，从数学的角度讲，它是基于条件，上下文就是条件的一个分类器而已。

3.2 基于概率统计 Statistical Language Models 语言模型内部机制、数学公式及完整的示例

在语言模型的一个例子中：P(the cat is small) ＞ P(small the is cat)，“the cat is small”概率大于“small the is cat”。另外一个例子：“I was happy to see _”，要预测下一个词语，从候选词“that”“this”“a”“the”“you”……里面选择一个概率最高的单词“that”，它是指代词，生成的语句是“I was happy to see that”。这两个例子的概率具体怎么进行计算？如果读者对概率统计比较清楚，或对机器学习比较了解，肯定有了非常明确的方向，就是在上下文或者特定条件下进行整个过程的优化。

如图 3-3 所示，实际在计算的时候有两种方式，一种是传统的方式(N-gram models)，传统有很多的模型，models 是复数的形式。另一种是神经网络(Neural models)，它也有很多的方式，如 RNN 、GRU 等。现在整个 NLP 领域居霸主地位的模型是 Transformer 及其整个 Transformer 家族。

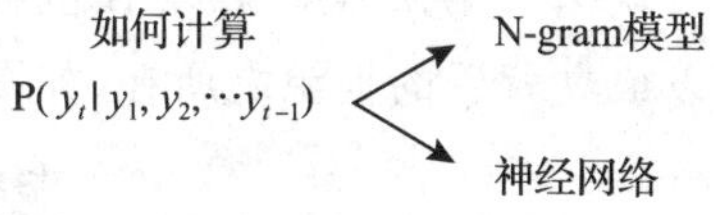

图 3-3 语言模型概率计算方式

无论是哪种方式都会发现，它是条件概率，$P(y_t|y_1, y_2, \cdots y_{t-1})$是在 y 小于 t 的条件下，y_t 在 y_1 和 $y_2, \cdots y_{t-1}$ 情况下的概率。它会有两种的变化，具体来看一下，第一种方式是 N-gram models 的方式，这是一种基于统计模型的方式，称之为统计语言模型(Statistical Language Models)。它会使用传统的统计学习，具体是 N-gram 的方式，如图 3-4 所示。N-gram 本身是比较容易或者比较直观的：P(A)发生情况下的概率是 2/5，B 在 A 的情况下发生的概率 $P(B|A)$是 1/4，$P(B|A)$在整个链条中发生的概率显然是 $P(A)\times P(B|A)$为 $2/5\times 1/4=1/10$，它们是一个序列，两者之间的顺序是很重要的，改了顺序，它就会表达不同的意义。

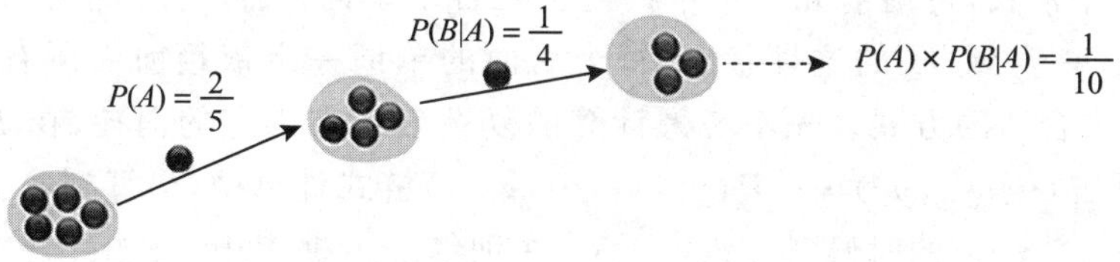

图 3-4 N-gram 方式

条件概率本身表达是一个序列，有历史信息也有当前状态，用当前的状态更新历史信息，或使用历史信息来作用于当前的状态，这是更新(update)操作。其实是乘法操作，因为有多个步骤要处理，$P(A)\times P(B|A)$是我们求最大后验概率 $P(A|B)$时候的公式，没有考虑 $P(B)$这个情况，是因为求最大的后验概率，分母 $P(B)$是一样的，$P(B)$涵盖了所有情况或者任意情况。

从概率论的角度讲，最基本，最本质的是贝叶斯公式，我们称之为贝叶斯，而不是 Bayesian，因为 Bayesian 强调的是一种不确定性，而贝叶斯强调的是后验概率。无论是哪一种情况，底层的数学基石是指两个物体同时出现。从物理世界的角度讲，它是指两个物体的相互作用，因为有两个物体相互作用，所以它们就会有相交的空间，因为有了相交的空间，所以使用传统的统计学的方式进行统计的时候，才会看见这两个词汇会经常出现在一起，或者这三个词汇会经常出现在一起。一个句子基于前面的内容，基于不同词的共现，这个句子会经常出现。从理论来讲，数据规模越大，数据质量越高，对信息描述就越准，这也是 GPT 系列规模越来越大的原因。两个物体的共现比较很简单，A 和 B 共现就是 $P(A)$ 乘以 $P(B|A)$，在 $P(A)$ 存在的情况下，用 $P(B|A)$ 去更新它；当然也可以是 $P(B)$ 乘以 $P(A|B)$，因为它是表达了相交的部分。从 A 的视角来看和从 B 的视角来看，得到的结果是一样的，这是贝叶斯公式之所以成立背后的根源之所在，如图 3-5 所示。

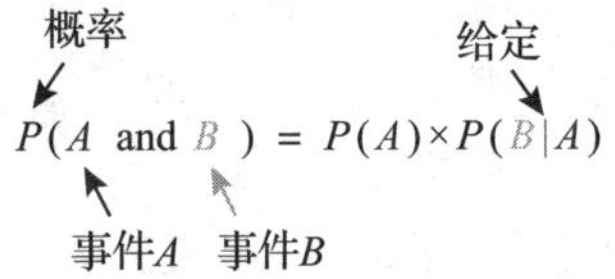

(3-2)

图 3-5　贝叶斯公式

贝叶斯公式背后不是一个偶然或者一个魔法，它是很简单的事实，两个物体有交集，聚焦在交集上，基于这个交集就是等式的基础，基于这个等式作为一个中间交会的点，作为一个桥梁，看见了 A 可以推出 B，或者看见了 B 可以推出 A，然后演绎为因果推论等。也有很多其他的演绎，但实质上都是同样一本质。

基于共现方式计算概率的情况，在"can you please come here?"这句话中，是关注整个句子中 5 个单词的共现，还是关注 2 个单词的共现，或关注 3 个单词的共现？这句话可能非常长，可能有几十个单词甚至几百个单词，实际计算的时候，如果按 $y_1, y_2, \cdots y_n$ 一直到 y_n 的这种状态，每个后面的单词一定依赖前面所有的单词，这是一种不太合适的方式。先不考虑计算的复杂度或者内存的消耗，在 $P(y_1) \cdot P(y_2|y_1) \cdot P(y_3|y_1,y_2) \cdots\cdots P(y_n|y_1,\cdots,y_{n-1})$ 链式计算中，当算到第 5 个单词 $P(y_5|y_1,y_2,y_3,y_4)$ 的时候，y_1, y_2, y_3, y_4 在训练的数据库中，可能发现它们共现的概率为 0，概率为 0 又是乘法，就把前面的内容都抵消掉了。当然会有一些平滑的操作，但这里不是重点说它的平滑，而是这个链条的历史信息越长，一般情况下它出现的概率就越低，如果出现一个 0 把前面所有的信息都抹掉了，这显然是一种不合理的情况。

实际在计算时，会采用马尔可夫链的方式来进行计算，很多时候采用隐马尔可夫模型(Hidden Markov Model, HMM)。马尔可夫链的核心是只关注跟当前最相关的，当前最相关的是自己本身，马尔可夫链本身是一个思想，关注自己，也可以关注前

面一个单词，或前面两个单词，语言模型关注一般不会超过三个单词，这就产生了 N-gram 方式。

大家看图 3-6，如果是一元模型（Unigram）方式，在“The quick brown fox jumped over the ?”这句话中，如不考虑上下文，只考虑跟自己相关的东西，从概率的角度看是完全独立事件，跟其他词没有任何关联。

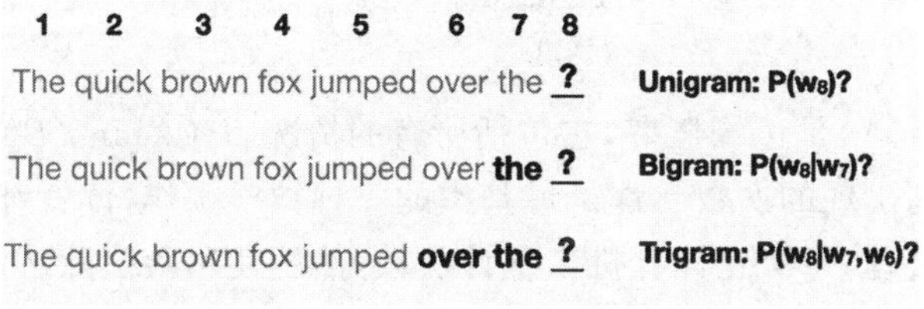

图 3-6　Unigram、Bigram、Trigram

如果是二元模型（Bigram），第八个位置依赖前面第七个位置的一个单词的内容。如果是三元模型（Trigram），则依赖前面两个单词的内容，每个当前的词都依赖前面两个单词的内容，这是传统机器学习统计算法做语言模型的比较经典的做法。

图 3-7 所示是三元模型（Trigram）的方式，在 N-gram 方式之前会考虑所有的情况：

$$P(\text{I saw a cat on a mat})=P(\text{I})\cdot P(\text{saw}|\text{I})\cdot P(\text{a}|\text{Isaw})\cdot P(\text{cat}|\text{I saw a})\cdot P(\text{on}|\text{I saw a cat})\cdot P(\text{a}|\text{I saw a cat on})P(\text{mat}|\text{I saw a cat on a}) \quad (3-3)$$

以此类推。假设单词“mat”在“I saw a cat on a”发生的情况下出现的概率极小，在规模比较大的时候，概率累加起来进行乘法其实是让概率无限逼近 0，当然我们会通过指数及对数转换等操作进行一些平滑处理。从实际操作的角度看，一般只用 Unigram、Bigram、Trigram 的方式，例如，$P(\text{mat}|\text{on a})$ 中的“mat”单词依赖于前面“on”“a”这两个单词，这是传统的方式。

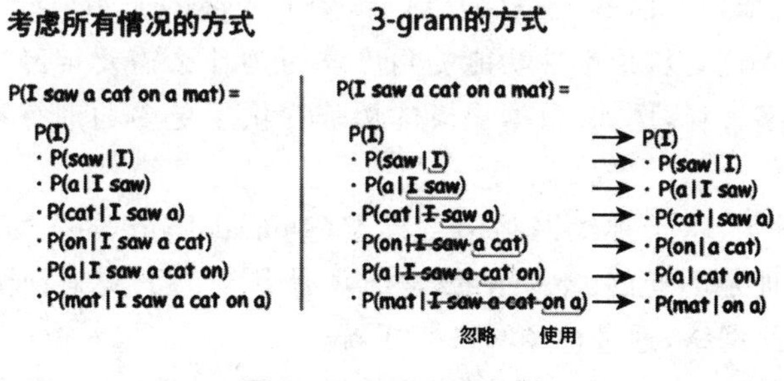

图 3-7　Trigram 示例

传统的方式比较简单，基于两个词或者三个词共现的概率中，Bigram 是两个词共现，Trigram 是三个词共现。例如，$P(w_8|w_7)$ 是 w_8 在 w_7 发生的前提下出现的

概率，根据

$$P(A \text{ and } B) = P(A) \times P(B|A) \tag{3-4}$$

式(3-4)公式进行计算，$P(B|A)$表示 B 在 A 发生的前提下出现的概率，转过来把这个 $P(A)$移到左侧，在 A 和 B 共现的情况下除以 $P(A)$表示为

$$\frac{P(A \ and \ B)}{P(A)} = P(B|A) \tag{3-5}$$

从这里看，$P(A)$是边缘概率，它包括所有的情况，$P(A \text{ and } B)$是统计语料数据库中 A 和 B 共同出现的次数。这是最基本的一种数学操作，读者都应该可以理解这过程，但这样的过程，每次让计算机来统计次数，然后使用乘法除法的运算，看上去没有问题，但可能会丧失掉很多信息。这样对语言的描述，只是一种技术统计的方式，并没有去研究语义方面的内容，而一个语言是有不同层次的，最简单的是词汇方面的内容，词汇里面也有词根、词缀，基于词汇之上有语法、句法、语义，显然传统的方式是无法很好捕获这些内容的。目前也有一些方法尽力去做这些东西，但都不是很有效，因此就诞生了神经网络的模型。

3.3 基于神经网络 Neural Language Models 语言模型内部机制、数学公式及完整的示例

尽量选择高质量的语料库，神经网络语言模型(Neural Language Models)会把整个语料库直接放进神经网络进行训练，不是通过统计的方式，而是让神经网络自己发现内部的规律，哪几个词最常出现在一块，哪句话是一个正常的句子，甚至语义级别是什么，这是神经网络神奇的地方。神经网络有一个核心的点是它的等级结构，包括最简单的词汇级别、句子级别、及语法级别等，更重要的是语义级别，甚至超越语义级别更高的内容，等级越来越高。从一个正常的神经网络的角度看，后面的信息依赖前面的信息，不仅依赖当前的上一层，更依赖于上一层的上一层的上一层，……，一直到最开始的层。这是从根本性功能的角度学习为什么需要神经网络做语言模型，当然可有其他很多解释，例如，数据规模的爆炸提供了更多的训练素材，算力的可用度越来越高等。

如图 3-8 所示，基于神经网络语言模型(Neural Language Models)进行预测，它本质的数学原理是不变的，本质的数学原理是基于上下文来预测接下来的内容。将数据输入到神经网络，通过神经网络把“I saw a cat on a”这 6 个单词进行编码，变成 1 个隐向量，然后将这个向量和整个词汇库 3 万个词汇的矩阵进行相乘，通过 softmax 操作把它变成概率，得到要预测的结果，这和传统的方式是一样的，只不过是手段不一样而已。

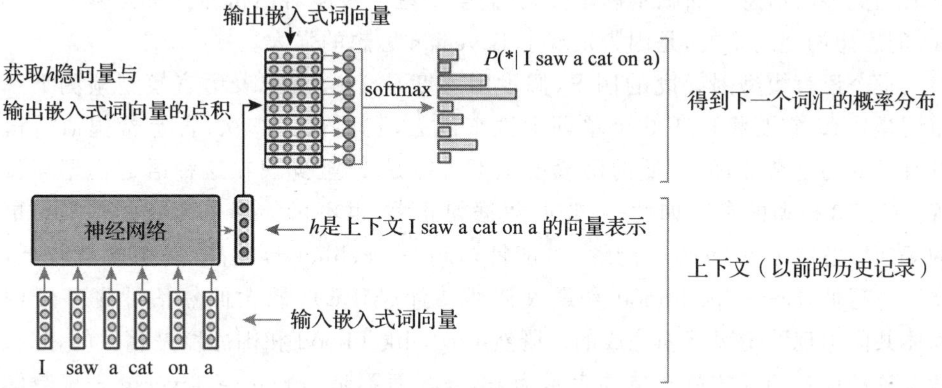

图 3-8　神经网络语言模型

由于手段、工具或者途径不一样，基于神经网络的语言模型产生了不同的效果，神经网络本身有太多可探索的空间，尤其是语义方面。我们星空智能对话机器人，之所以能做到对业务领域语义级别的理解，主要是基于 Transformer 和 Star Space 构成的。我们谈了什么是语言模型以及怎么去计算一个语言模型，接下来谈怎么来衡量语言模型的质量。

3.4　使用困惑度及 Cross Entropy 来衡量语言模型质量的具体实现及数学公式推导

怎么来衡量语言模型的质量？衡量语言模型的质量有很多方法，但最简单的方法是清晰度(clarity)，它是判断这个语言模型好坏的第一标准，即看看语言模型是否很通顺、流畅、清晰地表达这个内容。在日常交流中也是这样，如果没有清晰度这个基础，其他事做得越多，越让人感觉困惑(confuse)。语言模型有很多其他的衡量方式，为了表达清晰度的状态，可使用困惑度(Perplexity)衡量标准，下面我们重点谈一下最常用的困惑度(Perplexity)。

一个语言模型的最大困惑度会是多少？例如，"I saw a cat on a _"接下来要预测一个词语，去填写空格内容，它肯定会有概率的评测，选出最高概率的内容，可能会有多少种最糟糕的情况？最糟糕的状况是有整个字典大小，假设词库中有 3 万个词汇(Vocabulary)，如果对上下文一无所知，下一步就完全困惑了，根本就不知道下一步是什么，所以最糟糕的状况就是整个词典的大小，一个语言模型的最大困惑度是 $|V|$。

一个语言模型的最小困惑度是 1，肯定是精准地知道下一步是什么，但精准知道下一步是什么其实很多时候不是一件太好的事情，因为 100% 确定的事情就没有改动的空间，一般做到 90%、95%、97%左右就差不多了。概率事件比绝对事件往往能

够表达更多的信息。面临不确定性，我们整个星空智能对话机器人都是基于 Bayesian 的思想构建起来的，是因为发现了 Bayesian 思想的强大。

举个语言模型困惑度的例子，假设困惑度是 100，意味着语言模型预测下一个单词是什么，它要将这 100 个单词中试来试去，它要试 100 次，肯定希望语言模型具有更低的复杂度，但更低的困惑度也不可能是 1，至少现在这种语言模型还没出现。GPT3 模型的参数如此多，它的数据如此大，也不可能涵盖所有的情况。更低的复杂度意味着更高的可能性，可能性(Log - likelihood)越高，复杂度就越低，困惑度也越低，Log - likelihood 是最大似然估计(MLE)，最大似然估计是基于两个物体共同出现的情况下来完成的。既然 Log - likelihood 和困惑度是相反的，怎么表达这种相反？相反的英文单词表示为 inverse 而不是 converse，inverse 表示数学除法，converse 表示数学负号，如果参加 GRE(Graduate Record Examination)考试，inverse 和 converse 两个单词须区分开，否则把除法和减法弄混淆了。在困惑度公式中

$$\text{Perplexity}(W)=\frac{1}{P(w_1,w_2,\cdots,w_N)^{\frac{1}{N}}}=\sqrt[N]{\frac{1}{P(w_1,w_2,\cdots,w_N)}} \tag{3-6}$$

使用-1 次方用除法表达相反的操作，$1/N$ 表示词汇库中词汇量有多少，然后进行开方的操作，这是语言模型困惑度的基本数学公式。

语言模型的训练目标是降低复杂度，提高 Likelihood。也可以用另外一种非常精彩的方式，从熵(Entropy)的角度表达复杂度。复杂度越低的情况下，困惑度越低，混乱状态用熵进行表达。越不确定信息，信息的复杂度肯定越高，就越处在混乱状态，不确定性程度越大，信息熵越大。例如，天气预报明天下雨的概率是 20%，晴天的概率是 80%，本来预测明天大概率是不下雨的，结果下雨了，显然是跟原来预期的不一样，这时候就获得了更多的信息增益。以熵的方式来表达复杂度，它代表的是混乱程度，困惑度也是表达混乱程度，既然同样都是表达混乱程度，两者是可以相互转换。

困惑度既可以是式(3 - 6)的方式，也可以是 log 熵处理的方式：

$$\begin{aligned}\text{Perplexity}(\mathrm{W})&=2^{H(W)}=2^{-\frac{1}{N}\log_2 P(w_1,w_2,\cdots,w_N)}=(2^{\log_2 P(w_1,w_2,\cdots,w_N)})^{-\frac{1}{N}} \\ &=P(w_1,w_2,\cdots,w_N)^{-\frac{1}{N}}=\sqrt[N]{\frac{1}{P(w_1,w_2,\cdots,w_N)}}\end{aligned} \tag{3-7}$$

困惑度和熵两个原先看上去完全不相关的内容，结果发现它们是相通的，数学是如此优雅，之所以相通是因为背后表达的物理机制是一样的，都是混乱程度或者是困惑度。

从熵的角度，可以从以下公式很清晰地看出来，最坏的情况也是$|V|$：

$$
\begin{aligned}
\text{Perplexity}(y_{1:M}) &= 2^{-\frac{1}{M}L(y_{1:M})} \\
&= 2^{-\frac{1}{M}\sum_{t=1}^{M}\log_2 p(y_t \mid y_{1:t-1})} \\
&= 2^{-\frac{1}{M}\cdot M\cdot \log_2 \frac{1}{|V|}} \\
&= 2^{\log_2 |V|} \\
&= |V|
\end{aligned} \tag{3-8}
$$

语言模型只有$|V|$分之一的概率确定下一个词语是什么，假设词库中是 3 万个词汇，只有 1/30 000 的概率，也就是要思考所有的情况，最佳的情况就是已经完全确定了下一个单词。这时需要更低的困惑度，或者更低的交叉熵，希望它降低误差，来提高 Likelihood。既然谈到数学，接下来我们再次回顾以及加深一下数学的内容，同时延展一下。

3.5 Language Model 底层的数学原理之最大似然估计 MLE 及最大后验概率 MAP 内部机制与关系详解

整个语言模型无论是传统统计学的方式，还是神经网络的方式，都是基于共现概率，$P(A|B)$是它基本的一个思维模型。即使是神经网络，把语句输进去，它也可能不是对这个具体内容有感知，而是语料存在的本身就是一种共现。这种共现的编码是神经网络能够理解的，它通过矩阵的方式进行编码，神经网络内部包含的神秘信息，是无数的学者或者研究者不懈追求的，想解密神经网络中的具体参数和代表信息的含义本身，而不是训练过程，所以神经网络本身就是信息。

在式(1-2)的贝叶斯公式 $P(A|B)=P(A)\times\frac{P(B|A)}{P(B)}$，最底层的就是共现，如果转换一下数学公式，它都有各种的可能。例如，最常见的是后验概率 $P(A|B)$，然后是似然估计 $P(B|A)$及边缘概率 $P(B)$，还有先验概率 $P(A)$。Bayesian Transformer 是我们星空智能对话机器人提出的一种理论体系，核心强调的是 $P(B)$，$P(B)$要对所有的假设或者模型参数状态进行一个集成，如果是连续数值就进行积分操作，如果不是连续的就进行加法操作。在计算的时候，似然估计 $P(B|A)$是在一个具体的上下文条件下存在着的概率，在式(1-6)的 MLE 公式 $\theta_{MLE}=\arg\max_{\theta} P(X|\theta)$中，$P(X|\theta)$中的 θ 是模型参数，是上下文的某种程度，即从前置条件先后顺序的角度，来更正前提条件或者更正模型参数。我们谈贝叶斯公式的时候，从来不谈因果推论，因果推论可能没有意义，这里谈的是 X 和 θ 的相互作用，宇宙大自然存在所谓的因果关系，只不过是它有一个共现，可能每次大家都看见两个物体共同出现，尤其是它有先后顺序的时候，就认为是因果关系了。从本质的角度是 X 和 θ 的相互作用，这样会更好理解，式(1-2)的贝叶斯公式 $P(A|B)=P(A)\times\frac{P(B|A)}{P(B)}$ 底层更

高境界的理解是 A 和 B 相互作用，有了交集，有了共同的部分，就可以建立等式，可以通过 A 来求 B，或者转过来通过 B 来求 A。式(1-6)的 $\theta_{MLE}=\arg\max_{\theta} P(X|\theta)$ 是最大似然估计，例如要预测"I was happy to see _"这句话的下一个词语是什么，肯定要找到最大概率的存在，这就是 MLE 的一个操作，当然更高级别的一些操作，就是最大后验概率 MAP 的操作。

假设把人工智能领域的研究者分成三种水平的层次，第一种层次是天天研究 MLE 的人，思考的也是 MLE；第二种层次是天天思考 MAP 的人，为什么 MAP 比 MLE 更高一级，因为它有个 $\log P(\theta)$。

$$\begin{aligned}\theta_{MAP}&=\arg\max_{\theta} P(X|\theta)P(\theta)\\&=\arg\max_{\theta}\log P(X|\theta)+\log P(\theta)\\&=\arg\max_{\theta}\log\prod_{i}P(x_i|\theta)+\log P(\theta)\\&=\arg\max_{\theta}\sum_{i}\log P(x_i|\theta)+\log P(\theta)\end{aligned}\tag{3-9}$$

在 θ_{MAP} 公式中是用数据更新 $P(\theta)$，当更新模型的时候，显然是基于数据直接更新，这时候就有迁移学习或融合专家领域知识的内容。很多时候做集成学习，把不同来源的模型放在一块训练神经网络，这是人工智能中等境界、中等技术或者实力水平的人，看这个公式

$$\theta_{MAP}=\arg\max_{\theta}\sum\nolimits_{i}\log P(x_i|\theta)+\log P(\theta)\tag{3-10}$$

它的左侧显然就是 MLE，表示为 $\arg\max_{\theta}\sum_{i}\log P(x_i|\theta)$，右侧是先验概率表示为 $\log P(\theta)$，但这个先验会有个分布。如果是一致先验（uniform）平均的状态，$\log P(\theta)$ 永远都是一个常量值，这时候退化到了 MLE 的状态，因此，MAP 的研究者比 MLE 的研究者高了一个段位，但 $\log P(\theta)$ 不简单，这里面有很多的学问，包括高斯分布及其他很多分布方式。从语言模型的角度，基于预训练模型或者迁移学习来增强模型，会让模型更快地进行训练。假设在神经网络参数非常多的情况下，如果没有 $P(\theta)$ 先验的基础，那会比较糟糕，因为模型可能收敛不了，即使能收敛，可能又有另外一种情况。如果是小数据怎么训练一个大网络，这时如果有先验的内容或是迁移学习的内容融入网络，就可以实现大网络，只用小数据就可以完成训练。这是迁移学习流行背后的核心原因。

无论是 MLE 还是 MAP，它都是一个最优化的过程，会在无数种参数中寻求最优化，寻求最优化的过程是反向传播，会通过求导的方式找到极值，这是人工智能的第一境界和第二境界。从神经网络的角度看，应通过梯度下降找到最低点或者损失最小的点，去寻找最理想的模型。人工智能第三境界是 Bayesian 的方式，接下来我们来谈一个新的主题 Bayesian 语言模型。

3.6 语言模型底层的数学原理之 Bayesian 模型原理与实现

人工智能第三境界是 Bayesian 的方式，本节谈一下新的主题 Bayesian 语言模型。在神经网络中，基于编码（Encoder）、解码（Decoder）的方式，将上下文向量和整个词汇表矩阵中每个词汇的向量进行了相乘，找出当前上下文信息与词库表中每个词汇的相似度。而 Bayesian 方式的核心是关注边缘概率，而不是找一个最优的模型参数，因为在实际情况中，我们的数据都是不够的，面临这种情况，不仅要考虑这种最优的情况，也要考虑其他的情况。如从概率面积的角度，很多时候从几何的角度去计算概率，最优点仅是无数个点中的一个最优点，如果用最优点除以无数个点，计算的结果将是 0。最优点是没有意义的，选择最优的方式往往是一种捷径，但这种捷径会导致模型的脆弱，不能让模型表达不确定性，也不能很好应对不确定性，而且丧失了很多的信息。

更高的境界通过 Bayesian 的方式，它所解决的问题是不确定性，超越了 MLE 的低等级别，也超越了 MAP 的中等级别，具备 Bayesian 境界达到了人工智能的高段位。

$$P(\theta|D)=\frac{P(D|\theta)P(\theta)}{P(D)} \tag{3-11}$$

式(3－11)中，$P(D)$是数据，数据其实是 Evidence，在计算的时候，如果是连续值，考虑所有情况就是积分

$$P(D)=\int_{\theta}P(D,\theta)\mathrm{d}\theta \tag{3-12}$$

其中的 θ 是模型，可能有无数种模型；如果是离散值就是概率质量分布，进行离散的操作，它总共加起来的概率也会变成 1，这是概率统计的基本内容，其实结果都是一样的，只不过中间的过程不太一样。

$$P(\theta|D)\propto P(D|\theta)P(\theta) \tag{3-13}$$

$P(\theta|D)$是 MAP，使用数据来更新 θ，如果从 Bayesian 的角度，要考虑所有的 $P(\theta|D)$的情况并集成起来，采用微积分方式

$$P(z|x,D)=\int \delta_{f_{\mathrm{att}}(x;\theta)}(z)P(\theta|D)\mathrm{d}\theta \tag{3-14}$$

通过式(3－14)进行积分操作，但在工程实践中，例如 Transformer 作为语言模型，它是采用

$$z=\mathrm{g}(\mathrm{z}_1,\cdots,\mathrm{z}_{\mathrm{M}}) \tag{3-15}$$

通过拼接进行加法操作,其中

$$z_i = f_{att}(x;\theta_i) \tag{3-16}$$

z_i 表示不同的头(head),每个头是一个模型,12 个头就相当于 12 个模型,Transformer 一层就有 12 个模型,而且 Transformer 有多层,这完全是 Bayesian 的操作方式。每一个头是一个 MAP, Bayesian 的方式是其实对 MAP 的集成,不同的头拼接之后,最后的结果中矩阵的形状和预期产出的目标如果不一样,这时候只要进行线性操作就行,即从一种空间转向另外一种期待中的空间。

MLE 是 MAP 的基础,MAP 是 Bayesian 的基础。MLE 之所以是 MAP 的基础,因为 MLE 大部分都是最大似然估计,MAP 在 MLE 的基础上加上了先验和专家系统的领域知识。MAP 是 Bayesian 的基础,因为 MAP 本身计算的是一个最优后验概率,而 Bayesian 是考虑所有的情况,但工程落地时,由于算力的限制或者数据的限制,会选择一些抽样或者折中的方法。注意,我们称之为 Bayesian 而不是 Bayes,Bayes 和 Bayesian 是两个不同的概念,Bayes 是常规看见的 MAP 方式,而 Bayesian 是考虑所有情况面对不确定性的,这是我们星空智能对话机器人作为全球首家机构,分享的 Bayesian 背后关联的内容。

3.7 基于 Transformer 的 AI 时间序列动态预测方法

在当今人工智能和大数据技术迅速发展的时代,数字监控和预测技术已经成为各个行业普遍关注的话题。持续提升 AI 技术研发能力,牢牢抓住 AI 关键技术攻关的牛鼻子,在实践中加快 AI 技术探索及推进场景落地应用,强化 AI 关键技术攻关,掌握 AI 研发发展主动权,突破算法模型瓶颈,已经成为推动 AI 技术探索和场景落地应用的关键因素。在此背景下,本节将详细讲解基于 Transformer 的 AI 时间序列动态预测方法在中国电信上海公司的成功应用,该方法以 Transformer 为关键技术,结合上海公司自身的业务场景和数据特点,实现对时间序列数据的准确预测和智能化分析,为公司的业务发展提供了强有力的支撑。

3.7.1 时间序列动态预测的重大意义

时间序列是按照时间顺序排列的一系列数据点,通常是在连续等间隔的时间点上采集的离散时间数据。时间序列预测是使用统计和建模方法分析时间序列数据,根据先前观察到的值来预测未来值的过程。这种预测方法在应用科学和工程领域中非常重要,如统计、信号处理、模式识别、计量经济学、数学金融、天气预报、地震预测、脑电图、控制工程、天文学、通信工程等。

目前常用的时间序列预测方法包括基于机器学习的方法,例如自回归移动平均法(ARMA)、自回归法(AR)等。然而,这些方法主要适用于单变量的平稳时间序列

分析，而不适用于多变量的时间序列预测。另外，基于深度学习的方法如循环神经网络（RNN）、长短期记忆神经网络（LSTM）等已得到了广泛应用。虽然基于RNN的方法可以处理时间序列中的长期依赖关系，但是由于梯度消失和梯度爆炸等问题，在模型训练和预测时存在一些困难。此外，这些方法也面临着每一步预测都依赖于上一步隐状态的限制，无法充分表征时序数据的非线性关系。

本节将介绍一种基于Transformer模型的时间序列预测方法，该方法可以有效地处理多变量时间序列预测问题，并且可以很好地表征时序数据中的非线性关系，提高模型的预测性能。本节还将介绍如何使用Transformer模型来处理时间序列中的序列到序列的预测任务，以及如何使用自注意力机制来提高模型的表征能力。

3.7.2 基于Transformer的时间序列动态预测方法

自研基于Transformer的AI时间序列动态预测方法和系统，对标准Transformer进行了优化，提出一阶二阶注意力自相关算法模型，改进了效率、提升模型泛化能力，复现了业界前沿NLP论文中各算法模块，能够处理时序预测中常见的梯度消失和梯度爆炸问题，可以进行并行预测，提高预测效率，具有更强的长期依赖建模能力，更准确地预测时序数据。通过引入一阶自相关、二阶自相关的特征，能够准确捕获时序的上下文关联信息，提高预测精度，通过对注意力K、V矩阵进行投影线性转换，将注意力计算时间复杂度从$O(N^2)$降低至$O(N)$，能够处理长序列数据，并具有更强的长期依赖建模能力。此外，通过可视化多个注意力头的概率分布，Transformer的自相关注意力机制具备一定的可解释性，可以提供长短期依赖建模。与传统的串行预测不同，TeleTransformer能够并行预测所有结果，预测速度更快。

传统的Transformer模型在处理长序列数据时，会受自注意力模块时间复杂度和内存空间复杂度的限制。本节介绍一种基于Transformer模型的注意力机制的改进方法，旨在提高算法的运行效率，同时复现了一系列轻量级注意力模块，包括：①线性映射一阶二阶注意力模块，在注意力机制中引入一阶和二阶自相关特征，并通过线性映射的方式对注意力矩阵进行优化，从而提高计算效率和模型的泛化能力；②稀疏注意力模块：通过对注意力矩阵进行稀疏化处理，降低计算复杂度，从而可以更高效地处理长序列数据；③Nyström注意力模块：通过对注意力矩阵进行低秩近似处理，减少计算量，提高算法效率；④Residual注意力模块：在注意力机制中加入残差连接，增强模型的表达能力，提高预测精度，采用这些轻量级注意力模块可以大大提高算法的运行效率，同时还能够保持较高的预测精度。

本节提出一种基于Transformer的新颖注意力机制，利用基于Transformer网络构建的预测模型对历史时间序列数据进行分析处理，预测当前时刻之后预设时间段内的预测序列。该预测模型的注意力层采用了线性映射一阶二阶注意力模块，解决标准Transformer自注意机制的计算瓶颈问题。该方法引入一种新的数值微分技

术，通过计算时间序列的一阶和二阶自相关性来消除序列对时间的依赖性，稳定时间序列的平均值。同时，该方法还采用了线性映射投影矩阵来将注意力计算的时间和空间复杂度从 $O(N^2)$ 降低为 O(N)，形成了低秩因数分解的线性映射一阶二阶注意力机制。理论、经验和代码实践表明，该方法是高效的自注意力机制，可大大减少内存和空间的消耗，并具有更强的内存和时间利用效率。

该基于 Transformer 网络的预测模型的线性映射自相关注意力模块由线性映射子模块和自相关注意力子模块组成。其中，自相关注意力子模块针对历史时间序列数据对应的查询矩阵（Query 矩阵，简称 Q 矩阵）、键矩阵（Key 矩阵，简称 K 矩阵）和值矩阵（Value 矩阵，简称 V 矩阵）中的一个或多个进行自相关计算，以获取历史时间序列数据的自相关特征，并捕获历史时间序列数据的上下文关联信息，从而实现更准确的预测。Query 矩阵、Key 矩阵和 Value 矩阵是从历史时间序列数据对应的输入矩阵 X 线性变换获得，计算公式如下：

$$\begin{cases} Q = XW^Q \\ K = XW^K \\ V = XW^V \end{cases} \tag{3-17}$$

其中，W^Q、W^K、W^V 是三个可训练的参数矩阵，输入矩阵 X 分别与 W^Q、W^K、W^V 相乘，经过线性变换生成 Query 矩阵、Key 矩阵和 Value 矩阵。

自相关注意力模块对 Query 矩阵、Key 矩阵和 Value 矩阵中的一个或多个进行自相关映射，包括一阶自相关映射或二阶自相关映射一阶自相关定义：当自变量时间序列从 t 变到 $t+1$ 时，时序特征值 $y=y(t)$ 的改变量 Δy_t 称为时序特征函数 $y(t)$ 在时刻 t 的一阶自相关。

$$\Delta y_t = y(t+1) - y(t) = y_{t+1} - y_t \tag{3-18}$$

对于输入矩阵 X，将一阶自相关函数（Auto Correlation Function）描述为 ACF(X)。

二阶自相关定义：当自变量时间序列从 t 变到 $t+1$ 时，一阶自相关的自相关函数：

$$\Delta(\Delta y) = \Delta y_{t+1} - \Delta y_t = (y_{t+2} - y_{t+1}) - (y_{t+1} - y_t) \tag{3-19}$$

$\Delta(\Delta y)$ 称为时序特征函数 $y(t)$ 在时刻 t 的二阶自相关。对于输入矩阵 X，将二阶自相关函数描述为 $\mathrm{ACF}^2(x)$。基于一阶自相关、二阶自相关函数的定义，以 V 矩阵的一阶自相关注意力机制为实施例进行说明，其中第 i 个注意力头：

$$\begin{aligned} \mathrm{head_i} &= \mathrm{Attention}(QW_\mathrm{i}^Q, \mathrm{E_i}KW_\mathrm{i}^K, F_\mathrm{i}\mathrm{ACF}(V)W_\mathrm{i}^\mathrm{V} \\ &= \underbrace{\mathrm{softmax}\left[\frac{QW_\mathrm{i}^\mathrm{Q}(E_\mathrm{i}KW_\mathrm{i}^\mathrm{K})^\mathrm{T}}{\sqrt{d_\mathrm{k}}}\right]}_{\bar{p}} \underbrace{F_\mathrm{i}\mathrm{ACF}(V)W_\mathrm{i}^\mathrm{V}}_{\bar{\mathrm{V}}} \end{aligned} \tag{3-20}$$

其中，$W_i^Q \in R^{d_{model} \times d_k}$，$W_i^K \in R^{d_{model} \times d_k}$，$W_i^V \in R^{d_{model} \times d_k}$，$W_i^Q$、$W_i^K$、$W_i^V$ 表示权重矩阵，E_i 和 F_i 表示线性投影转换矩阵，$E_i \in R^{dim_reduce_k \times seq_ten}$，$F_i \in R^{d_{model} \times seq_ten}$，dim_reduce_k 表示降维矩阵维度为 k，dim_reduce_k * seq_len 表示构建的 E_i 和 F_i 的大小，$\overline{p}$ 的大小为 seq_len×dim_reduce_k，$\overline{V}$ 的大小为 dim_reduce_k×d_{model}。

将 V 矩阵进行一阶自相关映射：$ACF(V) \in R^{seq_{len} \times d_{model}}$

其中，线性映射子模块用于基于预设的线性映射矩阵对历史时间序列数据对应的 Key 矩阵或 Value 矩阵进行线性映射。在本实现中，线性映射是指将一个向量空间 V 映射到另一个向量空间 W 并保持加法和数量乘法运算。我们预先设置一个线性映射矩阵，并使用它对 Key 矩阵和/或 Value 矩阵进行线性映射。例如，可以从具有给定均值和标准差的正态分布中生成线性映射矩阵的初始值，并通过训练来获得最终的线性映射矩阵。本实现通过将标准 Transformer 网络中的矩阵点积操作改进为矩阵空间的线性运算，形成线性映射注意力机制的矩阵分解，再形成随机矩阵近似为低秩矩阵的效果。这将注意力机制的空间复杂度和时间复杂度从 $O(N^2)$ 降低到 $O(N)$，大大减少了内存和空间的消耗，并提高了内存和时间利用效率。

图 3-9 是以 V 矩阵进行一阶自相关映射作为示例的。

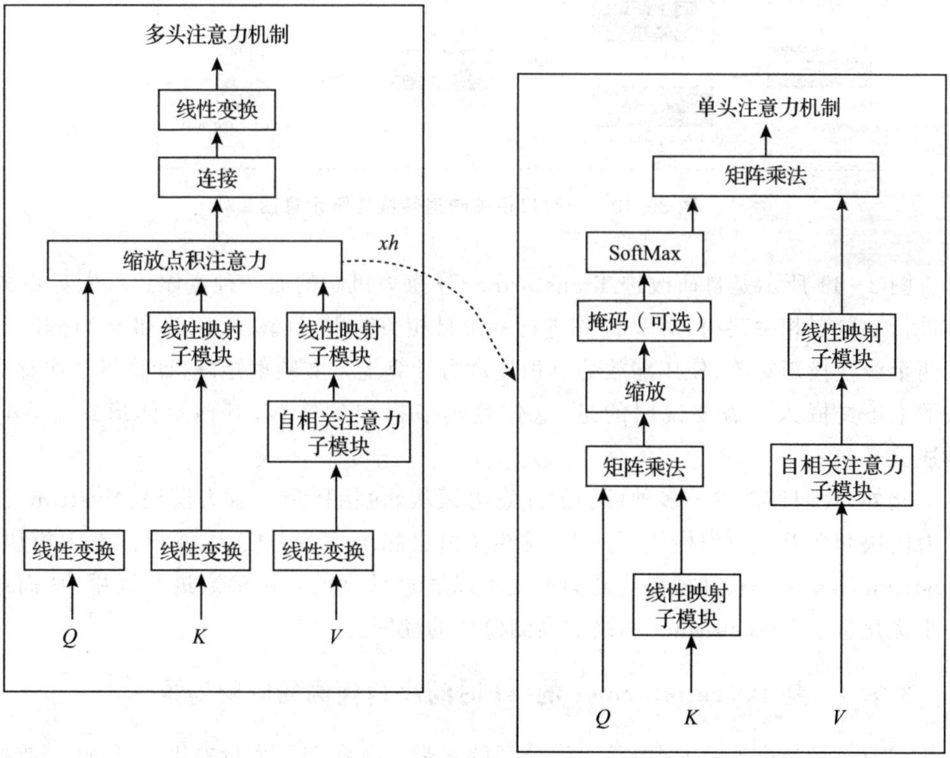

图 3-9　V 矩阵一阶自相关

从算法结构的角度来看,我们首先对 V 矩阵进行一阶自相关映射转换。在计算 K 矩阵和 V 矩阵时,我们引入了两个线性映射矩阵,使用缩放的点积注意力计算上下文映射矩阵,并计算每个注意力头的上下文嵌入。这些操作只需要 $O(N)$ 时间和空间复杂度。如图 3-10 所示,从矩阵的角度对 Q 矩阵、K 矩阵和 V 矩阵进行了一阶自相关映射。

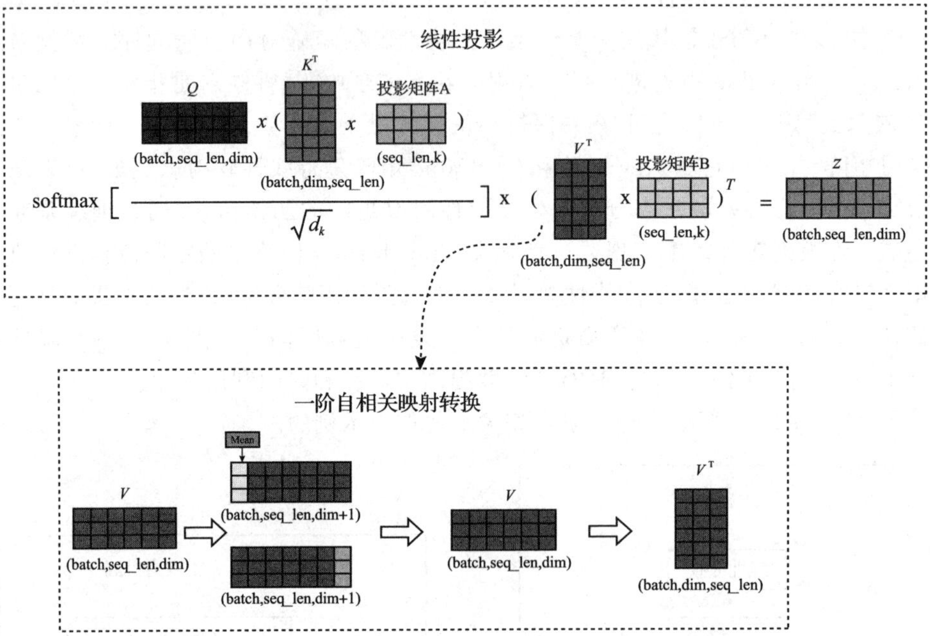

图 3-10 一阶自相关映射转换矩阵示意图

图 3-11 所示是自研改进 Transformer 注意力机制的另一种变体。首先对 Q 矩阵进行二阶自相关映射,对 V 矩阵进行一阶自相关映射,计算 K 矩阵和 V 矩阵时引入两个线性投影矩阵,使用缩放的点积注意力计算上下文映射矩阵,计算每个注意力头的上下文嵌入。需要说明的是,这仅是本节提出的实践,其他变体形式不在此详述。

此外,我们还提供了多种可选的注意力模块,包括稀疏注意力模块、Nyström 注意力模块和残差注意力模块。其中,线性映射自相关注意力模块、稀疏注意力模块、Nyström 注意力模块和残差注意力模块可以通过预设的目标参数进行调用,从而进一步优化基于 Transformer 网络的预测模型的性能。

3.7.3 基于 Transformer 的 AI 时间序列预测的应用场景

在业务场景方面,中国电信上海公司的宽带业务涵盖了大量的用户,因此需要处理宽度用户的时间序列数据,该业务的时间序列数据通常具有非线性关系的特点,传

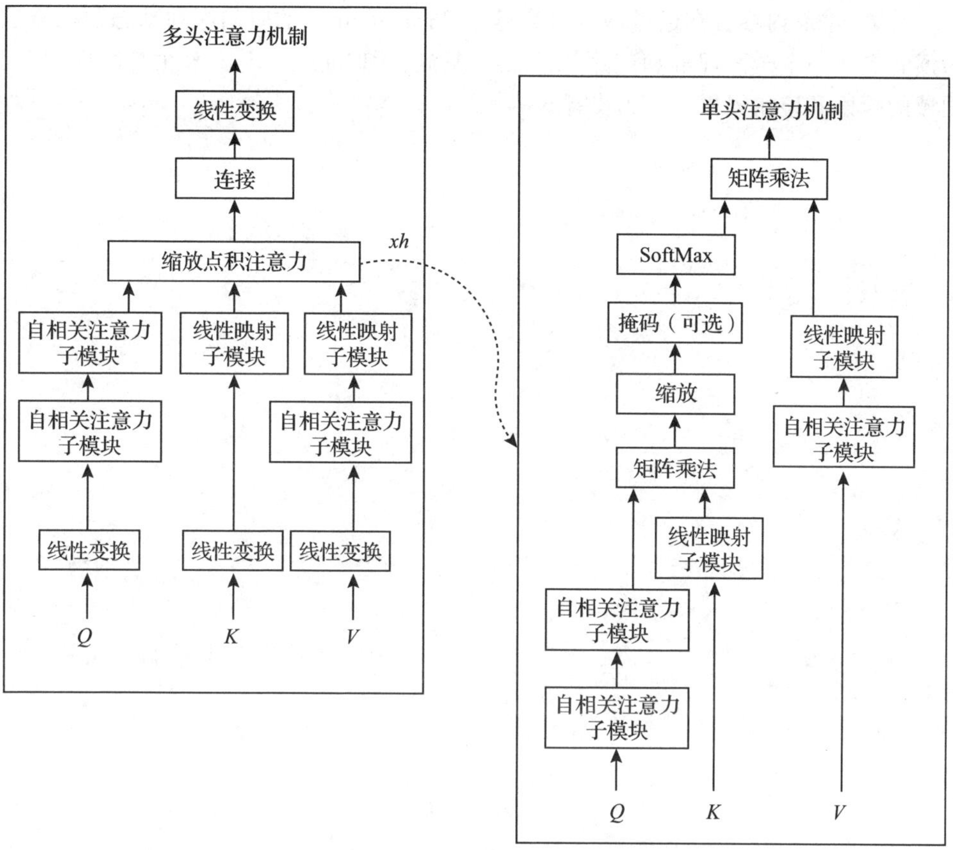

图 3-11　Transformer 注意力机制的一种变体

统的基于机器学习的方法往往无法满足需求，因此，采用基于 Transformer 的深度学习方法，能够更好地处理这种类型的数据，提高预测的准确性和稳定性，处理宽带在线用户数的时间序列预测任务，对于公司的运营和决策至关重要。

在实际应用中，首先需要对历史数据进行预处理，以生成输入序列和目标序列。然后，使用 Transformer 模型进行训练，并根据损失函数进行优化，获得预测模型。在模型预测阶段，输入历史时间序列数据，可生成相应的预测序列。预测序列中的每个时间步都可以通过向前传播模型中的计算图获得，从而实现高效的预测过程。

通过实际应用，该方法在预测宽带在线用户数的时间序列方面取得了很好的效果。与传统的基于机器学习的方法相比，该方法能够处理非线性关系，同时预测精度也得到了较显著提高。该方法的成功应用为上海公司提供了强有力的数据支持，有助于提高公司的运营效率和满意度，具有较高的实际应用价值，同时也为其他领域的时间序列预测任务提供了有益的参考，基于 Transformer 的 AI 时间序列预测方法可应用于多个领域，包括统计、信号处理、金融、气象、地震、医疗、控制等，能够充分表征时序数据之间的非线性关系，从而提高预测的准确性和稳定性。

总之,本节内容旨在通过深入研究基于 Transformer 的时间序列动态预测方法,为读者提供一个全面理解和应用该方法的基础,同时也为 AI 技术在时间序列预测领域的探索和应用提供了有力支撑。

第 4 章　GPT 自回归语言模型架构、数学原理及内幕机制

4.1　语言模型的运行机制、架构内部及数学实现回顾

回顾一下语言模型，所谓语言模型就是基于上下文，这个上下文可能来自于预训练模型，也可能来自于词嵌入的一些信息表达，或来自于当前沟通的历史信息。基于上下文来预测接下来的内容，一般情况下是预测接下来的一个词，也可能会预测接下来的两个词或者三个词。作者在 NLP 方面认真阅读过 3 000 多篇论文，看见很多变革、很多不同的实现，背后的相对作用关系就是当前上下文有历史信息，它表达了历史信息，然后会和整个语言模型的词汇库进行相互作用。从产出结果的角度，可以只判断下面一步，也可以判断下面两步或者三步。

图 4－1 为 GPT－2 模型的一个可视化预测示意图。

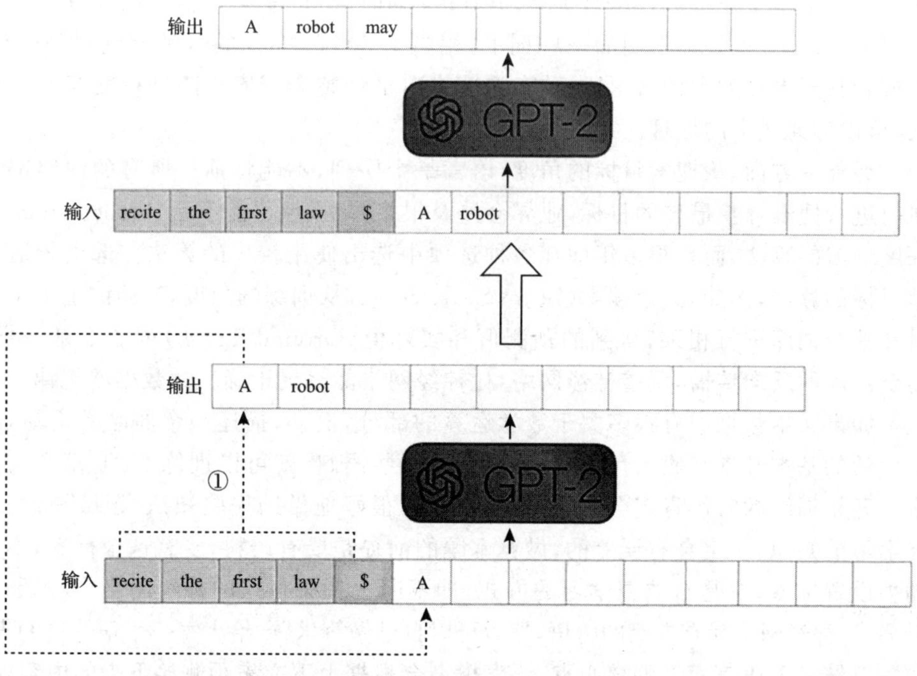

图 4－1　GPT 预测下一个词

输入文本前面有一段历史信息“recite the first law \$”,GPT - 2 做的每一步都会只预测一个词,例如:输入“recite the first law \$ ”输出“A”,将 A 作为新的输入“recite the first law \$ A”输出“robot”,将 robot 作为新的输入“recite the first law \$ A robot”输出“may”,将 may 作为新的输入“recite the first law \$ A robot may”输出“not”,依次类推,它是一个线上推理(inference)的阶段,而不是训练的阶段。GPT 模型是解码器的范式产生的,在训练的时候是并行,在推理的时候是串行,会基于已有的信息一个接一个地预测接下来的内容,这就是语言模型表达的基本内容。基于 GPT 的网络,把历史信息及其他模型的信息,可能是编码器的信息,也可能是 LSTM 等不同的模型产生的信息正则化或者先验,这是 Bayesian 的思想。通过这个模型会产生一个当前上下文的表示,当前上下文的表示会和词库里面 3 万个词汇进行向量和矩阵的乘法操作。乘法操作相乘的时候,当前上下文的词汇会和词库中的每一个单词的向量相乘会得出一个结果。从向量和向量相乘的角度,这个结果代表他们之间的远近程度,也就是多大程度的相关,转过来会通过 softmax 算出概率。在选出结果的时候,如果词汇量非常大,这时候性能是一个问题,例如在线上实时的场景下,词库量如果是 10 万,每一次当前的上下文只生成了一个向量,这时要和这 10 万个向量进行相乘,然后通过 softmax 操作进行比较。其实这是一个比较恐怖的事情,从性能消耗的角度看,可能若干秒后才响应,甚至分钟级别再响应。具体实现的时候会有很多工程细节,例如,进行 softmax 的时候,可能会把整个词库首先划分成不同的类别,有些是最常用的一些词汇,相当于 80% 、20%的这种规则,把它分成 5 类或者甚至更多的类别,这是一种有弹性将向量和整个词库矩阵进行交互的一种方式,可以加速线上的处理。

另外一方面,从搜索目标的角度,语言是个序列,不能将前后所有的内容都考虑在内进行搜索寻找最佳的目标,业界会涉及很多算法,但可能不是 Transformer 或者深度学习的算法,而是很多年前在各种选项中选出使用较优的算法。选出较适合当前目标的算法,例如,集束搜索(Beam Search)等。从训练的角度,当前的上下文的向量和整个词库进行相乘,得到的预测值和实际值(Ground Truth)可能不是一样的,需要不断的反向传播,调整神经网络,让神经网络能够更正确表达数据的规律。

如果文本数据中有很多关于数学运算的部分,例如,描述一个商品的交易,或日常生活的基本开支和收入,会神奇发现有了这些语料,就可以训练 GPT 模型去做算术。开始训练的时候肯定会有误差,如果没有很好地借助先验知识、领域知识、或迁移学习的知识,一定会有误差的,做算术题的前提是要有语料,要有这个标签,不是手动去设置标签,它是自监督学习的方式,即不断去调整自己的神经网络,算术题语料看多了,神经网络就有自己的感悟,然后可以自己做算术题,给大家一个很惊艳的表现。

总结一下语言模型的核心点,语言模型会根据上下文来预测接下来的内容,接下来的内容可能是词汇,也有可能是一些更高级的维度,例如做算术运算,让我们重新思考神经网络的能力。无论是神经网络还是传统的机器学习,都是基于数据去建立

模型，基于数据去调整模型，这是 MAP 的过程，Bayesian 的方式基于 MAP 进行了一个集成的操作，更好表达数据以及更好具有泛化性，本节谈的是通用的语言模型部分，以 GPT 示例来说明语言模型的工作过程、语言模型本身的架构、基本的一种工作机制。

4.2　GPT 可视化、Masking 等工作机制解析

如图 4-2 所示，GPT 作为语言模型到底是一种什么样的架构或者工作机制，先从 GPT 可视化的视角来看，是 GPT 第二层的展示，左侧和右侧之间的关联显然也是注意力机制，每个词都会对其他的词汇具有注意力，作为 GPT 系列，它是个语言生成模型。

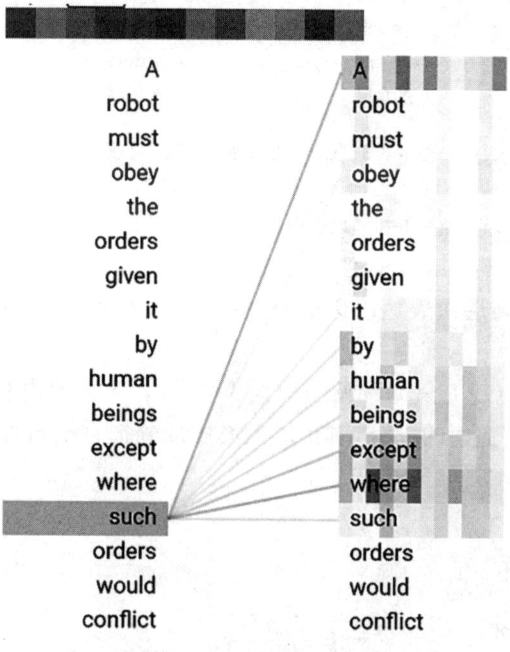

图 4-2　GPT 注意力可视化

可以使用一个 bertviz 库来可视化 GPT 模型，模型是一个结构，可生成一个可视化的图。在图 4-2 中，左侧和右侧表达的性质不同，从左侧开始，它都是注意了当前词汇前面的上下文内容，右侧有不同的颜色，这是多头注意力机制。GPT 有不同的层次，不同的层次表达的是一种等级结构。如图 4-3 所示，可视化展示第九层的时候，它就没有第二层那么精细。读者可能发现无论是在 *B* 站还是在 YouTube，“beings”这个词比较强调的是 *A* 这个字母，其他单词其实也有连线，它一共是 12 层，现在是第九层，这说明层次越多，越证明了可视化效果。

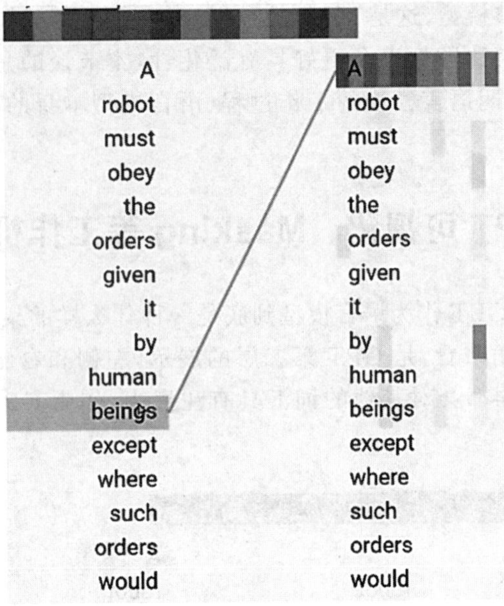

图 4-3　GPT 第九层注意力可视化

回到第二层会发现有很多细节化的信息，层次数字越大，就不那么精细，这也验证了基于 Transformer 的语言模型，低层次表达词汇基本的内容，中间层次可能表达语法层面的内容，更高层次表达语义层面，然后在语义层面的基础上会表达超越语义的内容。

如图 4-4 所示，GPT 只能看见当前词汇左侧上下文的内容，从矩阵的角度看，基本上就是在对角线上面的部分，对角线上面的部分把它屏蔽掉。

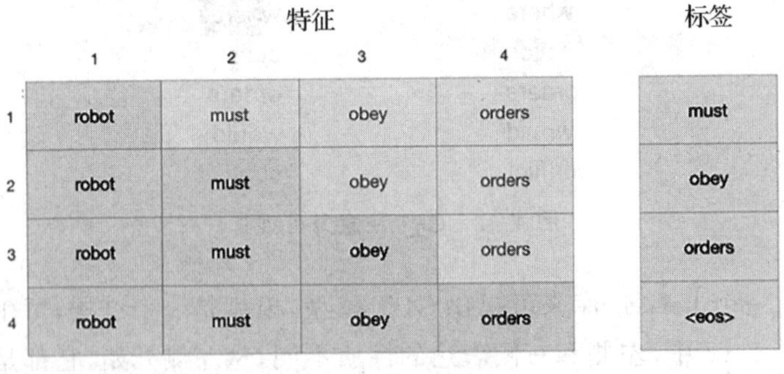

图 4-4　矩阵对角线

从实现的角度看，这个比较简单，如图 4-5 所示，把掩码分数（Masked Scores）设置为无限小就行了，把它设置成无限小，它就是有效的，为什么？我们要思考一下它运算的整个流程，这也是要回顾一下语言模型的原因，语言模型如果从注意力的角度讲，注意力计算的时候，它通过指数的运算来把当前的结果表达成一个分数，变成

一个概率的表达，计算当前上下文跟词库词汇的相关度有多大，可通过使用 softmax 方法进行操作。从指数运算的角度，指数是从 0 到无穷大的，如果指数给了一个无限小的值，例如，2^x 函数，当 x 是无穷小的时候，它就无限接近于 0 了，从计算机的角度看，一个无限接近 0 的内容就是 0，所以要屏蔽掉一些单词(Token)，屏蔽掉对角线上面的内容，只需要把它赋值成无限小就行了。

评分（softmax之前）

0.11	0.00	0.81	0.79
0.19	0.50	0.30	0.48
0.53	0.98	0.95	0.14
0.81	0.86	0.38	0.90

掩码注意力 →

掩码评分（softmax之前）

0.11	-inf	-inf	-inf
0.19	0.50	-inf	-inf
0.53	0.98	0.95	-inf
0.81	0.86	0.38	0.90

图 4－5　对角线上方分数赋值成无限小

这个无限小不是真的无限小，只不过是给它一个很小的数值，例如 10^{-5} 或者 10^{-7}，对于 2^x 的指数函数或者其他指数函数，它在 y 轴的前后变化是比较敏感的，x 越小它就无限逼近于 0。其实这个时候已经不太敏感了，例如 10^{-100} 还是 10^{-5}，其实对计算并没有什么区别，因此要把对角线上侧的部分屏蔽掉，只要设置成一个很小的极值。

有了这样一个具有掩码的分数(Masked Scores)之后，通过 softmax 运算将对角线上方的注意力数值变成 0 了，如图 4－6 所示，这就是 GPT 模型，它屏蔽掉了对角线上方的内容，实现了只关注当前词左边的内容，在分析的过程中，再次感受对角线的重要性，我们研究矩阵及线性代数的时候，大部分的主轴或者核心都是围绕对角线展开的。

掩码评分（softmax之前）

0.11	-inf	-inf	-inf
0.19	0.50	-inf	-inf
0.53	0.98	0.95	-inf
0.81	0.86	0.38	0.90

Softmax →

评分

1	0	0	0
0.48	0.52	0	0
0.31	0.35	0.34	0
0.25	0.26	0.23	0.26

图 4－6　softmax 计算后对角线上方为 0

如图 4－7 所示，从 GPT 语言模型内部来看，输入一句话“＜s＞ a robot must obey the orders given it”，从“＜s＞”标记看出这是推理(inference)阶段，“it”作为当前的内容，GPT 的注意力机制对它有一定的表达，是一个相对比较大的矩阵，同时表

达了 Value、Key、Query 矩阵,将矩阵连接在一块并行计算更高效。"it"单词的嵌入,它会包含位置信息,通过注意力机制表达之后会传给神经网络,前馈神经网络通过隐藏空间更好地表达输入的"it"以及上下文相关的信息,最后产出一个结果。

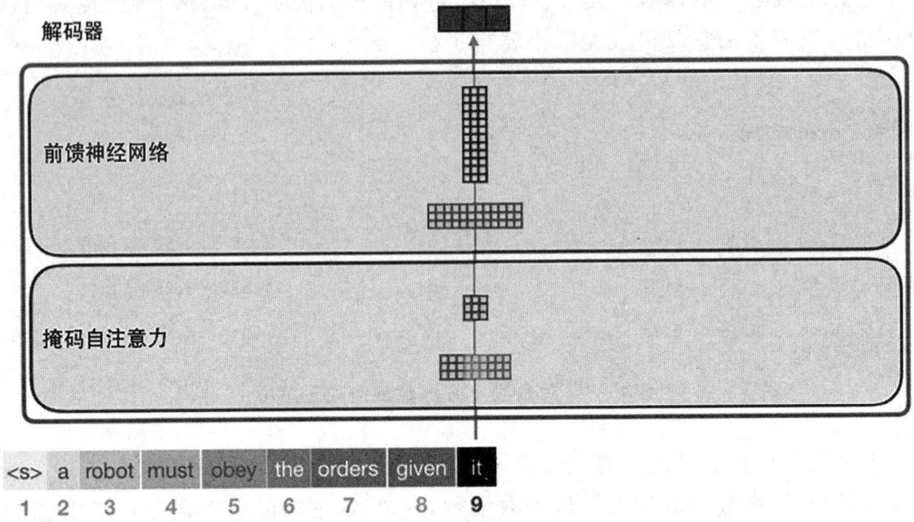

图 4-7 GPT 语言模型内部结构

现在,我们通过 AllenNLP 展示一下 GPT 的运行效果,AllenNLP 是一个基于 PyTorch 的 NLP 研究库,可用于提供各语言任务中先进的深度学习模型,AllenNLP 由 Allen 人工智能实验室研发。单击链接 https://demo.allennlp.org/next-token-lm 打开网页,GPT 模型语言模型的任务是确定下一个单词预测的概率。

如图 4-8 所示,在示例输入框"Example Inputs"中,选择输入"My dog is very",然后单击"Run Model"模型运行按钮。

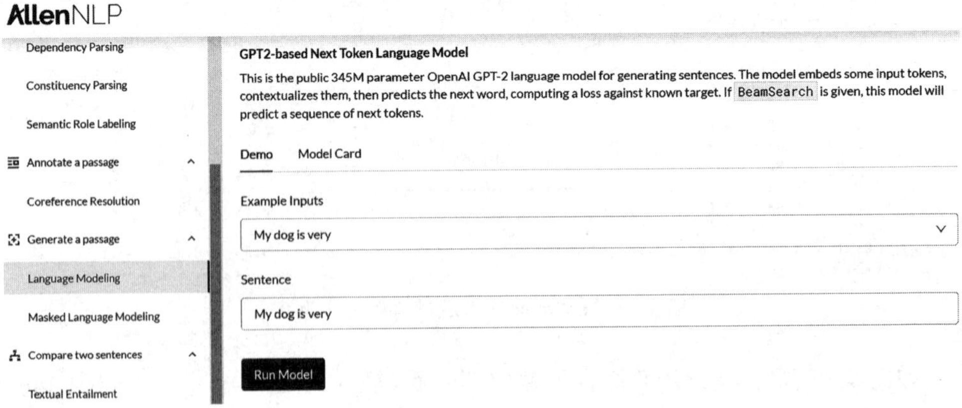

图 4-8 AllenNLP 演示示例

运行结果如图 4-9 所示，GPT 对接下来的内容会有一个预测，最高的是“My dog is very ， very good at it”，预测概率是 99.9%，其他的词也有相应的概率。

Prediction	Score
My dog is very **, very good at it ...**	99.9%
My dog is very **fine and is not at ...**	0.1%
My dog is very **small and very enthusiastic and ...**	0%
My dog is very **intelligent now, while he ...**	0%
My dog is very **speedy. I've run ...**	0%

Note: The prediction percentages are normalized across these five sequences. The true probabilities are lower.

图 4-9 AllenNLP 示例

也可以选择输入其他的内容“The doctor ran to the emergency room to see the”，运行结果如图 4-10 所示，预测结果是“The doctor ran to the emergency room to see the bleeding. ”，概率是 90.0%。

Prediction	Score
The doctor ran to the emergency room to see the **bleeding.↵" ...**	90.9%
The doctor ran to the emergency room to see the **woman and she said she ...**	5.1%
The doctor ran to the emergency room to see the **wound, but the doctor ...**	3%
The doctor ran to the emergency room to see the **patient and called in the ...**	0.9%
The doctor ran to the emergency room to see the **big bruise. She ...**	0.1%

Note: The prediction percentages are normalized across these five sequences. The true probabilities are lower.

图 4-10 AllenNLP 示例

当有不同的信息的时候，GPT 会表达不同的概率，当然跟语言模型训练本身也会有很大的关系。现在来看一下输入信息(Input)的表达信息：

```
{
  " sentence" : " The doctor ran to the emergency room to see the "
}
```

查看一系列关于 GPT 模型的内容:


```
{
  "id": "next - token - lm",
  "card": {
    "archive_file":
"https://storage.googleapis.com/allennlp - public - models/gpt2 - next - word -
lm - 2020.06.30.tar.gz",
     "contact": "allennlp - contact@allenai.org",
     "date": "2020 - 06 - 30",
     "description": "This is the public 345M parameter OpenAI GPT - 2
language model for generating sentences. The model embeds some input tokens,
contextualizes them, then predicts the next word, computing a loss against
known target. \nIf 'BeamSearch' is given, this model will predict a sequence of
next tokens. ",
     "developed_by": "Radford et al",
     "display_name": "GPT2 - based Next Token Language Model",
     "evaluation_dataset": {
       "name": "WebText corpus",
       "notes": null,
       "processed_url": null,
       "url": "https://github.com/openai/gpt - 2 - output - dataset"
     },
     "install_instructions":    "pip    install    allennlp = = 1.0.0
allennlp - models = = 1.0.0",
     "model_performance_measures": "Perplexity",
     "model_type": "GPT2",
     "paper": {
       "citation": "\n@inproceedings{Radford2019LanguageMA,\ntitle =
{Language Models are Unsupervised Multitask Learners},\nauthor = {A. Radford
and Jeffrey Wu  and  R.  Child  and  David  Luan  and  Dario  Amodei
and   Ilya Sutskever},\nyear = {2019}}\\n",
       "title": "Language Models are Unsupervised Multitask Learners",
```

```
      "url": "https://api.semanticscholar.org/CorpusID:160025533"
    },
    "registered_model_name": "next_token_lm",
    "registered_predictor_name": "next_token_lm",
    "short_description": "OpenAI's GPT-2 language model that generates the next token.",
    "task_id": "language-modeling",
    "training_dataset": {
      "name": "WebText corpus",
      "notes": null,
      "processed_url": null,
      "url": "https://github.com/openai/gpt-2-output-dataset"
    },
    "training_motivation": "WebText emphasizes document quality. Only human-curated/filtered documents are scraped. Reddit outbound links which receive at least 3 karma points are taken as a proxy for human filtered webpages that are interesting.",
    "training_preprocessing": "Dragnet and [Newspaper](https://github.com/codelucas/newspaper) content extractors are used. Wikipedia articles are removed.",
    "version": "1"
  }
}
```


查看一下输出的内容，包括预测概率、标记及索引等相关的内容。


```
{
  "probabilities": [
    0.00013739813584834337,
    0.000007765523150737863,
    0.000004559129138215212,
    0.000001320468186349899,
    1.8086196007516264e-7
  ],
  "token_ids": [
    464,
    6253,
```

```
    ...
    ],
    "tokens": [
      "The",
      "Ġdoctor",
      "Ġran",
    ...
    ],
    "top_indices": [
      [
        16832,
    ...
      ],
    "top_tokens": [
      [
        "Ġbleeding",
    ...
}
```

本节从可视化的角度,直观感受 GPT 语言模型具体的工作过程。

4.3 GPT 中的 Decoder - Only 模式内部运行机制解析

Transformer 右侧解码端(decoder)堆栈(Stack)中会有很多的块(block),在每个块里面既包含了 Masked Multi - Head Attention,也包含了 Multi - Head Attention,其中 Multi - Head Attention 和 Transformer 左侧的多头注意力结构是类似的,Masked Multi - Head Attention 分析了掩码的机制。GPT 基于原生 Transformer 结构进行了很多改造,一个最显著的改造就是 GPT 抛弃了解码端的 Multi - Head Attention 部分,由于 GPT 只有解码端(decoder),因此也不需要编码端提供上下文或者正则化。如图 4 - 11 所示,这两部分的内容就去掉了。

GPT 作为一个语言模型,它是一个掩码自注意力机制及自回归(Regressive)的方式,图 4 - 12 是 GPT 官方提供的架构图,它有 12 个层次或者 12 个块,看架构图首先要看输入输出,然后看它里面最核心,最突出最吸引的内容,就是看组件之间的相互作用。

GPT 输入信息的表达里面有内容的表达和位置的表达,关于内容和位置的表达,会有很多的不同的技术或者技巧,例如 Transformer XL 的模型,在词嵌入(Embedding)的部分进行了调整,变成了循环递归(Recurrence)级别,能够基于不同的段(Segment)和循环递归(Recurrence 的机制来处理很长的文本。

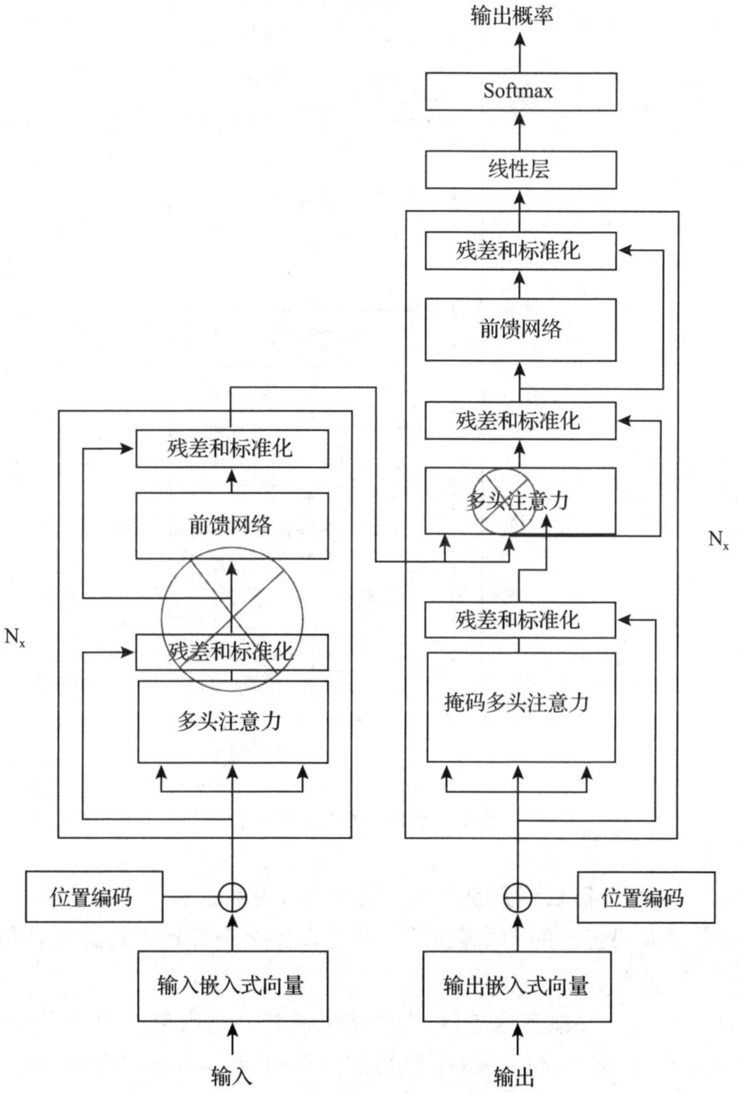

图 4-11　GPT 基于 Transformer 改进

GPT 输出可以是文本的预测，也可以是分类，至于文本预测、文本分类、阅读理解或者完形填空，都是在进行分类，语言模型从本质上讲就是一个分类器，一个基于上下文的分类器。回顾一下语言模型整个工作的过程，预测接下来的输出，要选取一个最大概率或者几个最大概率对应的内容，这个过程是分类的过程。例如做多选题，赋予哪个选项相应的概率，然后从这个概率中来选出最大概率的选项，这就是分类。分类可能是人工智能中最基础、最通用、也较复杂的事情，对话机器人其实也是在分类，只不过是对话机器人能够有多大维度，多么精细，多么敏锐感知对话数据的差异，是基于这种感知力来进行分类的。可能有些初学人工智能的读者，学习机器学习觉

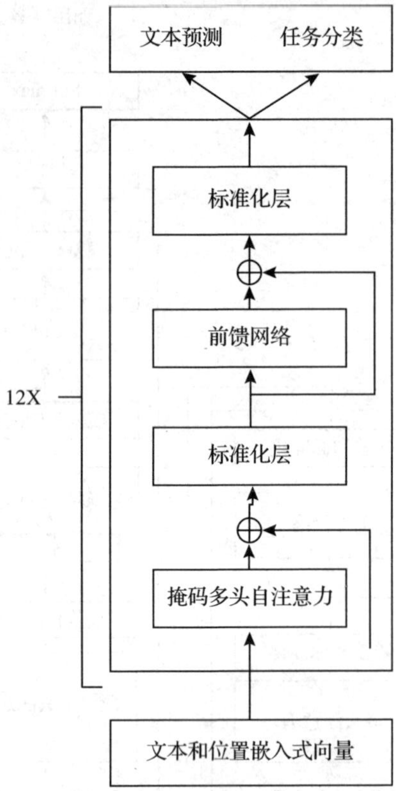

图 4-12 GPT 官方架构图

得分类较简单,调个包然后识别是 a 类还是 b 类,当然这样入门学习可以,做得越久越可能会发现做人工智能的大多数时间,都是在怎么更好地进行分类,更好分类的前提是能更好表达信息。

GPT 本身是想更好地表达信息,表达信息的核心是内部使用多头注意力机制来进行表达,这显然是贝叶斯 Bayesian 的思想。GPT 结构里面也有正则化,或前馈神经网络,官方给出的架构图中去掉了编码端的自注意力(Self Attention),它只使用解码端的 Masked Multi - Head Attention,Masked Multi - Head Attention 忽略掉掩码矩阵对角线上面的内容,只关注对角线以下的内容。如图 4-13 所示,如果输入"<s> robot must obey"一句话,要预测下面一个词是什么,就在最开始的时候是开始标记<s>,从开始标签一直到出现的所有内容作为上下文,然后输入神经网络,再用 Masked Multi - Head Attention 来表达这个信息。在输出端,通过代表的向量和所有的词汇进行相乘,然后通过 softmax 的机制,得到概率最高的一个或者是几个词汇,这边看见的单词"orders"是它的产出结果。

GPT 会有很多的解码器(decoder),更多的解码器可以更好表达它的层次信息,这是一种等级结构,其实也是 Bayesian 的思想,如图 4-14 所示。

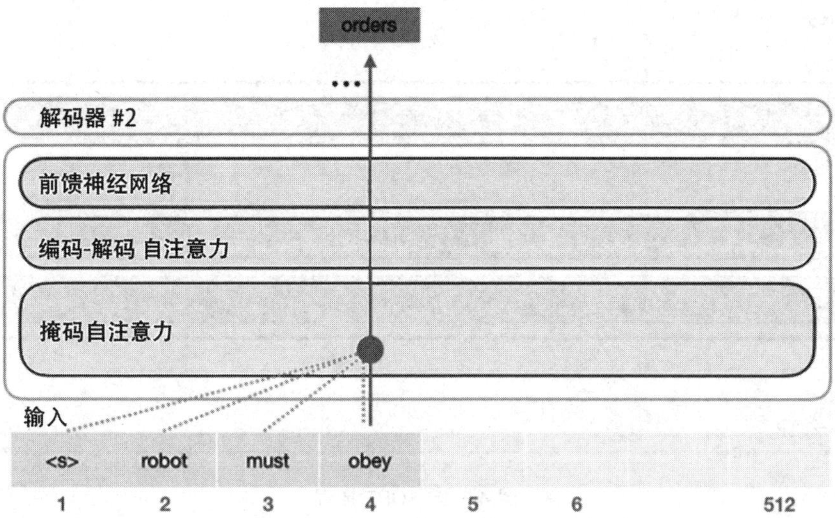

图 4－13　预测下一个词示例

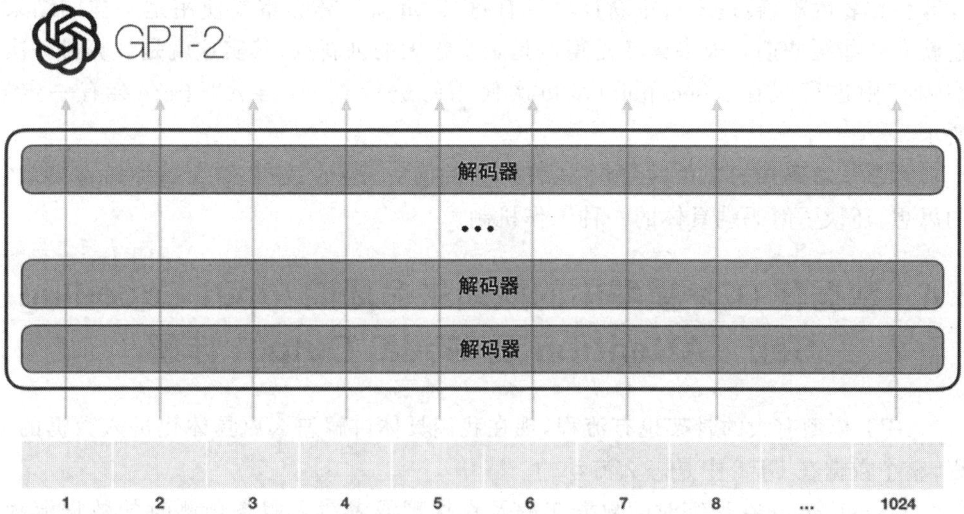

图 4－14　GPT 层次结构

如图 4－15 所示，从最开始的角度，输入的每一个标记（Token），包括“＜s＞”标签级别的，也包括具体内容级别的，它都会从一个解码单元（decoder）到另外一个解码单元，再到下一个解码单元，而且它只能关注前面的信息以及自己的信息。

现在是一个推理（inference）的线性过程，可能读者会问一个基本的问题，这样是不是很慢，肯定会很慢的，因此在工程实现时会有很多技巧。例如基于“The”这个单词来预测接下来的单词，有没有必要再重新计算注意力？注意力是指 Query、Key、Values 它本身已经具有的。当前这个词汇肯定还要与它进行注意力的操作，注意力

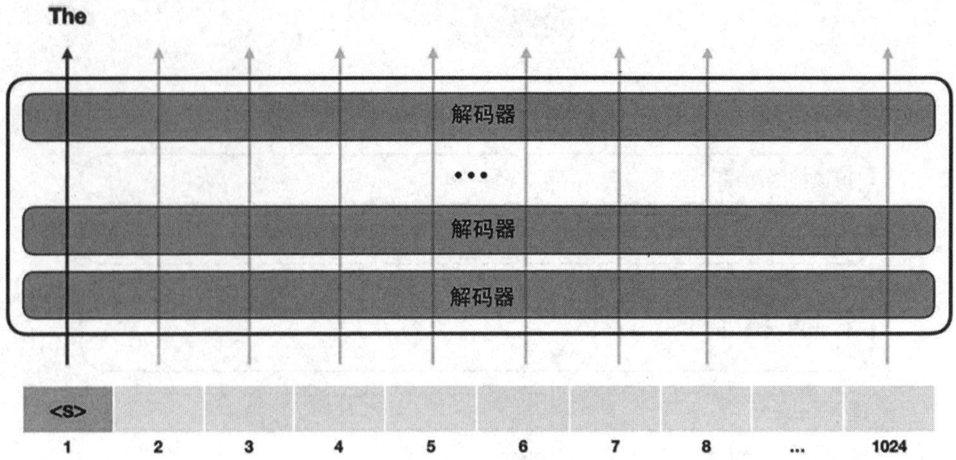

图 4-15 GPT 推理

基础的内容就是它的 Query、Key、Values，如果每次都重新算，当语句越来越长时，计算会比较困难，转过来讲重新计算没有意义，重新计算和重复使用是一样的结果，这就有一些缓冲期。很多读者觉得这是一个很大的创新点，其实这就是计算过一次，在内存中进行缓存（checkpoint），再次使用时进行查询，当然对内存会有一定的要求。

本节从解码端的视角，回顾了语言模型的内容，谈了 GPT 作为一种语言模型它的思想，还谈了解码端具体的一种工作机制。

4.4 数据在 GPT 模型中的流动生命周期 Input Encoding、Self-Attention 及 Model Output 详解

GPT 模型有大的骨架也有流程，现在我们具体讲解怎么更具体化进入数据的流程，整个数据在 GPT 中是怎么流动的。

Transformer 在训练时的数据流程及在推理或者线上服务预测时的数据流程，一个的基本点是要对信息进行编码，这个编码包含两部分，一是内容的编码，一是位置的编码。编码完成之后通过多头注意力机制进行更精细的信息空间表达，通过不同的层次，编码端可能有 12 层，解码端也有 12 层，捕获结构中的等级信息。Transformer 推理和训练核心的不同点在于它的右侧，在推理的时候，推理的结果也会作为推理的上下文的一部分。

如图 4-16 所示，对 GPT 模型具体而言，在左侧输入最开始时可能是一个开始（Start Token）标记“＜s＞”，标记本身有一个内容编码（Token Embeddings），也有一个位置编码（Positional Encodings），需要把这两个编码加起来输入给解码单元（decoder）。

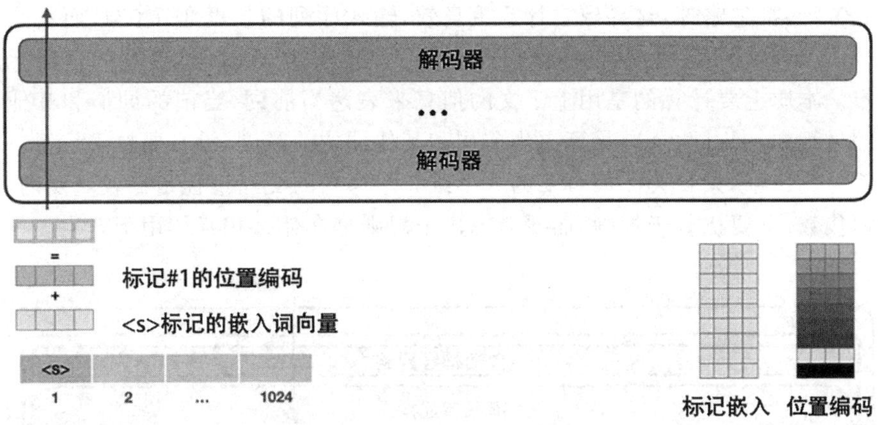

图 4-16　内容编码、位置编码

读者可能会问嵌入词向量(Token Embeddings)是怎么来的？从具体数据的角度，肯定是有一个矩阵可以去查询，矩阵可能是 Word2Vec 或者 CNN 等模型训练出来的。图像识别里面的很多技术在自然语言处理中应用时，往往会发现神奇的效果，例如 CNN 的思想在 GDP 的实现中也有应用。CNN 是卷积网络，不管通过什么样的模型和算法，假设词库中有 50 257 个词汇的嵌入词向量(Embedding)，查出来就行了。如图 4-17 所示。

如图 4-18 所示，位置编码(Positional Encodings)可以通过一套算法，也可以通过训练出来的编码，输入到神经网络的解码单元。

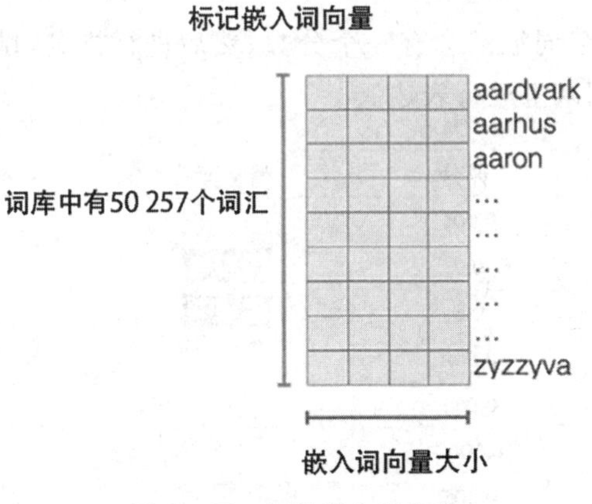

图 4-17　标记嵌入词向量

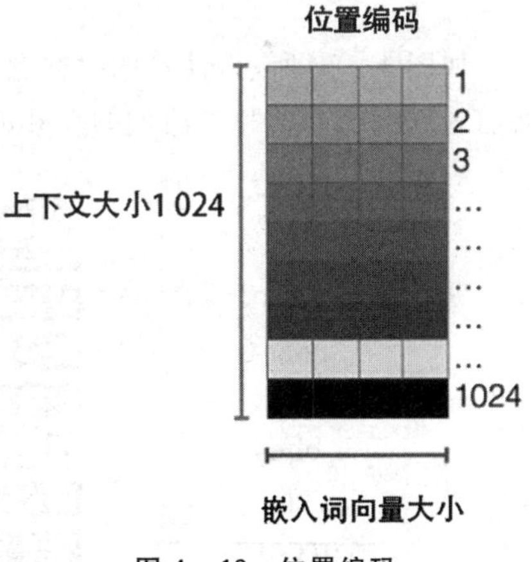

图 4-18　位置编码

输入解码单元之后是注意力机制的部分，如图 4-19 所示，从更细节化的视角来看注意力机制，当前的单词是“it”，这个单词和自己有相关度，也会和其他的单词有相关度。在实现时，涉及工程落地的一些技巧，实现比较复杂。从这幅图的角度，它只选取了三个分数最高的紧密相关的单词，其他的 0.1%、0.2%、0.1%、0.03%、

0.5%、0.2%都忽略掉,这导致它计算更高效,输入序列的长度是 1 024,而不是默认的 512,其实序列可以更长,这样就很好化解了无论是计算时间,还是内存消耗的一些内容。本质上要计算的是用上下文的信息来表达当前词,当前的词汇和其他词汇互动的过程中,通过两个向量算出当前词和其他词的关联度,没必要执着于每一个词语都要计算出来,只要关注最重要的 3 个或 5 个。它的交互过程是比较重要的,就如学线程代数,不要执着于规则,而要考虑这个规则是在什么相互作用下产生。

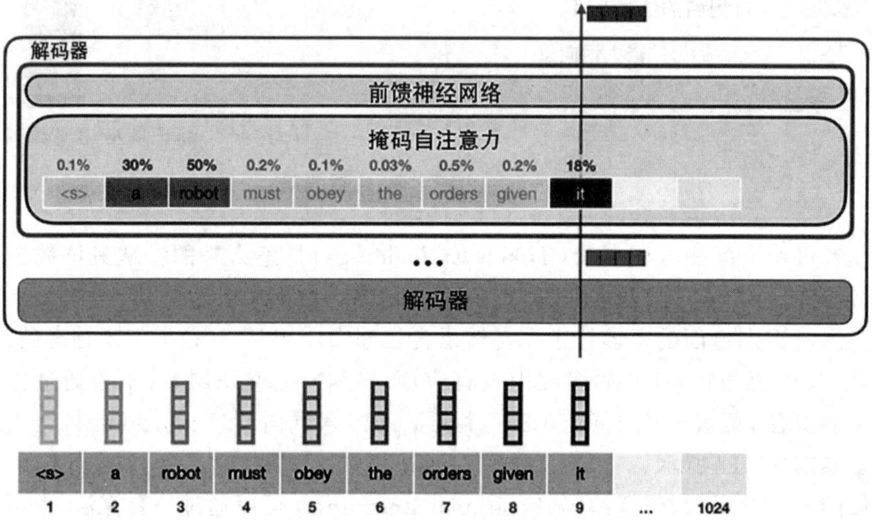

图 4-19 注意力交互作用

如图 4-20 所示,计算的时候它和每个词汇都会有一个分数,然后进行排名,排名前 3 或者前 5,的和当前词的 Value 值相乘来进行表达。

词汇	值向量	评分	值 x 评分
<s>		0.001	
a		0.3	
robot		0.5	
must		0.002	
obey		0.001	
the		0.0003	
orders		0.005	
given		0.002	
it		0.19	
		求和	

图 4-20 注意力分数

如图 4－21 所示，从输出的角度，通过一层又一层传递，会通过神经网络生成一个向量，表达当前位置以及历史位置的信息，在训练的整个词库中是 50 257 个标记。

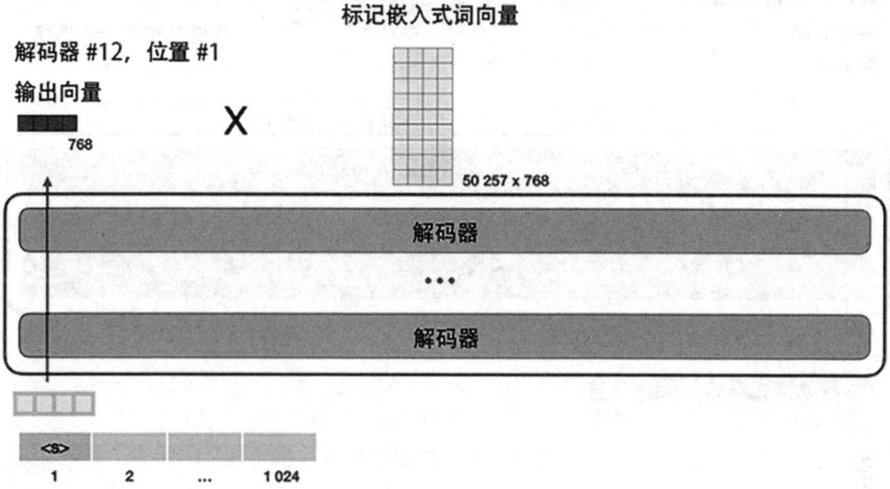

图 4－21　输出信息

如图 4－22 所示，可以计算出概率，输出一个概率分布。

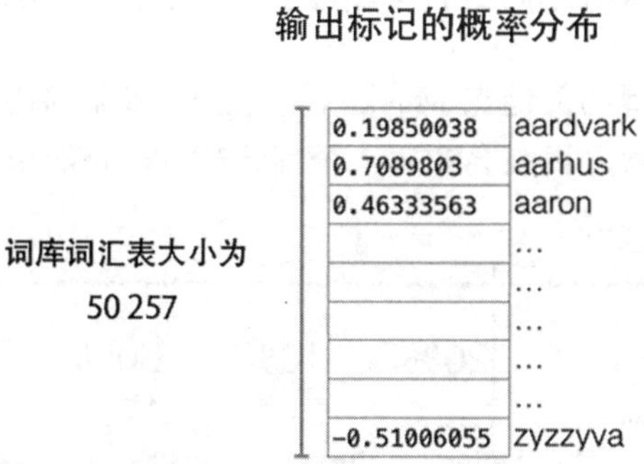

图 4－22　概率分布

图 4－23 所示是具体矩阵化的过程，当前上下文编码的向量和词汇中的每个词所代表的词向量进行相乘之后，会得出一个数字，通过 Softmax 获得概率，在开始标记＜s＞的文本基础上，预测的第一个结果就是“The”这个词汇。

这是我们看到数据在 GPT 模型内部是怎么流动的，得出了第一个结果之后，会把输出的结果转过来，再作为输入的一部分，依次类推。本节我们谈了 GPT 数据流动的机制，接下来很有必要来谈论它的关键点，就是 GPT 模型中 Masked 自注意力机制的内部细节。

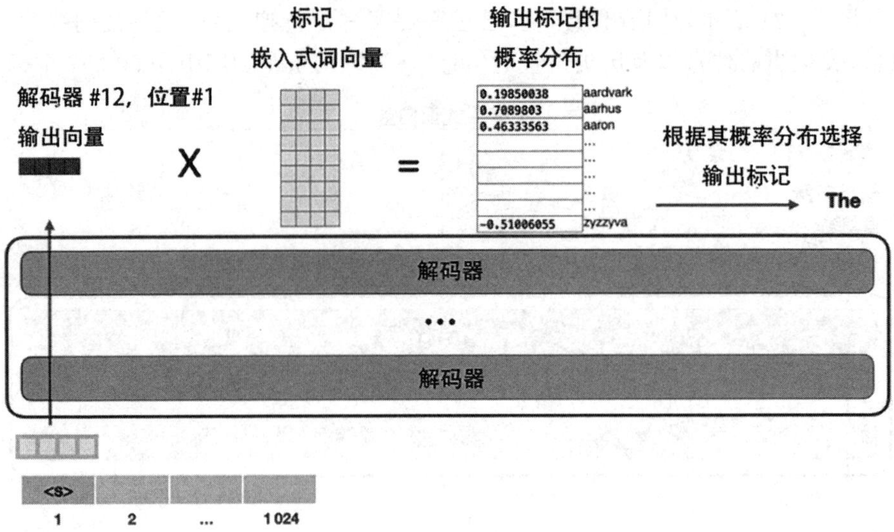

图 4-23 预测结果

4.5 GPT 中的 Masked 多头注意力机制及全连接神经网络内部运行机制解析

本节谈论 GPT 模型的关键点 Masked 自注意力机制的内部细节,如图 4-24 所示,正常情况下的自注意力机制会和每一个标记(Token)都相乘。

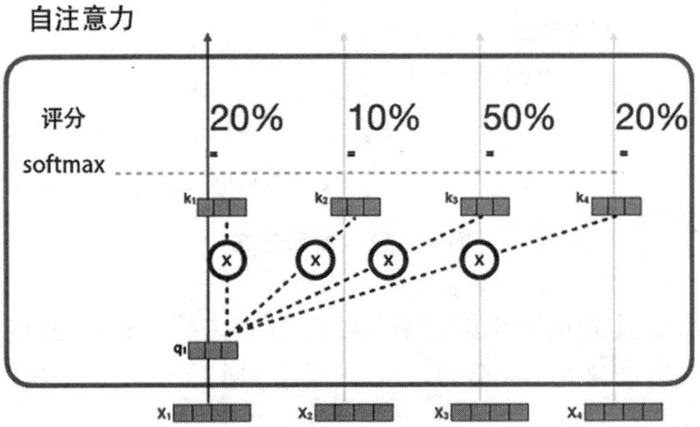

图 4-24 Self Attention

如图 4-25 所示,Masked 自注意力机制也会和每个标记都进行相乘,只不过得出的结果变得无限小,从实现的角度是轻量级的方式,即只要一个基本的 Python 判断语句,判断它的值无限小或超越了某一个阈值,例如 10^{-5} 或者更小,就跳过注意力机制的运算,这是从工程实现的角度来谈的。

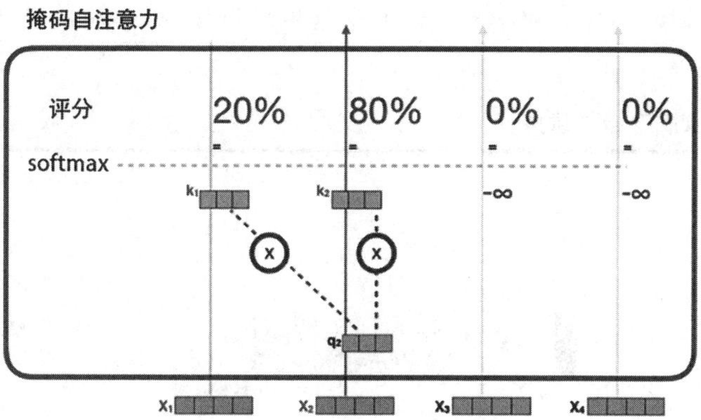

图 4－25　Masked Self Attention

如图 4－26 所示，如果没有使用 Masked 掩码注意力机制，则将当前的 Query 矩阵和 key 矩阵进行相乘，计算 4 个词汇得出相应的分数。

图 4－26　Queries 矩阵和 keys 矩阵进行相乘

如果有 Masked 掩码注意力机制，将对角线上方的数值设置成无限小的数字，通过 softmax 计算之后，对角线上方的数值为 0，就是 Masked 掩码注意力机制。GPT2 本身实现的时候要遵循这个过程。

如图 4－27 所示，将当前的内容输进来，输入的是第 9 个单词“it”的内容编码和位置编码，接下来创建 q、k、v 矩阵。

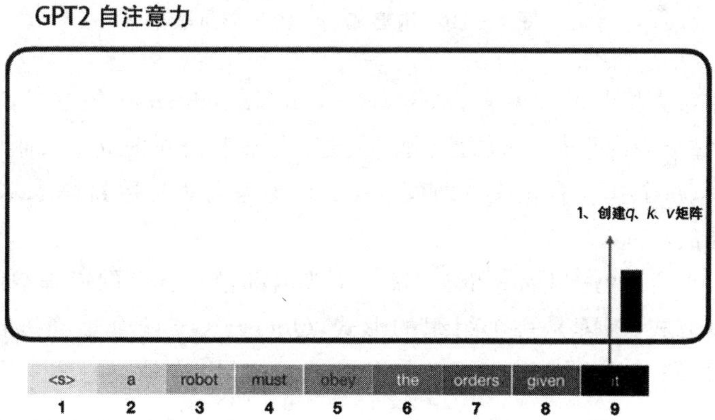

图 4－27　Q、K、V 矩阵

如图 4-28 所示，W_Q、W_K、W_V 三个权重矩阵拼接在一块，将输入的"it"向量和权重矩阵相乘。

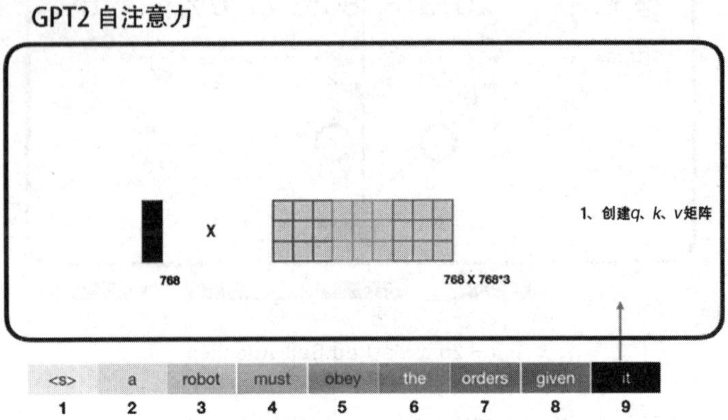

图 4-28　W_Q、W_K、W_V 权重矩阵

如图 4-29 所示，相乘以后会得到一个很长的向量，使用最基本的 Python 语法操作把它切分成三部分，生成第 9 个单词"it"的 Q_9、K_9、V_9 三个向量。

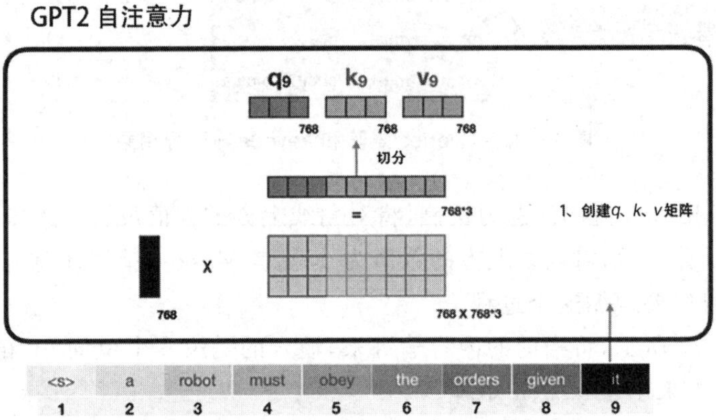

图 4-29　构建 Q、K、V 三个向量

从多头注意力机制的角度看，基于 Bayesian Transformer 的方式，其每个头都有自己的空间，每个头都重复上面的过程，并没有什么特殊的地方。如图 4-30 所示，这里有 3 个头，每个头会有相应的空间，GPT 模型系列头的数目越来越多，大家可以任意设置想要的头。

如图 4-31 所示，这里的 3 个头，每一个头内部都有自己的矩阵空间。向量是一个很好的表示方式，矩阵是一个组织的形式，Query、Key 两个矩阵进行相乘得到一个分数，然后再和 Value 矩阵进行相乘得出一个结果，这是注意力机制的内部工作过程。

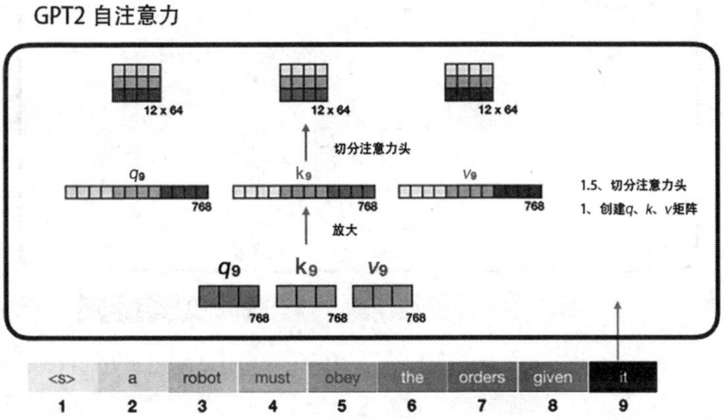

图 4 - 30　多头注意力机制

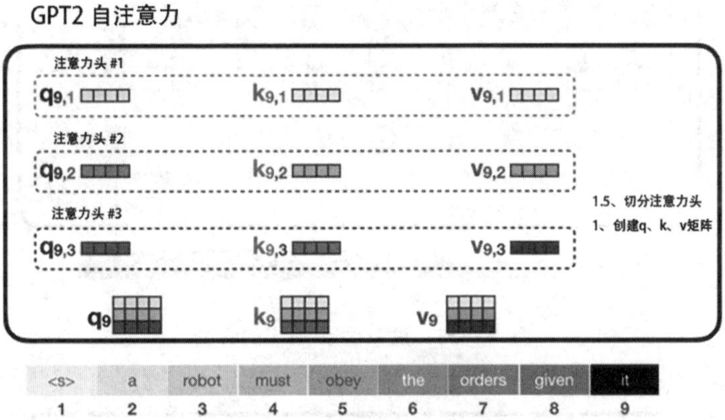

图 4 - 31　3 个注意力头

如图 4 - 32 所示，从 GPT 的视角看，注意力头（Head 1）的每个头操作过程都一样，只不过数据不一样。在 Bayesian Transformer 中，我们谈到多头表达的信息可能是类似的，这个时候显得很糟糕，因为缺乏了信息多元化的角色。从不确定性的角度看，可能也表现得不是那么出色，无论通过多少个头，本质都是在进行两个向量之间的操作。

如图 4 - 33 所示，在操作的时候，第 9 个单词“it”的 Query 矩阵 $Q_{9,1}$ 逗号后面有个 1，表达第一个头（Head），它会和其他所有的词进行乘法操作，考虑所有其他向量操作的结果，会得出一个概率分数。

如图 4 - 34 所示，从概率得分较高的词汇里面选取第二列、第三列，用自己当前的列重新计算来表达自己，乘法之后进行加法操作，这个头就具有了上下文。

如图 4 - 35 所示，多头注意力中每个头都有一个表达，然后拼接起来成为一个向量。

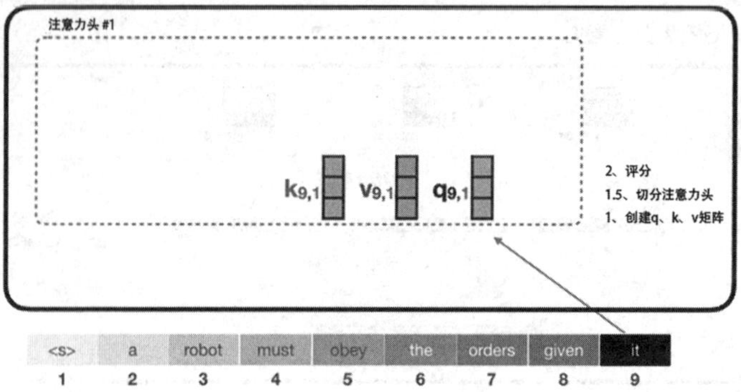

图 4－32　注意力头 ＃1 的评分

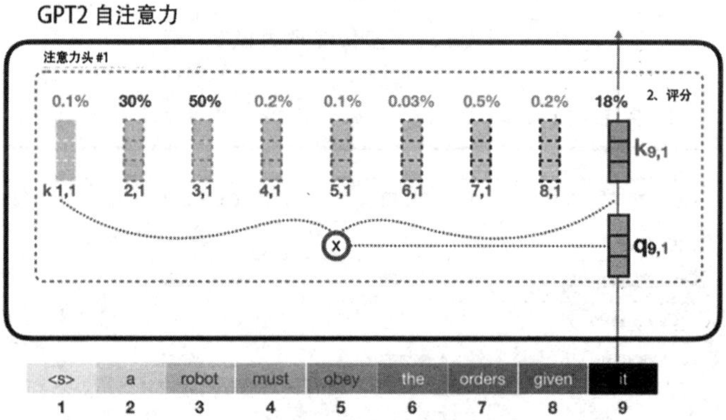

图 4－33　注意力头 ＃1 的评分

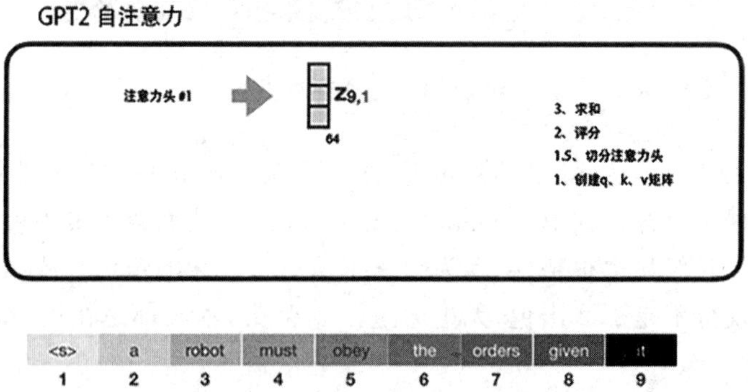

图 4－34　注意力头 ＃1 的结果

如图 4－36 所示，注意力头拼接之后已经超越了它的大小，原先 3 维，现在可能变成九维，通过线性转换从一个空间状态变成同一个空间的另外一个状态，从一个空间转成另外一个空间，这样就完成了目标信息的表达，即更好表达了信息。这时采用多头的方式，再回到原先的大小，然后传入前馈神经网络重复这个操作过程，12 层就重复 12 次。

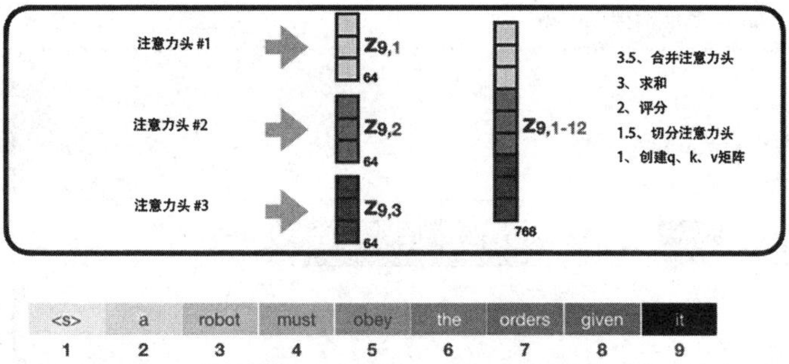

图 4 - 35　多个头拼接

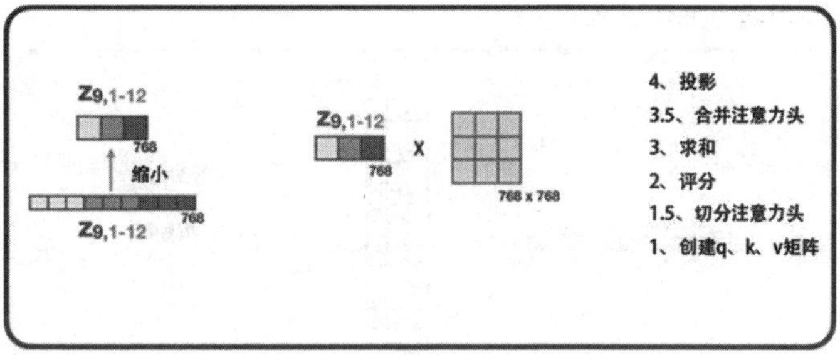

图 4 - 36　线性转换投影

如图 4 - 37 所示，产生可以发送下一层的矩阵。

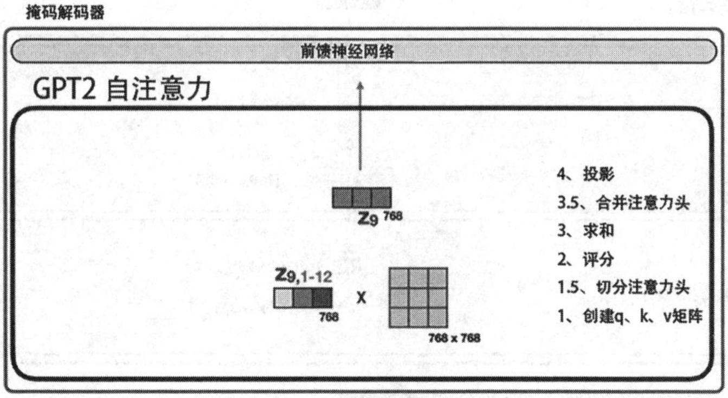

图 4 - 37　发送至下一层

如图 4 - 38 所示，在前馈神经网络时，它要更多层次表达这个信息，维度会更大，在嵌入向量维度大小的基础上乘以 4，这是业界经常使用的一个做法，在输出时要再次进行线性操作。

如图 4 - 39 所示，再次进行线性操作时，从 768×4×768 转过来回到一个 768 的维度。

如图 4 - 40 所示，当前的词汇输出了 768 维度，融合了上下文的信息。

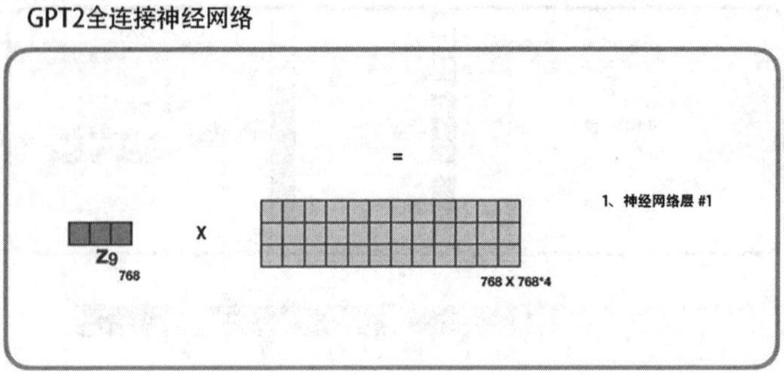

图 4-38　维度扩展

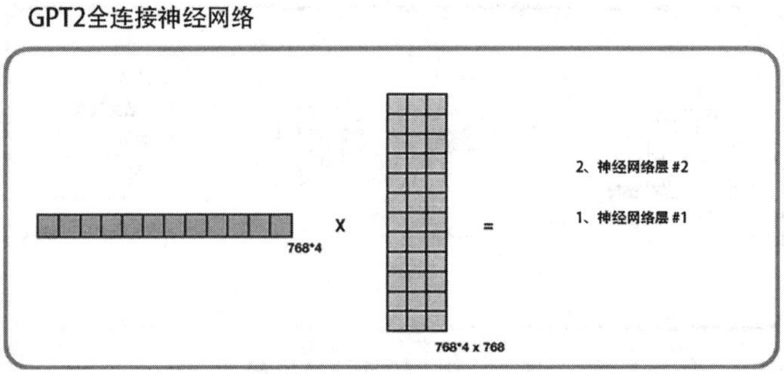

图 4-39　维度还原

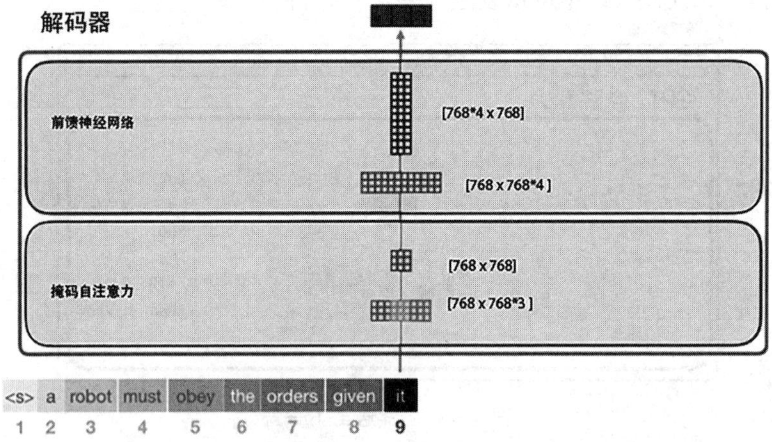

图 4-40　输出 768 维度

上述为 GPT 内部的工作机制,让大家通过可视化的效果学习 GPT 架构、数据流程、基于 Masked 多头注意力机制、前馈神经网络,从最终结果回到了开始的地方。用一个向量表达了自己和上下文,其实它不是上下文,这个是上文,在 BERT 模型中才是上下文,GPT 表达了上文之后,就是用一个比较简单的向量和整个词汇的矩阵进行相乘,获取模型认为的最优词汇。

第5章　BERT下的自编码语言模型架构、数学原理及内幕机制

5.1　BERT下的自编码Autoencoding语言模型架构设计及实现内幕解析

BERT(Bidirectional Encoder Representation from Transformers)是一个预训练语言模型,BERT为什么很流行?涉及语言理解的时候,BERT在多层次语义分类上确实表现非常出色,很多新的模型都会围绕BERT做很多改进的工作来适配具体的任务。我们会谈自编码Autoencoding语言模型,然后谈BERT为什么非常有效,从BERT的内部开始一步一步谈,从嵌入词向量(Word Embedding)到位置编码,再到输入的整个编码,输入编码包含词嵌入编码及位置编码,还有其他编码。在Transformer的基础上,面向BERT的训练任务进行了调整,会谈BERT整个编码器(Encoder)的块结构(Block),内部主要是多头注意力机制的Scaled Dot - Product Attention、Position - wise Feed - Forward Network、Drop out及正则化等相关内容。BERT预训练的两大任务是Masked Language Model(MLM)、Next Sentence Prediction(NSP),两个任务的内部工作流程,使用BERT经常用到微调(Fine - Tuning),其中命名实体识别和问答是两个非常经典的任务,与BERT的预训练任务不太一样,因为预训练是训练模型本身,BERT预训练模型经过一定的微调之后,可以用在一切需要分类的地方。在进行语义理解时,几乎所有的场景都可以认为是分类场景,例如命名实体识别。以一个单词(word)为单位来进行分类,通过命名实体识别出地址(Location)、姓名(Name)或者日期(Date)等,这其实都是分类。问答任务其实也是分类,对这个问题的回答,会有个概率,基于这个概率然后进行判断,选择最有可能的答案,然后是第二、第三最有可能的答案,这也是分类任务。其他包括图像识别或者语音识别,背后说到底都是分类,分类的基础是要能够表达出类别。过去几十年NLP整个业界一直在不断推出新模型、新的算法、新的理论,大多数的聚焦点都在关注如何更好地表达信息,例如,“I Love NLP”这句话,如何通过计算机来更好表达信息,这是大家一直在努力的一个方向,围绕这个内容会产生很多其他扩展性的工作。

BERT已经成为事实上的一个范例,要么直接使用BERT进行各种任务,要么基于BERT改模型,无论是现代化的模型(现代化的模型是2017年以后基于Transformer的模型),还是传统经典的模型,其都主要研究两点,第一点是研究它的结构,

第二点是对这个结构或者模型,那么它的训练任务是什么?训练任务很多时候也转过来会促进模型调整结构,从 BERT 的结构和训练任务的角度看,预训练任务是 Masked Language Model(MLM)、Next Sentence Prediction(NSP),这是对 BERT 模型的训练。从更宏大的整个 NLP 背景的角度看,BERT 应用的具体任务是命名实体识别(NER)和问答。

自编码 Autoencoding 语言模型中,什么是编码?读者应该有一个不同层次的认知,所谓编码就是输入一个信息,用另外一个信息另外一种形式来表达这种信息,大家日常感受的是一些密码级别的内容,计算机会对输入的密码进行编码以防止密码泄露,围绕加密产生很多不同的算法。从语言模型的角度,可以很简单认为整个 Transformer 是一个编码器,当然编码往往也会围绕着解码展开,把信息从原始的 A 状态转换成 B 状态,这是一个编码的过程,转换成 B 状态之后,必然有一个解码器把编码后的信息还原到它的初始状态,就是还原到 A 的状态。

整个神经网络也是一个编码解码的模型,假设从左侧到右侧——左侧是输入,右侧是输出,左侧是信息的输入,通过一层又一层的神经网络传到右侧,右侧基于任务产生一个结果,其实也是解码的过程,这样做的好处是:

第一,训练获得的神经网络可以表示信息,开始编码解码的时候会有很多误差,随着训练的进行,通过反向传播逐步进行调整,当然也可以通过其他一些技术,如抛弃掉反向传播。也会围绕微积分的求导或者求偏导等思想来调整网络,然后网络越来越能够符合真实的情况,通过这种编码解码机制,输入一条信息,网络编码之后再解码,然后又能够重新表达这条信息,得到的结论就是这个网络可以很好表达这个信息。

第二点是它的泛化能力,能够从有限的例子中训练出一个网络来表达领域知识,训练的例子是有限的,而训练出的网络能表达领域知识,从某种程度上看,面向领域的知识是无限的,这是我们追求的目标或者理想,BERT 显然是一种很理想对信息进行表达的方式。BERT 内部的两个机制,一个是掩码语言模型 Masked Language Model(MLM),另外一个是 Next Sentence Prediction(NSP),通过这个任务训练 BERT 网络,说到底它是做了分类。

读者可以考虑一下,GPT 网络为什么一定要使用 Transformer 右侧的部分而不使用左侧的部分,而 BERT 为什么使用 Transformer 左侧的部分而不是使用右侧的部分。如图 5-1 所示,在 Transformer 中间画一条分割线,往左的箭头是左侧的部分,往右的箭头是右侧的部分。

研究一个网络,要研究它的结构或者模型,围绕结构和模型,以及具体怎么训练它。GPT 必须使用 Transformer 右侧的解码器,而 BERT 必须使用 Transformer 左侧的编码器,从结果的角度或者从论文的角度解读,这是由它的训练任务决定的,GPT 整个系列的模型架构基本是一致的,但 GPT 2 和 GPT 3 与 GPT1 稍有不一样,GPT 1 还有一个微调的过程,从 GPT 2 开始就没有这个微调的过程,GPT 训练的主

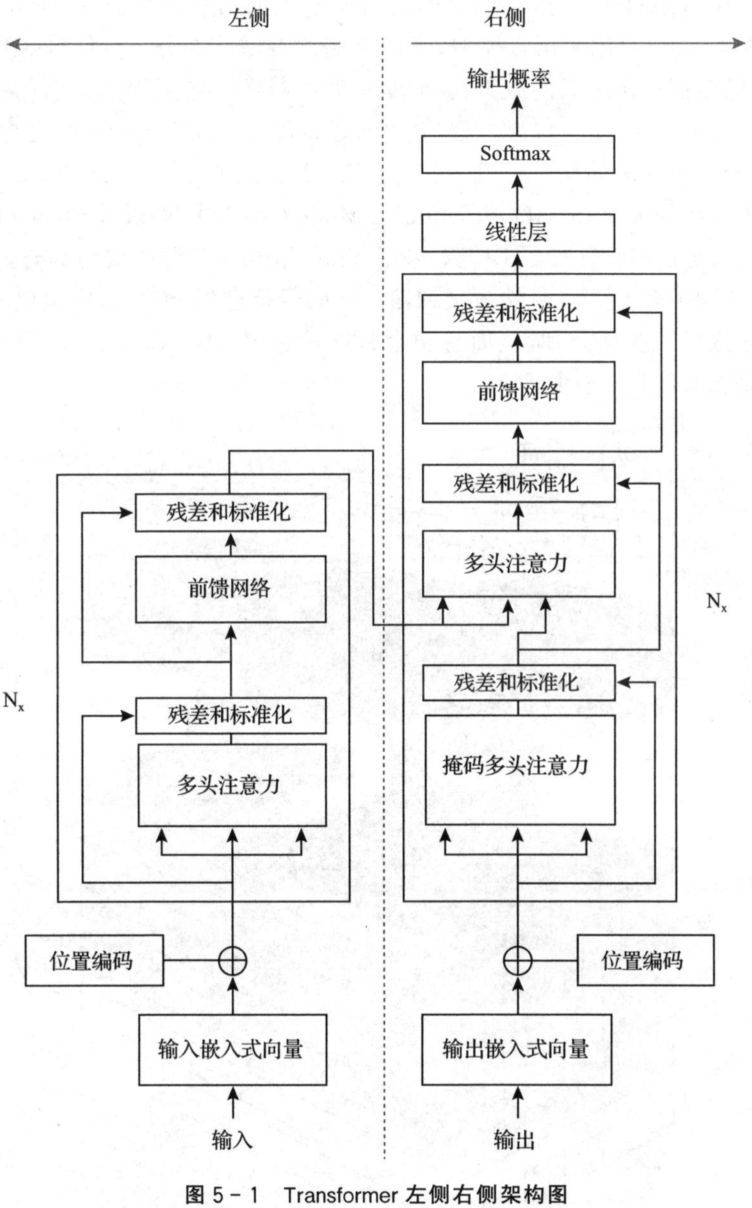

图 5-1　Transformer 左侧右侧架构图

要任务是预测下一个词或者下一个内容，如果预测下一个内容，就不能看见句子右边的信息，这时就需要有 Masked Multi-Head Attention，GPT 变成自回归（Auto-regressive）级别的语言模型。但如果是 BERT 模型，BERT 的主要任务是完成分类，这种分类可能是对句子级别的分类，也可能是对命名实体级别的分类以及整个信息的表达，要很好表达信息，很好进行分类，其实是一个硬币的两面，一体两面，因为如果不能很好表达信息，分类效果也不会好，无论是分类还是信息表达本身，BERT 肯

定不希望遮住右面的一部分内容,这时候希望看到的信息越多越好,所以 BERT 作为 Auto-encoding 自编码语言模型,不需要遮住右侧的部分。具体训练的时候,可以更好表达信息,这是背后的原因,我们学东西的时候一定要知道背后的根源,不能仅从信息的角度去学,没有思考过程,就没有思维能力。BERT 的核心是想表达信息以及分类,想看到更多的信息行编码操作,BERT 直接使用了 Transformer 左侧,在具体落实的训练任务上,Masked Language Model(MLM)、Next Sentence Prediction(NSP)这些训练任务也促使了 BERT 采用 Transformer 左侧的编码部分。

图 5-2 所示是 BERT 从输入端到输出端的运行过程,整个结构类似一个地图,数据输进来进行一些预处理,里面有两个特殊的标记[cls]和[sep],之后进行编码,编码之后是多头注意力机制。

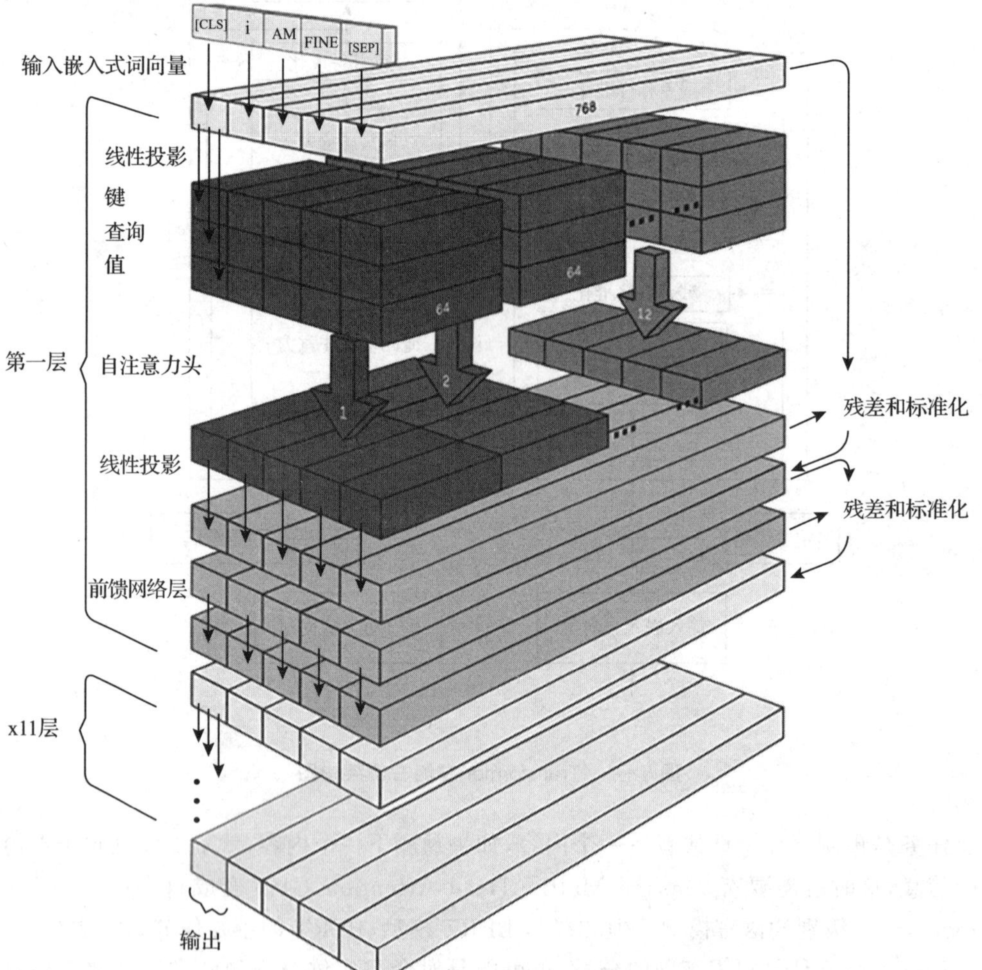

图 5-2 BERT 网络结构

编码的时候把自己的维度设置为 768，有 12 个头，每个头有 64 维，然后是线性投影（Linear projection）转换产生 Query、Key、Value 矩阵，使用自注意力机制时要基于不同的头进行处理，然后进行线性转换回到原始的 768 维，每个词汇都会通过前馈神经网络（Feed Forward Layer）计算，即 Position - wise，不同词汇之间已经在自注意力中完成了相互作用的过程，而不是在前馈神经网络中进行相互作用。这样做的另外一个好处是它可以并行计算，通过一层又一层，可能经过若干层最后才会产出结果，这就是自编码语言模型。它本身背后的核心其实是编码解码的神经网络，从神经网络的角度看，Transformer 有左侧的编码器和右侧的解码器，是 Transformer 本身的一种具体的结构，而 BERT 本身就是一种神经网络的自编码机制，通过训练内部的神经元来更好表达信息。

我们谈 BERT 基本的流程，BERT 可以更好表达信息，可以更好做分类，这种分类可能是情感分类，也可能是命名实体识别及问答任务等，现在要思考一点，BERT 它为什么有效（Why BERT works）？

5.2　以 MLM 及分类为例具体分析 BERT 强大的能够支持各种下游任务的底层原因

BERT 为什么有效？BERT 通过 Autoencoding 自编码以及自注意力机制表示模型，BERT 有两个训练任务，第一个是 Masked Language Model（MLM），第二个是下一个句子的预测 Next Sentence Prediction（NSP）。它是多层次的。

如图 5 - 3 所示，Transformer 的编码结构表示的是 MLM 训练任务，输入的信息会屏蔽掉一部分内容，例如，有 5 个单词，把第 4 个单词 w_4 进行掩码操作，神经网络可通过预测值和真实值的误差来调整神经网络，这样可得到一个结果。如果掩码操作足够多，每一个位置都可以用剩余的位置来表示，相当于做完形填空，基于上下文，基于具体对这个句子的理解，完成要填空的内容，这是从训练任务的角度回答为什么说 BERT 是有效的。

如图 5 - 4 所示，BERT 可能做分类的任务，它会加上一个标记，这个标记会通过自注意力机制来包含整个句子的信息，在最后一层输出时，它会通过全连接神经网络的线性操作进行分类，例如，一个情感方面可能有 7 种类别或者 12 种类别，如要分成 12 个类，可用向量（Vector）和 12 个类别的情感进行向量和矩阵相乘，然后通 softmax 之类的操作得出情感状态。

从结果及语义理解的角度看，BERT 为什么能够工作，这不仅应回答这个问题，其实也应很好回答为什么神经网络能够很好工作的问题。核心是一句话：Transformer 最后是以什么样方式表达的？它是以稠密向量（dense vector）方式表达的。如果能通过一个稠密向量表达所有的上下文历史信息以及各种相互作用，就能比较容易使用稠密向量基于线性操作来转化成一个很好的分类器，这是背后的原因，借助

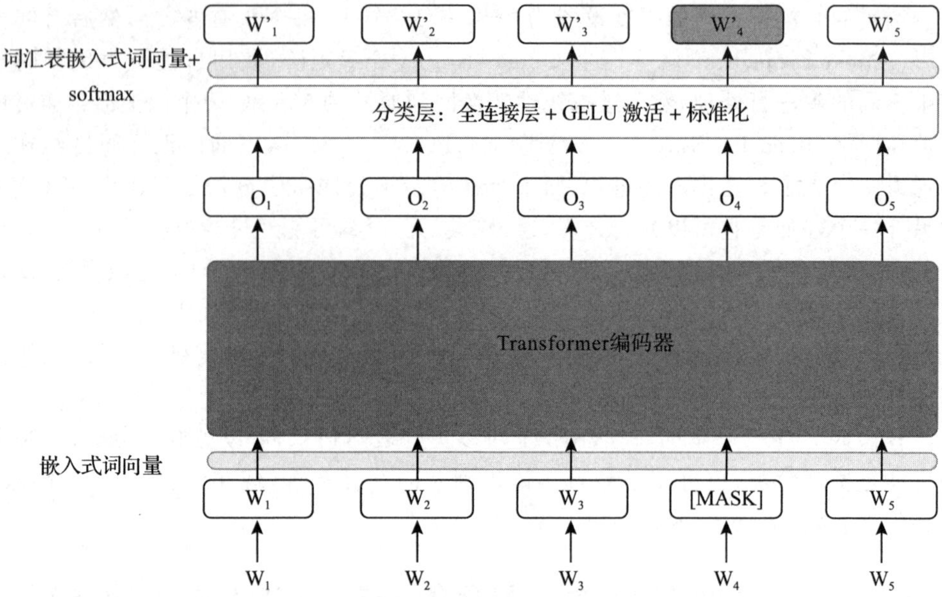

图 5 - 3　Transformer 的 Encoder

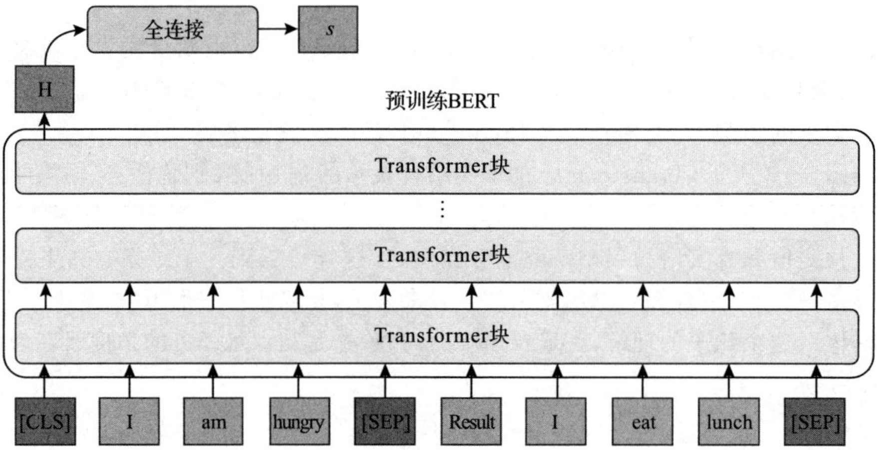

图 5 - 4　分类任务

Transformer 多头注意力机制能很好表达信息，又能以稠密向量这种很简洁的方式，把所有的信息编码成一个稠密向量。即使下游任务是一个很简单的模型，也可以得出很好的分类结果，这也是为什么很多传统的模型，会把 BERT 作为上游任务表达信息，然后把表达后的信息以向量的方式通过一个线性层进行转换，再通过传统的一些经典的算法，例如逻辑回归等算法进行分类。通过分析会发现，BERT 之所以有效，因为它借助了多头注意力机制，有多层的编码器很好表达这个信息，同时基于掩码语言模型机制、下一个句子预测，以及一些特殊的标记来表达局部信息和全局信

息，局部信息是基于全局信息上建立的，最后给了一种最简化的方式，就是一个单词向量。例如，[cls]标记它就是一个稠密向量，用一个矩阵进行了线性操作之后，与其他的模型进行集成，但是，不同其他的模型集成其实也是非常有效的，我们星空智能对话机器人提出的 Bayesian Transformer，对同样一个数据采用不同的模型参数，对同样数据的表达进行了集成。

我们谈了 BERT 整体的自编码语言模型，也谈了它为什么是有效的，接下来要进入 BERT 内部，谈 BERT 从输入到输出整个的数据流程，包括它的步骤一步一步到底干什么，具体怎么干的，在这个过程中，可能会有一些非常微妙而又重要的点，下面将一步一步解密这个过程。

5.3　BERT 输入内容 Word Embeddings 三大步骤及其内幕工作流程详解

如图 5-5 所示，首先从 BERT 最原始的地方输入层（Input Embedding）出发，输入一个句子，例如 "Hello, how are you?"，即从 NLP 自然语言处理的角度看，进行数据预处理或者数据清洗 ETL（Extract Transform Load）的一系列操作，获取可以在 NLP 中直接使用的内容。

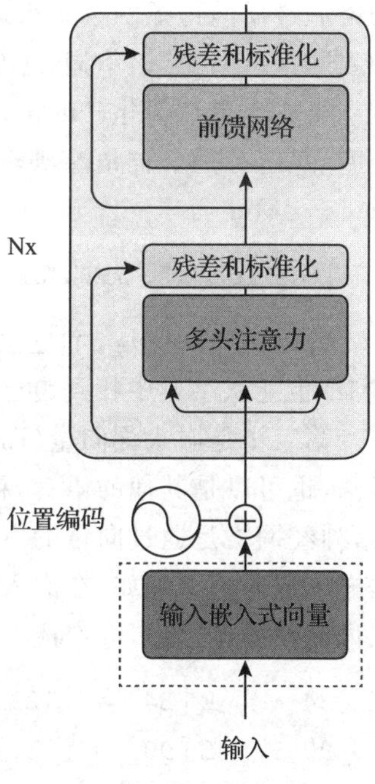

图 5-5　BERT Input Embedding

BERT 在输入端（Token Embeddings）会有三个步骤：标记分词（Tokenization）、数值化（Numericalization）、嵌入词向量（Embedding Process）。

第一步是标记分词（Tokenization），分词有很多不同的分词库或者算法，在汉语方面用得比较多的是 Jieba 库等，看一个简单的示例，例如："Hello, how are you?"

"Hello, how are you?" -> ["Hello", ",", "how", "are", you", "?"]

可以用空格或者符号分词，"Hello"是一个标记（Token），逗号是一个标记，问号也是一个标记，一共有 6 个标记。从 BERT 的角度，标记分词有不同的算法，BERT 采用了一个子字级标记（WordPiece Tokenization）算法，它只是众多算法中的一种，其他还有一些算法，我们星空智能对话机器人用最多的是字节对编码（Byte Pair Encoding，BPE），即把不同的字母进行组合，但 BERT 默认使用的是子字级标记，这种方式本身很直观，见表 5-1。

表 5-1 子字级标记(WordPiece Tokenization)

Word	Token(s)	Word	Token(s)
surf	['surf']	snowboard	['snow', '##board']
surfing	['surf', '##ing']	snowboarding	['snow', '##board', '##ing']
surfboarding	['surf', '##board', '##ing']	snow	['snow']
surfboard	['surf', '##board']	snowing	['snow', '##ing']

如果单词有后缀,可以把后缀也变成一个标记,例如"surfboarding",它就划分成三个标记['surf', '##board', '##ing']。

```
surfboarding -> ['surf', '##board', '##ing']
```

标记分词产出的结是一个又一个的标记,有了标记,要把它放进神经网络 BERT 模型中,肯定不会把这些标记例如"surf""snow"等单词直接放进神经网络,因为神经网络通过反向传播的方式来调整模型的参数,它表达的是元素之间的相互作用,无论输入的是汉字、英语单词、还是其他的语言,元素本身对于神经网络没有任何意义。

第二步是数值化(Numericalization),计算机用 ID 来表达具体的标记,训练一个模型,肯定有一个词语字典库,表达这个模型能够识别多少个标记。例如,"Hello, how are you?",

```
["Hello",",","how","are","you","?"] -> [34,90,15,684,55,193]
```

"Hello"的 ID 是 34,它会从字典中进行一个从单词找 ID 的映射操作,转过来通过 ID 也能从字典中找到自己具体的词汇,这是操作的第二步。

第三步是嵌入词向量(Embedding Process)。具体的词汇可以是英文,也可以是汉语,也可以是其他的语言,将单词来变成 ID,变成 ID 之后也不会直接交给神经网络,神经网络是通过向量的方式来表达信息的,一个 ID 不是向量的方式,所以第三步是嵌入词向量。例如,在嵌入词向量库中,对 ID 为 34 的"Hello"这个单词,它进行嵌入词向量操作之后,会变成一串的数字所表达的向量[123.4, 0.32,…,94, 32]。

```
34 -> E[34] = [123.4, 0.32,... ,94, 32]
90 -> E[90] = [83, 34,... ,77, 19]
15 -> E[15] = [0.2, 50,... ,33, 30]
684 -> E[684] = [289, 432.98,... , 150, 92]
55 -> E[55] = [80, 46,... , 23, 32]
193 -> E[193]= [41,21,... , 74, 33]
```

嵌入词向量数字所表达的向量从哪里来?可能是第三方预训练的词向量表示,例如 Word2vec、传统的一些神经网络(CNN、LSTM)等,也可能是随机产生的,例如使用 Spark 数据处理框架或者 Pytorch 随机生成,但如果是随机生成,表示的信息肯

定会有问题，这是不准确的，不过也没有太大的关系，会通过反向传播再进行调整。为了更快训练出更高质量的网络，一般会采用领域预训练的模型来提供词汇所代表 ID 对应的词向量，在工业级场景及很多 NLP 比赛的场景中，很多时候的创新技巧都是在词向量上面花功夫。

回顾一下 Token Embeddings 的三个步骤，首先分词，然后将分好的词根据字典映射成 ID，生成 ID 之后，如果不是自动生成嵌入词向量，而是第三方例如 Word2vec 之类的模型来提供。它会查一个很大的表，通过矩阵生成每个标记的词向量，它的每一列就代表了一个向量，也可以采用每一行代表向量的方式，根据索引去查询，返回一个词向量，从一个单词的角度或者一个标记的角度看，这时它变成了嵌入词向量 Embedding)，如图 5－6 所示。

$$
\begin{array}{r}
\\ Hello \\ , \\ how \\ are \\ you \\ ?
\end{array}
\begin{array}{c}
\begin{array}{ccccc} < & - & d_{emb_dim} & - & > \end{array} \\
\begin{pmatrix}
123.4 & 0.32 & \cdots & 94 & 32 \\
83 & 34 & \cdots & 77 & 19 \\
0.2 & 50 & \cdots & 33 & 30 \\
289 & 432.98 & \cdots & 150 & 92 \\
80 & 46 & \cdots & 23 & 32 \\
41 & 21 & \cdots & 74 & 33
\end{pmatrix}
\end{array}
$$

图 5－6　嵌入词向量

神经网络模型通过反向传播，转过来也会调整嵌入式向量，但它会冻结掉很多模型，因为它认为嵌入式向量可能已经训练得很好了，而神经网络捕获的是上下文的信息。BERT 还有个特殊的地方，标记分词（Tokenization）BERT 有不同的训练任务，它会加上一些特殊的头，标记“CLS”代表句子的开始，“SEP”代表两个句子之间的分隔符，表明的“SEP”标记之前是一个句子，“SEP”标记之后是另外一个句子，这在实际应用中都非常有意义。例如“SEP”标记之前可以是问题，“SEP”标记之后可以是答案，构成一个问答句子对提交给网络进行训练。在做标记分词时，一方面进行内容标记如“Hello”、标点符号、其他的词汇、也可能会加入一些特殊的标记；另外一方面，它会加入“PAD”填充标记，BERT 默认情况下，规定每个句子的输入长度是一样的，如果长度不够就要进行填充（padding）操作。PAD 在词典中也会有对应的 ID 编号，例如“＜pad＞”标记在字典库中的 ID 编号是 5，"Hello, how are you?" 填充了 3 个“＜pad＞”标记。

```
["＜pad＞", "＜pad＞", "＜pad＞", "Hello", ",", "how", "are", "you", "?"]
－＞ [5,5,5,34,90,15,684, 55,193]
```

我们谈了 BERT 输入编码（Input Embeddings）的 Token Embeddings 部分，但整个输入编码不是现在这个部分完成，输入编码是由标记嵌入（Token Embeddings）、句子嵌入（Sentence Embeddings）、位置嵌入（Position Embeddings）三层共同完成的，如图 5－7 所示。

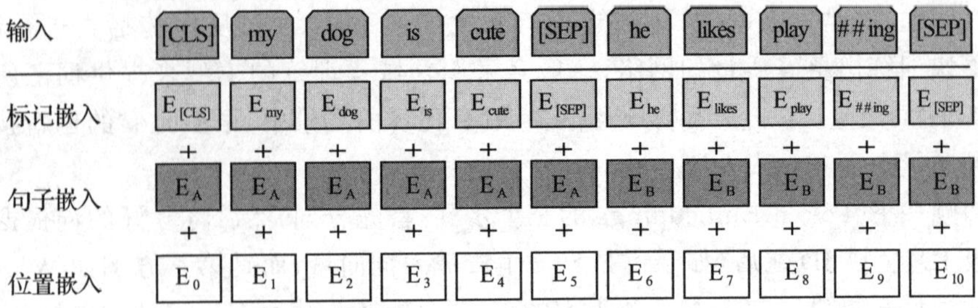

图 5-7 输入信息编码

其作为语言是一个序列肯定有先后顺序,接下来我们谈位置编码。

5.4 BERT 位置编码 Positional Encoding 能够表达相对位置背后的数学原因分析

图 5-8 所示的是 BERT 位置编码(Positional Encoding)的示意图。

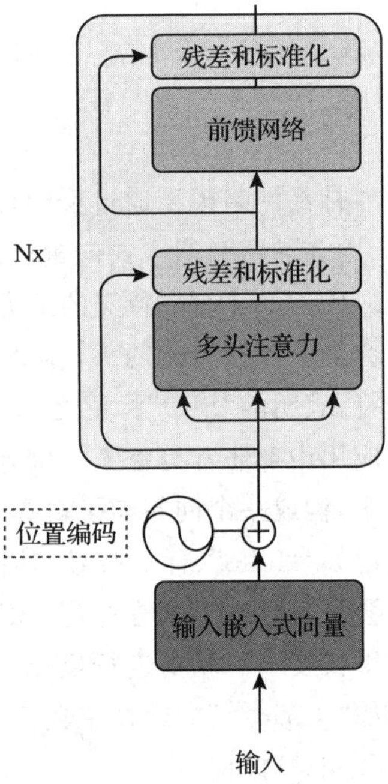

图 5-8 BERT 位置编码

BERT 位置编码(Positional Encoding)会通过 sin、cos 函数的方式编码不同的位置。位置编码的计算公式:

$$p_{i,j}=\begin{cases}\sin\left(\dfrac{i}{10\ 000^{\frac{j}{d_{emb_dim}}}}\right) if\ j\ is\ even\\ \cos\left(\dfrac{i}{10\ 000^{\frac{j-1}{d_{emb_dim}}}}\right) if\ j\ is\ odd\end{cases} \tag{5-1}$$

这些内容读者相对比较熟悉,但为什么位置编码采用 sin、cos 的方式是合理的?因为位置编码是为了表达先后顺序,一个句子中可能有两个单词是一样的,这时可以从位置的角度增加一些区分度,理论上不同的位置编码信息是不一样的。为什么这种方式是有效的?BERT 的作者有很多理论,但里面基本的内容是 sin、cos,它可以表达相对位置,从数学的角度分享一下背后的机制,最开始从圆的角度考虑相对 X 轴或者 Y 轴的偏移量,但大多数是相对于 X 轴的偏移量,如果把这个圆展开,它是在 X 轴上进行一种循环操作。在这个过程中,它能表达偏移量,偏移量指 15°、35°、60°、90°、270°等,表达一个相对位置,用 sin、cos 能够在一个序列中表达相对位置,这是三角函数的一些展开操作,例如,"Hello, how are you?"这句话的位置编码 sin、cos 计算示例:

$$
\begin{array}{c}
Hello \\ , \\ how \\ are \\ you \\ ?
\end{array}
\begin{bmatrix}
\sin\left(\frac{0}{10\,000^{\frac{0}{d_{emb_dim}}}}\right) & \cos\left(\frac{0}{10\,000^{\frac{0}{d_{emb_dim}}}}\right) & \sin\left(\frac{0}{10\,000^{\frac{2}{d_{emb_dim}}}}\right) & \cos\left(\frac{0}{10\,000^{\frac{2}{d_{emb_dim}}}}\right) & \cdots \\
\sin\left(\frac{1}{10\,000^{\frac{0}{d_{emb_dim}}}}\right) & \cos\left(\frac{1}{10\,000^{\frac{0}{d_{emb_dim}}}}\right) & \sin\left(\frac{1}{10\,000^{\frac{2}{d_{emb_dim}}}}\right) & \cos\left(\frac{1}{10\,000^{\frac{2}{d_{emb_dim}}}}\right) & \cdots \\
\sin\left(\frac{2}{10\,000^{\frac{0}{d_{emb_dim}}}}\right) & \cos\left(\frac{2}{10\,000^{\frac{0}{d_{emb_dim}}}}\right) & \sin\left(\frac{2}{10\,000^{\frac{2}{d_{emb_dim}}}}\right) & \cos\left(\frac{2}{10\,000^{\frac{2}{d_{emb_dim}}}}\right) & \cdots \\
\sin\left(\frac{3}{10\,000^{\frac{0}{d_{emb_dim}}}}\right) & \cos\left(\frac{3}{10\,000^{\frac{0}{d_{emb_dim}}}}\right) & \sin\left(\frac{3}{10\,000^{\frac{2}{d_{emb_dim}}}}\right) & \cos\left(\frac{3}{10\,000^{\frac{2}{d_{emb_dim}}}}\right) & \cdots \\
\sin\left(\frac{4}{10\,000^{\frac{0}{d_{emb_dim}}}}\right) & \cos\left(\frac{4}{10\,000^{\frac{0}{d_{emb_dim}}}}\right) & \sin\left(\frac{4}{10\,000^{\frac{2}{d_{emb_dim}}}}\right) & \cos\left(\frac{4}{10\,000^{\frac{2}{d_{emb_dim}}}}\right) & \cdots \\
\sin\left(\frac{5}{10\,000^{\frac{0}{d_{emb_dim}}}}\right) & \cos\left(\frac{5}{10\,000^{\frac{0}{d_{emb_dim}}}}\right) & \sin\left(\frac{5}{10\,000^{\frac{2}{d_{emb_dim}}}}\right) & \cos\left(\frac{5}{10\,000^{\frac{2}{d_{emb_dim}}}}\right) & \cdots
\end{bmatrix}
$$

这是 BERT 输入编码(Input Embeddings)的 Position Embeddings 部分，BERT 作为在 Transformer 基础上改进的一个架构，它的改进是根据其目标以及训练任务来决定的，输入信息进来之后，BERT 输入编码会有三层，由 Token Embeddings、Sentence Embeddings、Position Embeddings 构成的。位置编码(Position Embeddings)基于 Transformer，有不同的模型变种，有很多其他方式的实现，但大致思路是一样的，可以采用静态的方式，也可以采用可训练参数(Trainable Parameter)的方式。

5.5　BERT 的 Input Embeddings 三大组件解析

BERT 输入编码(Input Embeddings)三大组件是 Token Embeddings、Sentence Embeddings、Position Embeddings，这里面有一个很特殊的地方是 Sentence Embeddings。在输入标记的阶段，会加入一些特殊的标记，“SEP”标记之前表示一个句子，“SEP”标记之后表示另一个句子，表明属于哪一个句子，在实际操作的时候很重要，例如问答系统，前面是问题，后面是答案，在训练时必须获得问题和答案的信息，才能在向量表示及反向传播时，才能很好地做问答任务、阅读理解及完形填空，完全填空很多时候跟掩码机制有关，从候选词选项的角度看，它会跟分类器有关。

BERT 输入信息有三层编码(Token Embeddings、Sentence Embeddings、Position Embeddings)，之所以做三层的嵌入式向量是缘于它的训练任务，是要预测下一个句子，因此在 Sentence Embeddings 编码中采用“SEP”标记作为分割符。它有一些特殊的标记表达全局的意识，以及不同句子之间的性质，不同的句子采用“SEP”分

割,全局的信息采用 Token Embeddings 编码中的"CLS"标记,为什么"CLS"标记能表达全局信息?因为它是基于 Transformer 的多头注意力机制,即使是特殊的标记,也能学习到其他的信息,这就是输入编码的三层结构。

重点再看一下 BERT 特殊的标记部分,例如"I am hungry"及"Result I eat lunch"这两句话,虽然语法有点不太通,但句子表达的意思还是很明确的:

[CLS] I am hungry [SEP] Result I eat lunch [SEP]

BERT 模型在句末加入了"SEP"标记,表明一个句子的结束,在句首加了"CLS"标记,表明一个句子的开始,很多时候它都用来做分类。在开头加入"CLS"标记,经过一层又一层 Transformer 网络的传播,最后它代表了这个句子,又可以通过一个线性操作进行分类,可以是二分类,或三分类,也可以是无数种分类,即通过一个向量和矩阵相乘的方式,表达一切分类的方式。

至此,我们跟大家谈了 BERT 的输入端相关问题,研究一个模型首先要看输入端和输出端,在谈输入端的时候,其实也谈了输出端,例如"CLS"标记的输出部分。

5.6 从 Output 结果向量和矩阵相乘的角度来解析 BERT 整个 Encoder Stack 的功能

如图 5-9 所示,从 BERT 整个架构的角度看,BERT 里面具体一个块(Block)的结构其实可以看得很清楚,多头注意力机制加上残差网络加上正则化,还有前馈神经网络,这些元素构成了一个编码块(Encoder Block),BERT 由多层的编码器来构成整个架构体系,而输入的内容会传递一个又一个的块来更好完成信息表达。

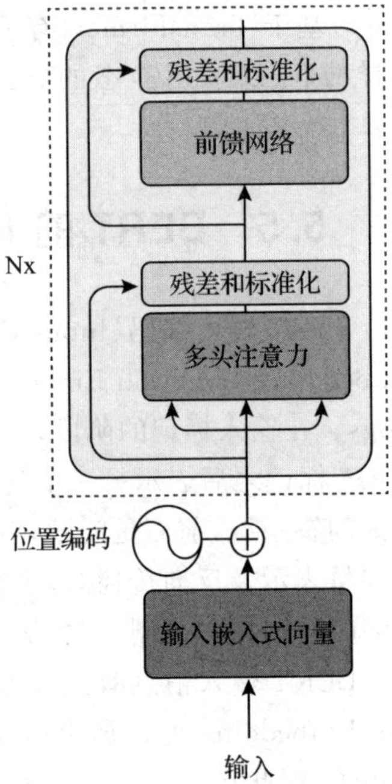

图 5-9 BERT Encoder Stack

如图 5-10 所示,从输出端的角度看,显示的 H 是一个隐向量,H 代表整个信息的表示。

以"CLS"标记为例,无论是哪种方式获得了隐向量的表达,它都会和矩阵进行乘法运算,当前所有的信息用向量表示,通过和矩阵的乘法,会得到我们想要的初步的分类结果。具体实现的过程比较简单,向量代表了整个 BERT 神经网络或者 Transformer 的模型能够表达所有的信息和矩阵进行相乘法的操作,例如,分类可能有 7 个分类,也可能 12 个分类,词汇可能有很多,当分类是 7 个的时候,当前隐向量 H 所代表的内容,会和 7 个分类所代表的矩阵相乘,矩阵里面的每个向量都代表一个分类,然后会通过

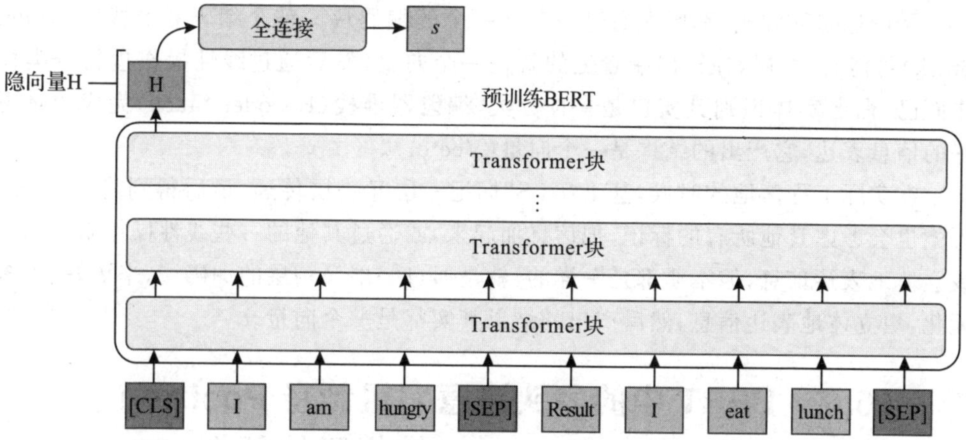

图 5-10　输出隐向量 H

softmax 或者其他的一些算法来获得概率分布，选择概率最高的，就可以获得具体的一个类别。

在多个编码器处理之后，无论从预训练的视角，还是从微调之后处理任务的视角，BERT 都给了一个很好的信息表达，接下来要采用多标签的分类，而是多类别的分类，还是做其他的事情，这是由下游的任务或者微调来决定的，微调会把相关的信息放进一个线性层中，通过一个线性操作来表达目标的信息。

从词汇的角度看，每个标记通过一层一层进行传递，如果是预训练模型，可以采用掩码(Masking)语言机制，可以更好理解上下文，如果是微调，则可能是命名实体识别任务。

如图 5-11 所示，从输出端的角度看，通过一个又一个的编码块，获得的是一个隐向量 H，如果是掩码(Masking)机制，可能是和一个很大的矩阵进行相乘操作。矩阵代表了整个的字典，可能有 3 万或者 5 万个词汇，如果是命名实体识别，要看具体命名实体识别不同模型的表达方式，以及有多少个类别，可能有 30 个类别或者 50 个类别，而相对于 7 种分类的示例，它可能是更多表达语言本身的标记。

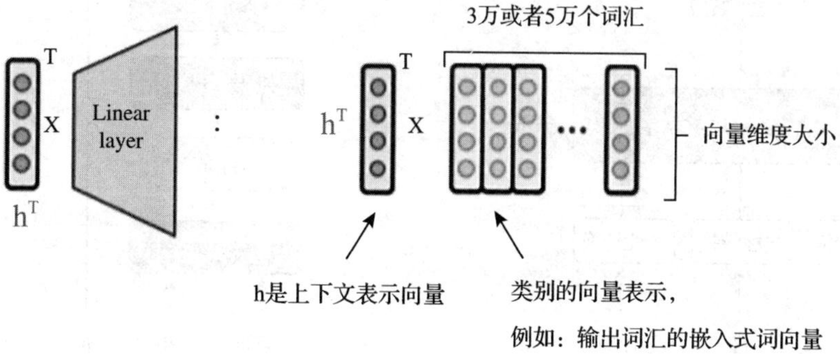

图 5-11　向量与词库矩阵相乘

无论是哪种方式,都要先通过一个又一个的编码块。整个编码器堆栈(Encoder Stack)可能有 12 层,在输出端看见的就是一个向量,然后通过线性操作进行分类操作而已,命名实体识别其实也是一种分类,编码器堆栈(Encoder Stack)完成的是更好的信息表达,它产出的结果是一个向量(Vector)。

在实际工程落地的时候,基于"CLS"标记一层又一层传递,最后得到隐向量 H,可能也会考虑其他所有的标记,把信息加起来,或通过其他的一些线性操作来更综合或立体地表达信息,但本质都是一样的,就是通过一层又一层的编码层,来更好、更多元化、更立体地表达信息,然后产出的结果其实都是一个向量。

5.7 BERT 中的多头注意力机制及 Position - wise Feedforward 神经网络解析

图 5 - 12 所示是多头注意力机制分成了若干层,这边看见的是三层,一共是三个多注意力头(Head),即从不同的角度来表达信息。

在输出端通过连接(contact)操作会把每个头的信息联合起来,连接之后可能跟输入的维度不太一样,这时要通过线性操作,再回到原始的维度大小(size)。操作计算的过程其实比较简单,基于输入进行线性转换,通过线性转换生成 Query、Key、Value 矩阵,然后将 Query 和 Key 矩阵相乘,得到注意力分数,再和 Value 矩阵相乘进行调整。

如图 5 - 13 所示,Query 和 Key 矩阵相乘,会进行一个缩放(Scale)的操作,一般是除以 $\sqrt{d_k}$,d_k 是 Key 矩阵的维度大小,它类似一种正则化的思想,不会因为维度太大或者维度太小而太多改变它的分数。

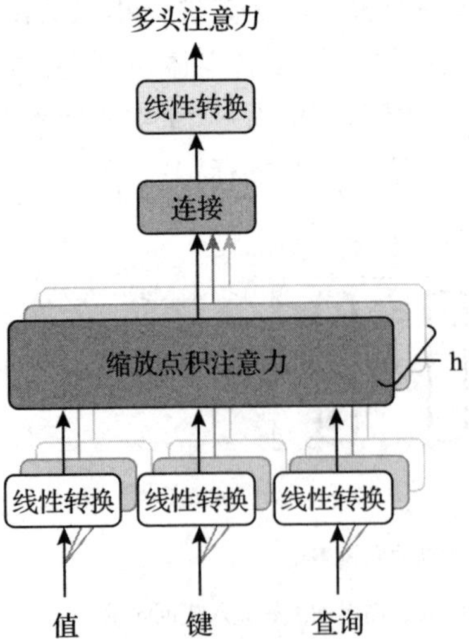

图 5 - 12 多头注意力机制

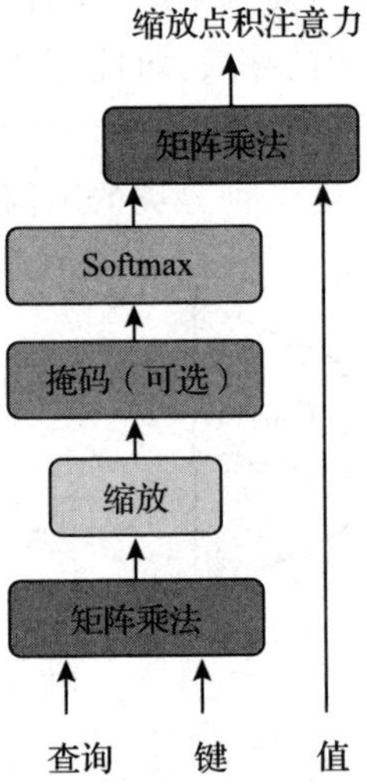

图 5 - 13 Scaled dot - product Attention

其中的 Mask(opt)是可选掩码的方式,之所以是可选的方式,从 Transformer 的角度看,如果是右侧解码的方式,GPT 模型会对当前词汇右侧的词进行掩码屏蔽操作。

Query、Key、Value 矩阵的构建过程,分别生成 W_i^K、W_i^Q、W_i^V 权重参数矩阵,也有对维度的表达,其中 W_i^K 矩阵的维度大小为 $d_{emb_dim} \times d_k$,W_i^Q 矩阵的维度大小为 $d_{emb_dim} \times d_k$,W_i^V 矩阵的维度大小为 $d_{emb_dim} \times d_v$,生成 Query、Key、Value 矩阵:

$K_i = XW_i^K$ 维度大小为 input_length $\times d_k$

$Q_i = XW_i^Q$ 维度大小为 input_length $\times d_k$

$V_i = XW_i^V$ 维度大小为 input_length $\times d_v$

具体计算注意力机制的公式:

$$\text{Attention}(Q, K, V) = \text{softmax}\left(\frac{QK^T}{\sqrt{d_k}}\right)V \tag{5-2}$$

将 Query 矩阵乘上 Key 的转置矩阵,然后再除以它的维度开方,经过 softmax 计算获取概率,而且确保概率加起来等于 1,然后乘以 Value 矩阵,从上下文来表达当前的信息。在输入端将"CLS"加入到标记里面,也完全经过这个操作过程,它是由其他所有的标记及自己的标记来表达的,所以它能够代表整个句子,从整个矩阵可视化的角度会发现"CLS"会涵盖很多特殊的信息。

我们谈了输入编码(Input Embeddings),也谈了多头注意力机制,理论上讲,接下来应该谈残差网络和正则化,但是从 BERT 架构图的角度,多头注意力机制输出会经过残差网络和正则化,前馈神经网络是 Position - wise Feedforward Network,中文翻译是点对点的神经网络。它也经过了残差网络和正则化层,所以现在先谈一下前馈神经网络,如图 5 - 14 所示。

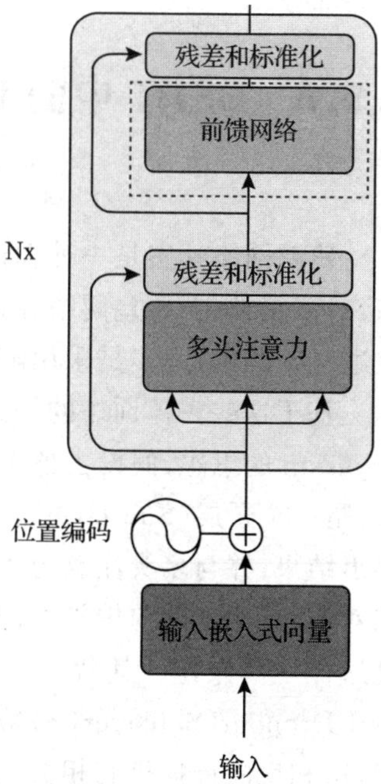

图 5 - 14　前馈网络

对于 BERT 第一个编码层,前馈神经网络接收的信息来自于多头注意力,一般情况下收到这个信息后,它要进行维度调整,为什么要进行维度的调整?因为前馈神经网络是 Position - wise 级别的网络,它没有不同元素之间交互的过程。从 BERT 设计者的各种解读来看,BERT 做注意力机制时,已经完成了彼此的交互,即用上下文代表了当前的每一个词语,且每个词汇都包含了上下文的信息,这时加入一个前馈神经网络,想更好地去挖掘它的信息,没必要再次进行一个不同词汇之间相互作用的全连接操作,因为这个已经没有太大的意义了。其实也有很多模型变

种,继续让不同的元素之间相互作用,但它现在采用的是 Position - wise 级别的前馈网络,每个词汇单独传给神经网络,带来的直接结果是能够并行计算。

另外一方面,我们要思考前馈神经网络的意义,神经网络本身可以表达层次信息,抛开这点不谈,前馈神经网络的意义其实是想更精细地表达信息,基于每一个标记,通过注意力后更精细捕获它的内部的信息,这时又没有不同元素之间的相互作用,只有一条出路就是扩大它的维度大小,所以很多时候前馈神经网络中它的维度大小,一般是注意力层维度的 4 倍,甚至更大。

前馈神经网络的表达公式是

$$\mathrm{FFN}(x)=\max(0,xW_1+b_1)W_2+b_2 \tag{5-3}$$

使用的是激活函数是 RELU 的方式,如图所示。

图 5 - 15　RELU 激活函数

在计算的时候,每一个向量都要和整个前馈神经网络同时进行处理,这是要强调的一个点,即它通过扩大自己维度的尺寸来更好捕获每一个信息,经过多头注意力机制之后,代表了全文上下文,更精细捕获信息,接下来我们要谈的是残差网络和正则化的部分。

5.8　BERT 中的 Dropout、残差网络及 Layer 正则化数学原理剖析

残差网络其实是一种 Bayesian 的思想,对于训练质量,正则化有利于模型的训练,对于正常化,残差网络在运行过程中,它会有 Dropout 的内容,每个批次(Batch)在进行训练时,大多是采用随机的方式去掉一些训练的神经元,如图 5 - 16 所示。

基于这些去掉训练的神经元,每个批次相当于有一个新的网络,这其实是一种 Bayesian 的思想,假设去掉 10%、20%或 5%的神经元,Dropout 相当于一个函数操作,是一个子层(Sub layer)。在这个基础上,会把 Dropout 处理后的内容进行训练,得出结果,并与多头注意力机制计算的结果进行相加,这是第一个残差网络处理,在端对端,点对点的前馈神经网络(Position - wise Feedforward Network)之后,也会经过这样一个操作。其背后的核心是什么? 从数学的角度,可以表达为 LayerNorm (x+Dropout(Sublayer(x)))。使用残差网络背后的数学另一原因是 Bayesian 的思想,这和反向传播机制相关。如果有一个很大的网络,训练会带有太多的不确定性,训练是否能够达到效果,这要打个问号,如果一次又一次训练没效果,网络就无法拟

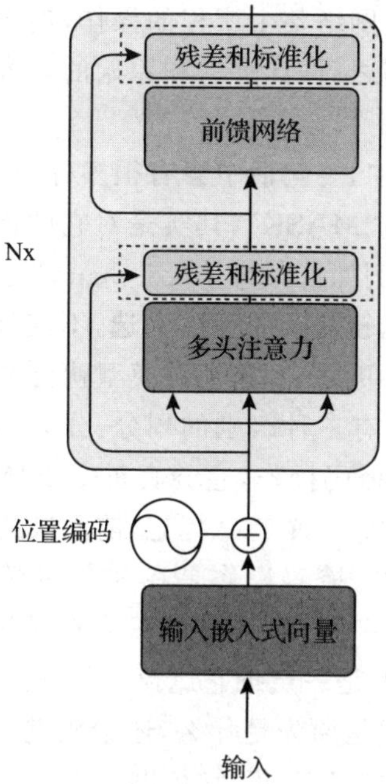

图 5－16　残差和标准化网络

合，就会出现很多其他状况，最开始是在计算机视觉时，视觉领域使用了残差网络，发现效果很好，如从最本质的角度或者从物理级别思考，有一个更深层的原因——相互学习。所谓相互学习就是自注意机制，把自己放进网络就是 Position－wise 级别的操作，不要忘了向自己学习，要把自己加入，加入的内容都会到达输出端，然后计算误差，通过反向传播调整网络，这是背后物理级别的依据。

从自编码语言模型开始，我们谈了 BERT 为什么工作，谈了内部的 Input Embeddings、残差网络、正则化、Dropout 整个网络的工作，前面的内容包含了两部分，第一部分是自编码语言模型，第二部分是整个 BERT 的结构，对于一个模型，除了结构以外，必须聚焦的就是它的训练任务。

5.9　BERT 的预训练任务

5.9.1　Masked Language Model 架构设计、算法内幕及关键问题解答

BERT 有两个预训练任务，第一个是 Masked Language Model（MLM）语言模型，会掩码掉一些标记，第二个是下一个句子的预测 Next Sentence Prediction（NSP），有句子的分隔符，判断分隔符前后的两个句子是关联或者连续，它通过这两个任务来训练 BERT 模型，MLM 语言模型有参考答案，这是自监督的方式，模型知

道掩盖掉了哪几个标记,通过网络整个流程的操作,输出一个内容,产出的结果是融合上下文,通过多层网络机制之后,计算它和原始的内容有多大的误差,然后通过反向传播调整参数。

在 MLM 掩码语言模型中,一句话中会有很多标记内容,会随机选取 15% 的内容进行掩码,标注掩码标记为“MASK”,其实是对它的词汇进行掩码操作,注意一般不会对特殊标记进行操作。例如从“My dog is hairy”这句话中选取 15%的内容,可以随机选,也可以使用一些比较复杂的算法去选,不同批次数据进行操作时,如果算法足够精致,表达的复杂度会更强,理论上讲模型就会更智能,更好表达信息。

随机选取的 15%里面又有三种级别的划分:分为 80%、10%、10%的比例,假设选中了“hairy”这个单词进行掩码操作,它会真正变成“MASK”标记。“MASK”是一个特殊标记,也是我们谈到的第三个特殊标记,前面谈到的 2 个特殊标记是开始标记“CLS”及句子分隔标记“SEP”,掩码操作是在 80%的情况下产生的,它不一定会产生,即使选中了,也不一定加一个“MASK”的标记。剩下还有 20%的内容,它又分成两个 10%的部分,80%的情况是一定把它遮掉,剩下的 20%就是不遮掉,但不遮掉又有两种表达方式,第一种方式是原先是什么,还给放进去什么,例如原先是“hairy”单词。现在掩码的部分还是放进“hairy”,它依旧是在做掩码,只不过放进了原始的内容而已,这和放进“MASK”标记从机制上讲是完全一样的,没什么区别,只不过在掩码操作时把自己的内容放进去了。即使放进“hairy”,它也认为被遮掉了,这不太好容易理解,其实有很多原因,很多研究者也围绕这个内容产生了很多新的想法或者论文,最直白,也是比较重要的部分,它是一个自监督的语言学习模型,掩码的部分相当于直接给了它答案,能保证到 100%是正确的,它会导致一个结果。有 80%的部分给了它一个真的掩码,而 10%的部分是假的,加上引号的掩码,导致整个模型训练时会有一定的复杂度,像在做一份试卷一样,有一部分是直接给答案,有 80%要自己寻求答案,它会导致在训练网络时不至于错得太离谱,相当于给了一个起步工作,而不是直接得到一个 0 分的结果。还剩下 10%的内容,它会随机采用另外一个错误的词汇来代表要掩掉的内容。

在整个输入句子中,有 15%的内容被遮掉,被遮掉内容中的 80%一定会使用“MASK”标记,10%的部分会直接使用原生答案,还有 10%的部分会用另外一个词代表一个错误的答案,为什么输入错误的答案?这有点类似于要对抗完全正确的答案,也是增强网络能够区分出不同信息的柔韧度(Resilience)。那么应对不同的情况都能够处理,所有 NLP 模型的核心基本上都是一个分类器,要训练很好的分类,或训练出一个很好的模型。首先要能识别出不同的信息,这是一个很好的示例,训练的时候尽量多元化,从不同视角的训练模型,区分出不同的信息,这也是 Bayesian 的一种思维方式,星空智能对话机器人从教学的角度在全球首家提出的 Bayesian Transformer 思想。

句子中 15%被遮掉的内容,经过这三种类别的掩码操作,通过神经网络会产生

一个向量，向量和整个的词汇矩阵，例如 3 万个或者 5 万个，将向量和矩阵相乘，经过 softmax 或者其他内容，最后会得出一个概率，它会预测出被掩掉的部分到底是什么内容。从理论上讲，传统的神经网络模型一定会有误差，在这边有 10％是原生的单词，100％正确，因为直接给了答案。也有 10％的部分会 100％错误，这因为是用另外的一个标记去代替。还有一种 80％的情况，采用掩码"MASK"标记，会介于 100％正确和 100％错误之间，有一个概率，这是 Bayesian 思想的实现，来表达不确定性下的多种情况，从而让网络更具有柔韧度和鲁棒性(Robust)。

为什么不把所有的内容都进行掩码操作，而只选取 15％的内容，其中的 80％进行掩码操作，10％的标记原封不动，10％的标记一定是错的。这里有一个很重要的点就是如果完全进行了掩码操作，对网络的训练速度会有一些影响，如果每次都有一些正确的答案，或有一些一定是错误的答案，就会加速网络的训练，能够更好表达需求。其本身是 100％表达信息了，还有随机选择标记，不仅不会让模型感觉混淆，反而增加了它的柔韧性，接下来，我们谈 BERT 的另一个核心任务：下一个句子的预测 Next Sentence Prediction(NSP)。

5.9.2　Next Sentence Prediction 架构设计、算法内幕、及实际应用

BERT 的另外一个核心任务是 Next Sentence Prediction，大家使用 BERT 时，绝大多数情况下要使用内容，从实用的角度，某种程度上它是一个更重要的内容。

如果通过"SEP"标记判断前后两个句子是否是上下文连贯的，那么如何设计这个模型，显然会有很多不同的做法，一种最原始的方式是在同一个文档中抽两个句子，让它们保持先后顺序，这是一种样本，称之为叫正样本(Positive Sample)。在同样一个文档里面，有前后顺序关系的两个句子，中间也可以有其他的句子隔开，但是有前后关系就行，这是正样本。

但负样本就有点特殊，第一种方式在两个不同的文档抽两个句子，显然是负样本，这种方式比较简单，只要判断两个句子是否在同样一个文档即可。第二种方式，负样本可以把两个句子的顺序对调，逆序(Reverse)表示，例如 A、B 两个句子，在同一个文档中，是保持 B 在 A 后面的顺序，但要制造负样本，可以把 B 放在 A 前面。第一种和第二种哪种方式更好？从捕获信息的角度，显然是第二种更好，第一种制作负样本时，是从两个不同的文档抽取句子，从训练的角度看显得太简单了；如果在同一个文档中，则体现了一致性(Coherence)，星空智能对话机器人提出一个很重要的观点：Coherence is everything you need！这背后涵盖了很多模型优化的内容，这个例子说明一致的重要性。在同样一个文档中选取负样本，是逆序的方式，A 和 B 原本是一个顺序的过程，现在把它调过来，这是一个更小或者更紧密的上下文处理，BERT 原生的方式是采用第一种方式，在两个文档中随机选句子制造负样本。

两个句子之间的分隔符是"SEP"标记，如何表示两个句子是否是在同样的文档中，是否有先后顺序，这件事情很重要。例如做问答任务，表明了前面是问题，后面是

答案,这样在做标签或者训练优化时就很方便,对于模型,"SEP"标记前面的这句话,如何知道后面那句话是前面一句话的答案,这时候要有个标记或者标签。可以采用"CLS"标记,也可以用其他的标签或标记。这跟模型的设计和实现有关系,这个标记肯定是自己识别的,来表明这两个句子有相互关系,这两个句子构成了这个题目的问题和答案。

关于 Next Sentence Prediction 的内容,我们谈了内部的各个部分及流程,接下来谈 BERT 预训练任务的整个流程。

5.9.3 全生命周期流程剖析、训练目标数学原理剖析

BERT 预训练任务的语料基于 BookCorpus(800 M)的词汇及 Wikipedia(2 500 M)的词汇进行训练,WordPiece 中有 37 000 个标记,这是 BERT 训练的语料以及标记的信息,或是字典的信息。

对于训练,BERT 有两个预训练任务,核心是上下两句话的事情,因为有输入的内容,才会产生掩码机制。从输入语料处理的角度看,通过"SEP"标记连接两句话,在每个批次里面,会选定 50%是两句话相邻的内容。另外 50%是不相连的,即来自于两个不同的文档,输入信息通过"SEP"标记区分开之后,如果小于 512 个标记,会采用"PAD"标记的方式进行填充。这些步骤完成之后,15%的内容会进行掩码操作,这是整个的过程。

举一个具体的例子:

Input = [CLS] the man went to [MASK] store [SEP] he bought a gallon [MASK] milk [SEP]

在上述输入内容中,已经加入"CLS"标记作为整个输入的开头,"SEP"标记作为前一句话的分隔符,"the man went to [MASK] store"中间有一个词语被掩掉了,它会作为第一句话。第二句话是"he bought a gallon [MASK] milk",中间也有被掩掉的内容,因此加入两个"MASK"标记,句末也有一个"SEP"标记代表句子的结束。

要表达两个句子具有上下文的下一句(Next Sentence)的关系,这里进行一个转换,把"CIS"标记设置为"IsNext"标记,例如:

Input = <IsNext> the man went to [MASK] store [SEP] he bought a gallon [MASK] milk [SEP]

这时的训练是自监督的一个过程,所有的数据已经准备好,新的标记也进行了实现,因为是自注意力机制,很清楚知道下一句是 True 还是 False,哪些掩码是真正掩掉的,哪些掩码一定是错误的,哪些掩码是完全正确的,但到底怎么训练。其实很简单,就是最大似然估计,使得网络能符合实际的自注意力自监督标签的状况,比如它的实际标签 IsNext 为 True,但开始判断的可能不是 True,这时要调整网络,在训练

的过程中掩掉了某个单词，跟实际可能有误差，如果它不是直接产生的原始单词，这时候就要调整网络。

最大似然估计 MLE 公式

$$\begin{aligned}\theta_{MLE} &= \arg\max_{\theta} \log P(X|\theta) \\ &= \arg\max_{\theta} \log \prod_i P(x_i|\theta) \\ &= \arg\max_{\theta} \sum_i \log P(x_i|\theta)\end{aligned} \tag{5-4}$$

求最大似然估计，预测的结果要最大化，转过来不能最大化时，就形成了误差，就会进行网络调整，也结合了嵌入词向量或者其他的一些技术，可以从 MAP 的角度去考虑这个内容。

$$\begin{aligned}\theta_{MAP} &= \arg\max_{\theta} P(X|\theta)P(\theta) \\ &= \arg\max_{\theta} \log P(X|\theta) + \log P(\theta) \\ &= \arg\max_{\theta} \log \prod_i P(x_i|\theta) + \log P(\theta) \\ &= \arg\max_{\theta} \sum_i \log P(x_i|\theta) + \log P(\theta)\end{aligned} \tag{5-5}$$

BERT 是一个预训练模型，在实际工作时，它有预训练阶段，具体到下游任务的时候，会有一个微调的阶段，微调是面向任务的，就是已经训练出了一个很大的网络，在训练的过程中基于词汇和数据能够很好进行微调，来适配各种不同的任务，比如问答任务、完形填空或者阅读理解任务。

5.9.4 BERT的面向下游任务的 Fine Tuning 运行流程及数学原理剖析

为什么 BERT 能够轻松适配各种任务，要适配各种任务，其实它还是在做分类。分类的基础是能够很精细表达信息的差异，最终形成一个向量，进行微调时，本身就比较简单了。如果是情感分类或者问答任务，很多时候要从"CLS"标记上下功夫，"CLS"的分类有多分类，也有多标签分类。假设有 7 种不同的情感，最后要选取其中一种情感，这是多分类，如分析推特（Twitter）上面的评论信息，它可能有多种情感混合在一起，会展示多种情感状态。对它有些满意，满意中又有一些感觉不太好，这不太好的地方有很细腻的表达，这就变成多标签的分类，有了"CLS"标记，通过线性操作比较容易实现多标签的分类。在公式 $\text{softmax}(CW^t) \in R^k$ 中的 R^k 代表了多种标签，表示一个信息的多种状态，输入信息经过不同的网络会得出一个隐藏向量，然后结合线性转换，再转过来微调网络，下游任务是监督性学习，如果结果在某种程度上是错的，即可通过微调这个网络来适应当前的任务。

微调任务有个前提，就是微调任务和 BERT 本身在预训练的领域是同一类型的，或数据是同一类型的。如果是不同领域，比如用互联网数据电商的数据，对金融

领域传统银行的模型进行微调，要用大量下游的数据进行微调，才能把这个模型训练出来，这不是微调，这是大调整。

如果有足够多的金融数据，其实可以直接去训练 BERT 预训练模型，然后再基于不同的任务进行微调，这引申到最大后验概率(Maximum A Posteriori，MAP)和最大似然估计(Maximum Likelihood Estimation，MLE)的内容，MAP 的关键是有先验信息：

$$\theta_{MAP} = \arg\theta\max P(X|\theta)P(\theta) \tag{5-6}$$

什么时候的先验信息相当于不存在？除了一致先验这种情况，就是所有概率都是一样的，等同于先验信息不存在。从训练的角度讲，当有足够多的数据的时候，数据足够大的时候，先验信息也等同于不存在，足够大就相当于一个无限的东西，一个有限具体的表述，在无限的东西面前相当于不存在。在微调时，从数学理论的角度，即使预训练模型与当前任务不那么紧密相关，如果有足够多的数据，也能够足够多改变预训练的模型。

如图 5-17 所示，对下一个句话的判断都有概率问题，我们可以使用交叉熵计算误差，然后通过反向传播来调整网络。例如是下一句话(IsNext)的概率是 1%，不是下一句话(NotNext)的概率是 99%。

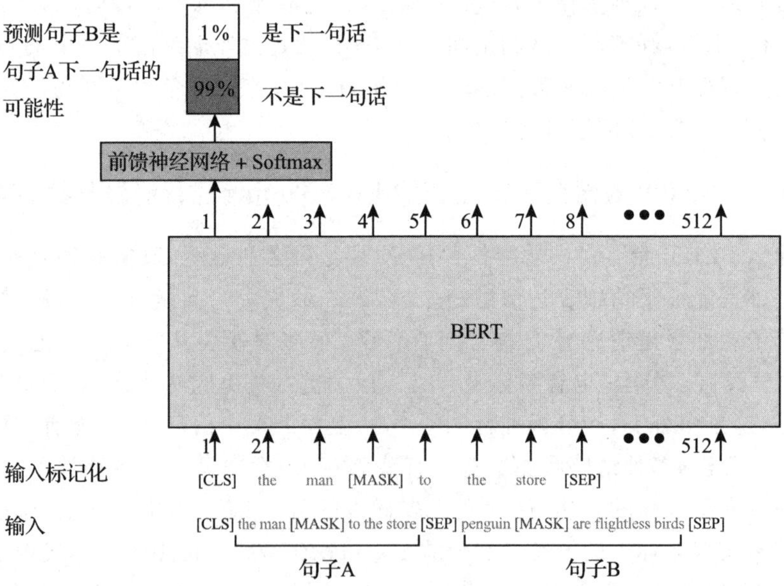

图 5-17 下一个句子预测

这是 BERT 面向下游任务微调的具体过程，在实际运用中，它有各种不同的应用场景。

5.10　BERT 在 NER 及问答等应用场景原理剖析

BERT 模型绝大多数涉及分类的任务，一般都会基于“CLS”标记实现，从工程实践的角度，可以把不同层的“CLS”都组拼起来，或把“CLS”及多个标记代表的向量组拼起来，这些都是 Bayesian 的思想。注意是 Bayesian，而不是 Bayes。Bayes 是最大后验概率 MAP 的方式，而 Bayesian 是比 MAP 更高级别的一个方式，它是在工程实践中用的最多的。

如图 5－18 所示，在问答任务中要通过“SEP”标记进行区分，把问题和答案连接起来，在答案中又有开始和结束的部分，这些都是手动标记的。模型会进行训练，在训练微调时，可以有一个很大的问答数据库，整个模型都基于这个数据库进行预训练，BERT 可以是一个专门服务问答方向特定领域的预训练模型，例如金融领域，使用金融领域的数据训练模型，针对不同的任务进行局部微调。

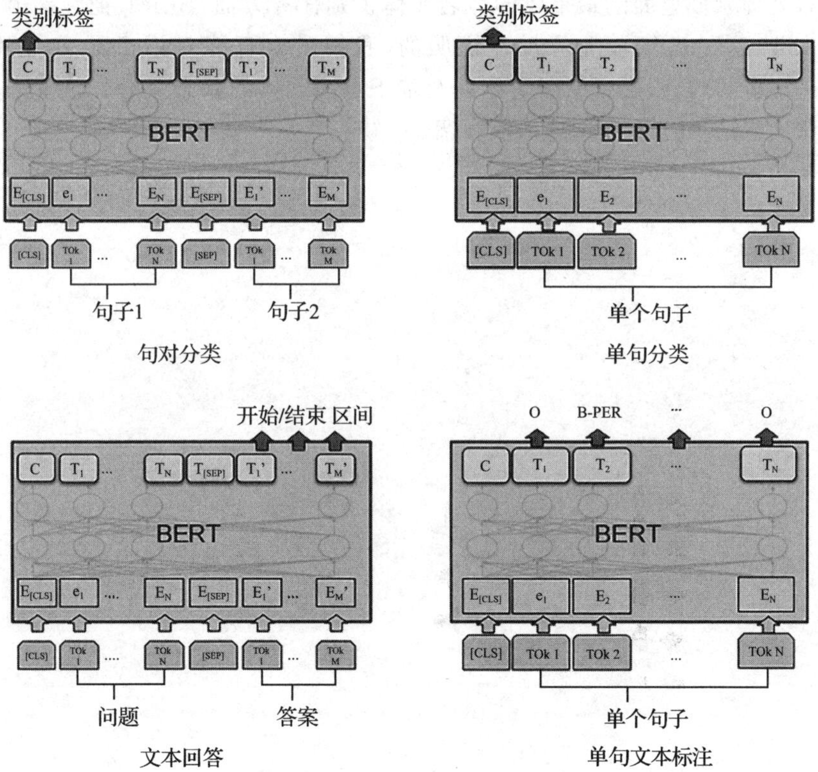

图 5－18　BERT 适用的任务

句子对分类任务（Sentence Pair Classification Task）判断两个句子的关系，在单句标记任务（Single Sentence Tagging Task）中，标记（Tagging）类似于命名实体识别

(Named Entity Recognition, NER)。BERT 包括预训练任务和微调的任务,BERT 比原生的 Transformer 能够更好表达语义信息,由于 BERT 架构的调整,例如加入"CLS"标记能够更好适应各种分类任务。比如在电商场景或者一些推荐场景,如果能够更细粒度表达这个信息,从而带来分类的调整,哪怕是 0.1%的调整。带来更精准的推荐,意味着更高的转化率及销售额。在人工智能时代,如果做推荐系统、广告算法、内容搜索,更重要的是做自然语言处理,尤其是对话系统,基于上下文的多轮对话。

回顾一下 BERT 的整体流程,输入信息经过嵌入词向量操作,进入神经网络的第一步,是通过线性转换可训练参数来生成 Key、Query、Value 矩阵的。通过注意力机制,尤其多头注意力机制,从多维度来更好表达信息,通过线性操作把多头注意力机制表达的信息,生成当前编码层的下一个前馈神经网络需要维度的矩阵,然后通过前馈神经网络进行处理,这样一层又一层重复,在输出阶段会产生分类。可以是对整个句子的分类,也可以是对具体词汇的分类,具体词汇的分类就是命名实体识别。在自然语言处理领域里面的最重要的命名实体识别任务方面,BERT 把它推出了前所未有的高分,这是已经被业界反复证明的,我们星空智能对话机器人,也借鉴了 BERT 非常多的内容,进行意图实体以及基于意图实体的状态管理。接下来从源码的角度跟大家谈 BERT 预训练以及微调。

第6章 BERT Pre - taining模型源码完整实现

6.1 BERT模型的Structure和MLM及NSP预训练任务回顾及最佳实践分析

BERT分成预训练和微调任务，本节分享的是BERT预训练部分的源码，见表6-1所列，源码目录总体分成了6部分：

表6-1 代码目录

Step1	下载数据集(Download Dataset)	Download Dataset
Step2	构建模型字典(Build Model Dictionary)	Torch Vocab
		Word Vocab
		Dictionary
Step3	预处理(Preprocessing)	BERT Dataset
		Loading DataSet
Step4	BERT神经网络(BERT Neural Network)	BERT Embedding
		Transformer Block
		Building Bert
Step5	BERT语言模型(BERT Language Model)	BERT Trainer
		BERT LM
Step6	预训练(Pre Trainning)	Pre Trainning

第一步是数据的下载，从数据的来源下载数据到本地，会进行一些基本化的处理。对数据了解也非常重要，但不应把精力放在这个方面，因为与BERT本身的模型并没有太多直接的关系，它是一个通用的事情，这是整个6大步骤的第一步。

第二步骤是构建词典，每一个模型都有相应的词典，比如可能有3万个词汇或者5万个词汇，我们统一以3万个词汇为例，基于整个的模型训练来构建词典，在训练的时候，按照标记切分内容，把它映射成相应的ID。等整个模型训练出来之后，再能把ID映射成具体的词汇，这是词典的构建，显然是非常重要的部分。

第三步是数据的预处理,对于模型,数据预处理要达到的一个结果是按照模型要求的格式来展现这个数据,至于 BERT 而言,输入的时候会有嵌入词向量、位置编码、内容编码等,这是第三步谈的重点。

第四步是 BERT 神经网络,BERT 本身作为编码端的一种语言模型,我们会详细讲解 Transformer 结构块及构建 BERT 网络每一步的实现。

第五步是 BERT 语言模型,为什么有了 BERT 神经网络的结构之后,还要谈语言模型?因为谈任何一个模型都会谈两部分,一个是它的结构(Structure),第二个部分是它的训练任务,准备数据时,按照 BERT 的要求,应以嵌入词向量的方式呈现数据或者格式化数据。谈语言模型的时候主要是谈训练任务,对于 BERT 有两种训练任务,第一个是掩码语言模型机制,第二个是下一句子的预测,我们会逐一过滤里面的代码。

第六步是模型预训练,这是调用 BERT Trainer 进行模型训练的过程。

在开始阅读 BERT 具体的代码之前,应先温习一下 BERT 的整体架构和内部的核心内容。

如图 6-1 所示,BERT 是 Transformer 的编码部分,BERT 几乎以完全复制的方式复用了 Transformer 内部的结构,只不过在输入信息的时候稍微有一些不同,BERT 有一些特殊的标记,也有面向特定任务的训练。

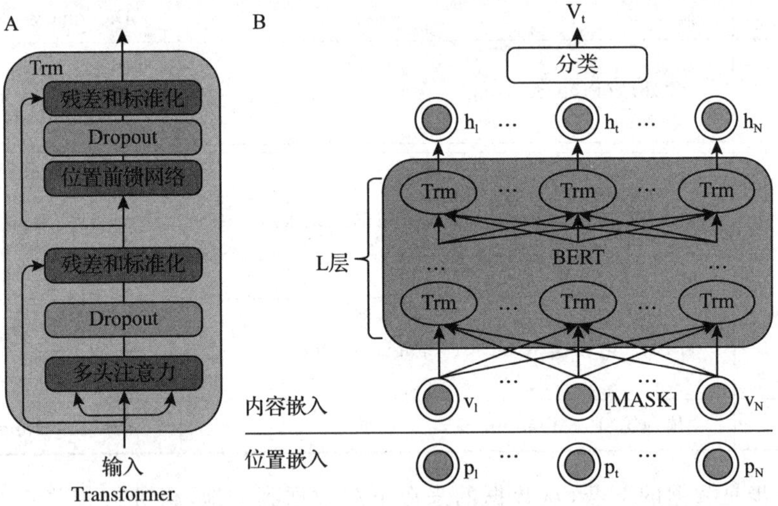

图 6-1 BERT 网络

从图 6-1 中的左侧 *A* 部分可以看出,BERT 本身是一个编码端,从图中的右侧 *B* 部分发现 BERT 会有很多输入,这边只显示了一部分的输入内容,BERT 内部是多层 Transformer 的编码层,产出的结果通过线性转换及 softmax 算法来做分类,自然语言或者人工智能中几乎所有的任务,都可以从分类的视角来看待。

BERT 在使用 Transformer 时，在输入端包括内容编码（Item Embedding）、位置编码（Position Embedding），还有句子位置编码（Segment Embedding）。表示不同的句子部分，BERT 内部是一个 Transformer 编码端。对于输出，BERT 与 Transformer 输出不同，Transformer 编码端输出的内容是 Keys、Values 矩阵，然后把 Keys 和 Values 作为上下文传递给解码端；而 BERT 的特殊性之处在于它会把输出作为一个向量（Vector），也可能是多个向量。作者在做工程实践时，一般比较倾向于使用所有的标记产出结果，然后进行一些加法操作或者其他一些操作，最终生成一个能够表达更丰富信息层次的一个向量，而不仅是用“CLS”标记来做分类。将这个向量经过一个线性转换，即可得到一个概率分布，也可以把这个输出的结果交给其他模型，比如传统的 LSTM 模型，甚至可以交给一些回归模型，回归模型一般用在比较工程化或者比较商业化的场景，回归模型的数据也是用向量的方式来表达的，而不是简单的 x、y、z 这些实数的状态，它会是向量的方式表达，BERT 输出的内容可以交给回归分类模型或者决策树等。

对于训练，BERT 会有几个不同的任务，第一个任务是掩码语言模型训练，BERT 会随机遮住 15％的标记，也会有自己的算法，要遮住的标记中有 80％会真正进行遮掩，10％是随机词汇替换，还有 10％是用原词替换。BERT 的编码端有两部分，一部分是多头注意力机制，一部分是前馈神经网络。整个 BERT 在训练的过程中是并行的方式，每一个标记都会对应着前馈神经网络，从形式而言，Position - wise 表示编码端内部的前馈神经网络，不同的标记之间没有交互。之所以没有交互，原因是因为多头注意力机制已经完成了交互，另一个原因是为了提高训练速度，加快进行工程落地，它还是产生了交互，因为都作用在同样一个网络。只不过是通过网络来表达了不同信息之间的关联度而已。BERT 使用向量代表不同的标记 ，加上正则化的一些操作，可以计算出预测的内容，在预测的内容基础上与实际内容进行比较，计算误差，然后通过反向传播调整网络，这是 MLM 掩码语言模型的一个训练任务。

第二个训练任务是实际使用 BERT 时更常用的，类似于意图识别。例如在对话机器人中，用户跟你输入一句话，怎么识别它到底想干什么，或它的意图是什么？各种分类任务都是第二种训练任务，从全局或者上下文的角度看，“CLS”标记可以表达上下文，作者在做星空智能对话机器人时，开始也是直接使用“CLS”标记，但后来发现包含“CLS”标记及其他标记信息时，其实能够更好表达信息本身。从训练任务本身的角度出发，“CLS”代表着整个全局的情况，可以表示各种的不同类型的关系。而“SEP”标记可以表达前面一句话和后面一句话的关系，例如问答系统，如前面一句话和后面一句话是否构成了问答关系，后面的这句话是否是前面这句话的答案，“SEP”可以作为一个分隔标记。

读者可能会问一个问题：“CLS”是设置的一个特殊标记，为什么能表达全局的信息，第二个问题是即使能表达全局信息，问答关系就是两句话，怎么能表达它们之间是问答的关系，或它们之间会构成一些阅读理解的内容，前面是阅读理解的问题，后

面是阅读理解的段落或者文章,怎么能找出具体的答案。从阅读理解找出答案,它是一个区域(Span),这是读者会经常问的问题,因为“CLS”是一个特殊的标记,特殊的标记经过神经网络的训练,预测的结果跟实际标签有误差,然后通过反向传播调整网络。从问答系统的角度看,“CLS”标记最后产出一个结果,表明后面一句话是不是前面的答案,如果有误差就更新模型参数,“CLS”标记这个位置所表达的隐向量就符合了问答任务的信息表示。从一个更大的背景来看,这个问题背后的根源是什么?根源在于是否知道内部的运行机制,如果设置了“CLS”标记,那么其具体代表的内容是由神经网络的结构和训练任务决定的,比如使用多头注意力机制。可以注意其他的内容,用其他的内容来表示自己,最重要是要知道具体的训练任务,例如,在具体任务中不一定是“CLS”标记索引为 0 的位置来判断两句话是否为问答关系,大多数情况下,训练调整后的“CLS”所代表的隐向量就代表了问答关系,这揭示一个非常重要的规律,即好模型或好的信息表达效果不如好的标签,某种程度上,也可以说是标签来决定了结果是什么。BERT 有两个训练任务,一个是掩码语言模型的机制,类似让 BERT 做完形填空,如果模型能很好做完形填空,BERT 对语言信息就能很好理解。另外一种方式就是基于一些特殊的标记做各种分类任务,比如情感分类,在具体的特定的场景下,可能进行二分类或者三分类等。这是我们对 BERT 基本内容的回顾。

对于对话场景,主要是意图分类,作者做对话机器人时多次试验了 BERT,因为 BERT 很好用,它可以做意图识别,也可以做命名实体识别,一个模型可以解决很多问题。一方面,星空智能对话机器人借鉴了 BERT 的掩码语言机制,掩码是一个非常重要的内容,这里掩码是指编码端的掩码语言模型 MLM,而不是解码端的自回归模型。在对话机器人的场景下,掩码机制之所以很重要的一个原因是用户可能输入一些错误的词汇。如果对模型的训练使用掩码机制,用户输入错误或者不太符合语法,对话机器人还能正常理解它。MLM 掩码语言模型确实非常有意义和价值,尤其是应对不确定性的信息或者不规范性的信息。另外一方面,BERT 的意图表达是好的,如果不考虑实际线上的场景下,BERT 还是很不错的。虽然 BERT 一个模型可以解决很多任务,但由于 BERT 线上推理的速度太慢,在对话机器人的场景中,我们抛弃了 BERT,自己去写了 Transformer 的实现,因为对话场景很清晰,任务也很清晰,与后台整个状态管理器的交互也很清晰,最终形成了 3 000 多行的 Transformer 代码,这是完全基于对话场景定制的。从工程实践的角度,做对话机器人命名实体识别是很重要的,如果让 BERT 既做意图识别又做命名实体识别,会发现把两个任务同时交给 BERT 训练的时候,它的命名实体识别效果不太好,因此,作者实现了 Transformer 加条件随机场(Conditional Random Field,CRF)的方式,这是实际使用 BERT 及做星空智能对话机器人的一些心得,只是分享了一部分,将来会跟读者分享更多内容。

现在进入 BERT 源码的第一部分下载数据,这里数据来源可以有多种多样,也可以合并多个不同的数据来源,把下载的数据放在 Google drive 上面。

下载数据的代码实现：

```
1. from google. colab import drive
2. drive. mount('/content/drive')
3. ! pwd
4. import os
5. os. chdir('/content/drive/MyDrive/Transformer/Transformer_Internals/BERT_Impl')
6. ! pwd
```

上段代码中第 5 行设置文件目录路径。

数据下载下来之后肯定要构建词典，如果构建不好词典，就无法去构建输入词向量。词典中代表了整个词汇的全集以及 ID 等相关的信息，我们要设置一些基本的配置参数，例如训练集、测试集，词典的路径、输出的路径、隐向量的维度大小等相关的参数。

BERT 配置参数的代码实现：

```
from torch. utils. data import DataLoader
import torch. nn as nn
import pickle
import tqdm
from collections import Counter

class Args(object):
    def __init__(self):
        self. train_dataset = 'data/corpus. small'
        self. test_dataset = 'data/corpus. small'
        self. vocab_path = 'data/corpus. small. vocab'
        self. output_path = 'data/corpus. small. vocab'
        self. hidden = 256
        self. layers = 12
        self. attn_heads = 8
        self. seq_len = 512
        self. batch_size = 64
        self. epochs = 10
        self. num_workers = 5
        self. with_cuda = True
        self. log_freq = 10
```

```
22.         self.corpus_lines = ""
23.         self.lr = 1e - 3
24.         self.adam_weight_decay = 0.01
25.         self.adam_beta1 = 0.9
26.         self.adam_beta2 = 0.999
27.
28. args = Args()
```

上段代码中第 14 行设置 layers 参数,表示编码块的层数,可以设置成 12。

上段代码中第 15 行设置 attn_heads 参数,表示多头注意力机制中有 8 个注意力头。

上段代码中第 16 行设置 seq_len 参数,表示句子序列的长度,可以设置为 512,为了方便测试和调试,也可以设置为 20。

上段代码中第 17 行设置 batch_size 参数,表示每个批次的数据大小,batch_size 可以设置为 64,如果数据训练量足够,设置的大小跟数据规模有关,也跟模型的复杂度有关,背后的本质其实是数据拟合或者收敛速度,还有模型震荡等问题。

上段代码中第 18 行设置 epoch 参数,可以设置为 10,epoch 是对所有的数据要训练多少轮。这是一个很棒的参数,有时候发现数据不是那么充分,可以调大这个参数,围绕这个参数可以做很多工作。在不同的 epoch 中,甚至可以调整它要遮掉哪些词汇,至于训练任务而言,在每一个批次可能有固定的位置要遮住,但如果不是同一个 epoch,可以设置下一轮训练时再进行一次要随机遮住的位置,这是动态的掩码机制。

上段代码中第 19 行设置 num_workers 参数,表示多进程的方式,可以设置为 5。

上段代码中第 20 行设置 with_cuda 参数,表示 CPU 或 GPU 的使用。

其他参数都没有什么特殊的地方,如果数据比较少,那么学习率一般调的小一点会比较好,学习率的调整也可以是动态的过程,每个参数都有很多背后的数学原理机制及工程实践的机制,这里不再一一展开。

这是 BERT 基本的配置信息,一个真正的工程实践级别的配置,一般可能有好几百行,大家都倾向于可视化的配置的方式,在生产环境下,把配置和实际的内容解耦,更重要的目标是可以动态调整网络参数。

6.2 BERT 模型 Pre - Training 数据预处理、词典构建、Token Embeddings、Segment Embeddings、Postion Embeddings 完整源码实现

如图 6 - 2 所示,对于构建 BERT 整个模型字典,我们回顾一下 BERT 整个流程机制,就更容易理解这个模型字典本身的重要性,左侧输入的内容经过 BERT 整个

模型，会输出一个向量，输出向量会和整个字典所代表的向量矩阵相乘，然后形成一个概率，右侧产出一个结果。从具体词汇的角度产出的结果是一个 ID，可以通过字典转过来，从 ID 映射到具体的词汇。左侧输入时，是把词语变成 ID，在右侧输出的时候，是把 ID 变成词汇。

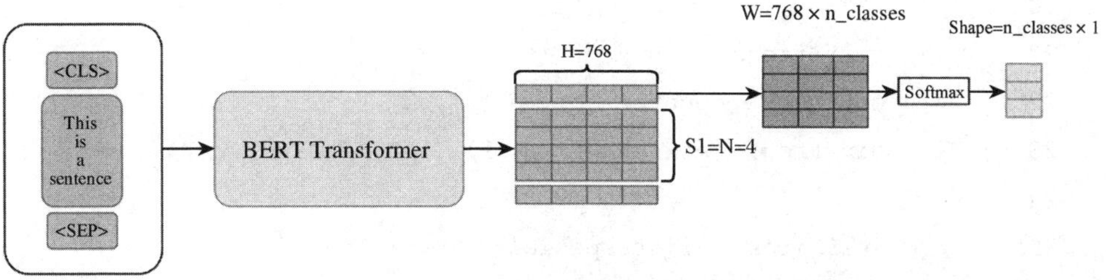

图 6 - 2　模型字典的重要性

TorchVocab 类中的代码都是 Python 或者 Pytorch 的基本语法，这些内容不谈太多，因为都是一些实现的基础内容，比如统计一个词汇出现了多少次。

TorchVocab 类的代码实现：

```
class TorchVocab(object):
    """定义一个字典，用于对字段进行数字化。
     属性：
     freqs:一个集合计数器对象，用于构建字典数据中标记的频率。
     stoi:将标记字符串映射到数字标识符。
     itos:由数字标识符索引映射到标记字符串。
    """

    def __init__(self, counter, max_size = None, min_freq = 1, specials = ['<pad>', '<oov>'],
                 vectors = None, unk_init = None, vectors_cache = None):
        """从集合计数器创建字典对象。
        参数：
        counter:集合计数器对象，保存数据中每个值的频率。
        max_size:词汇表的最大大小或 None。默认值:None。
        min_freq:在词汇表中包含标记所需的最小频率，小于 1 的值将设置为 1。默认值:1。
        specials:在<unk>标记之外，添加到词汇表中的特殊标记(例如 padding 或 eos)列表。默认值:['<pad>']
        vectors:可用预处理向量或自定义预处理向量(请参见 Vocab.load_
```

```
vectors)或者一个向量列表
    unk_init (callback):默认情况下,将字典表外的单词向量初始化为零向量;接收张量并返回相同大小张量的函数。默认值:torch. Sensor. zero_
    vectors_cache:缓存向量的目录。默认值:. vector_cache
        """
        self. freqs = counter
        counter = counter. copy()
        min_freq = max(min_freq, 1)

        self. itos = list(specials)
        # 按照频率顺序构建字典表时,不计算特殊标记的频率
        for tok in specials:
            del counter[tok]

        max_size = None if max_size is None else max_size + len(self. itos)

        # 按频率排序,然后按字母顺序排序
        words_and_frequencies = sorted(counter. items(), key = lambda tup: tup[0])
        ords_and_frequencies. sort(key = lambda tup: tup[1], reverse = True)

        for word, freq in words_and_frequencies:
            if freq < min_freq or len(self. itos) = = max_size:
               break
            self. itos. append(word)

        # stoi 只是 itos 的逆过程
        self. stoi = {tok: i for i, tok in enumerate(self. itos)}

        self. vectors = None
        if vectors is not None:
            self. load_vectors(vectors,          unk_init = unk_init, cache = vectors_cache)
        else:
```

```
48.             assert unk_init is None and vectors_cache is None
49.
50.     def __eq__(self, other):
51.         if self. freqs ! = other. freqs:
52.             return False
53.         if self. stoi ! = other. stoi:
54.             return False
55.         if self. itos ! = other. itos:
56.             return False
57.         if self. vectors ! = other. vectors:
58.             return False
59.         return True
60.
61.     def __len__(self):
62.         return len(self. itos)
63.
64.     def vocab_rerank(self):
65.         self. stoi = {word: i for i, word in enumerate(self. itos)}
66.
67.     def extend(self, v, sort = False):
68.         words = sorted(v. itos) if sort else v. itos
69.         for w in words:
70.             if w not in self. stoi:
71.                 self. itos. append(w)
72.                 self. stoi[w] = len(self. itos) - 1
```

上段代码中第 22 行是一个 counter，它是个字典，本身是一个对象，内部的数据结构维持了当前词汇数量等相关的内容，这是 Python 的内容。文件读进来，会发现不同的词汇及分词都会有，词汇本身会作为 ID，然后围绕 ID 进行计数排序等相关的处理。从 BERT 的角度看，现在可不谈这些具体的内容，将来我们会专门讲解 BERT 的调试内容，读者会看见每一步数据的流动，BERT 预训练的阶段也会跟读者演示调试，逻辑流程数据的每一步都看得清清楚楚。

TorchVocab 类相当于一个父类，自定义的 Vocab 类会继承它，一步一步构建出整个词典。

我们看 Vocab 类的代码实现：

```
1. class Vocab(TorchVocab):
```

```
2.     def __init__(self, counter, max_size=None, min_freq=1):
3.         self.pad_index = 0
4.         self.unk_index = 1
5.         self.eos_index = 2
6.         self.sos_index = 3
7.         self.mask_index = 4
8.         super().__init__(counter, specials=["<pad>", "<unk>", "<eos>", "<sos>", "<mask>"],
9.                                          max_size=max_size, min_freq=min_freq)
10.
11.     def to_seq(self, sentece, seq_len, with_eos=False, with_sos=False) -> list:
12.         pass
13.
14.     def from_seq(self, seq, join=False, with_pad=False):
15.         pass
16.
17.     @staticmethod
18.     def load_vocab(vocab_path: str) -> 'Vocab':
19.         with open(vocab_path, "rb") as f:
20.             return pickle.load(f)
21.
22.     def save_vocab(self, vocab_path):
23.         with open(vocab_path, "wb") as f:
24.             pickle.dump(self, f)
```

上段代码中第 8 行初始化定义一些特殊的标记,例如"<pad>","<unk>","<eos>","<sos>","<mask>",BERT 会有一些特殊的标记,我们将特殊的标记放进一个列表里面,构建词典的过程中把它加进去,进行相关的条件判断,按照标记频率顺序构建字典时,不计算特殊标记的频率。

WordVocab 类是 Vocab 类的子类,实现了 to_seq、from_seq、load_vocab 方法。

WordVocab 的代码实现如下:

```
class WordVocab(Vocab):
    def __init__(self, texts, max_size=None, min_freq=1):
        print("Building Vocab")
        counter = Counter()
```

```python
        for line in tqdm.tqdm(texts):
            if isinstance(line, list):
                words = line
            else:
                words = line.replace("\n", "").replace("\t", "").split()

            for word in words:
                counter[word] += 1
        super().__init__(counter, max_size=max_size, min_freq=min_freq)

    def to_seq(self, sentence, seq_len=None, with_eos=False, with_sos=False, with_len=False):
        if isinstance(sentence, str):
            sentence = sentence.split()

        seq = [self.stoi.get(word, self.unk_index) for word in sentence]

        if with_eos:
            seq += [self.eos_index]  # this would be index 1
        if with_sos:
            seq = [self.sos_index] + seq

        origin_seq_len = len(seq)

        if seq_len is None:
            pass
        elif len(seq) <= seq_len:
            seq += [self.pad_index for _ in range(seq_len - len(seq))]
        else:
            seq = seq[:seq_len]

        return (seq, origin_seq_len) if with_len else seq

    def from_seq(self, seq, join=False, with_pad=False):
```

```
            words = [self.itos[idx]
                     if idx < len(self.itos)
                     else "<%d>" % idx
                     for idx in seq
                     if not with_pad or idx != self.pad_index]

            return " ".join(words) if join else words

        @staticmethod
        def load_vocab(vocab_path: str) -> 'WordVocab':
            with open(vocab_path, "rb") as f:
                return pickle.load(f)
```

构建字典(Dictionary)的代码实现：

```
1. corpus_path = args.train_dataset
2. with open(corpus_path, "r") as f:
3.     vocab = WordVocab(f, max_size = None, min_freq = 1)
4.
5. print("VOCAB SIZE:", len(vocab))
6. vocab.save_vocab(args.output_path)
7.
8. vocab = WordVocab.load_vocab(args.vocab_path)
```

上段代码中第 2 行是 Python 处理文件的一些基础内容。

现在进入第三步，构建 BERTDataset 类实现 BERT 数据集。在模型的训练过程中，把输入的标记信息输入给模型，会有一个随机选取掩码标记的过程，如图 6-3 所示，随机遮住 15%的标记，BERT 模型进行训练会产出一个结果。然后通过全连接神经网络及 Softmax 计算，用概率的方式进行分类，这边分类是挑了概率最高的类，也可以挑前三的类。如果遮住一个词语，会有一个预测的结果。通过与实际值的误差进行反向传播调整网络，在预处理的时候怎么对整个输入向量进行处理，这个是关键。

导入 Pytorch 的 Dataset 及相关包：

```
from torch.utils.data import Dataset
import tqdm
import torch
import random
```

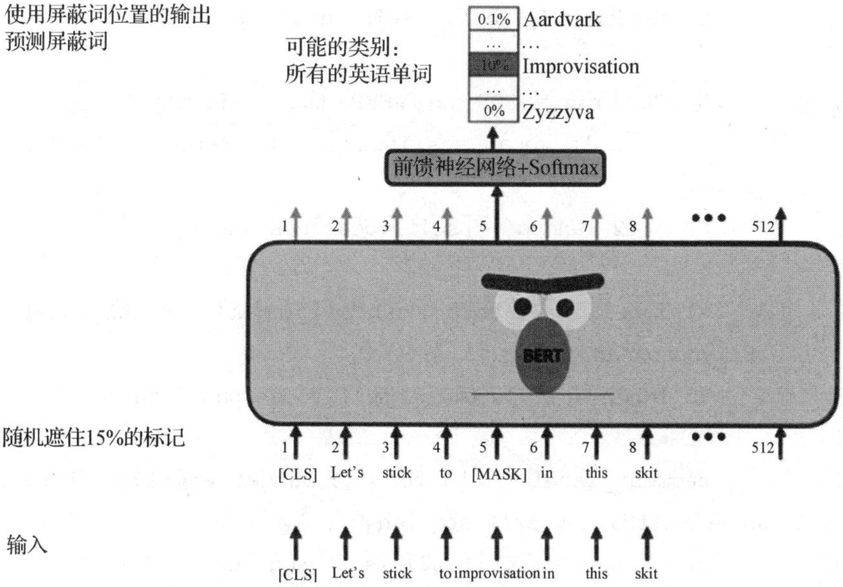

图 6 - 3　BERT 掩码语言模型

BERTDataset 类实现 BERT 数据集，BERTDataset 类的代码实现：

```
class BERTDataset(Dataset):
    def __init__(self, corpus_path, vocab, seq_len, encoding="utf-8", corpus_lines=None):
        self.vocab = vocab
        self.seq_len = seq_len

        with open(corpus_path, "r", encoding=encoding) as f:
            self.datas = [line[:-1].split("\t")
                          for line in tqdm.tqdm(f, desc="Loading Dataset", total=corpus_lines)]

    def __len__(self):
        return len(self.datas)

    def __getitem__(self, item):
        t1, (t2, is_next_label) = self.datas[item][0], self.random_sent(item)
        t1_random, t1_label = self.random_word(t1)
```

```
        t2_random, t2_label = self.random_word(t2)

        # [CLS] tag = SOS tag, [SEP] tag = EOS tag
        t1 = [self.vocab.sos_index] + t1_random + [self.vocab.eos_index]
        t2 = t2_random + [self.vocab.eos_index]

        t1_label = [self.vocab.pad_index] + t1_label + [self.vocab.pad_index]
        t2_label = t2_label + [self.vocab.pad_index]

        segment_label = ([1 for _ in range(len(t1))] + [2 for _ inrange(len(t2))])[:self.seq_len]
        bert_input = (t1 + t2)[:self.seq_len]
        bert_label = (t1_label + t2_label)[:self.seq_len]

        padding = [self.vocab.pad_index for _ in range(self.seq_len - len(bert_input))]
        bert_input.extend(padding), bert_label.extend(padding), segment_label.extend(padding)

        output = {"bert_input": bert_input,
                  "bert_label": bert_label,
                  "segment_label": segment_label,
                  "is_next": is_next_label}

        return {key: torch.tensor(value) for key, value in output.items()}

    def random_word(self, sentence):
        tokens = sentence.split()
        output_label = []

        for i, token in enumerate(tokens):
            prob = random.random()
            if prob < 0.15:
                prob /= 0.15
```

```
47.                 # 80%随机更改标记以生成掩码标记
48.                 if prob < 0.8:
49.                     tokens[i] = self.vocab.mask_index
50.
51.                 # 10%随机将标记更改为随机标记
52.                 elif prob < 0.9:
53.                     tokens[i] = random.randrange(len(self.vocab))
54.
55.                 # 10%随机将标记更改为当前标记
56.                 else:
57.                     tokens[i] = self.vocab.stoi.get(token, self.vocab.unk_index)
58.
59.                 output_label.append(self.vocab.stoi.get(token, self.vocab.unk_index))
60.
61.             else:
62.                 tokens[i] = self.vocab.stoi.get(token, self.vocab.unk_index)
63.                 output_label.append(0)
64.
65.         return tokens, output_label
66.
67.     def random_sent(self, index):
68.         #输出文本，标签(isNotNext:0, isNext:1)
69.         if random.random() > 0.5:
70.             return self.datas[index][1], 1
71.         else:
72.             return self.datas[random.randrange(len(self.datas))][1], 0
```

上段代码中第6行把词库设置进来，然后会读取语料文件，循环遍历一行一行的读取记录，通过__getitem__方法获取一条记录。

上段代码中第14行设置is_next_label，是下一个句子预测的实际标签值。

上段代码中第18行获取的一条记录不仅是分词，也会有特殊的标记，这边"CLS"标记等同于"SOS"标记。"SEP"标记等同于"EOS"标记，也会有"MASK"等相关的内容。第一句话和第二句话有先后关系的，这时要通过一个标记去表达，可以

通过“CLS”标记进行判断，然后会对“CLS”进行训练，预测是否是连续的两句话，这些都是做机器学习的基本功。

上段代码中第 15 行、第 16 行、第 22 行、第 23 行、第 27 行是掩码标签的设置，按照 BERT 掩码语言模型的规则设置掩码标记。

上段代码中第 25 行是句子对标签 segment_label，判断谁是第一句话，谁是第二句话。通过循环变量设置，如果是第一句话就设置成 1，如果是第二句话就设置为 2，python 语法用起来很方便。

上段代码中第 29 行填充“pad”标记，默认长度是 512，也可以设定为 64，如果没有达到 512 个标记的长度，这时会产生填充的操作。

上段代码中第 32～35 行构成 output 变量，包括"bert_input""bert_label""segment_label""is_next"等内容。

上段代码中第 44 行是通过 random 进行随机算法的实现，随机方法生成的数字是一个浮点数，从概率论的角度看，它会在 0～1 之间有一个分布，概率分布背后会有一些原理，例如高斯分布、平均分布等，这跟不同的随机生成器是有关的，考虑在正常的情况，假设每一种情况的概率都是相等的，如果获得随机数字是小于 0.15 的，就可对这个句子的内容进行掩码操作。

上段代码中第 45～46 行，如果随机数是小于 0.15，它会在这个基础之上除以 0.15 来判断是否会小于 0.8 或者小于 0.9。

上段代码中第 48 行如果是小于 0.8，它就遮掉这个内容，把这个标记设置为“MASK”。

上段代码中第 52 行如果是小于 0.9，可随机从整个词典库中生成一个标记。

上段代码中第 56 行如果是大于 0.9，通过 get 方法可获取当前的词汇设置给自己，这是原封不动的一个过程。

在这个过程之后会加载数据，数据加载的代码实现如下：

```
print("Loading Train Dataset", args.train_dataset)
train_dataset = BERTDataset(args.train_dataset, vocab, seq_len=args.seq_len, corpus_lines=args.corpus_lines)
print(train_dataset[0])
print("Loading Test Dataset", args.test_dataset)
test_dataset = BERTDataset(args.test_dataset, vocab,
                           seq_len=args.seq_len) if args.test_dataset is not None else None

print("Creating Dataloader")
train_data_loader = DataLoader(train_dataset, batch_size=args.batch_size, num_workers=args.num_workers)
```

```
10. test _ data _ loader  =  DataLoader ( test _ dataset,  batch _ size  =
    args. batch_size, num_workers = args. num_workers) \
11.     if test_dataset is not None else None
```

形成神经网络想要的内容,再生成 Token Embeddings、Segment Embeddings、Postion Embeddings 等嵌入词向量,而且把它们加起来。接下来介绍第四步 BERT 神经网络内部内容。

6.3 BERT 模型 Pre - Training 多头注意力机制 Multi - head Attention 完整源码实现

如图 6 - 4 所示,BERT 的整个神经网络就是基于 Transformer 的编码块构建起来的,我们已经解决了输入端的部分,同时也清楚知道输出端怎么处理。

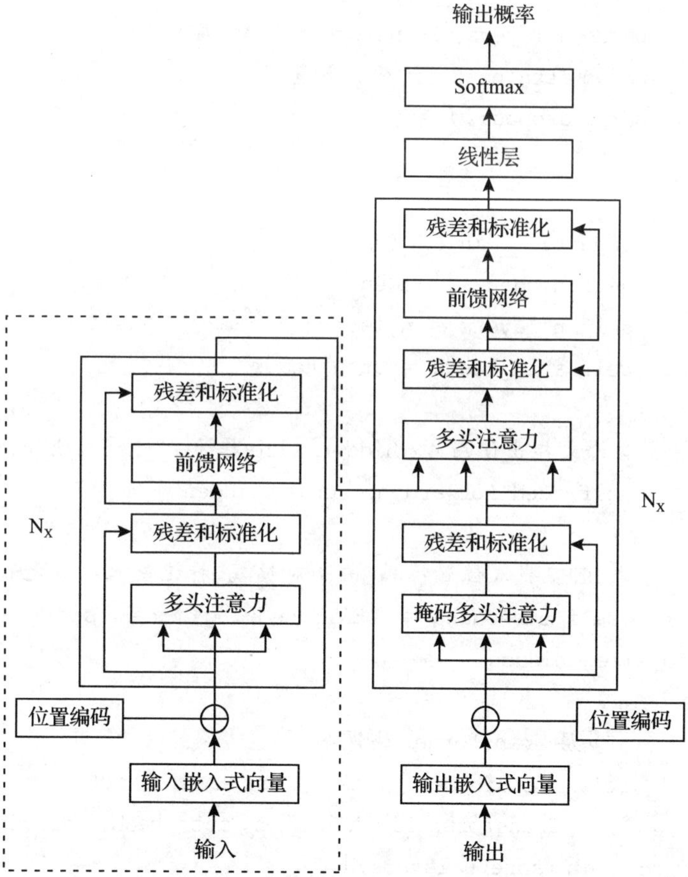

图 6 - 4　BERT 神经网络

BERT 神经网络模型的代码实现:

```
import torch.nn.functional as F

class BERT(nn.Module):
    """
    BERT 模型:来自 Transformers 的双向编码器表示。
    """

    def __init__(self, vocab_size, hidden=768, n_layers=12, attn_heads=12, dropout=0.1):
        """
        :param vocab_size:词库字典的大小
        :param hidden:BERT 模型隐藏向量的维度大小
        :param n_layers: Transformer 块数(层)
        :param attn_heads:注意头数量
        :param dropout:丢弃率
        """

        super().__init__()
        self.hidden = hidden
        self.n_layers = n_layers
        self.attn_heads = attn_heads

        #论文指出使用 4*hidden_size 作为 ff_network_hidden_size
        self.feed_forward_hidden = hidden * 4

        # BERT 嵌入位置编码、句子对编码、标记嵌入编码之和
        self.embedding = BERTEmbedding(vocab_size=vocab_size, embed_size=hidden)

        # 多层 Transformer 块网络
        self.transformer_blocks = nn.ModuleList(
            [TransformerBlock(hidden, attn_heads, hidden * 4, dropout) for _ in range(n_layers)])

    def forward(self, x, segment_info):
```

```
33.         #填充标记的注意力掩蔽
34.         # torch.ByteTensor([batch_size, 1, seq_len, seq_len)
35.         mask = (x > 0).unsqueeze(1).repeat(1, x.size(1), 1).unsqueeze(1)
36.
37.         #将索引序列嵌入向量序列
38.         x = self.embedding(x, segment_info)
39.
40.         #运行多个 Transformer 块
41.         for transformer in self.transformer_blocks:
42.             x = transformer.forward(x, mask)
43.
44.         return x
```

上段代码中第 3 行使用的是 Pytorch 的模块，因为使用的是它的 nn.Module，这样可以在其他的地方进行复用或者调用。

上段代码中第 18 行会设置 hidden，它是整个 BERT 模型内部隐向量的维度大小。

上段代码中第 19 行设置有多少层 n_layers。

上段代码中第 20 行设置多头注意力的个数 attn_heads。

上段代码中第 23 行设置 feed_forward_hidden，我们将其设置为 BERT 模型隐向量维度大小的 4 倍。

上段代码中第 26 行将 BERTEmbedding 实例化，传入的第一个参数 vocab_size 设置了整个词汇的大小。第二个参数是 embed_size，是每一个词语的维度大小。输入这两个数字即可构成一个矩阵，矩阵初始化可以使用第三方训练的结果，也可以随机初始化，但大多数情况使用的是第三方训练的结果，例如 Word2Vec 等。

上段代码中第 29 行、第 30 行代码，BERT 会有很多层，通过一个循环构建多层 TransformerBlock，超参数 n_layers 表示要生成多少层，TransformerBlock 输入的参数包括隐向量维度大小(hidden)、注意头个数(attn_heads)、前馈神经网络大小(hidden * 4)、丢弃率(dropout)。完成初始化之后，再进行计算的时候，会有一些形状的改变，这个是矩阵的一些基本操作。

上段代码中第 38 行构建的 embedding 嵌入向量，是 BERT 嵌入位置编码、句子对编码、标记嵌入编码之和。

上段代码中第 41 行、第 42 行代码，循环 TransformerBlock 层，可能有 12 层或者 6 层，把输入的内容和掩码矩阵传进去。

BERTEmbedding 里面有 Token Embeddings、Segment Embeddings、Postion Embeddings、Dropout 以及其他一些基本的设置，产出的结果是把 Token Embeddings、Segment Embeddings、Postion Embeddings 编码之后进行累加，返回的时候使

用 Dropout 操作,预处理是针对模型的预处理,而不是预处理数据,如图 6-5 所示。具体应按照 Token Embeddings、Segment Embeddings、Postion Embeddings 格式方式,把输入的数据呈现给 BERT 模型。

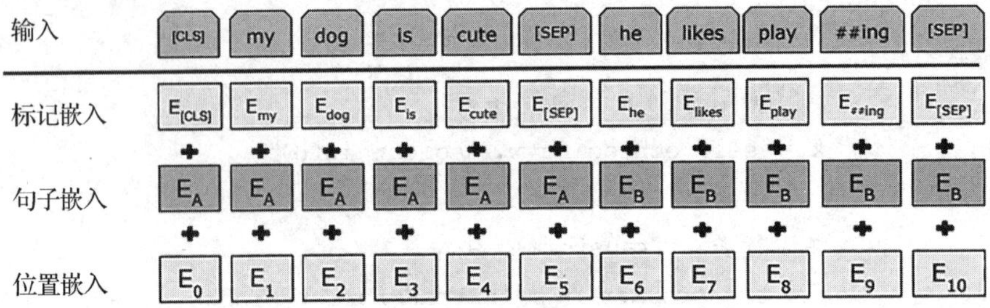

图 6-5 输入信息嵌入词向量

BERTEmbedding 类的代码实现:

```
class BERTEmbedding(nn.Module):
    """
    BERT 嵌入向量包含以下特征
     1. TokenEmbedding:标记嵌入矩阵
     2. 位置嵌入:使用 sin、cos 添加位置信息
     3. 句子向量嵌入:添加句子对信息(sent_A:1,sent_B:2)
     所有这些特征的总和是 BERTEmbedding 的输出
    """

    def __init__(self, vocab_size, embed_size, dropout=0.1):
        """
        :param vocb_size:词典的总大小
        :param embed_size:标记嵌入向量的大小
        :param dropout:丢弃率
        """
        super().__init__()
        self.token = TokenEmbedding(vocab_size=vocab_size, embed_size=embed_size)
        self.position = PositionalEmbedding(d_model=self.token.embedding_dim)
        self.segment = SegmentEmbedding(embed_size=self.token.embedding_dim)
        self.dropout = nn.Dropout(p=dropout)
```

```
        self.embed_size = embed_size

    def forward(self, sequence, segment_label):
        x = self.token(sequence) + self.position(sequence) + self.segment(segment_label)
        return self.dropout(x)

class TokenEmbedding(nn.Embedding):
    def __init__(self, vocab_size, embed_size=512):
        super().__init__(vocab_size, embed_size, padding_idx=0)

class PositionalEmbedding(nn.Module):

    def __init__(self, d_model, max_len=512):
        super().__init__()

        #在 log 空间中计算一次位置编码。
        pe = torch.zeros(max_len, d_model).float()
        pe.require_grad = False

        position = torch.arange(0, max_len).float().unsqueeze(1)
        div_term = (torch.arange(0, d_model, 2) * -(math.log(10000.0) / d_model)).float().exp()

        pe[:, 0::2] = torch.sin(position * div_term)
        pe[:, 1::2] = torch.cos(position * div_term)

        pe = pe.unsqueeze(0)
        self.register_buffer('pe', pe)

    def forward(self, x):
        return self.pe[:, :x.size(1)]

class SegmentEmbedding(nn.Embedding):
    def __init__(self, embed_size=512):
        super().__init__(3, embed_size, padding_idx=0)
```

上段代码中第 17 行 BERTEmbedding 封装 TokenEmbedding 实例。

上段代码中第 18 行 BERTEmbedding 封装 PositionalEmbedding 实例。

上段代码中第 19 行 BERTEmbedding 封装 SegmentEmbedding 实例。

上段代码中第 20 行 BERTEmbedding 封装 Dropout 实例。

上段代码中第 24 行产出的结果是把 Token Embeddings、Segment Embeddings、Postion Embeddings 的向量编码求和。

上段代码中第 27 行 TokenEmbedding 调用了 nn. Embedding 类本身,在调用时,会传入词典库大小(vocab_size)、嵌入向量大小(embed_size)、填充索引(padding_idx)等参数内容。

上段代码中第 43 行、第 44 行是位置编码部分,采用 sin、cos 三角函数来表达前后顺序以及相对位置。

上段代码中第 52 行是 SegmentEmbedding,它调用了 nn. Embedding,其实也可以自己去写,但 Pytorch 自动生成的算法比自己随机生成的效果更好。

TransformerBlock 是一个封装器,每一个编码器都进行了封装,封装了 MultiHeadedAttention、PositionwiseFeedForward、SublayerConnection、Dropout 等层,要进行 Dropout 操作,也要进行残差网络及正则化的操作,因为它本身就是一个封装器,TransformerBlock 内部要完成对一个编码器的分装,会经过两次子层的操作。首先注意力本身通过子层产出一个结果,须把注意力产出的结果输给前馈神经网络,然后前馈神经网络通过子层会计算出整个编码器的结果。

TransformerBlock 的代码实现:

```
class TransformerBlock(nn.Module):
    """
    双向编码器 = Transformer(自注意力机制)
    Transformer =子层连接的多头注意力机制 +前馈神经网络
    """

    def __init__(self, hidden, attn_heads, feed_forward_hidden, dropout):
        """
        :param hidden:Transformer 的隐向量大小
        :param attn_heads:多头注意力头的个数
        :param feed_forward_hidden:前馈神经网络维度大小,通常为 4 * hidden_size
        :param dropout:丢弃率
        """

```

```
15.         super().__init__()
16.         self.attention = MultiHeadedAttention(h = attn_heads, d_model = hidden)
17.         self.feed_forward = PositionwiseFeedForward(d_model = hidden, d_ff = feed_forward_hidden, dropout = dropout)
18.         self.input_sublayer = SublayerConnection(size = hidden, dropout = dropout)
19.         self.output_sublayer = SublayerConnection(size = hidden, dropout = dropout)
20.         self.dropout = nn.Dropout(p = dropout)
21.
22.     def forward(self, x, mask):
23.         x = self.input_sublayer(x, lambda _x: self.attention.forward(_x, _x, _x, mask = mask))
24.         x = self.output_sublayer(x, self.feed_forward)
25.         return self.dropout(x)
```

上段代码中第 16 行是多头注意力(MultiHeadedAttention)的封装。

上段代码中第 17 行是前馈神经网络(PositionwiseFeedForward)的封装。

上段代码中第 18 行、第 19 行是两个子层(SublayerConnection)的封装。

上段代码中第 23 行第一次经过子层的操作,注意力机制通过子层产出一个结果。

上段代码中第 24 行第二次经过子层的操作,前馈神经网络通过子层会计算出整个编码器的结果。

上述所述是 BERT 神经网络的基本内容,围绕 BERT 神经网络的输入,我们实现输入向量的 Token Embeddings、Segment Embeddings、Postion Embeddings 的编码,完成了 BERT 整个神经网络基本骨架的搭建,并分享了 BERT 的相关源码。

我们再看一下 BERT 内部的注意力机制,关于注意力机制的计算,通过 Key 和 Query 相乘会得出一个矩阵,通过 softmax 操作得出一个分数,这也是个矩阵,再和 Value 矩阵进行相乘,最终用整个输入的信息来表达当前标记的信息,它就是一个函数如图 6-6 所示。

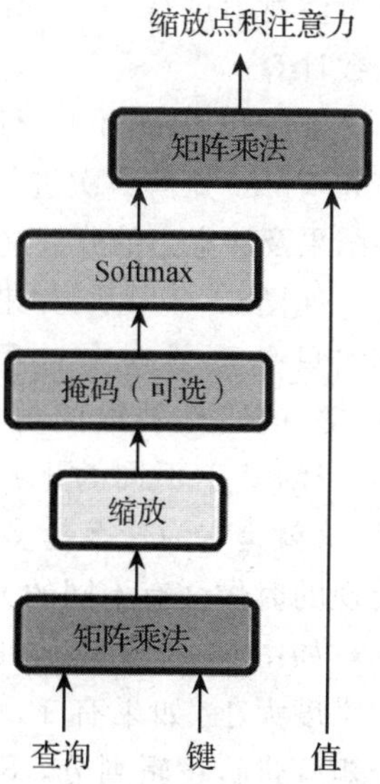

图 6-6　注意力机制

注意力机制的代码实现:

```
1. class Attention(nn.Module):
```

```
2.         """
3.         计算缩放点积注意力机制
4.         """
5.         def forward(self, query, key, value, mask = None, dropout = None):
6.             scores = torch.matmul(query, key.transpose(-2, -1)) \
7.                      / math.sqrt(query.size(-1))
8.             if mask is not None:
9.                 scores = scores.masked_fill(mask == 0, -1e9)
10.            p_attn = F.softmax(scores, dim = -1)
11.            if dropout is not None:
12.                p_attn = dropout(p_attn)
13.
14.            return torch.matmul(p_attn, value), p_attn
```

上段代码中第 6 行是矩阵相乘,将 Query 矩阵和 Key 的转置矩阵通过 torch.matmul 相乘之后就会得出分数。

上段代码中第 9 行也会有掩码机制,如果进行掩码,假设某个值等于 0,这时会对它进行填充操作,即把它设成一个无限小的数字,在进行指数运算时,它就无限接近于 0,其实就等于 0,类似于忽略不计。也可以设置一个界限。

上段代码中第 10 行通过 softmax 进行具体的操作,要完成把极小的值变成 0 的过程。

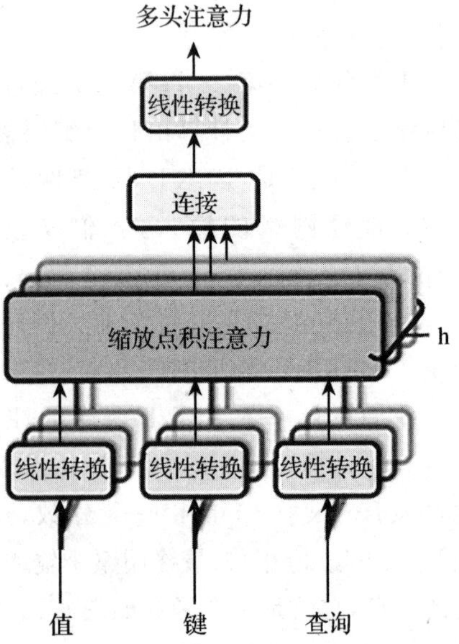

图 6-7　多头注意力机制

上段代码中第 11 行有 dropout,一般都会对注意力进行 dropout 操作,完成注意力的分数计算。

上段代码中第 14 行将注意力分数的矩阵和 Value 矩阵再次进行矩阵相乘,会返回相乘结果及注意力的分数这两个部分的内容。

如图 6-7 所示,如果是多头注意力机制,其实只是重复这个过程,它的 Key、Value、Query 的线性转换的内容不一样,它的参数不一样,基于不同的来源处理同样的输入信息,这就是它为什么是多头的原因,但在具体实现的时候会有不同的方式。

如图 6-8 所示,词嵌入向量可能是 768 的维度大小,如果有 12 个头,可以直接对这个矩阵进行逻辑划分,不一定要使用 12 个不同的矩阵,实际上从 BERT 的角度并没有什

么区别，经过数据的预处理之后，会加入一些特殊标记，例如句子开始的标记是"CLS"，句子结束的标记是"SEP"，如果只是情感分类，没必要对两个句子进行训练。

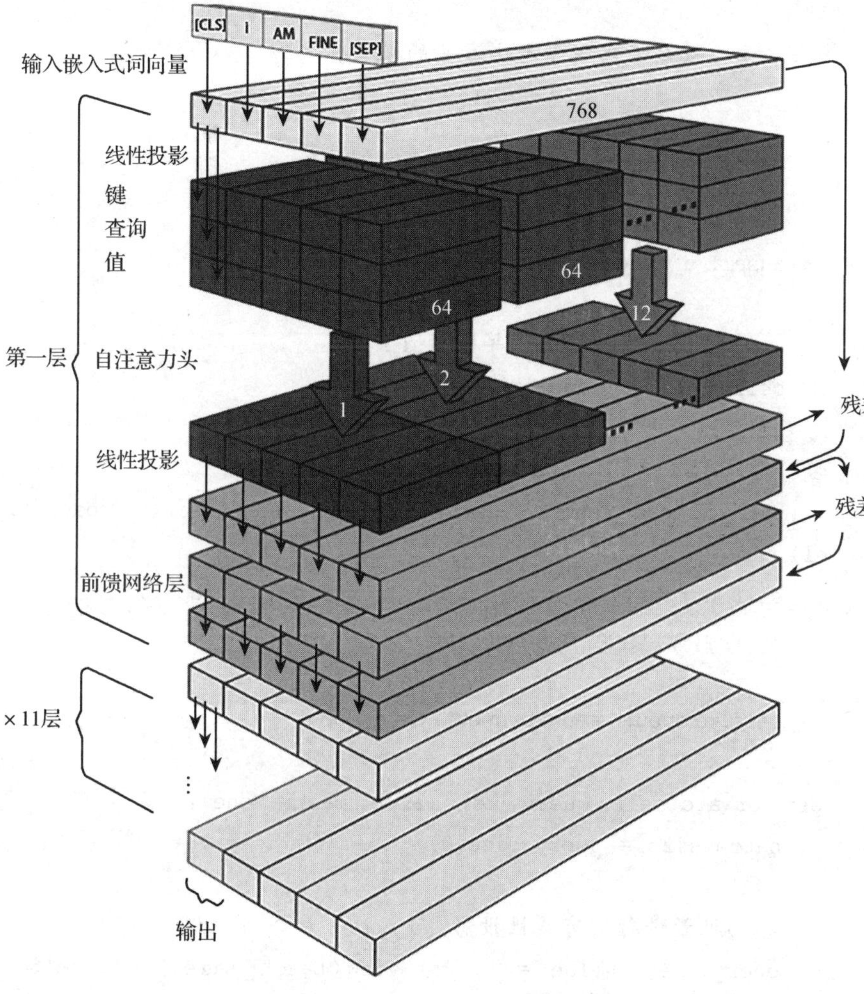

图 6-8　多头注意力机制网络结构

由于 BERT 本身可以进行掩码机制，我们可以进行分类或者判断两个句子是否连接，如果不需要判断两个句子是否连接，在写代码的时候就不要放这两个句子，代码是可以修改的。文本输入进来之后会形成嵌入向量，包括内容编码、位置编码、句子对编码三个层次，这边就是一个句子。注意一个关键点是线性投影（Linear Projection），它会随机化或者使用第三方的矩阵，这边会有多个矩阵进行一个线性转换操作产生 Key、Query 和 Value 矩阵，它是一个很大的矩阵，逻辑化分成了 12 个部分进行自注意力操作，然后继续进行线性转换操作，再通过前馈神经网络（Feed Forward Layer），一层又一层进行重复。

多头注意力机制中 MultiHeadedAttention 类的代码实现如下：

```
class MultiHeadedAttention(nn.Module):
    """
    多头注意力机制考虑模型大小和头的数量。
    """

    def __init__(self, h, d_model, dropout=0.1):
        super().__init__()
        assert d_model % h == 0

        #假设 d_v 一般情况下等同于 d_k
        self.d_k = d_model // h
        self.h = h

        self.linear_layers = nn.ModuleList([nn.Linear(d_model, d_model) for _ in range(3)])
        self.output_linear = nn.Linear(d_model, d_model)
        self.attention = Attention()

        self.dropout = nn.Dropout(p=dropout)

    def forward(self, query, key, value, mask=None):
        batch_size = query.size(0)

        # 1)批量进行所有线性投影  d_model => h x d_k
        query, key, value = [l(x).view(batch_size, -1, self.h, self.d_k).transpose(1, 2)
                             for l, x in zip(self.linear_layers, (query, key, value))]

        # 2)批量关注所有投影向量
        x, attn = self.attention(query, key, value, mask=mask, dropout=self.dropout)

        # 3)使用 view 方法连接及应用线性转换
        x = x.transpose(1, 2).contiguous().view(batch_size, -1,
```

```
        self.h * self.d_k)
32.
33.         return self.output_linear(x)
```

上段代码中第 8 行断言模型维度(d_model)能被注意力头的个数整除，如果不能整除会报错，因为从 Bayesian Transformer 思想的角度考虑，它相当于一种抽样技术，理论上不同的抽样应该是无差别的，一个样本的结构不能跟另一个样本的结构不一样，从现在的角度来看，它都是代表注意头，如果不能整除表示抽样的设置有问题。

上段代码中第 14 行通过 nn.ModuleList 封装不同的线性转换部分。

上段代码中第 24 行是批量进行所有的线性投影，将模型的维度 d_model 转换为注意力头的个数× Key 矩阵的维度。

上段代码中第 31 行产出的时候进行连接操作，一般不手动调换位置，会直接标记它的下标，然后用符号的方式直接操作矩阵，这样会简单很多。

这是多头注意力机制，谈完了多头注意力机制之后，紧接着谈前馈神经网络。

6.4 BERT 模型 Pre-Training 下 PositionwiseFeedForward、SublayerConnection、LayerNorm 源码实现

谈完了多头注意力机制之后，本节谈前馈神经网络，其也可称之为 Position Wise Feed Forward Neural Network。

PositionwiseFeedForward 的代码实现：

```
1. class PositionwiseFeedForward(nn.Module):
2.     "实现 FFN 网络 "
3.     def __init__(self, d_model, d_ff, dropout = 0.1):
4.         super(PositionwiseFeedForward, self).__init__()
5.         self.w_1 = nn.Linear(d_model, d_ff)
6.         self.w_2 = nn.Linear(d_ff, d_model)
7.         self.dropout = nn.Dropout(dropout)
8.         self.activation = GELU()
9.
10.     def forward(self, x):
11.         return self.w_2(self.dropout(self.activation(self.w_1(x))))
```

上段代码中第 5 行、第 6 行比较简单，它有两个矩阵，使用两个线性转换操作，它的维度默认设置为模型维度的 4 倍或者 8 倍，从研究或者学习的角度，4 倍已经足够了。

上段代码中第 8 行有个自定义的激活函数 GELU。

GELU 激活函数要对神经网络进行激活,从传统的角度看,它会对传统的激活函数做微调,背后会有一些数学机制。从理论上讲,其与常见的激活函数没有太大的区别,只不过从 x 轴和 y 轴的角度,不同区间表达的信息以及信息的幅度会有不同。

GELU 激活函数的代码实现:

```
class GELU(nn.Module):
    """
    论文第 3.4 节提到 BERT 使用 GELU 代替 RELU
    """

    def forward(self, x):
        return 0.5 * x * (1 + torch.tanh(math.sqrt(2 / math.pi) * (x + 0.044715 * torch.pow(x, 3))))
```

要把多头注意力机制和前馈神经网络连接起来,需要一个 SublayerConnection 类。

SublayerConnection 类的代码实现:

```
1. class SublayerConnection(nn.Module):
2.     """
3.     正则化之后进行残差连接。
4.     注意,为了代码的简单性,正则化是第一位的,而不是最后一位的。
5.     """
6.
7.     def __init__(self, size, dropout):
8.         super(SublayerConnection, self).__init__()
9.         self.norm = LayerNorm(size)
10.        self.dropout = nn.Dropout(dropout)
11.
12.    def forward(self, x, sublayer):
13.        "对相同大小的任何子层应用残差连接"
14.        return x + self.dropout(sublayer(self.norm(x)))
```

上段代码中第 14 行将输入的内容和经过了正则化的内容应用残差连接。

如图 6-9 所示,BERT 使用的是左侧层正则化方式(Layer Normalization),右侧批次正则化(Batch Normalization)的方式是基于一个批次里面不同的样本,假设不同的样本是有关联度的,而且不同的样本相同的位置的信息是相似的,这个假设显然要打一个问号。

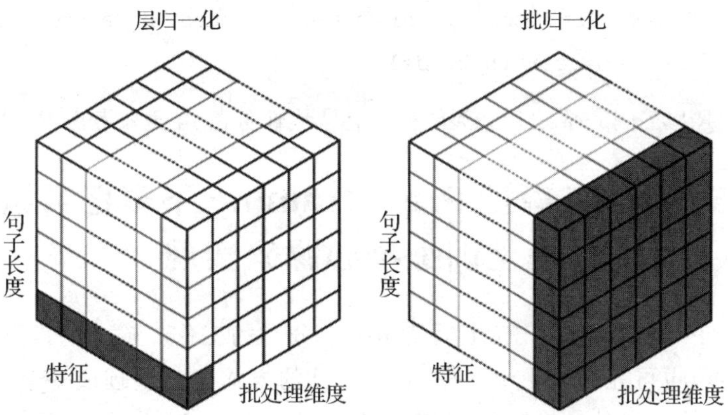

图 6-9　Layer 正则化及 Batch 正则化

从 BERT 的角度，它对具体的长度有一个固定的要求，例如长度为 512，如果不到这个长度，会有填充操作，这时如果进行批次正则化，其实有一个很大的问题，即可能发现从第 300 个标记开始，绝大多数标记都是没有内容的，但是也有一些标记有内容，这时使用批次表达信息是不合理的，而我们是采用层正则化的方式，无论是哪种方式，其实都是围绕平均值和方差进行的。

LayerNorm 类的代码实现：

```
1. class LayerNorm(nn.Module):
2.     "构建 LayerNorm 模块"
3.     def __init__(self, features, eps=1e-6):
4.         super(LayerNorm, self).__init__()
5.         self.a_2 = nn.Parameter(torch.ones(features))
6.         self.b_2 = nn.Parameter(torch.zeros(features))
7.         self.eps = eps
8.     def forward(self, x):
9.         mean = x.mean(-1, keepdim=True)
10.        std = x.std(-1, keepdim=True)
11.        return self.a_2 * (x - mean) / (std + self.eps) + self.b_2
```

上段代码中第 9 行是平均值的计算方式。

上段代码中第 10 行是方差的计算方式，可以看得很清楚。

有了整个神经网络，把所有的内容都传进去，构建 BERT 模型实例。

我们来构建 BERT 实例的代码实现：

```
import math
print("Building BERT model")
```

```
bert = BERT(len(vocab), hidden = args.hidden, n_layers = args.layers,
  attn_heads = args.attn_heads)
```

构建 BERT 实例完成之后,接下来肯定是从任务的角度来考虑 BERT。

6.5 BERT 模型 Pre-Training 下多任务语言模型训练核心源码实现

如图 6-10 所示,整个 BERT 其实是一个分类的工作。输入的信息经过 BERT 输出一个向量,也可能是若干个向量,通过自己的方式把它整理成一个向量,也可能把若干个向量输入另外一个模型,但是一般情况,一个向量就代表着整个模型的信息,然后与一个矩阵进行相乘得出概率,这是它整体的情况。

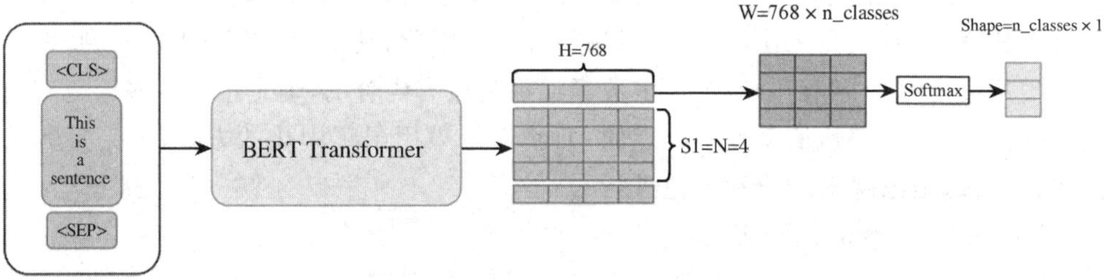

图 6-10 BERT 整体情况

具体进行训练的时候,BERT 是围绕任务展开的,这边要实现 BERTTrainer 类。BERTTrainer 类的代码实现:

```
from torch.optim import Adam
from torch.utils.data import DataLoader
import tqdm

class BERTTrainer:
    """
  BERTTrainer 采用两种 LM 训练方法建立预训练的 BERT 模型
        1. 掩码语言模型
        2. 下一句预测
    """

    def __init__(self, bert: BERT, vocab_size: int,
                 train_dataloader: DataLoader, test_dataloader: Data-
```

```
Loader = None,
                 lr: float = 1e-4, betas=(0.9, 0.999), weight_decay: float = 0.01,
                 with_cuda: bool = True, log_freq: int = 10):
        """
        :param bert:要训练的 bert 模型
        :param vocb_size:单词字典总大小
        :param train_dataloader:训练数据集加载器
        :param test_dataloader:测试数据集加载器[可以为 None]
        :param lr:优化器的学习速率
        :param betas:Adam 优化器
        :param weight_decay:Adam 优化器权重衰减参数
        :param with_cuda:使用 cuda 训练
        :param log_freq:批处理迭代的日志记录频率
        """

        # 为 BERT 训练设置 cuda 参数 -c, --cuda 设置为 true
        cuda_condition = torch.cuda.is_available() and with_cuda
        self.device = torch.device("cuda:0" if cuda_condition else "cpu")

        # BERT 模型将在每个 Epoch 保存
        self.bert = bert
        # 使用 BERT 模型初始化 BERTLM 语言模型
        self.model = BERTLM(bert, vocab_size).to(self.device)

        # 如果 CUDA 可以检测到多个 GPU,则进行分布式 GPU 训练
        if torch.cuda.device_count() > 1:
            print("Using %d GPUS for BERT" % torch.cuda.device_count())
            self.model = nn.DataParallel(self.model)

        # 设置训练和测试数据加载
        self.train_data = train_dataloader
        self.test_data = test_dataloader

```

```
        #使用 hyper-param 设置 Adam 优化器
        self.optim = Adam(self.model.parameters(), lr=lr, betas=betas, weight_decay=weight_decay)

        #使用负对数似然损失函数
        self.criterion = nn.NLLLoss(ignore_index=0)

        self.log_freq = log_freq

        print("Total Parameters:", sum([p.nelement() for p in self.model.parameters()]))

    def train(self, epoch):
        self.iteration(epoch, self.train_data)

    def test(self, epoch):
        self.iteration(epoch, self.test_data, train=False)

    def iteration(self, epoch, data_loader, train=True):
        """
        如果在训练状态下,反向传播被激活,每个 Epoch 都自动保存模型,循环加载数据进行训练或测试
        :param epoch:当前 epoch 索引
        :param data_loader: 用于迭代的数据加载器
        :param train:根据是训练还是测试设置布尔值
        :return:None
        """
        str_code = "train" if train else "test"

        #设置 tqdm 进度条
        data_iter = tqdm.tqdm(enumerate(data_loader),
                              desc="EP_%s:%d" % (str_code, epoch),
                              total=len(data_loader),
                              bar_format="{l_bar}{r_bar}")

        avg_loss = 0.0
```

```
        total_correct = 0
        total_element = 0

        for i, data in data_iter:
            # 0. 批次数据将发送到设备(GPU 或 cpu)
            data = {key: value.to(self.device) for key, value in data.items()}

            # 1. 下一句预测及掩码语言模型的前向传播计算
            next_sent_output, mask_lm_output = self.model.forward(data["bert_input"], data["segment_label"])

            # 2-1. 下一句预测分类结果进行负对数似然损失计算
            next_loss = self.criterion(next_sent_output, data["is_next"])

            # 2-2. 掩码语言模型的 NLLLoss 损失计算
            mask_loss = self.criterion(mask_lm_output.transpose(1, 2), data["bert_label"])

            # 2-3. 相加下一句分类损失及掩码语言模型损失
            loss = next_loss + mask_loss

            # 3. 仅在训练中进行反向传播和优化
            if train:
                self.optim.zero_grad()
                loss.backward()
                self.optim.step()

            #下一句预测的准确度
            correct = next_sent_output.argmax(dim=-1).eq(data["is_next"]).sum().item()
            avg_loss += loss.item()
            total_correct += correct
            total_element += data["is_next"].nelement()

```

```
110.                post_fix = {
111.                    "epoch": epoch,
112.                    "iter": i,
113.                    "avg_loss": avg_loss / (i + 1),
114.                    "avg_acc": total_correct / total_element * 100,
115.                    "loss": loss.item()
116.                }
117.
118.                if i % self.log_freq == 0:
119.                    data_iter.write(str(post_fix))
120.
121.            print("EP%d_%s, avg_loss=" % (epoch, str_code), avg_loss / len(data_iter), "total_acc=",
122.                  total_correct * 100.0 / total_element)
123.
124.    def save(self, epoch, file_path="output/bert_trained.model"):
125.        """
126.        保存当前 BERT 模型
127.
128.        :param epoch:当前 epoch 的索引
129.        :param file_path:模型输出路径
130.        :return:最终输出路径
131.        """
132.        output_path = file_path + ".ep%d" % epoch
133.        torch.save(self.bert.cpu(), output_path)
134.        self.bert.to(self.device)
135.        print("EP:%d Model Saved on:" % epoch, output_path)
136.        return output_path
```

上段代码中第 35 行调用 BERT 语言模型实例,使用 BERT 模型初始化 BERTLM 语言模型。

上段代码中第 43 行、第 44 行是数据的输入,设置训练和测试数据的加载。

上段代码中第 47 行设置 Adam 优化器。

上段代码中第 50 行是损失函数计算,使用负对数似然损失函数,这些都是神经网络常规通用的内容。

上段代码中第 57 行、第 60 行在 train 方法及 test 方法中调用 iteration 方法。

上段代码中第 73 行迭代器(iteration)本身设置数据加载进度条。

上段代码中第 84 行会针对具体的数据，分批次加载数据。

上段代码中第 87 行调用 BERTLM 语言模型的 forward 方法，实现了下一句预测模型、掩码语言模型的前向传播计算。

上段代码中第 90 行涉及下一句预测模型损失的计算，文本输入的时候可以设立“CLS”标记，或自己设定一个标记，让这个标记代表两句话是否有前后的关系。开始训练时，理论上讲一般都不会准确，与实际的标签 data["is_next"]比较，它就会形成误差，然后再通过反向传播调整网络参数。

上段代码中第 93 行是掩码语言模型损失的计算，根据掩码机制预测的结果，会与实际标签 data["bert_label"]进行比较，这是在输入的时候设定的。

上段代码中的第 96 行会形成两个损失函数的计算，把下一句预测模型损失函数、掩码语言模型损失函数两个误差加起来。作者在这里跟大家分享一个非常重要的工程实践，在对话机器人中或很多相对复杂的场景下，之所以相对复杂，因为智能对话机器人是 NLP 领域最复杂的产品，要面临最大的不确定性，就是人的不确定性，而且不确定性会有很多，面临这些不确定性，都会有损失的计算。很多时候构建一个模型，可能会有 3 个、5 个损失函数甚至 10 个损失函数，这时候要把损失加在一块，然后通过反向传播调整网络，从数学的角度，让它跟数学微积分的分解，然后转过来求导是完全一致的，重点是实际的场景中会有不同维度的损失，例如在对话之前会有意图识别误差，也会有命名实体识别的误差，还有基于当前信息预测下一句话产生的误差，仅这三个误差就是一个很大的架构，这里把这个重点挑出来，是因为在实际工程中很有用，这个很值得大家借鉴。很多时候它会在 Star Space 的指导思想下完成，如果能很好应用，会取得很多的成果。

从 BERT 整个骨架的角度看，BERTTrainer 调用了 BERTLM 语言模型本身。

BERTLM 类的代码实现：

```
class BERTLM(nn.Module):
    """
    BERT 语言模型
    下一句预测模型 + 掩码语言模型
    """

    def __init__(self, bert: BERT, vocab_size):
        """
        :param bert:要训练的 BERT 模型
        :param vocab_size:掩码语言模型的词汇表总大小
        """

        super().__init__()
```

```
14.         self.bert = bert
15.         self.next_sentence = NextSentencePrediction(self.bert.hidden)
16.         self.mask_lm = MaskedLanguageModel(self.bert.hidden, vocab_size)
17.
18.     def forward(self, x, segment_label):
19.         x = self.bert(x, segment_label)
20.         return self.next_sentence(x), self.mask_lm(x)
```

上段代码中第 15 行是 NextSentencePrediction 下一句预测任务。

上段代码中第 16 行是 MaskedLanguageModel 掩码语言模型任务。

上段代码中第 20 行进行训练时，返回下一句预测、掩码语言模型两部分的前向传播结果。在对话机器人中，也会对输入信息进行意图识别、命名实体识别联合建模的多任务训练。

6.6 BERT 模型 Pre-Training 中的 MLM 及 NSP 源码实现及最佳实践

如图 3-11 所示，这是下一句预测任务（Next Sentence Prediction，NSP），输入以“SEP”标记分隔的两句话，输入的内容会通过 BERT 产出一个结果，通过索引位置为 0 的“CLS”标记，判断它们具不具有下一句之间的关系。这时会生成一个向量，然后会与一个矩阵相乘，在图 6-11 中的这个场景中，这个矩阵的维度是 768×1，即产生一个分类结果，通过 Sigmoid 函数判断是否为一，这是一个二分类，是传统的机器学习算法，跟神经网络没有关系，跟 BERT 也没有关系。

NextSentencePrediction 类的代码实现：

```
class NextSentencePrediction(nn.Module):
    """
    二分类模型 : is_next, is_not_next
    """
    def __init__(self, hidden):
        """
        :param hidden: BERT 模型输出大小
        """
        super().__init__()
        self.linear = nn.Linear(hidden, 2)
```

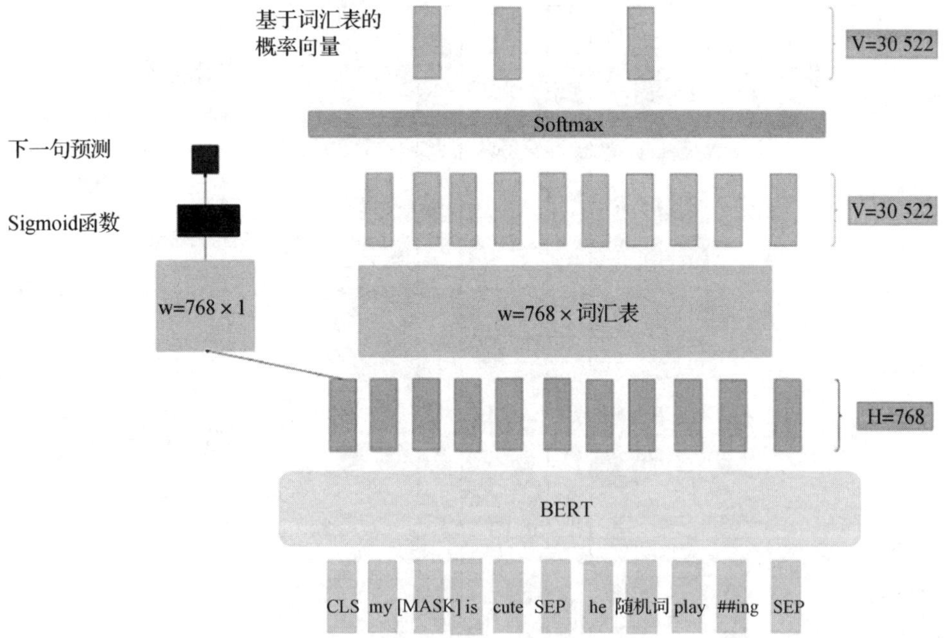

图 6 - 11　下一句预测

```
11.         self.softmax = nn.LogSoftmax(dim = -1)
12.
13.     def forward(self, x):
14.         return self.softmax(self.linear(x[:, 0]))
```

上段代码中第 1 行 NextSentencePrediction 继承了 nn.Module，方便在其他地方调用。

上段代码中第 10 行为进行线性转换操作，要判断下一句的关系是 True 或 False，因此矩阵有 2 个类别，nn.Linear 传入的第一个参数是 hidden，传入的第二个参数是 2。

上段代码中第 11 行是 nn.LogSoftmax 处理。

这是基于 BERT 的下一句预测任务的内容，另一个是掩码语言模型任务，如图 6 - 12 所示。输入文本序列词汇及各标记，这边选取了两个词汇，其中一个是随机词汇（Random Word），从词汇字典中随机选一个单词，类似负采样的方式，但无论什么方式，都是为了增加它错误的多元化，从而让任务变得复杂，以便能够更好捕捉细节化的信息。经过 BERT 的处理，整个序列标记都会产生向量，进行 softmax 操作的时候，模型知道哪些标记进行了掩码操作，掩码掉的部分会和整个词库的信息进行相乘，然后会得出结果，这个结果与实际值有误差，就进行反向传播。

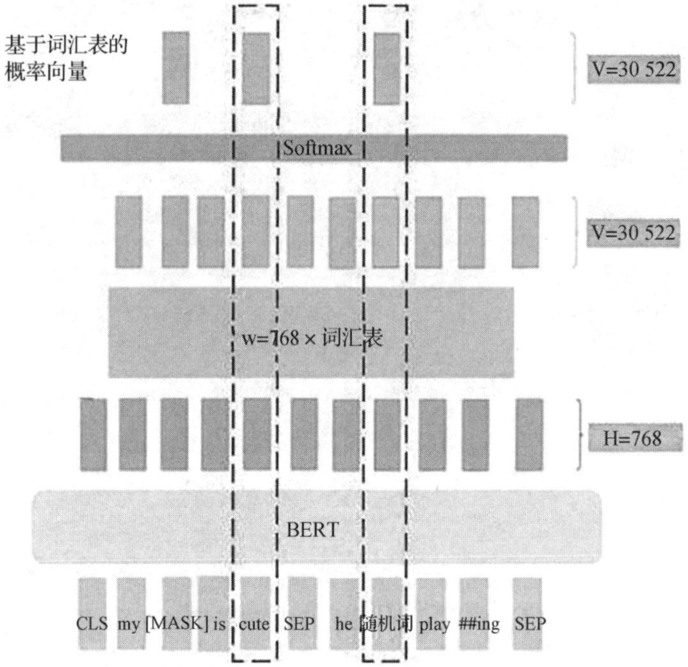

图 6 - 12　BERT 掩码语言模型

看一下掩码语言模型任务的代码,这个代码和下一句预测任务的代码几乎完全一样,掩码语言模型任务中线性操作 nn. Linear 传入的第二个参数是词库的大小,面向整个词库;下一句预测任务传入的参数是 2,判断产生的整个句子是否有相互关系,这是二分类。两个任务传入的参数只是数字级别不一样,从代码逻辑角度看,两种训练任务的逻辑是完全一样的,BERT 其实就是分类任务。在正常的实践中,意图分类、情感分类是全局信息的把握,而掩码语言模型是让信息在不同的位置能够更好表达上下文,它们都是分类。

MaskedLanguageModel 类的代码实现:

```
class MaskedLanguageModel(nn.Module):
    """
    从掩码输入序列预测原始标记
    n 类分类问题,n 个类 = 词表库的大小
    """
    def __init__(self, hidden, vocab_size):
        """
        :param hidden:BERT 模型的输出大小
        :param vocb_size:词汇表的大小
```

```
10.         """
11.         super().__init__()
12.         self.linear = nn.Linear(hidden, vocab_size)
13.         self.softmax = nn.LogSoftmax(dim = -1)
14.
15.     def forward(self, x):
16.         return self.softmax(self.linear(x))
```

上段代码中第 12 行线性操作 nn.Linear 传入的第二个参数是整个词库(vocab_size)的大小。

在 BERTTrainer 中把相关的内容传进去做预训练模型，在不同的 Epoch 训练完成之后，会进行模型保存，这涉及 checkpoint 工程级别的一些内容，在实际上会产生很大的作用，不仅在一个 Epoch 中可以进行 checkpoint，在网络的不同阶段也可以进行 checkpoint。如果网络失败了，或在训练中途失败了，重新训练，在原有的基础上继续进行训练，例如 GPT 系列或者很多大型的模型，它们的网络可能有 128 层，层次往往都非常高，训练成本也比较大，每训练一步或者训练了几步之后，最好对内部的网络都要进行 checkpoint。这是跟大家分享一些工程方面的实践。

BERT 预训练(Pre Trainning)的代码实现：

```
1. print("Creating BERT Trainer")
2. trainer = BERTTrainer(bert, len(vocab), train_dataloader = train_data_loader, test_dataloader = test_data_loader,
3.                       lr = args.lr, betas = (args.adam_beta1, args.adam_beta2), weight_decay = args.adam_weight_decay,
4.                       with_cuda = args.with_cuda, log_freq = args.log_freq)
5.
6. print("Training Start")
7. for epoch in range(args.epochs):
8.     trainer.train(epoch)
9.     trainer.save(epoch, args.output_path)
10.
11.     if test_data_loader is not None:
12.         trainer.test(epoch)
```

上段代码中第 9 行通过 trainer.save 方法保存模型。

训练完成之后，很多时候会用应用进行不同的方面(Application)，这是微调的过程。如图 6 - 13 所示，是一个阅读理解的任务，因为它有一个具体的区域(Span)，通过一个问题找到一个区域的内容，会有开始(Start)和结束(End)，其实也是向量和向

量相乘,从形式上是向量,矩阵之间相乘根本还是向量内部相乘,整个矩阵是空间的不同转换,以及研究不同实体之间的关系,这是线性代数的精髓,是人工智能的精髓,也是 BERT 的精髓。

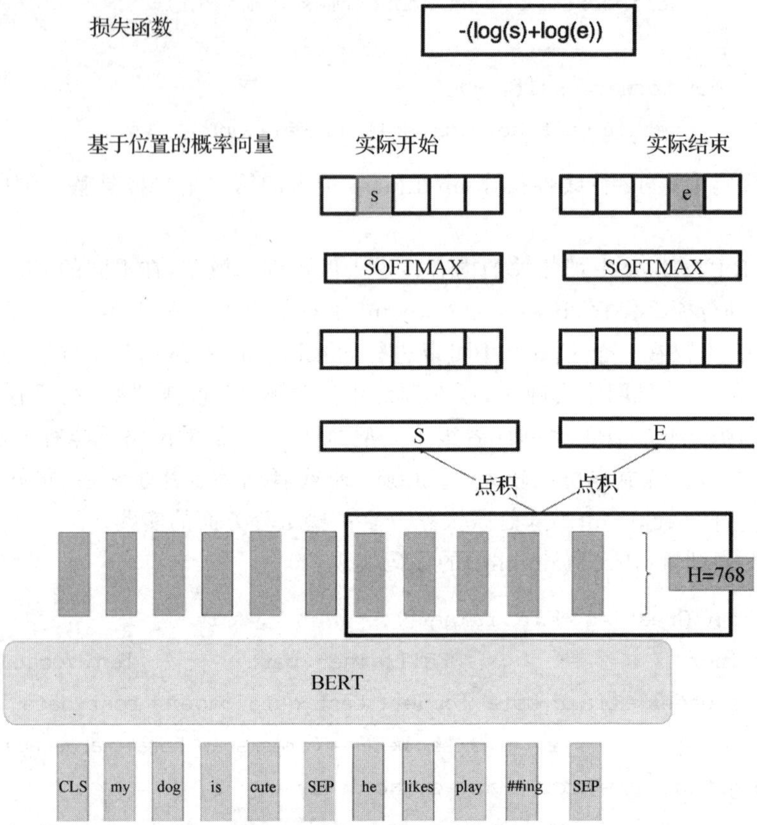

图 6-13 阅读理解任务

回顾一下,我们谈了 BERT 字典的构建,从输入的角度,把输入的数据转成需要的格式,包括 Token Embeddings、Sentence Embeddings、Position Embeddings,谈了 BERT 整个模型结构的构建,通过图及源代码解析的角度,还谈了 BERT 语言模型的训练任务,对 BERT 整体流程机制和源码实现有了新的认识,贯通了整个过程。

第 7 章　BERT Fine - tuning 背后的数学原理详解

7.1　BERT Fine - tuning 数学原理剖析

本节分享关于 BERT 微调(BERT Fine - tuning)的内容,围绕调优的工作,从不同的方面进行讲解,其在实际工作中或研究中运用特别多的一些场景,比如多标签的一些情况,在实际使用时,会有很多的技术细节,所以它不仅是一个简单的调库,这是最表面的。如果要做调优,将这个模型融入领域知识,会通过一个线性转换及分类器来适配到具体任务,这是最基本的认识。实际上,微调背后有一整套的数学机制及工程实践,还有很多不那么明显的技术细节,而这些技术细节可以非常大程度影响结果。我们会通过具体的案例,例如基于影视数据案例、基于搜狗数据案例、命名实体识别案例,基于医疗数据案例、基于餐馆数据案例等(这些都是实际做 NLP 的过程中最有用的内容)去展示。关于微调(Fine - tuning)及迁移学习(Transfer Learning),很多读者认为迁移学习的直接的结果就是很多时候都要做微调,这不太准确,也不太科学。为什么?举个例子,在计算机视觉领域(Computer Vision, CV),很多模型训练好了,在很多场景可以直接使用,它不像在 NLP 领域,训练好的模型,虽然还是做迁移学习,但是需要做一些稍微的适配,微调(Fine - tuning)、迁移学习(Transfer Learning) 还是有所不同的。计算机视觉领域很多模型不需要微调,直接去识别就行,这是一个铺垫性的内容,只作一个概念上的说明。从我们星空智能对话机器人的角度看,其实没有微调及迁移学习的概念,星空智能对话机器人就是直接使用 Transformer。作者更新迭代了很多版本之后打造的 Transformer,有编码端也有解码端的内容,这是先不把问题复杂化,而主要聚焦于编码端,因为 BERT 是基于编码端转化而来的,在训练的时候没有采用传统的观点,例如一定要做迁移学习或者做些微调,作者就是直接训练 2～5 层的 Transformer 的编码端,直接基于训练数据训练 Transformer。当用户输入信息的时候,直接通过 Transformer 方法给出意图识别或者多意图识别。对于业界无论是学术层面,还是工业实践层面,这是我们星空智能对话机器人分享的一些内幕内容。

微调内容分成三个部分,第一部分是关于背后数学的部分(Maths Behind the Scenes)。第二部分是关于数据处理部分,很多时候调优工作都是围绕数据处理展开,在数据处理的过程中,也有一些比较好的最佳实践。第三部分是基于模型微调本身的内容。这三点都非常重要,第一次围绕微调工作重点展开,会谈一下背后的数学

机制,这是基础内容,要做整个微调的工作,必须懂得背后的机制,才比较容易看清楚背后为什么这样做,它具体的精髓在哪里,我们也可以做各种自定义的具有创造性(Creative)的一些优化工作。

先谈第一个部分,关于背后的数学(Maths Behind the Scenes),第一段话是"The reason BERT is successful in various tasks is because of the Transformer encoder architecture that represents input in the form of ***dense*** vectors. These vectors can be easily transformed into output by very simple classifiers",把"***dense***"这个单词标注成了高亮加粗的黑色,突出强调部分的内容,在第 5.2 章讲解"Why BERT works"这个问题的时候,读者可能没有那么强烈的感受,而现在读者可能会有更强烈的感受,为什么?因为在微调这个部分,会发现 BERT 本身完成了一件事情,就是它能更好表达语义,它所呈现的方式就是一个单词向量或一系列的向量。之所以是一系列,是因为在最后一层,可能只考虑"CLS"这个标记来代表全局信息,也可能考虑每一个标记,甚至是除了最后一层,还会考虑前面不同层的向量信息,每一步其实都是在工程实践中获得的。其应用广泛,例如"CLS"标记代表全局信息,其实很多时候要打一个问号,如果是代表句子的语义,其实"CLS"标记不是一个很好的一个表示,因为它只是自注意力机制其中一个标记,理论上讲,可能采用一些池化(Pooling)的思想能够更好代表整个句子的意思,不同的编码层次都会有信息,如果使用 Bayesian 的思想把它聚合起来,集成起来,这时也会在训练或者优化中得到很多效果,每个地方展开背后都有很多内容,还有很多工业级的实践,它的控制点是一个向量或一系列的向量,通过 BERT 模型更好表达了输入数据的信息,其实就是它有了领域知识(Domain Knowledge)或领域信息,这个模型本身代表了领域的信息。

我们看一下迁移学习(Transfer Learning)、传统机器学习(Traditional ML)。如图 7-1 所示,将这两个角度对比一下,可以看得更清晰。

从左侧看传统的机器学习或传统人工智能算法,它们的每个任务是孤立的(Isolated),就是有了这个模型,然后去训练任务,这里面提到一个关键的内容,"Knowledge is not retained or accumulated. Learning is performed w. o. considering past learned knowledge in other tasks",知识无法保留或者积累,这是传统的一种方式。在工业落地的时候,其实大家会采用集成的方式,例如集成树等,力图把前面的内容或以其他模型的方式积累起来。星空对话机器人的改进方式,从教学培训的角度,提出了 Bayesian 的思想。如果是图 7-1 右侧展示的迁移学习(Transfer Learning)的方式,当有两个数据集的时候,数据集一(Dataset 1)它会通过模型基于数据进行调整,这是最大后验概率 MAP,模型训练后保存为公共模型,在它的基础上去使用这两个任务:学习任务一(Learning System Task 1)、学习任务二(Learning System Task 2),它们中间会有一个桥梁,这个桥梁把任务一学到的知识模型保留起来,表达原始数据的知识,然后传递给学习任务二,这是模型迁移学习的过程,也可以认为是教师—学生(Teacher-Student)的模型。

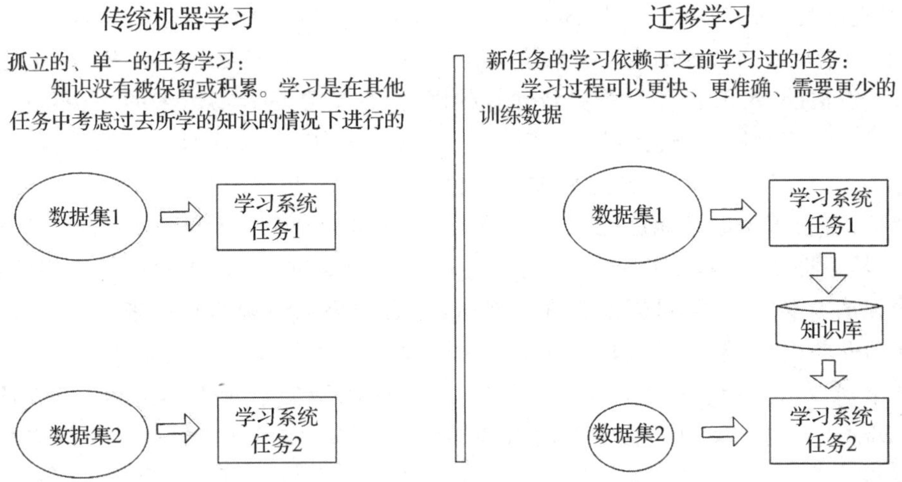

图 7 - 1 Traditional ML 及 Transfer Learning

这种迁移学习的模式，从数学的角度讲看，它是 MLE、MAP、还是 Bayesian，具体是哪一种方式以及为什么？MLE 是最大似然估计，MAP 是最大后验概率，Bayesian 是从多种不同视角或抽样的角度来表达全局的信息。其实在迁移学习的时候，这三者都有用，最开始训练学习任务一，前向传播算法往前传播，每次尽量靠近实际的数据，这时是最大似然估计 MLE，但转过来通过反向传播算法调整模型，是最大后验概率 MAP。如果从多种不同的视角进行抽样，在一个模型里面采用多个小模型同步对数据进行处理，就是 Bayesian 的思想。从这幅图的角度看，学习任务二其实是一个微调的下游任务，微调下游任务有领域知识(Knowledge)，从概率的角度看，Knowledge 是先验信息(Prior)，结合迁移学习加上下游任务微调的状态，获得的是最大后验概率 MAP，在大模型的基础上对自己进行调整，加上先验的信息，可以看得很清楚，在贝叶斯公式中

$$P(\theta|X)=\frac{P(X|\theta)P(\theta)}{P(X)} \tag{7-1}$$
$$\propto P(X|\theta)P(\theta)$$

这幅图显示的数据是 X，X 代表着所有的情况，$P(X)$是边缘概率，所谓边缘概率就是整个数据下所有的情况，每一种情况是一种模型的产出状态，$P(\theta)$是具体某一个概率状态，对于机器学习，要把 $P(\theta|X)$的概率最大化，需求顶点极值的情况，这要用到微积分里面求导的内容。再看一下公式，关键是看 $P(\theta)$，在迁移学习中，这个领域知识(Knowledge)就是 $P(\theta)$，微调的时候输入新的数据，新的数据是 X，$P(X|\theta)$与 $P(\theta)$进行乘法操作。从物理意义上代表多个步骤，其实是对前面步骤的更新，而前面步骤是 $P(\theta)$。从右往左看 $P(X|\theta)P(\theta)$这个式子，$P(X|\theta)$是在 θ 存在的情况下求 X 的概率，是用最大似然估计 MLE 去更新领域知识，这是贝叶斯的公

式,但它不是 Bayesian ,因为 Bayesian 是基于 $P(X)$ 进行了一个集成的运算,$P(\theta|X)$是贝叶斯公式的计算。从这个公式的角度,能不能看出来用 $P(X|\theta)$通过最大似然估计 MLE 的角度来更新已有的模型,直接看是看不出来的,只不过在运算 $P(\theta|X)$的时候,它转换成了 $P(\theta|X)\propto P(X|\theta)P(\theta)$,这时为了简化操作,就聚焦在 $P(X|\theta)$上面。回到这张图,就是学习任务二转过来会调整先验领域知识的网络,有很多模型可能冻结住先验知识,这样可以使用一个很大的 Transformer 模型,然后即使微调,采用一些小数据进行小规模数据微调,会发现依旧很慢,或机器无法承受,这时候可以对它进行冻结,但是如果从微调的角度来看,肯定不会做冻结 θ 的内容,但为了很好计算出 $P(\theta|X)$,无论是 $P(\theta|X)$还是 $P(X|\theta)$这两个概率,它都是算优化后的 θ。迁移学习时,在微调的场景下,调整的核心还是 Knowledge 部分。不过迁移学习的微调还是有所不同的,有些迁移学习根本就不能微调。

除了微调这部分,还有一点非常重要,就是全连接神经网络。如图 7-2 所示,这是 BERT 训练后应对下游任务的一张图,获取隐向量 H 的信息表达之后,会经过一个线性转换操作,在这个过程中,可能会根据具有标签的数据进行调整,除了调整预训练的 BERT 网络,也可能调整下游任务的网络。

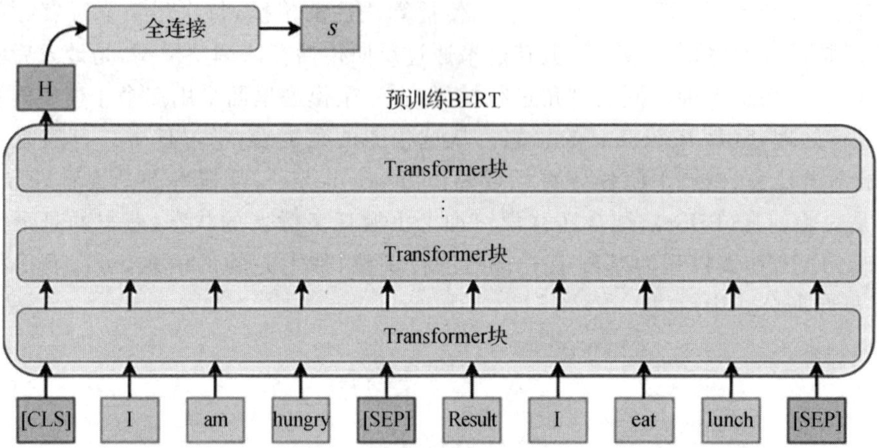

图 7-2 BERT 下游任务

第二点是实际的 BERT 微调部分,除了调整先验知识 θ,也可能调整下游的网络,而且很多时候会调整下游的网络,因为先验模型很有可能太笨重,即使微调也调不动,硬件资源受限。我们从数学展开的角度看:

$$\begin{aligned}\theta_{MAP} &= \arg\max_{\theta} P(X|\theta)P(\theta) \\ &= \arg\max_{\theta} \log P(X|\theta) + \log P(\theta)\end{aligned} \tag{7-2}$$

$$=\arg\max_{\theta} \log \prod_i P(x_i|\theta)+\log P(\theta)$$

$$=\arg\max_{\theta} \sum_i \log P(x_i|\theta)+\log P(\theta)$$

$P(\theta|X)$是 MAP 的方式，是最大后验概率，可以使用 log 操作把乘法变成加法，对于人工智能，最重要的运算是乘法、除法、对数运算，指数运算只是乘法的一种特殊情况，所有的形式最后都依赖于对数 log 的内容，因为它能把乘法和除法变成加法和减法，变成一种更简化的形式，让计算机进行计算。在机器学习领域要学好数学，就要在对数 log 函数方面下些功夫，其实这个内容很简单，如果是乘法操作，通过 log 运算就变成了加法，如果是除法操作，通过 log 运算就变成了减法，方便计算器进行运算。这边通过 log 操作把 $P(X|\theta)P(\theta)$变成了加法操作，$\arg\max_{\theta}\sum_i \log P(x_i|\theta)$是最大似然估计 MLE，这是一种最原始也是最有效的调整模型方式，其实它是一个共现，通过共现来寻求概率的一个计算。$\log P(\theta)$是先验知识，会有一些经典的数学分布，比如高斯分布、卡方分布或其他一些分布。BERT 要基于 BERT 模型完成这个分布，可能不是直接使用一个通用的数学公式来描述的，这也是人工智能或者神经网络神奇的地方，它能够建立很多模型，但可能不是很经典的数学模式，因为它本身就是一个模型。BERT 所代表模型的功效不亚于高斯等伟大的数学家提出的模型，人工智能之所以智能，因为这个模型能够拟合现实的规律，使用的各种数学公式或其他的物理公式，也是表达现实规律。神经网络或人工智能的深度学习是过去几十年技术上一个巨大的飞跃，它从理论上通过一个神经网络来表达一切模型，BERT 本身就类似于一个数学公式，可以基于数据进行训练。在下游的各种任务中，训练好的模型就相当于一个数学公式，在某种程度就相当一个函数。从这个角度看，神经网络相当于一个又一个的数学公式，神经网络是一个通用的语言，具备通用化能力，比如做计算机视觉，计算机视觉的很多内容都可以用到自然语言处理的方式，自然语言处理中自监督无标签的训练方式取得了很大的效果。它没有使用手动打标签，尤其是 GPT 2、GPT 3 模型给了很大的启发，转过来将这个方式用在了计算机视觉上，计算机视觉原先都打标签，训练效果不错，但没想到不打标签，在海量的数据情况下效果会更好。

微调的过程，主要是调整输入和输出，输入以向量方式输给模型，输出的时候，可能是二分类、多分类或者多标签分类等，在阅读理解中是输出一个区域的信息。从微调的角度讲，一般会设定领域知识 Domain$=\{\chi, P(X)\}$ $X=\{x_1,\cdots,x_n\}$，$x_i\in\chi$，χ是特征空间，X 是数据，P(X)表示边缘分布，X 包含所有的情况，这是 Bayesian 的思想。先验知识拥有了领域来源(sourcedomain，D_S)内容，是上下文，它会有具体的任务(sourcetask，T_S)进行训练，这是先验的部分，也有(targetdomain，D_T)及(target task，T_T)，是下游任务的部分，迁移学习分成 D_S 和 D_T 两部分，任务本身可能稍微有一些不同。有些模型是多任务的，它的先验知识更多是预训练的任务，下游可能是

具体某个任务，但 BERT 带来了一个很好的结果，可以统一运用在绝大多数下游任务上。也有一些 BERT 做得不好的地方，例如翻译任务中语言生成方面的工作。迁移学习的目标是 D_T 能够在数据集上学习目标条件概率分布 $P(Y_T|X_T)$，微调的时候联合了 D_S 和 T_S 的内容，$D_S \neq D_T$ 或者 $T_S \neq T_T$，其中 T_S 是预训练任务部分。基于这样一个大的上下文在下游进行微调，这是做小数据训练的一个核心的方向。微调之所以有效，是因为提供了上下文领域知识，BERT 很精简，它以向量的方式来表达领域知识，在下游，无论是使用新一代基于神经网络的算法，还是传统的基于特征的算法，都可以取得很好的效果。

总结一下，微调其实是在迁移学习这个大背景下展开的，迁移学习的核心是面向领域，这里谈的所有内容都是基于 NLP，不是谈所有的领域，例如计算机视觉，NLP 里面会有很多不同的领域，例如金融领域、医疗领域、教育领域，可能会把领域知识沉淀起来，从数据中把知识"蒸馏"在一个模型中。完成这一步之后，因 BERT 本身强大的信息表达能力，以及简洁使用的接口，BERT 使用的接口可以很简单通过一个线性转换运用在各种下游任务中。在微调的过程中，一般就是拿到向量或一系列的向量，加上一个线型即可转换得到预测结果，再将结果和标签的数据计算误差，通过反向传播来调整 BERT 模型。很多时候也可以把 BERT 冻结住，在反向传播时不训练它，转过来训练线性层，这是背后的数学模型，核心还是贝叶斯公式的 MLE、MAP，它包括了 Bayesian 的思想。

7.2 BERT Fine - tuning 文本分类数据预处理代码

本节准备的例子可让大家从整体上感知一下，使用 BERT 进行微调整个生命周期的流程，这里聚焦的是整个过程，餐饮 NER 等微调的具体案例会强调最佳实践和背后更多生产级、研究级、具有重大意义的一些技巧。

先看一下数据，这个 Google 的 colab 平台，强烈推荐给大家使用，它是一站式解决方案的平台，无论是处理数据，还是各种库的使用，都是非常不错的，里面可以选 GPU，也可以选 CPU。

设置 GPU 环境的代码实现：

```
import tensorflow as tf

#获取 GPU 设备名称
device_name = tf.test.gpu_device_name()

#设备名称应如下所示
if device_name == '/device:GPU:0':
    print('Found GPU at: {}'.format(device_name))
```

```
9. else:
10.     raise SystemError('GPU device not found')
11. import torch
12.
13. # 如果有可用的 GPU...
14. if torch.cuda.is_available():
15.
16.     # PyTorch 使用 GPU
17.     device = torch.device("cuda")
18.
19.     print('There are %d GPU(s) available.' % torch.cuda.device_count())
20.
21.     print('We will use the GPU:', torch.cuda.get_device_name(0))
22.
23. # 如果没有 GPU...
24. else:
25.     print('No GPU available, using the CPU instead.')
26.     device = torch.device("cpu")
```

上段代码第 17 行中，为了让 Pytorch 使用 GPU，需要识别并指定 GPU 作为设备。

接下来，安装 Hugging Face 的 Transformer 库，此库提供一个用于 BERT 的 Pytorch 接口，Hugging Face 是目前业界开放开源、公认最流行的 Transformer 库，如果真想深入研究 Transformer，强烈推荐给大家 Hugging Face。我们在做星空智能对话机器人的过程中，基于 Bayesian 思想做复合词嵌入时，也是借助 Hugging Face 的 Transformer 来简化一些工作。

Hugging Face 的 Transformer 库安装的代码实现：

```
1. ! pip install transformers
```

这里案例使用维基媒体（Wikimedia）里面的数据。（https://figshare.com/articles/dataset/Wikipedia_Talk_Labels_Personal_Attacks/4054689），这个数据表达的是个人攻击信息（Personal Attacks），数据集中全部的数据，包括来自英语维基百科的超过 10 万条带标签的评论，每一条评论都由多个注释员通过众包数据处理工具（crowdflower）进行标记，以确定是否包含人身攻击。这里面会有两个文件，一个是 attack_annotated_comments.tsv 文件，包含了一些属性的描述，一个是 attack_annotations.tsv 文件，包含了一些标签，标注是否是攻击的评论。

attack_annotated_comments.tsv 文件的格式：

rev_id comment year logged_in ns sample split

201190 gets far more tendentious yet. NEWLINE_TOKEN 2002 True article random dev

attack_annotated_comments. tsv 文件包含了评论编号、评论内容、年份、登录、主题、抽样、数据划分等内容。

attack_annotations. tsv 文件的格式:

rev_id worker_id quoting_attack recipient_attack third_party_attack other_attack attack

```
37675   1362   0.0   0.0   0.0   0.0   0.0
37675   2408   0.0   0.0   0.0   0.0   0.0
37675   1493   0.0   0.0   0.0   0.0   0.0
37675   1439   0.0   0.0   0.0   0.0   0.0
37675   170 0.0   0.0   0.0   0.0   0.0
37675   176 0.0   0.0   0.0   0.0   0.0
37675   481 0.0   0.0   0.0   0.0   0.0
37675   487 0.0   0.0   0.0   0.0   0.0
37675   578 0.0   0.0   0.0   0.0   0.0
37675   1127   0.0   0.0   0.0   0.0   0.0
```

attack_annotations. tsv 文件包含了评论编号、标注人员编号、各个标注人员标注的引用攻击、接收者攻击、第三方攻击及其他攻击的标签。

下载数据的代码实现:

```
import urllib
import os

#创建数据子目录
if not os.path.exists('./data/'):
    os.mkdir('./data/')

files = [
    ('./data/attack_annotated_comments.tsv.',
'https://ndownloader.figshare.com/files/7554634'),
    ('./data/attack_annotations.tsv',
'https://ndownloader.figshare.com/files/7554637')
]

```

```
13. for (filename, url) in files:
14.     #判断是否存在文件
15.     if not os.path.exists(filename):
16.
17.         #下载数据集
18.         print('Downloading', filename)
19.
20.         urllib.request.urlretrieve(url, filename)
21.
22.         print('    DONE.')
```

上段代码中第 20 行通过 urllib. request. urlretrieve 方法下载数据集。

下面使用 Pandas 来解析标签分隔的 tsv 文件，其加载文件的代码实现：

```
1. import pandas as pd
2.
3. print('Parsing the dataset .tsv file...')
4. comments = pd.read_csv('./data/attack_annotated_comments.tsv', sep =
   '\t', index_col = 0)
5. annotations = pd.read_csv('./data/attack_annotations.tsv', sep = '\t')
6.
7. print('    Done.')
```

上段代码中第 4 行加载 attack_annotated_comments. tsv 评论文件。

上段代码中第 5 行加载 attack_annotations. tsv 标签文件。

数据分析其实有很多的内容，但数据跟 BERT 本身模型关系不是太大，因此我们不谈太多。这只是一个数据基本处理的过程，它会有评论数据，评论数据中会标明是否具有人身攻击，可能有很多人进行标记，甚至很多机构进行标记，其作为比较严肃的研究项目，大家可以把它下载下来，保存在具体的目录中，也可以在 Google drive 上进行保存。Google drive 加上 colab 基本上就可以，不需要使用其他的平台，再次向大家推荐 Google colab。

看一下下边的基本数据，使用 Pandas 读取数据之后，可以看见前面五条数据。

读取评论文件的代码实现：

```
#显示评论数据的前五行
comments.head()
```

评论中的“NEWLINE_TOKEN”是一个换行符，每行记录还包括时间、是否登录、随机抽样、数据划分等信息，运行结果为：

rev_id	comment	year	logged_in	ns	sample	split
37675	`-NEWLINE_TOKENThis is not ``creative``. Thos...	2002	False	article	random	train
44816	`NEWLINE_TOKENNEWLINE_TOKEN:: the term ``stand...	2002	False	article	random	train
49851	NEWLINE_TOKENNEWLINE_TOKENTrue or false, the s...	2002	False	article	random	train
89320	Next, maybe you could work on being less cond...	2002	True	article	random	dev
93890	This page will need disambiguation.	2002	True	article	random	train

图 7-3　评论文件的内容

评论数据集被分为训练集(train)、测试集(test)和验证集(dev)，我们查询一下各个数据集的大小：

```
1. comments[['comment', 'split']].groupby('split').count()
```

运行结果为：

split	comment
dev	23160
test	23178
train	69526

这里是对不同的数据集的基本处理，评论训练集包括 69 526 条，测试集包括 23 178 条，验证集包括 23 160 条。

看一下标签文件的内容，读取标签文件的代码实现：

```
1. annotations.head()
```

标签文件中有很多不同的类型，例如 quoting_attack、recipient_attack、third_party_attack、other_attack、attack 等，不同级别的攻击可以进行一些操作，这都是对数据的基本研究，读取标签文件的运行结果为：

	rev_id	worker_id	quoting_attack	recipient_attack	third_party_attack	other_attack	attack
0	37675	1362	0.0	0.0	0.0	0.0	0.0
1	37675	2408	0.0	0.0	0.0	0.0	0.0
2	37675	1493	0.0	0.0	0.0	0.0	0.0
3	37675	1439	0.0	0.0	0.0	0.0	0.0
4	37675	170	0.0	0.0	0.0	0.0	0.0

图 7-4　标签文件的内容

接下来将评论数据与标签进行关联，评论文件中的每行记录由 rev_id 进行唯一

标识，标签文件中对应的评论有多行数据，因为可能有多个标注员进行打标，我们对这些标签进行分组取平均值，如果值大于 0.5，模型可以认为它是进行攻击。

关联标签和评论的代码实现：

```
1. # 如果大多数标注人员都认为它是攻击，则将评论标记为攻击，评论由 rev_id 唯一标识，标签表中每个评论都有多行，因为有多个标签。
2.
3. labels = annotations.groupby('rev_id')['attack'].mean() > 0.5
4.
5. # 关联标签和评论
6. comments['attack'] = labels
```

上段代码中第 3 行标签文件按评论记录的编号 rev_id 和 attack 进行分组求平均，如果值大于 0.5，则将评论标记为攻击。如果大家懂 Python，这些代码其实都很简单，都是基本的一些日常的数据处理工作。

删除换行符和制表符标记，以及划分训练集、测试集的代码实现：

```
1. # 删除换行符和制表符标记
2. comments['comment'] = comments['comment'].apply(lambda x: x.replace("NEWLINE_TOKEN", " "))
3. comments['comment'] = comments['comment'].apply(lambda x: x.replace("TAB_TOKEN", " "))
4.
5. # 划分训练集、测试集
6. train_comments = comments.query("split=='train'")
7. test_comments = comments.query("split=='test'")
```

上段代码中第 2 行、第 3 行删除换行符和制表符标记。

上段代码中第 6 行、第 7 行划分训练集、测试集。

查询显示一些标记为攻击的评论，查询攻击评论的代码实现：

```
import textwrap
import random

# 将文本换行为 80 个字符
wrapper = textwrap.TextWrapper(width=80)

# 过滤攻击评论
attack_examples = train_comments.query('attack')['comment']
```

```

# 随机选择一些例子
for i in range(10):
    j = random.choice(attack_examples.index)

    print('')
    print(wrapper.fill(attack_examples[j]))
    print('')
```

我们可以稍微看一下产出的结果，有些评论是不能直视的，但有的地方也会出很好的内容，毕竟作为语言类情感研究级别的项目，它会有一些正面的评论，也会有一些负面的评论，有一些采样的内容比较难看，这里就不显示。

查询攻击评论占评论总量的百分比的代码实现：

```
total_comments = len(comments)
num_attacks = len(comments.query('attack'))

print('{:,} of {:,} comments are attacks ({:.2%})'.format(num_attacks, total_comments, num_attacks/total_comments))
```

攻击评论占评论总量的 11.73%，运行结果为：

```
13,590 of 115,864 comments are attacks (11.73%)
```

可以看出，评论攻击分类任务中不同类别训练样本的数量差别很大，非常不平衡，因此在解释模型准确率时需小心，可以使用 F1 score 来评价模型。

测试集中查询非攻击评论占比的代码实现：

```
prcnt_non_attack = 1 - (len(test_comments.query('attack')) / len(test_comments))

print('Always predicting "not attack" will yield {:.2%} accuracy on the test set.'.format(prcnt_non_attack))
```

测试集中非攻击评论占评论总量的 88.11%，运行结果为：

```
Always predicting "not attack" will yield 88.11% accuracy on the test set.
```

有了数据之后，如果要进行微调，数据要输给 BERT 预训练模型，然后再传递给下游任务的矩阵，它要通过这个矩阵进行分类或者其他的一些工作，转过来如果有误差，它再进行微调。

实际上使用数据的时候，通常BERT输入文本的长度设定为512，但可以设定更长，也可以设定更短，会涉及一些工作，怎么去处理过长数据的一些文本，这里面有很多的技术，都是数据处理的一些内容，还有数据清洗的一些工作。

我们看一个评论文本的例子，它被拆分为512个以上的标记，了解一下在这个512的限制范围内有多少文本。首先加载BERT标记器，其代码实现：

```
1. from transformers import BertTokenizer
2.
3. # 加载 BERT 标记器
4. print('Loading BERT tokenizer...')
5. tokenizer = BertTokenizer.from_pretrained('bert-base-uncased', do_lower_case=True)
```

上段代码中第5行加载bert-base-uncased的BERT标记器。

训练集中的第一条评论恰好超过了512个标记，并且不包含攻击评论。查询第一条评论及标记化的代码实现：

```
# 查询第一条评论的文本
text = train_comments.iloc[0].comment

# 运行标记化器来计算标记的数量。标记化器将根据需要将文本拆分为单词、标点符号和子单词
tokens = tokenizer.tokenize(text)

print('Comment 0 (not an attack) contains {:,} WordPiece tokens.'.format(len(tokens)))
print('\nOriginal comment text:\n')
print(wrapper.fill(text))
```

运行结果为：

```
Comment 0 (not an attack) contains 591 WordPiece tokens.

Original comment text:

'- This is not "creative".  Those are the dictionary definitions of the
terms "insurance" and "ensurance" as properly applied to "destruction". If you
don't understand that, fine, legitimate criticism, I'll write up "three man
cell" and "bounty hunter" and then it will be easy to understand why "ensured"
```

and "insured" are different - and why both differ from "assured". The sentence you quote is absolutely neutral. You just aren't familiar with the underlying theory of strike - back (e. g. submarines as employed in nuclear warfare) guiding the insurance, nor likely the three man cell structure that kept the IRA from being broken by the British. If that's my fault, fine, I can fix that to explain. But ther'es nothing "personal" or "creative" about it. I'm tired of arguing with you. Re: the other article, "multi - party" turns up plenty, and there is more use of "mutually" than "mutual". If I were to apply your standard I'd be moving "Mutual Assured Destruction" to "talk" for not appealing to a Reagan voter's biases about its effectiveness, and for dropping the "ly". There is a double standard in your edits. If it comes from some US history book, like "peace movement" or 'M. A. D.' as defined in 1950, you like it, even if the definition is totally useless in 2002 and only of historical interest. If it makes any even - obvious connection or implication from the language chosen in multiple profession - specific terms, you consider it somehow non - neutral... Gandhi thinks "eye for an eye" describes riots, death penalty, and war all at once, but you don't. What do you know that Gandhi doesn't? Guess what: reality is not neutral. Current use of terms is slightly more controversial. Neutrality requires negotiation, and some willingness to learn. This is your problem not mine. You may dislike the writing, fine, that can be fixed. But disregarding fundamental axioms of philosphy with names that recur in multiple phrases, or failing to make critical distinctions like 'insurance' versus ' assurance' versus 'ensurance' (which are made in one quote by an Air Force general in an in - context quote), is just a disservice to the reader. If someone comes here to research a topic like MAD, they want some context, beyond history. If this is a history book, fine, it's a history book. But that wasn't what it was claimed to be... '

从运行结果可以看出，训练集中第一条记录非攻击评论包含 591 个 WordPiece 标记，并显示了原始的评论记录信息。

从评论文本中取出前 512 个标记，看一下的里面内容，如果按 512 的长度进行截断，可查询一下会丢失多少文本。

查询前 512 个标记及剩下截断标记的代码实现：

```
1. #打印标记列表
2. print('==== First 512 tokens: ====\n')
```

```
3. print(wrapper.fill(str(' '.join(tokens[0:512]))))
4.
5. print('')
6.
7. print('\n==== Remaining {:,} tokens: ====\n'.format(len(tokens) - 512))
8. print(wrapper.fill(str(' '.join(tokens[512:]))))
```

运行结果为：

```
==== First 512 tokens: ====
```

'- this is not " creative ". those are the dictionary definitions of the terms " insurance " and " en ##sur ##ance " as properly applied to " destruction ". if you don't understand that, fine, legitimate criticism, i'll write up " three man cell " and " bounty hunter " and then it will be easy to understand why " ensured " and " ins ##ured " are different - and why both differ from " assured ". the sentence you quote is absolutely neutral. you just aren't familiar with the underlying theory of strike - back (e. g. submarines as employed in nuclear warfare) guiding the insurance, nor likely the three man cell structure that kept the ira from being broken by the british. if that's my fault, fine, i can fix that to explain. but the ##r'es nothing " personal " or " creative " about it. i'mtired of arguing with you. re: the other article, " multi - party " turns up plenty, and there is more use of " mutually " than " mutual ". if i were to apply your standard i'd be moving " mutual assured destruction " to " talk " for not appealing to a reagan voter's bias ##es about its effectiveness, and for dropping the " l ##y ". there is a double standard in your edit ##s. if it comes from some us history book, like " peace movement " or 'm. a. d.' as defined in 1950, you like it, even if the definition is totally useless in 2002 and only of historical interest. if it makes any even - obvious connection or implication from the language chosen in multiple profession - specific terms, you consider it somehow non - neutral... gandhi thinks " eye for an eye " describes riots, death penalty, and war all at once, but you don't. what do you know that gandhi doesn't? guess what: reality is not neutral. current use of terms is slightly more controversial. neutrality requires negotiation, and some willingness to learn. this is your problem not mine. you may dislike the writ-

ing , fine , that can be fixed . but disregard # # ing fundamental ax # # ioms of phil # # os # # phy with names that rec # # ur in multiple phrases , or failing to make critical distinctions like ' insurance ' versus ' assurance ' versus' en # # sur # # ance '

(which

= = = = Remaining 79 tokens: = = = =

are made in one quote by an air force general in an in - context quote) , is just a di # # sser # # vic # # e to the reader . if someone comes here to research a topic like mad , they want some context , beyond history . if this is a history book , fine , it ' s a history book . but that wasn ' t what it was claimed to be . . . '

从运行结果可以看出，这里分别打印出前 512 个标记的内容，及剩下被截断的 79 个标记。

这条评论包含大量的标点符号，里面有许多引号和一些括号，每个标点符号都作为 BERT 的单独标记，可查询一下这篇评论中包含了多少个实际的单词和句子。

查询这条评论中包含单词和句子数量的代码实现：

```
# 首先截断文本以删除最后 79 个标记(以单词“are made in”开头)
last_char = text.find('are made in')

# 将文本截断到仅适合 512 个标记的大小
text = text[0:last_char]

# 首先删除所有双空格，评论按空格进行拆分，估计评论中的单词数。
text = text.replace('  ', '')
num_words = len(text.split(''))

print('Comment contains ~{:,} words.'.format(num_words))

# 通过计算句点来估计句子的数量
num_sens = text.count('.')

print('Comment contains ~{:,} sentences.'.format(num_sens))
```

运行结果为：

```
Comment contains ～330 words.
Comment contains ～20 sentences.
```

这条评论里面包括 330 个单词及 20 个句子。

关于长文本处理策略的关键点，它并没有明显的解决方案，大家可以尝试一些想法；在选择策略时，查看数据集的统计数据会有所帮助。有一篇很重要的很有意义的一篇论文，就是如何微调 BERT 的文本分类(*How to Fine - Tune BERT for Text Classification?*)，论文的下载链接地址是 https://arxiv.org/pdf/1905.05583.pdf。这篇文章里面涉及很多内容，从微调的角度看，它会有几个不同的环节，例如文本的输入，下游任务信息的获取，也包含了预训练的这个阶段。关于长文本的截断，最简单的方法是丢弃一些标记，并希望剩下的文本足以很好地执行任务。丢弃标记有几种方式：从文本的开头开始丢弃、在文本的末尾丢弃、在文本的中间丢弃，论文里面对 IMDb 电影评论数据集的实验表明，保留前 128 个标记和后 382 个标记效果最好。注意这里总共有 510 个标记，因为必须在文本开头和结尾添加特殊标记"CLS"和"SEP"标记，这样效果最好，原因可能是在写电影评论时，大家倾向于把高层次的观点放在导言和结论中。长文本处理的另一种方法是分块(Chunking)，将文本划分为 512 个标记块，分别为这些块生成嵌入式向量，在进行最终分类之前，将不同块的嵌入向量进行组合，例如将嵌入的内容平均化，但这些方法都没有优于简单的文本截断方法。对于 BERT 模型改进，还有一种处理长文本处理的方法，就是尝试修改 BERT 的架构，使其能够支持更长的输入序列，两个最实用的例子是 Longformer(来自 Allen AI)和 BigBird(来自 Google)。它们可以处理比 BERT 长 8 倍的序列，这两个模型非常相似，BigBird 是比 Longformer 更新的模型，BigBird 在很大程度上保留了 BERT 的架构，但使用了一种稀疏注意力的技术，以换取更长的序列长度。

为了决定评论数据集的截断策略，应首先看看评论长度的分布，将训练集中的所有评论标记化，可以使用 tokenizer.encode 函数实现多个步骤的操作，把句子分成标记、添加特殊的"CLS"和"SEP"标记、将标记映射到其 ID。为了探索评论长度的分布，在这里不会执行任何截断，因会导致标记化器对每个超过 512 个标记的评论会发出警告提示。现在先忽略这些内容。

标记器 Tokenizer 编码的代码实现：

```
import numpy as np

#标记所有句子并将标记映射到它们的单词 ID
input_ids = []

#记录每个序列的长度(截断为 512 后).
lengths = []
```

```
8.
9. print('Tokenizing comments...')
10.
11. #对于每个句子...
12. for sen in train_comments.comment:
13.
14.     #报告进度.
15.     if ((len(input_ids) % 20000) == 0):
16.         print('  Read {:,} comments.'.format(len(input_ids)))
17.
18.
19.     #编码将:
20.     #(1)标记句子。
21.     #(2)将"[CLS]"标记前置到开头。
22.     #(3)将"[SEP]"标记附加到末尾。
23.     #(4)将标记映射到其 ID。
24.
25.     encoded_sent = tokenizer.encode(
26.             sen,                          # Sentence to encode.
27.             add_special_tokens = True,    # Add '[CLS]' and '[SEP]'
28.             #max_length = 512,            # Truncate all sentences.
29.             #return_tensors = 'pt',       # Return pytorch tensors.
30.         )
31.
32.     #将编码的句子添加到列表中
33.     input_ids.append(encoded_sent)
34.
35.     #记录截断长度
36.     lengths.append(len(encoded_sent))
37.
38. print('DONE.')
39. print('{:>10,} comments'.format(len(input_ids)))
```

上段代码中第 25～30 行，使用 tokenizer.encode 函数进行编码操作，首先标记句子，然后在句子开头增加“CLS”标记，在句子末尾增加“SEP”标记，将标记映射到编码 ID。这边有“CLS”“SEP”的特殊标记，也有 max_length 等相关的内容，对于微调，这时由于不是训练语言模型，因此主要考虑“CLS”“SEP”这些特殊的标记。在输

入给 BERT 模型时，会有一些特殊的标记，可以采用列表的方式，模型会根据这个领域数据构建的字典，或训练时数据集构建的词汇标记进行读取，否则模型不认得输入的内容。

运行结果为：

```
Token indices sequence length is longer than the specified maximum sequence length for this model (593 > 512). Running this sequence through the model will result in indexing errors
Tokenizing comments...
  Read 0 comments.
  Read 20,000 comments.
  Read 40,000 comments.
  Read 60,000 comments.
DONE.
    69,526 comments
```

接下来查询评论的标签，检查此数据集的类别分布。

查询评论攻击类别分布的代码实现：

```
1. # 将标签作为列表检索
2.
3. # 从 DataFrame 获取标签，并将其从布尔值转换为整数
4. labels = train_comments.attack.to_numpy().astype(int)
5.
6. print('{:>7,} positive (contains attack)'.format(np.sum(labels)))
7. print('{:>7,}  negative  (not  an  attack)'.format(len(labels) - np.sum(labels)))
```

运行结果为：

```
8,079 positive (contains attack)
61,447 negative (not an attack)
```

运行结果显示，在评论的训练集中有 61 447 个负样本(不包含攻击评论)，8 079 个正样本(包含攻击评论)。

快速统计一下，最小、最大和中间评论长度是多少？其代码实现：

```
1. print('   Min length: {:,} tokens'.format(min(lengths)))
2. print('   Max length: {:,} tokens'.format(max(lengths)))
3. print('Median length: {:,} tokens'.format(np.median(lengths)))
```

运行结果为:

```
   Min length: 2 tokens
   Max length: 9,861 tokens
Median length: 52.0 tokens
```

从运行结果可以看出,评论的最小长度是 2 个标记,最大是 9 861 个标记,平均长度是 52 个标记。

为了进一步分析,绘制分布图,为了保持 x 轴的比例合理,将长度剪裁为 512。

评论长度分布图的代码实现:

```
1. import matplotlib.pyplot as plt
2. import seaborn as sns
3. import numpy as np
4.
5. sns.set(style='darkgrid')
6.
7. # 增加打印大小和字体大小
8. sns.set(font_scale=1.5)
9. plt.rcParams["figure.figsize"] = (10,5)
10.
11. # 截断任何大于 512 的注释长度
12. lengths = [min(l, 512) for l in lengths]
13.
14. # 绘制注释长度的分布
15. sns.distplot(lengths, kde=False, rug=False)
16.
17. # 可以尝试在 x 轴上使用对数刻度,但这很棘手。请参见此处了解一种方法
18. #
    https://stackoverflow.com/questions/47850202/plotting-a-histo-
    gram-on-a-log-scale-with-matplotlib?rq=1
19. #plt.xscale('log')
20.
21. plt.title('Comment Lengths')
22. plt.xlabel('Comment Length')
23. plt.ylabel('# of Comments')
```

上段代码中第 12 行是统计文本长度大于 512 的情况。一种比较简单粗暴的方式是直接截断,但实际发现在最佳实践进行调优时,会有一些更好的方式,例如考虑

开头的一部分和结束的一部分，也会有一些技巧或者艺术级别的内容，开头可能 256 结束也是 256，还是开头 128 结束取更多等。在微调的不同场景下，这些技巧都很有用。

运行结果为：

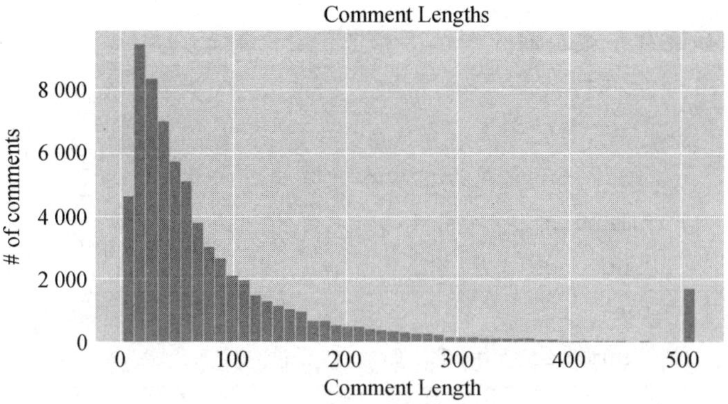

图 7 - 5 评论长度分布图

从运行结果可以看出，评论长度大多数都小于 128，有一些评论的长度是 500 多，相当于写一篇 Graduate Record Examination，GRE 考试的作文 。

但到底有多少个评论的记录达到了 512 个标记的限制，统计查询的代码实现：

```
1. # 统计必须截断为 512 个标记的句子数
2. num_truncated = lengths.count(512)
3.
4. # 将其与训练句子的总数进行比较
5. num_sentences = len(lengths)
6. prcnt = float(num_truncated) / float(num_sentences)
7.
8. print('{:,} of {:,} sentences ({:.1%}) in the training set are longer
   than 512 tokens.'.format(num_truncated, num_sentences, prcnt))
```

在训练集中有 2.4%的记录超出了 512 的长度，运行结果为：

```
1,668 of 69,526 sentences (2.4%) in the training set are longer than 512
tokens.
```

文本长度超出了 512 的记录里面，其中有多少条包含人身攻击？统计查询的代码实现：

```
1. # 统计一下截短的句子中有多少是正样本和负样本的例子
2. num_pos = 0
```

```
3. num_neg = 0
4.
5. #遍历注释长度
6. for i, l in enumerate(lengths):
7.
8.     #如果句子被截断.
9.     if l == 512:
10.
11.         #统计一下它是否包含人身攻击
12.         if labels[i] == 1:
13.             num_pos += 1
14.         else:
15.             num_neg += 1
16.
17. #报告总数
18. print('{:,} ({:.1%}) of the truncated examples contain a personal attack.'.format(num_pos, num_pos / (num_neg + num_pos)))
```

上段代码中第 12～15 行统计是否包含人身攻击的数量,这是数据的处理,如果它是个人攻击的评论,设置它的正样本+1,否则是负样本+1,这是从模型的角度考虑评论示例是正样本还是负样本,而不是指评论内容的正面与负面。正样本的样例是模型想要的,因为现在是要训练个人攻击这个微调的任务,所以是正样本级别。

文本长度超出了 512 的记录里面,只有 202 条正样本包含人身攻击,占比为 12.1%,这是有道理的,因为充满攻击的评论不会冗长而合理,运行结果为:

```
202 (12.1%) of the truncated examples contain a personal attack.
```

对于评论长文本的填充及截断策略,我们将评论文本截断为 512 个标记是可以的,也可以用更短的序列长度来加快速度。这里选择了最大长度为 128,这是评论长度统计分布的肘部拐点,当然也可以尝试更长的长度,这要看对结果有多大的改善。

设置序列长度的代码实现:

```
#将借用"pad_sequences"实用函数来完成此操作
from keras.preprocessing.sequence import pad_sequences

#设置所需的序列长度
MAX_LEN = 128

```

```
7. print('\nPadding/truncating all sentences to %d values...' % MAX_LEN)
8.
9. print('\nPadding token: "{:}", ID: {:}'.format(tokenizer.pad_token,
   tokenizer.pad_token_id))
10.
11. #用值 0 填充输入标记.
12. input_ids = pad_sequences(input_ids, maxlen = MAX_LEN, dtype = "long",
13.                           value = 0, truncating = "post", padding = "post")
14.
15. print('\nDone.')
```

上段代码中第 12 行是 pad 操作，大家对这个内容应该非常熟悉。如果整个序列不足 512，则加入“PAD”的标记，“PAD”也是一个特殊的标记，我们使用 pad_sequences 方法设置，所需的序列长度为 128，并使用 0 填充长度不够的标记。

运行结果为：

```
Padding/truncating all sentences to 128 values...

Padding token: "[PAD]", ID: 0

Done.
```

注意力掩码会明确哪些标记是实际单词，哪些是填充单词，BERT 词汇表不使用 ID 为 0 的编码，因此如果它的编码 ID 为 0，那么它是填充标记，否则它是一个实际的标记。

注意力掩码的代码实现：

```
#创建注意力掩码
attention_masks = []

#对于每个句子...
for sent in input_ids:

    #创建注意力掩码。
    #-如果标记 ID 为 0，则为填充，将掩码设置为 0。
    #-如果标记 ID>0，则它是实际标记，请将掩码设置为 1。
    att_mask = [int(token_id > 0) for token_id in sent]

    #存储此句子的注意力掩码
```

```
13.     attention_masks.append(att_mask)
```

上段代码中第 10 行创建注意力掩码，如果标记 ID 为 0，则为填充标记，将掩码设置为 0；如果标记 ID>0，则它是实际标记，将掩码设置为 1。

将数据集划分训练集、测试集，90%用于训练，10%用于验证。结果是，会获得训练的时候经过预处理步骤后的 train_inputs，validation_inputs，train_labels，validation_labels 以及 train_masks，validation_masks，对于微调训练，这两部分都是需要的内容。

划分训练集、测试集的代码实现：

```
1. #使用 train_test_split 将数据拆分为训练和验证集
2. from sklearn.model_selection import train_test_split
3.
4. # 90%用于训练,10%用于验证。
5. train_inputs, validation_inputs, train_labels, validation_labels = train_test_split(input_ids, labels,
6.                                                                 random_state = 2018, test_size = 0.1)
7. #对掩码也这样处理
8. train_masks, validation_masks, _, _ = train_test_split(attention_masks, labels,
9.                                              random_state = 2018, test_size = 0.1)
```

上段代码中第 5 行划分训练集、测试集，90%用于训练，10%用于验证。

模型需要 PyTorch 张量而不是 numpy.ndarrays，因此转换所有数据集变量，最终会形成输入和标签，而输入和标签构成了向量数据的基本处理内容。

我们转换成 PyTorch 张量的代码实现：

```
#将所有输入和标签转换为 Torch 张量,这是模型所需的数据类型。
train_inputs = torch.tensor(train_inputs)
validation_inputs = torch.tensor(validation_inputs)

train_labels = torch.tensor(train_labels)
validation_labels = torch.tensor(validation_labels)

train_masks = torch.tensor(train_masks)
validation_masks = torch.tensor(validation_masks)
```

使用 torch DataLoader 类为数据集创建一个迭代器，有助于在训练期间节省内

存。与 for 循环不同，使用迭代器时，不需要将整个数据集加载到内存中。

实现 DataLoader 的代码实现：

```
1. from torch.utils.data import TensorDataset, DataLoader, RandomSampler, SequentialSampler
2.
3. #  DataLoader 需要知道训练批量数据大小，对于特定任务的 BERT 微调，建议批量大小为 16 或 32。
4.
5. batch_size = 32
6.
7. # 为训练集创建 DataLoader
8. train_data = TensorDataset(train_inputs, train_masks, train_labels)
9. train_sampler = RandomSampler(train_data)
10. train_dataloader = DataLoader(train_data, sampler=train_sampler, batch_size=batch_size)
11.
12. # 为验证集创建 DataLoader
13. validation_data = TensorDataset(validation_inputs, validation_masks, validation_labels)
14. validation_sampler = SequentialSampler(validation_data)
15. validation_dataloader = DataLoader(validation_data, sampler=validation_sampler, batch_size=batch_size)
```

上段代码中第 8 行以 TensorDataset 的方式封装数据。

上段代码中第 10 行为训练集创建一个 DataLoader。

上段代码中第 15 行为验证集创建一个 DataLoader。

至此，我们完成了评论文本分类的数据准备步骤，接下来进行 BERT 微调的训练和测试。

7.3　BERT Fine - tuning 训练完整代码

我们分析了数据本身，从 BERT 模型的角度，已经把数据预处理好以 BERT 想要的格式封装起来。接下来是模型微调的部分，Hugging Face 提供了很多的内容，这边使用的是 BertForSequenceClassification，可以看到 Hugging Face 文档提供更多的内容，链接地址：https://huggingface.co/transformers/v2.2.0/model_doc/bert.html#bertforsequenceclassification。

我们直接来看代码部分,初始化 BERT 模型的代码实现:

```
1. from transformers import BertForSequenceClassification, AdamW, BertConfig
2.
3. # 加载 BertForSequenceClassification 预训练 BERT 模型,顶部有一个线性分类层。
4. model = BertForSequenceClassification.from_pretrained(
5.     "bert - base - uncased", # Use the 12 - layer BERT model, with an uncased vocab.
6.     num_labels = 2, # 输出标签的数量,二分类为 2
7.                     #对于多类任务,可以增加此值
8.     output_attentions = False, # 模型是否返回注意力权重
9.     output_hidden_states = False, #模型是否返回所有隐藏状态)
10.
11. # Pytorch 在 GPU 上运行此模型
12. model.cuda()
```

上段代码中,第 1 行直接从 Hugging Face 的 transformers 导入 BertForSequenceClassification, AdamW, BertConfig 等内容。

上段代码中,第 6 行设置 num_labels 标签类别数为 2,它有两个标签,要么是人身攻击,要么不是人身攻击。

上段代码中第 8 行设置模型是否返回注意力权重,很多时候使用 Hugging Face 库,是因为它类似一个框架,它不仅是一个库,而且类似一个框架。只要设置一些参数,它可以在内部做很多事情,例如注意力(Attention)部分,可以设置是不是要注意力具体的数据,也可以设置是不是要隐状态的数据,而如果自己手写,有时候会比较麻烦。很多大公司包括 Google、Facebook 等公司都加入 Hugging Face 库进行模型分享,Hugging Face 在业界已经成为了公认的一个 Transformer 开放开源的库或者平台。

模型运行结果如下:

```
BertForSequenceClassification(
  (bert): BertModel(
    (embeddings): BertEmbeddings(
      (word_embeddings): Embedding(30522, 768, padding_idx = 0)
      (position_embeddings): Embedding(512, 768)
      (token_type_embeddings): Embedding(2, 768)
      (LayerNorm): LayerNorm((768,),eps = 1e - 12, elementwise_affine = True)
```

```
          (dropout): Dropout(p = 0.1, inplace = False)
        )
        (encoder): BertEncoder(
          (layer): ModuleList(
            (0): BertLayer(
              (attention): BertAttention(
                (self): BertSelfAttention(
                  (query): Linear(in_features = 768, out_features = 768,
bias = True)
                  (key): Linear(in_features = 768, out_features = 768, bias =
True)
                  (value): Linear(in_features = 768, out_features = 768,
bias = True)
                  (dropout): Dropout(p = 0.1, inplace = False)
                )
                (output): BertSelfOutput(
                  (dense): Linear(in_features = 768, out_features = 768,
bias = True)
                  (LayerNorm):      LayerNorm((768,),      eps = 1e - 12,
elementwise_affine = True)
                  (dropout): Dropout(p = 0.1, inplace = False)
                )
              )
              (intermediate): BertIntermediate(
                (dense): Linear(in_features = 768, out_features = 3072,
bias = True)
              )
              (output): BertOutput(
                (dense): Linear(in_features = 3072, out_features = 768,
bias = True)
                (LayerNorm):      LayerNorm((768,),      eps = 1e - 12,
elementwise_affine = True)
                (dropout): Dropout(p = 0.1, inplace = False)
              )
            )
            (1): BertLayer(
```

```
            (attention): BertAttention(
              (self): BertSelfAttention(
                (query): Linear(in_features = 768, out_features = 768,
bias = True)
                (key): Linear(in_features = 768, out_features = 768, bias =
True)
                (value): Linear(in_features = 768, out_features = 768,
bias = True)
                (dropout): Dropout(p = 0.1, inplace = False)
              )
              (output): BertSelfOutput(
                (dense): Linear(in_features = 768, out_features = 768,
bias = True)
                (LayerNorm):       LayerNorm((768,),       eps = 1e - 12,
elementwise_affine = True)
                (dropout): Dropout(p = 0.1, inplace = False)
              )
            )
            (intermediate): BertIntermediate(
              (dense): Linear(in_features = 768, out_features = 3072,
bias = True)
            )
            (output): BertOutput(
              (dense): Linear(in_features = 3072, out_features = 768,
bias = True)
              (LayerNorm):       LayerNorm((768,),       eps = 1e - 12,
elementwise_affine = True)
              (dropout): Dropout(p = 0.1, inplace = False)
            )
          )
          (2): BertLayer(
            (attention): BertAttention(
              (self): BertSelfAttention(
                (query): Linear(in_features = 768, out_features = 768,
bias = True)
                (key): Linear(in_features = 768, out_features = 768, bias =
```

```
True)
                (value): Linear(in_features = 768, out_features = 768,
bias = True)
                (dropout): Dropout(p = 0.1, inplace = False)
              )
              (output): BertSelfOutput(
                (dense): Linear(in_features = 768, out_features = 768,
bias = True)
                (LayerNorm):        LayerNorm((768,),        eps = 1e - 12,
elementwise_affine = True)
                (dropout): Dropout(p = 0.1, inplace = False)
              )
            )
            (intermediate): BertIntermediate(
              (dense): Linear(in_features = 768, out_features = 3072,
bias = True)
            )
            (output): BertOutput(
              (dense): Linear(in_features = 3072, out_features = 768,
bias = True)
              (LayerNorm):        LayerNorm((768,),        eps = 1e - 12,
elementwise_affine = True)
              (dropout): Dropout(p = 0.1, inplace = False)
            )
          )
          (3): BertLayer(
            (attention): BertAttention(
              (self): BertSelfAttention(
                (query): Linear(in_features = 768, out_features = 768,
bias = True)
                (key): Linear(in_features = 768, out_features = 768, bias =
True)
                (value): Linear(in_features = 768, out_features = 768,
bias = True)
                (dropout): Dropout(p = 0.1, inplace = False)
              )
```

```
          (output): BertSelfOutput(
            (dense): Linear(in_features=768, out_features=768, bias=True)
            (LayerNorm): LayerNorm((768,), eps=1e-12, elementwise_affine=True)
            (dropout): Dropout(p=0.1, inplace=False)
          )
        )
        (intermediate): BertIntermediate(
          (dense): Linear(in_features=768, out_features=3072, bias=True)
        )
        (output): BertOutput(
          (dense): Linear(in_features=3072, out_features=768, bias=True)
          (LayerNorm): LayerNorm((768,), eps=1e-12, elementwise_affine=True)
          (dropout): Dropout(p=0.1, inplace=False)
        )
      )
      (4): BertLayer(
        (attention): BertAttention(
          (self): BertSelfAttention(
            (query): Linear(in_features=768, out_features=768, bias=True)
            (key): Linear(in_features=768, out_features=768, bias=True)
            (value): Linear(in_features=768, out_features=768, bias=True)
            (dropout): Dropout(p=0.1, inplace=False)
          )
          (output): BertSelfOutput(
            (dense): Linear(in_features=768, out_features=768, bias=True)
            (LayerNorm): LayerNorm((768,), eps=1e-12, elementwise_affine=True)
```

```
          (dropout): Dropout(p=0.1, inplace=False)
        )
      )
      (intermediate): BertIntermediate(
        (dense): Linear(in_features=768, out_features=3072,
bias=True)
      )
      (output): BertOutput(
        (dense): Linear(in_features=3072, out_features=768,
bias=True)
        (LayerNorm):      LayerNorm((768,),      eps=1e-12,
elementwise_affine=True)
        (dropout): Dropout(p=0.1, inplace=False)
      )
    )
    (5): BertLayer(
      (attention): BertAttention(
        (self): BertSelfAttention(
          (query): Linear(in_features=768, out_features=768,
bias=True)
          (key): Linear(in_features=768, out_features=768,
bias=True)
          (value): Linear(in_features=768, out_features=768,
bias=True)
          (dropout): Dropout(p=0.1, inplace=False)
        )
        (output): BertSelfOutput(
          (dense): Linear(in_features=768, out_features=768,
bias=True)
          (LayerNorm):      LayerNorm((768,),      eps=1e-12,
elementwise_affine=True)
          (dropout): Dropout(p=0.1, inplace=False)
        )
      )
      (intermediate): BertIntermediate(
        (dense): Linear(in_features=768, out_features=3072,
```

```
bias = True)
            )
            (output): BertOutput(
              (dense): Linear(in_features = 3072, out_features = 768,
bias = True)
              (LayerNorm):        LayerNorm((768,),        eps = 1e - 12,
elementwise_affine = True)
              (dropout): Dropout(p = 0.1, inplace = False)
            )
          )
          (6): BertLayer(
            (attention): BertAttention(
              (self): BertSelfAttention(
                (query): Linear(in_features = 768, out_features = 768,
bias = True)
                (key): Linear(in_features = 768, out_features = 768,
bias = True)
                (value): Linear(in_features = 768, out_features = 768,
bias = True)
                (dropout): Dropout(p = 0.1, inplace = False)
              )
              (output): BertSelfOutput(
                (dense): Linear(in_features = 768, out_features = 768,
bias = True)
                (LayerNorm):        LayerNorm((768,),        eps = 1e - 12,
elementwise_affine = True)
                (dropout): Dropout(p = 0.1, inplace = False)
              )
            )
            (intermediate): BertIntermediate(
              (dense): Linear(in_features = 768, out_features = 3072,
bias = True)
            )
            (output): BertOutput(
              (dense): Linear(in_features = 3072, out_features = 768,
bias = True)
```

```
          (LayerNorm):        LayerNorm((768,),        eps = 1e - 12,
elementwise_affine = True)
          (dropout): Dropout(p = 0.1, inplace = False)
        )
      )
      (7): BertLayer(
        (attention): BertAttention(
          (self): BertSelfAttention(
            (query): Linear(in_features = 768, out_features = 768,
bias = True)
            (key): Linear(in_features = 768, out_features = 768,
bias = True)
            (value): Linear(in_features = 768, out_features = 768,
bias = True)
            (dropout): Dropout(p = 0.1, inplace = False)
          )
          (output): BertSelfOutput(
            (dense): Linear(in_features = 768, out_features = 768,
bias = True)
            (LayerNorm):        LayerNorm((768,),        eps = 1e - 12,
elementwise_affine = True)
            (dropout): Dropout(p = 0.1, inplace = False)
          )
        )
        (intermediate): BertIntermediate(
          (dense): Linear(in_features = 768, out_features = 3072,
bias = True)
        )
        (output): BertOutput(
          (dense): Linear(in_features = 3072, out_features = 768,
bias = True)
          (LayerNorm):        LayerNorm((768,),        eps = 1e - 12,
elementwise_affine = True)
          (dropout): Dropout(p = 0.1, inplace = False)
        )
      )
```

```
        (8): BertLayer(
          (attention): BertAttention(
            (self): BertSelfAttention(
              (query): Linear(in_features = 768, out_features = 768,
bias = True)
              (key): Linear(in_features = 768, out_features = 768,
bias = True)
              (value): Linear(in_features = 768, out_features = 768,
bias = True)
              (dropout): Dropout(p = 0.1, inplace = False)
            )
            (output): BertSelfOutput(
              (dense): Linear(in_features = 768, out_features = 768,
bias = True)
              (LayerNorm):      LayerNorm((768,),      eps = 1e - 12,
elementwise_affine = True)
              (dropout): Dropout(p = 0.1, inplace = False)
            )
          )
          (intermediate): BertIntermediate(
            (dense): Linear(in_features = 768, out_features = 3072,
bias = True)
          )
          (output): BertOutput(
            (dense): Linear(in_features = 3072, out_features = 768,
bias = True)
            (LayerNorm):      LayerNorm((768,),      eps = 1e - 12,
elementwise_affine = True)
            (dropout): Dropout(p = 0.1, inplace = False)
          )
        )
        (9): BertLayer(
          (attention): BertAttention(
            (self): BertSelfAttention(
              (query): Linear(in_features = 768, out_features = 768,
bias = True)
```

```
          (key): Linear(in_features = 768, out_features = 768,
bias = True)
          (value): Linear(in_features = 768, out_features = 768,
bias = True)
          (dropout): Dropout(p = 0.1, inplace = False)
        )
        (output): BertSelfOutput(
          (dense): Linear(in_features = 768, out_features = 768,
bias = True)
          (LayerNorm):     LayerNorm((768,),     eps = 1e - 12,
elementwise_affine = True)
          (dropout): Dropout(p = 0.1, inplace = False)
        )
      )
      (intermediate): BertIntermediate(
        (dense): Linear(in_features = 768, out_features = 3072,
bias = True)
      )
      (output): BertOutput(
        (dense): Linear(in_features = 3072, out_features = 768,
bias = True)
        (LayerNorm):     LayerNorm((768,),     eps = 1e - 12,
elementwise_affine = True)
        (dropout): Dropout(p = 0.1, inplace = False)
      )
    )
    (10): BertLayer(
      (attention): BertAttention(
        (self): BertSelfAttention(
          (query): Linear(in_features = 768, out_features = 768,
bias = True)
          (key): Linear(in_features = 768, out_features = 768,
bias = True)
          (value): Linear(in_features = 768, out_features = 768,
bias = True)
          (dropout): Dropout(p = 0.1, inplace = False)
```

```
          )
          (output): BertSelfOutput(
            (dense): Linear(in_features = 768, out_features = 768,
bias = True)
            (LayerNorm):        LayerNorm((768,),        eps = 1e - 12,
elementwise_affine = True)
            (dropout): Dropout(p = 0.1, inplace = False)
          )
        )
        (intermediate): BertIntermediate(
          (dense): Linear(in_features = 768, out_features = 3072,
bias = True)
        )
        (output): BertOutput(
          (dense): Linear(in_features = 3072, out_features = 768,
bias = True)
          (LayerNorm):        LayerNorm((768,),        eps = 1e - 12,
elementwise_affine = True)
          (dropout): Dropout(p = 0.1, inplace = False)
        )
      )
      (11): BertLayer(
        (attention): BertAttention(
          (self): BertSelfAttention(
            (query): Linear(in_features = 768, out_features = 768,
bias = True)
            (key): Linear(in_features = 768, out_features = 768,
bias = True)
            (value): Linear(in_features = 768, out_features = 768,
bias = True)
            (dropout): Dropout(p = 0.1, inplace = False)
          )
          (output): BertSelfOutput(
            (dense): Linear(in_features = 768, out_features = 768,
bias = True)
            (LayerNorm):        LayerNorm((768,),        eps = 1e - 12,
```

```
elementwise_affine = True)
                  (dropout): Dropout(p = 0.1, inplace = False)
                )
              )
              (intermediate): BertIntermediate(
                (dense): Linear(in_features = 768, out_features = 3072,
bias = True)
              )
              (output): BertOutput(
                (dense): Linear(in_features = 3072, out_features = 768,
bias = True)
                (LayerNorm):        LayerNorm((768,),        eps = 1e - 12,
elementwise_affine = True)
                (dropout): Dropout(p = 0.1, inplace = False)
              )
            )
          )
        )
        (pooler): BertPooler(
          (dense): Linear(in_features = 768, out_features = 768, bias = True)
          (activation): Tanh()
        )
      )
      (dropout): Dropout(p = 0.1, inplace = False)
      (classifier): Linear(in_features = 768, out_features = 2, bias = True)
    )
```

从整个模型的角度,值得深入看一下 Hugging Face 给的 BertForSequenceClassification,我们会谈它的数据,也会谈它的编码,也会谈谈模型本身,这个模型的第一部分是 BertModel。

```
    (bert): BertModel(
        (embeddings): BertEmbeddings(
          (word_embeddings): Embedding(30522, 768, padding_idx = 0)
          (position_embeddings): Embedding(512, 768)
          (token_type_embeddings): Embedding(2, 768)
          (LayerNorm): LayerNorm((768,), eps = 1e - 12, elementwise_affine =
```

```
True)
        (dropout): Dropout(p = 0.1, inplace = False)
      )
```

输入嵌入式向量有三个方面，一个是内容的嵌入词向量(word_embeddings)，这边有 30 522 个词，每个词是 768 的维度，padding_idx 会设置具体内容；一个是位置编码(position_embeddings)，位置编码的长度是 512，它的维度也是 768；还有一个是标记类型编码(token_type_embeddings)，然后还有一个 LayerNorm 及 dropout。

然后进入 BERT 本身，它的 ModuleList 之所以是个 ModuleList，因为有很多层，我们看一层就行了，因为每个层都是类似的。

```
    (layer): ModuleList(
            (0): BertLayer(
              (attention): BertAttention(
                (self): BertSelfAttention(
                  (query): Linear(in_features = 768, out_features = 768,
bias = True)
                  (key): Linear(in_features = 768, out_features = 768,
bias = True)
                  (value): Linear(in_features = 768, out_features = 768,
bias = True)
                  (dropout): Dropout(p = 0.1, inplace = False)
                )
                (output): BertSelfOutput(
                  (dense): Linear(in_features = 768, out_features = 768,
bias = True)
                  (LayerNorm):        LayerNorm((768,),        eps = 1e - 12,
elementwise_affine = True)
                  (dropout): Dropout(p = 0.1, inplace = False)
                )
              )
              (intermediate): BertIntermediate(
                (dense): Linear(in_features = 768, out_features = 3072,
bias = True)
              )
              (output): BertOutput(
```

```
            (dense): Linear(in_features = 3072, out_features = 768,
bias = True)
            (LayerNorm):      LayerNorm((768,),       eps = 1e - 12,
elementwise_affine = True)
            (dropout): Dropout(p = 0.1, inplace = False)
          )
        )
```

首先是 BertAttention 这个对象,它有个 BertSelfAttention,这里边是 query、key、value,以及 dropout,每次都有 dropout,这是 Bayesian 的思想。我们先不谈 dropout,主要聚焦于 dropout 以外的内容,Query 矩阵的 in_features 是 768,表示 768 的维度。因每个维度代表一个特征,向量本身代表巨大的意义,例如在简历中描述不同的部分,教育是一个特征,工作经历是一个特征,特长爱好是一个特征等,这些特征在向量中其实是一个又一个的维度,所以要表达很丰富信息时,要从不同的维度或者视角来表达,而不是一再重复一个东西,重复一个东西其实还是一个特征。多元化才能更丰富地表达信息,每个信息也很清晰。

围绕 BertAttention 有一个输出,而 BertSelfOutput 层相当于一个子层,也会有一个输出。

```
  (output): BertSelfOutput(
            (dense): Linear(in_features = 768, out_features = 768,
bias = True)
            (LayerNorm):      LayerNorm((768,),       eps = 1e - 12,
elementwise_affine = True)
            (dropout): Dropout(p = 0.1, inplace = False)
            )
```

这时输出也是以 768 维度为核心的内容,方便计算,也不需要调整矩阵的形状,输出的内容交给了 Position - wise feed - forward networks 前馈神经网络。

BertIntermediate 神经网络的输出是 3072 的维度,从 BERT 一个编码层的角度,肯定要把 3 072 转换成 768,这样能输给下一个编码层,然后都重复上面的过程,且通过不同的层次。再就是 Bayesian 的思想,其能更好地去表达信息。

```
          (intermediate): BertIntermediate(
            (dense): Linear(in_features = 768, out_features = 3072,
bias = True)
          )
          (output): BertOutput(
            (dense): Linear(in_features = 3072, out_features = 768,
```

```
bias = True)
                (LayerNorm):        LayerNorm((768,),        eps = 1e - 12,
elementwise_affine = True)
                (dropout): Dropout(p = 0.1, inplace = False)
              )
```

整个 BERT 模型 Hugging Face 的输出内容是 BertPooler,它提供了一个稠密全连接层(dense layer),且是 768 的维度,如果是“CLS”标记就是一个 768 的维度,然后也会有 dropout 类的操作,下游任务是设置二分类,输入特征是 in_features,输出端的 dense layer 的内容是来自于 BERT,然后会通过线性转换对输入特征进行操作,通过 classifier 分类器把输入的 768 维度进行二分类操作,得到最终的分类结果。对于整个流程,每一步都洞若观火,非常清晰。

```
      (pooler): BertPooler(
        (dense): Linear(in_features = 768, out_features = 768, bias = True)
        (activation): Tanh()
      )
    )
    (dropout): Dropout(p = 0.1, inplace = False)
    (classifier): Linear(in_features = 768, out_features = 2, bias = True)
```

现在有了模型,也有了数据的输入部分,训练时有批处理操作,Batch size 可以设置为 16 或者 32,然后也有学习率(Learning rate)的操作,还有 Epoch 等神经网络的一些超参数设置,如果深入细致研究下去,每一个超参数背后还是很复杂的。

优化器的代码实现:

```
1. #注意:AdamW 是来自 huggingface 库的一个类,W 代表“重量衰减修正”
2. optimizer = AdamW(model.parameters(),
3.                   lr = 2e-5, # args.learning_rate -默认为 5e-5
4.                   eps = 1e-8 # adam_epsilon -默认值为 1e-8
5.                 )
```

在上段代码中第 3 行设置学习率,这里设置为 2e—5。

训练轮次集学习率调度器的代码实现:

```
from transformers import get_linear_schedule_with_warmup

#训练期数(建议 2 至 4 个)
epochs = 4
```

```
5.
6. # 训练步骤总数等于批次数 * 训练轮次
7. total_steps = len(train_dataloader) * epochs
8.
9. # 创建学习率调度程序
10. scheduler = get_linear_schedule_with_warmup(optimizer,
11.                                 num_warmup_steps = 0, # Default value in run_glue.py
12.                                 num_training_steps = total_steps)
```

上段代码中第 10 行创建学习率调度器，开始的时候会有个热身(warmup)，整个 Hugging Face 库比较专业，warmup 可以在最开始时找到一个相对比较好的拟合开始点，而不是一直训练完全没有拟合。

定义用于计算准确度的函数代码实现：

```
import numpy as np

# 计算 预测与标签的准确性的函数
def flat_accuracy(preds, labels):
    pred_flat = np.argmax(preds, axis = 1).flatten()
    labels_flat = labels.flatten()
    return np.sum(pred_flat == labels_flat) / len(labels_flat)
```

用于格式化时间的函数代码实现：

```
import time
import datetime

def format_time(elapsed):
'''
以秒为单位花费时间并返回字符串 hh:mm:ss
'''
# 四舍五入到最近的秒
elapsed_rounded = int(round((elapsed)))

# 格式为 hh:mm:ss
return str(datetime.timedelta(seconds = elapsed_rounded))
```

训练本身相对就比较简单，在循环的时候遍历每一个 Epoch。

模型训练的代码实现：

```
import random

# 此训练代码基于 run_glue.py 此处的脚本
# https://github.com/huggingface/transformers/blob/5bfcd0485ece086ebcbed2d008813037968a9e58/examples/run_glue.py#L128


# 在所有地方设置种子值，使其可重复
seed_val = 42
random.seed(seed_val)
 np.random.seed(seed_val)
 torch.manual_seed(seed_val)
 torch.cuda.manual_seed_all(seed_val)

 # 存储每个 epoch 的平均损失，以便绘制它们
 loss_values = []

 # 对于每一个批次...
 for epoch_i in range(0, epochs):

 # ========================================
 #               训练
 # ========================================

 # 在训练集上执行一次

 print("")
 print('======== Epoch {:} / {:} ========'.format(epoch_i + 1, epochs))
 print('Training...')

 # 测量训练时间
 t0 = time.time()

```

```
#重置此次的总损失
total_loss = 0

#  将模型置于训练模式,调用 train 只会改变模式,它不会执行训练,在训练期间,dropout 和 batchnorm 层的行为不同
# vs. test ( source: https://stackoverflow.com/questions/51433378/what-does-model-train-do-in-pytorch)
model.train()

#对于每批训练数据...
for step, batch in enumerate(train_dataloader):

#每 100 个批次更新进度
if step % 100 == 0 and not step == 0:
#以分钟为单位计算经过的时间
elapsed = format_time(time.time() - t0)

#报告进度
print('Batch{:>5,}of{:>5,}. Elapsed: {:}.'.format(step, len(train_dataloader), elapsed))

#从数据加载器中打开此批次训练数据
#当打开批处理时,还将使用 to 方法复制到 GPU 设备
#每批次包含三个 pytorch 张量
# [0]:输入 id
#[1]:注意力掩码
#[2]:标签

b_input_ids = batch[0].to(device)
b_input_mask = batch[1].to(device)
b_labels = batch[2].to(device)

#  在执行反向传递之前,始终清除之前计算的任何梯度。PyTorch 不会自动执行此操作,因为累积梯度在训练 RNN 时很方便
# (source: https://stackoverflow.com/questions/48001598/why-do-we-need-to-call-zero-grad-in-pytorch)
```

```
model.zero_grad()

#执行前向传播(评测此训练批次的模型)。在 PyTorch 中,调用"model"将依次调用模型的"forward"函数并传递参数
#
https://huggingface.co/transformers/model_doc/bert.html # bert-forsequenceclassification
#结果在 results 对象中返回
#
https://huggingface.co/transformers/main_classes/output.html#transformers.modeling_outputs.SequenceClassifierOutput
result = model(b_input_ids,
token_type_ids=None,
attention_mask=b_input_mask,
labels=b_labels,
return_dict=True)

loss = result.loss

#  累积所有批次的训练损失,以便可以在结束时计算平均损失 loss 是包含单个值的张量,item 函数从张量返回 Python 值
total_loss += loss.item()

#执行反向传播算法以计算梯度
loss.backward()

#将梯度裁剪为 1.0,这有助于防止"渐变爆炸"问题
torch.nn.utils.clip_grad_norm_(model.parameters(), 1.0)

#  更新参数并使用计算梯度步骤。优化器指定更新规则,根据参数的梯度、学习速率等修改参数
optimizer.step()

#更新学习率
scheduler.step()

```

```
#计算训练数据的平均损失
avg_train_loss = total_loss / len(train_dataloader)

#存储用于绘制学习曲线的损失值
loss_values.append(avg_train_loss)

print("")
print("  Average training loss: {0:.2f}".format(avg_train_loss))
print("  Training epcoh took: {:}".format(format_time(time.time() - t0)))

# ========================================
#               验证
# ========================================
#  在每个训练阶段结束后,在验证集上测量表现

print("")
print("Running Validation...")

t0 = time.time()

#  将模型置于评测模式,在评测过程中,dropout 层的行为不同
model.eval()

#跟踪变量
eval_loss, eval_accuracy = 0, 0
nb_eval_steps, nb_eval_examples = 0, 0

#评测一个时期的数据
for batch in validation_dataloader:

#增加批次数据到 GPU
batch = tuple(t.to(device) for t in batch)

#从 数据加载器中解压缩输入
b_input_ids, b_input_mask, b_labels = batch
```

```
# 模型不要计算或存储梯度，节省内存并加速验证
with torch.no_grad():

    #向前传播，计算 logit 预测。token_type_ids 与 segment ids 相同，它在两句话任务中区分句子 1 和句子 2
result = model(b_input_ids,
token_type_ids = None,
attention_mask = b_input_mask,
labels = b_labels,
return_dict = True)

# 获取模型的损失和 logit 输出，logit 是在应用类似 softmax 的激活函数之前的输出值
loss = result.loss
logits = result.logits

#将 logit 和标签移动到 CPU
logits = logits.detach().cpu().numpy()
label_ids = b_labels.to('cpu').numpy()

#计算这批测试句子的准确度
tmp_eval_accuracy = flat_accuracy(logits, label_ids)

#累积总准确度
eval_accuracy += tmp_eval_accuracy

#跟踪批次数
nb_eval_steps += 1

#报告此验证运行的最终准确度
print("Accuracy: {0:.2f}".format(eval_accuracy/nb_eval_steps))
print("  Validation took: {:}".format(format_time(time.time() - t0)))

print("")
```

```
161. print("Training complete!")
```

上段代码中第 8～12 行有很多随机的内容，在每次训练时展现一个随机的创造，而不是重复相同的一些设置内容。

上段代码中第 18 行可以设置 3 个或者 5 个 Epoch，Epoch 的设置也很有讲究，BERT 的论文中其实有一个 Bug，论文中有一个参数，提示要在多少数据的情况下获得很好的效果，通过复现论文发现在训练时，会有误差的震荡或者网络的震荡，不能按照 BERT 的论文所做的方式取得很好的效果，就把 Epoch 调得更高就可以了，这是技巧或者背后的一些细节。这种训练本身倒没有什么特殊的地方，跟其他的训练是一样的。

上段代码中第 64 行这边使用 Pytorch，训练时为了避免使用历史信息，要进行 model. zero_grad()操作。

上段代码中第 70～74 行，在 model 实例方法中传入 b_input_ids、attention_mask、labels 等参数，这是已经处理好的信息。

上段代码中第 82 行执行反向传播算法以计算梯度。

上段代码中第 85 行将梯度裁剪为 1.0，这有助于防止渐变爆炸的问题，它是一个工程实践级别的内容。

上段代码中第 88 行从优化的角度进行 step 操作。

上段代码中第 91 行动态调整学习率，学习率策略的设置也会有很多的技术。

上段代码中第 108 行、第 109 行是一些打印可视化的工作。

上段代码中第 127 行，在一个正常的训练条件会有验证的操作，验证和训练过程是类似的，可从批次数据中获得 b_input_ids、b_input_mask、b_labels 等内容。

上段代码中第 133 行将相关的参数数据，依旧是传进 model。

运行结果为：

```
======== Epoch 1 / 4 ========
Training...
  Batch   100  of  1,956.    Elapsed: 0:00:39.
  Batch   200  of  1,956.    Elapsed: 0:01:18.
  Batch   300  of  1,956.    Elapsed: 0:01:56.
  Batch   400  of  1,956.    Elapsed: 0:02:35.
  Batch   500  of  1,956.    Elapsed: 0:03:14.
  Batch   600  of  1,956.    Elapsed: 0:03:52.
  Batch   700  of  1,956.    Elapsed: 0:04:31.
  Batch   800  of  1,956.    Elapsed: 0:05:10.
  Batch   900  of  1,956.    Elapsed: 0:05:48.
  Batch 1,000  of  1,956.    Elapsed: 0:06:27.
```

```
  Batch 1,100  of  1,956.    Elapsed: 0:07:06.
  Batch 1,200  of  1,956.    Elapsed: 0:07:44.
  Batch 1,300  of  1,956.    Elapsed: 0:08:23.
  Batch 1,400  of  1,956.    Elapsed: 0:09:02.
  Batch 1,500  of  1,956.    Elapsed: 0:09:40.
  Batch 1,600  of  1,956.    Elapsed: 0:10:19.
  Batch 1,700  of  1,956.    Elapsed: 0:10:58.
  Batch 1,800  of  1,956.    Elapsed: 0:11:36.
  Batch 1,900  of  1,956.    Elapsed: 0:12:15.

  Average training loss: 0.14
  Training epcoh took: 0:12:37

Running Validation...
  Accuracy: 0.95
  Validation took: 0:00:27

======== Epoch 2 / 4 ========
Training...
  Batch   100  of  1,956.    Elapsed: 0:00:39.
  Batch   200  of  1,956.    Elapsed: 0:01:17.
  Batch   300  of  1,956.    Elapsed: 0:01:56.
  Batch   400  of  1,956.    Elapsed: 0:02:35.
  Batch   500  of  1,956.    Elapsed: 0:03:13.
  Batch   600  of  1,956.    Elapsed: 0:03:52.
  Batch   700  of  1,956.    Elapsed: 0:04:31.
  Batch   800  of  1,956.    Elapsed: 0:05:10.
  Batch   900  of  1,956.    Elapsed: 0:05:48.
  Batch 1,000  of  1,956.    Elapsed: 0:06:27.
  Batch 1,100  of  1,956.    Elapsed: 0:07:06.
  Batch 1,200  of  1,956.    Elapsed: 0:07:44.
  Batch 1,300  of  1,956.    Elapsed: 0:08:23.
  Batch 1,400  of  1,956.    Elapsed: 0:09:02.
  Batch 1,500  of  1,956.    Elapsed: 0:09:40.
  Batch 1,600  of  1,956.    Elapsed: 0:10:19.
  Batch 1,700  of  1,956.    Elapsed: 0:10:58.
```

```
  Batch 1,800  of  1,956.    Elapsed: 0:11:36.
  Batch 1,900  of  1,956.    Elapsed: 0:12:15.

  Average training loss: 0.09
  Training epcoh took: 0:12:36

Running Validation...
  Accuracy: 0.96
  Validation took: 0:00:27

======== Epoch 3 / 4 ========
Training...
  Batch   100  of  1,956.    Elapsed: 0:00:39.
  Batch   200  of  1,956.    Elapsed: 0:01:17.
  Batch   300  of  1,956.    Elapsed: 0:01:56.
  Batch   400  of  1,956.    Elapsed: 0:02:35.
  Batch   500  of  1,956.    Elapsed: 0:03:13.
  Batch   600  of  1,956.    Elapsed: 0:03:52.
  Batch   700  of  1,956.    Elapsed: 0:04:31.
  Batch   800  of  1,956.    Elapsed: 0:05:09.
  Batch   900  of  1,956.    Elapsed: 0:05:48.
  Batch 1,000  of  1,956.    Elapsed: 0:06:27.
  Batch 1,100  of  1,956.    Elapsed: 0:07:05.
  Batch 1,200  of  1,956.    Elapsed: 0:07:44.
  Batch 1,300  of  1,956.    Elapsed: 0:08:23.
  Batch 1,400  of  1,956.    Elapsed: 0:09:01.
  Batch 1,500  of  1,956.    Elapsed: 0:09:40.
  Batch 1,600  of  1,956.    Elapsed: 0:10:19.
  Batch 1,700  of  1,956.    Elapsed: 0:10:57.
  Batch 1,800  of  1,956.    Elapsed: 0:11:36.
  Batch 1,900  of  1,956.    Elapsed: 0:12:15.

  Average training loss: 0.05
  Training epcoh took: 0:12:36

Running Validation...
```

```
  Accuracy: 0.95
  Validation took: 0:00:27

======== Epoch 4 / 4 ========
Training...
  Batch   100  of  1,956.    Elapsed: 0:00:39.
  Batch   200  of  1,956.    Elapsed: 0:01:17.
  Batch   300  of  1,956.    Elapsed: 0:01:56.
  Batch   400  of  1,956.    Elapsed: 0:02:35.
  Batch   500  of  1,956.    Elapsed: 0:03:13.
  Batch   600  of  1,956.    Elapsed: 0:03:52.
  Batch   700  of  1,956.    Elapsed: 0:04:31.
  Batch   800  of  1,956.    Elapsed: 0:05:09.
  Batch   900  of  1,956.    Elapsed: 0:05:48.
  Batch 1,000  of  1,956.    Elapsed: 0:06:27.
  Batch 1,100  of  1,956.    Elapsed: 0:07:05.
  Batch 1,200  of  1,956.    Elapsed: 0:07:44.
  Batch 1,300  of  1,956.    Elapsed: 0:08:23.
  Batch 1,400  of  1,956.    Elapsed: 0:09:01.
  Batch 1,500  of  1,956.    Elapsed: 0:09:40.
  Batch 1,600  of  1,956.    Elapsed: 0:10:19.
  Batch 1,700  of  1,956.    Elapsed: 0:10:57.
  Batch 1,800  of  1,956.    Elapsed: 0:11:36.
  Batch 1,900  of  1,956.    Elapsed: 0:12:15.

  Average training loss: 0.03
  Training epcoh took: 0:12:36

Running Validation...
  Accuracy: 0.95
  Validation took: 0:00:27

Training complete!
```

这是训练过程的一些日志数据,第一个 Epoch 的准确度(Accuracy)是 0.95,第二个 Epoch 变成了 0.96,然后第三个就变成 0.95 了,接着稳定在 0.95 左右,可以可视化一下训练的效果。

查询所有批次的训练损失：

```
import matplotlib.pyplot as plt
% matplotlib inline

import seaborn as sns

#使用 seaborn 的 样式
sns.set(style = 'darkgrid')

#增加打印大小和字体大小
sns.set(font_scale = 1.5)
plt.rcParams["figure.figsize"] = (12,6)

#绘制损失曲线
plt.plot(loss_values, 'b-o')

#为绘图添加标签
plt.title("Training loss")
plt.xlabel("Epoch")
plt.ylabel("Loss")

plt.show()
```

运行结果为：

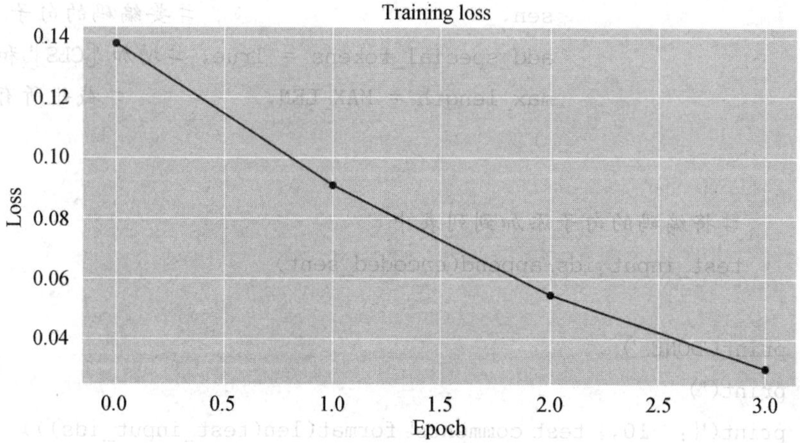

图 7-6　损失可视化

看一下这张可视化图,效果还是不错的,训练也没太长的时间,花了大约 1.5 h,它取得的效果还是不错的。

接下来,基于测试集数据进行一些测试的情况,代码的逻辑基本上是一样的,只不过数据不一样,把信息传递给模型,可以获得结果。

测试数据预处理的代码实现:

```
# 标记所有句子并将标记映射到它们的单词 ID
test_input_ids = []

# 对于每个句子...
for sen in test_comments.comment:

    # 报告进度
    if ((len(input_ids) % 20000) == 0):
        print('  Read {:,} comments.'.format(len(input_ids)))

    # "编码"将
    # (1)标记句子
    # (2)将"[CLS]"标记前置到开头
    # (3)将"[SEP]"标记附加到末尾
    # (4)将标记映射到其 ID



    encoded_sent = tokenizer.encode(
                        sen,                        # 要编码的句子
                        add_special_tokens = True, # 增加 '[CLS]' 和 '[SEP]'
                        max_length = MAX_LEN,          # 截短所有句子
                        )

    # 将编码的句子添加到列表中
    test_input_ids.append(encoded_sent)

print('DONE.')
print('')
print('{:>10,} test comments'.format(len(test_input_ids)))

```

```
#还将标签作为列表检索

#  从DataFrame获取标签,并将其从布尔值转换为整数
test_labels = test_comments.attack.to_numpy().astype(int)

print('{:>10,} positive (contains attack)'.format(np.sum(test_labels)))
print('{:>10,} negative (not an attack)'.format(len(test_labels) - np.sum(test_labels)))

#填充输入标记
test_input_ids = pad_sequences(test_input_ids, maxlen=MAX_LEN,
                               dtype="long", truncating="post", padding="post")

#创建注意力掩码
test_attention_masks = []

#为每个标记创建一个1的掩码,然后为填充创建0的掩码
for seq in test_input_ids:
  seq_mask = [float(i>0) for i in seq]
  test_attention_masks.append(seq_mask)

#转换为张量
test_inputs = torch.tensor(test_input_ids)
test_masks = torch.tensor(test_attention_masks)
test_labels = torch.tensor(test_labels)

#设置批次大小
batch_size = 32

#创建DataLoader
test_data = TensorDataset(test_inputs, test_masks, test_labels)
test_sampler = SequentialSampler(test_data)
test_dataloader = DataLoader(test_data, sampler=test_sampler, batch_size=batch_size)
```

运行结果为:

DONE.

```
23,178 test comments
 2,756 positive (contains attack)
20,422 negative (not an attack)
```

运行结果表明一共有 23 178 条评论,其中有 2 756 个正样本,它包含了攻击,还有 20 422 个负样本,没有包含攻击。

准备好测试集后,可以应用微调模型来生成测试集上的预测。

基于测试集进行预测的代码实现:

```
#测试集预测

print ('Predicting labels for {:,} test sentences...'.format(len(test_inputs)))

#将模型置于评测模式
model.eval()

#跟踪变量
predictions , true_labels = [], []

#测量经过的时间
t0 = time.time()

#预测
for (step, batch) in enumerate(test_dataloader):

    #将批次数据添加到 GPU
    batch = tuple(t.to(device) for t in batch)

    #每 100 批次更新进度
    if step % 100 == 0 and not step == 0:
        #以分钟为单位计算经过的时间
        elapsed = format_time(time.time() - t0)

```

```
            #报告进度.
            print('  Batch {:>5,}  of  {:>5,}.    Elapsed: {:}.'.format(step, len(test_dataloader), elapsed))


        #从数据加载器中解压缩输入
        b_input_ids, b_input_mask, b_labels = batch

        #不要计算或存储梯度,节省内存并加快预测速度
        with torch.no_grad():
            #前向传播,计算logit预测
            result = model(b_input_ids,
                           token_type_ids = None,
                           attention_mask = b_input_mask,
                           return_dict = True)

        logits = result.logits

        #将logit和标签移动到CPU
        logits = logits.detach().cpu().numpy()
        label_ids = b_labels.to('cpu').numpy()

        #存储预测和真实标签
        predictions.append(logits)
        true_labels.append(label_ids)

    print('    DONE.')
```

运行结果为:

```
Predicting labels for 23,178 test sentences...
  Batch   100  of    725.    Elapsed: 0:00:13.
  Batch   200  of    725.    Elapsed: 0:00:25.
  Batch   300  of    725.    Elapsed: 0:00:38.
  Batch   400  of    725.    Elapsed: 0:00:50.
  Batch   500  of    725.    Elapsed: 0:01:03.
  Batch   600  of    725.    Elapsed: 0:01:15.
```

```
Batch   700  of    725.    Elapsed: 0:01:28.
 DONE.
```

这时会看到一个又一个的批次进行操作的时候，会告诉预测的结果，根据预测的结果来衡量它的质量。

合并各批次的结果及查询前 10 个数据的代码实现：

```
1. #合并各批次的结果
2. predictions = np.concatenate(predictions, axis = 0)
3. true_labels = np.concatenate(true_labels, axis = 0)
4.
5. predictions[0:10]
```

查询前 10 个测试样本的预测输出，运行结果为：

```
array([[ 4.6454844, -4.645378 ],
       [ 4.5248046, -4.5038195],
       [ 4.682512 , -5.119827 ],
       [ 4.706052 , -4.7422137],
       [ 4.704212 , -4.8251452],
       [ 4.890618 , -5.053239 ],
       [ 4.517316 , -4.4566646],
       [ 3.9178016, -3.5962036],
       [ 4.677618 , -5.0988755],
       [ 4.8092437, -5.0520434]], dtype = float32)
```

每个样本的正确标签查询的代码：

```
1. true_labels[0:10]
```

运行结果为：

```
array([0, 0, 0, 0, 0, 0, 0, 0, 0, 0])
```

前 10 个例子看起来都是正确的，标签 0 的置信度高，标签 1 的置信度低，现在基于整个测试集上进行测试，选择的评价指标是“ROC AUC”。

ROC AUC 计算的代码：

```
1. #测试集性能指标
2. from sklearn.metrics import roc_auc_score
3.
4. #使用标签 1 的模型输出作为预测
5. p1 = predictions[:,1]
```

```

# 计算 ROC AUC
auc = roc_auc_score(true_labels, p1)

print('Test ROC AUC: %.3f' % auc)
```

运行结果为：

```
Test ROC AUC: 0.971
```

使用“ROC AUC”方式来看它的效果，调用 Hugging Face 的 Transformer 库本身流程还是比较清晰和简洁的，ROC AUC 的结果是 0.971，这是个比较惊人的效果。

在基线(baseline)代码中，如果使用 Tf-idf + Logistic Regression 的方式，可以达到 0.957，这个内容还是非常有用的，一起看一下代码。

导入 sklearn 库，而不是使用 BERT，导入 sklearn 库的代码：

```
1. import pandas as pd
2. import urllib
3. from sklearn.pipeline import Pipeline
4. from sklearn.feature_extraction.text import CountVectorizer
5. from sklearn.feature_extraction.text import TfidfTransformer
6. from sklearn.linear_model import LogisticRegression
7. from sklearn.metrics import roc_auc_score
```

上段代码中第 7 行从 sklearn.metrics 导入 roc_auc_score 方法。

下载评论及标签数据的代码实现：

```
# 下载 评论和标签数据

ANNOTATED_COMMENTS_URL = 'https://ndownloader.figshare.com/files/7554634'
ANNOTATIONS_URL = 'https://ndownloader.figshare.com/files/7554637'


def download_file(url, fname):
    urllib.request.urlretrieve(url, fname)


download_file(ANNOTATED_COMMENTS_URL, 'attack_annotated_com-
```

```
   ments.tsv')
12. download_file(ANNOTATIONS_URL, 'attack_annotations.tsv')
```

上段代码中第 3 行、第 4 行是数据的来源信息。

我们加载评论及标签数据的代码实现:

```
1. comments = pd.read_csv('attack_annotated_comments.tsv', sep = '\t',
   index_col = 0)
2. annotations = pd.read_csv('attack_annotations.tsv',  sep = '\t')
3.
4. len(annotations['rev_id'].unique())
```

上段代码中第 4 行查询唯一编码记录的长度。

查询结果显示为 115 864 条记录,运行结果为:

```
115864
```

接下来进行数据预处理操作及模型的训练和预测。

数据预处理及训练预测的代码实现:

```
#如果大多数注释器认为是攻击,都将标签标记为攻击
labels = annotations.groupby('rev_id')['attack'].mean() > 0.5

#关联标签及评论
comments['attack'] = labels。

#删除换行符和制表符标记
comments['comment'] = comments['comment'].apply(lambda x:
x.replace("NEWLINE_TOKEN", " "))
comments['comment'] = comments['comment'].apply(lambda x:
x.replace("TAB_TOKEN", " "))

comments.query('attack')['comment'].head()

#适合简单的文本分类器

train_comments = comments.query("split = = 'train'")
test_comments = comments.query("split = = 'test'")

clf = Pipeline([
```

```
19.     ('vect', CountVectorizer(max_features = 10000, ngram_range =
   (1,2))),
20.     ('tfidf', TfidfTransformer(norm = 'l2')),
21.     ('clf', LogisticRegression()),
22. ])
23. clf = clf.fit(train_comments['comment'], train_comments['attack'])
24. auc = roc_auc_score(test_comments['attack'],
   clf.predict_proba(test_comments['comment'])[:, 1])
25. print('Test ROC AUC: %.3f' %auc)
```

上段代码中第 2 行进行标签(label)的计算,如果大多数标注人员认为这个评论是攻击,分组统计的平均值大于 0.5,则将评论标记为攻击。

上段代码中第 15 行、第 16 行是训练集和测试集的划分。

上段代码中第 18 行至第 21 行,sklearn 在管道(Pipeline)处理方面做得还不错。使用 CountVectorizer 以一种向量的方式去表达,有 ngram_range 的这种方式,然后 TfidfTransformer 基于词汇的共现统计。有些共现有利于促进重要度,有些共现是降低重要度,例如在多个文档的出现,重要度就变低了,但在同样一个文档重复出现,而且不是大家都使用的信息的重复,会比较重要。然后我们可使用逻辑回归(LogisticRegression)进行分类操作。

上段代码中第 23 行进行了模型拟合(fit)的一个操作。

上段代码中第 24 行使用了 predict_proba 方法计算 ROC AUC 值。

运行结果为:

```
Test ROC AUC: 0.957
```

看到的结果是 0.957,这是使用 Tf - idf + Logistic Regression 传统算法的方式,是传统经典的一套组合,进行分类的时候,理论上讲确实还是不错的。

上述是本节分享的内容,由于是第一次讲微调,本书比较侧重背后的数学以及整个流程的内容,其流程包括数据本身的准备,还有从 BERT 的角度,整理成 BERT 需要的内容,包括标记、位置编码、句子对编码等。根据实际训练任务的不同,可以把所有文本当作一句话,也可以是两句话,比如问答任务。如果只是情感分类级别的,完全可以是一句话的方式,至于 BERT 微调本身,整体流程还是比较清晰的,一个大的背景模型是类似一种迁移学习的方式,BERT 有个很大的模型,但这边使用的是 Hugging Face 的库,它已经预训练好了,可以在已有的数据上进行微调,这种思想背后的是贝叶斯的 MAP 思想。我们也会跟大家分享更多的关于微调的内容,比较倾向于案例本身以及实践技巧的讲解,我们看到 NER 餐饮案例比这个案例复杂很多,基于餐馆数据有很多比较复杂的操作。现在只是单一任务,其实还有多任务微调的案例,如判断情感色彩,多任务怎么去做。接下来也会跟大家分享使用 BERT 处理

搜狗数据的案例,结合这些案例,转过来结合 BERT 论文本身,会逐个解密它里面的一些核心点。跟大家解密 BERT 的任务,肯定有很多内容是读者没有意识到的,如无论是媒体、其他书籍还是视频等各种渠道无法获得的一些内容。在这个基础上,将以纯调试的背景一步一步通过 Pycharm 的调试器。回顾一下 BERT 的所有的细节,印证我们谈的一些数学模型,分析背后的物理机制,以及最佳实践的展示等。

我们谈的所有的内容都是从 Bayesian 的角度来谈的,从传统的机器学习或者人工智能思维的角度,传统的方式就是基于 MLE 或者 MAP 的这种方式。如果把学习机器学习人的思维状态分成三种层次,MLE 基于共现的最大似然概率是最初级层次的,也是最常见的层次,再高一级别的就是 MAP,从迁移学习或微调任务,其现在完全颠覆了整个 NLP 业界,显然是高于 MLE 的一种方式,最高级别的是 Bayesian 的方式。

MAP 是在 MLE 基础上完成的,Bayesian 是在 MAP 的基础上完成,是层层递进的,这会导致我们对内容的展示或内容的解读。比如论文的解读,想法和实现方面会有所不同,举一个很小的例子,在谈 BERT 位置编码时,从 Transformer 模型本身的角度看,它是一个 sin、cos 的三角函数,但如果从论文的角度,论文谈的是可训练的一种位置编码。随机给它初始化一个位置的向量,然后它在反向传播时,会调整这个位置。我们讲解这些内容时,并没有直接谈初始化,是考虑这个相对位置,是从三角函数本身的数学原理机制的角度去谈,但其实 BERT 本身采用的是可训练的位置,这是给大家提供一个不同的视角,背后的大背景都是 Bayesian 的内容,可以有不同的方式,包括不同方式的位置编码的集成,这些都是 Bayesian 思想的一种体现。

第 8 章　使用 BERT 进行 NER 案例实战

8.1　BERT 命名实体识别 NER 案例实体餐饮领域项目源码实现

本节分享的内容是餐馆命名实体识别(Named Entity Recognition，NER)案例，它会有一些评价，会有一些菜品名字等，谷歌实验室(Google Lab)是一个非常好的云平台，我们会把数据放在上面，然后将整个训练好的模型也放在上面，这是 Google Lab 实验室的一些基本设置。

使用 Google Lab 的代码实现：

```
from google.colab import drive
drive.mount('/gdrive')
```

这边使用 CUDA，当然也可以使用 CPU，正常情况都会使用 GPU。

使用 GPU 设备的代码实现：

```
import tensorflow as tf

# 获取 GPU 设备名称
device_name = tf.test.gpu_device_name()

# 设备名称应如下所示
if device_name == '/device:GPU:0':
    print('Found GPU at: {}'.format(device_name))
else:
    raise SystemError('GPU device not found')

import torch

# 如果有可用的 GPU...
if torch.cuda.is_available():

```

```
17. # PyTorch 使用 GPU
18. device = torch.device("cuda")
19.
20.     print('There are %d GPU(s) available.' % torch.cuda.device_count())
21.
22.     print('We will use the GPU:', torch.cuda.get_device_name(0))
23.
24. #如果没有 GPU...
25. else:
26.     print('No GPU available, using the CPU instead.')
27.     device = torch.device("cpu")
```

上段代码中第 18 行设置 PyTorch 使用 GPU。

案例使用的框架是 Transformer，可以从 Hugging Face 安装 Transformer，Hugging Face 库是用于 BERT 应用的功能强大的 Pytorch 接口，支持各种不同的预训练 Transformer 模型，包括对这些模型的修改预构建，以适合特定任务。

Transformer 的安装脚本：

```
1. !pip install transformers
```

看一下餐馆案例的数据以及数据下载来源。

(https://groups.csail.mit.edu/sls/downloads/restaurant/)。

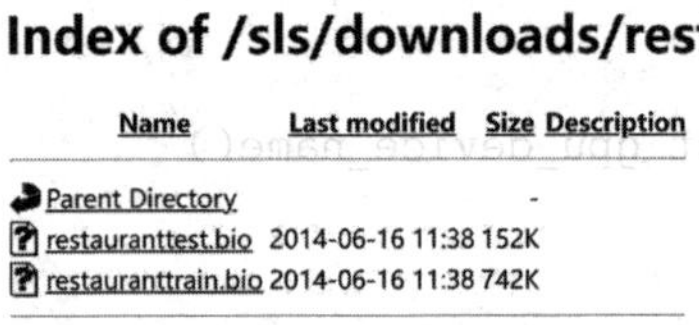

图 8-1 餐馆数据下载

数据源有两个文件，一个文件是 restauranttest.bio(152k)，一个文件是 restauranttrain.bio(742k)。

restauranttest.bio 的数据格式：

```
O	a
B-Rating	four
I-Rating	star
O	restaurant
B-Location	with
```

```
I-Location  a
B-Amenity   bar
O   any
B-Cuisine   asian
O   cuisine
B-Location  around
O   any
B-Cuisine   bbq
O   places
B-Hours open
I-Hours before
I-Hours  5
B-Location  nearby
O   any
B-Location  dancing
I-Location  establishments
O   with
B-Price reasonable
O   pricing
```

restauranttrain.bio 的数据格式：

```
B-Rating    2
I-Rating    start
O   restaurants
O   with
B-Amenity   inside
I-Amenity   dining
O   34
B-Rating    5
I-Rating    star
O   resturants
B-Location  in
I-Location  my
I-Location  town
```

```
O   98
B - Restaurant_Name   hong
I - Restaurant_Name   kong
O    restaurant
B - Price reasonable
O    prices
```

训练和测试数据集是包含餐厅评论信息的单个文件,其中每个单词都有一个命名实体 NER 标签,文件中的每行数据包括 2 列,最右侧的列是分词的词汇,左侧的这列是实体的标记,例如 B - Rating、I - Rating、B - Location、I - Location 等标签。其中的 *I*、*O*、*B* 是标记的具体格式(B - begin,I - inside,O - outside),称之为 IOB 格式。也可以有自己的一套格式,在 IOB 格式中,*B* 代表一个实体的开始,它是实体的第一个单词,*I* 代表当前的这个词是实体的一部分,例如在 Steve Jobs 的这个文本中。Steve 它会设置为 *B* 这个标签,Jobs 会设置成 *I* 这个标签,*O* 表示不是一个实体,这是经典的 IOB 模型,这个模型是非常强大的。如果仅简单使用三个标签,表明它什么时候开始一个实体,什么时候结束一个实体,那么结束时并没有使用一个特别的结束标签,模型会使用 IOB 格式自动推理出有没有结束。

举一个例子,"My first name is John and my full name is John A. Smith"见表 8 - 1 所列。

表 8 - 1　NER 示例

TAG	WORD	TAG	WORD	TAG	WORD
O	My	O	and	B - Person	John
O	first	O	my	I - Person	A.
O	name	O	full	I - Person	Smith
O	is	O	name		
B - Person	John	O	is		

"My first name is"这几个词汇标记为 *O*,都不属于命名实体。John 是一个人名,标记为 Person,由于它前面是 *O*,涉及状态的切换,是人名实体开始的第一个单词,所以标记为 B - Person。紧接着"and"这个单词跟名字没有关系了,也不是命名实体,标记为 *O*。从训练的角度比较,这些内容都是标记出来的,继续看"and my full name is"这些词都是 *O*,"John A. Smith"这几个词汇连在一块,John 是人名的开始,标记为 B - Person,"A."是名字实体的一部分,标记为 I - Person,"Smith"也是名字实体的一部分,标记为 I - Person。对一句话都会有手工的标记,标记时进行很多的体力劳动,也会涉及专业领域的支持,在具体的规则情况下进行标记,也可以自定义

标签表示分成不同的类别，比如餐馆中的一些命名实体，包括 Amenity、Cuisine、Dish、Hours、Location、Price、Rating、Restaurant_Name 等。

我们继续看一个内容，“a four star restaurant with a bar any bbq places open before 5 nearby”，见表 8－2 所列，其中“four star”四星级是一个评分实体，“four”的标记为 B－Rating，是评分实体开始的第一个单词，“star”的标记为 I－Rating，依旧是在同样一个实体，所以它用到 *I* 开头，把这些单词都标记得非常好，我们转过来再看训练文件 restauranttrain. bio，每个单词都是这样标注，就有很多的数据了。

表 8－2 NER 示例

TAG	WORD	TAG	WORD
O	a	O	any
B－Rating	four	B－Cuisine	bbq
I－Rating	star	O	places
O	restaurant	B－Hours	open
B－Location	with	I－Hours	before
I－Location	a	I－Hours	5
B－Amenity	bar	B－Location	nearby

如图 8－2 所示，从 BERT 模型的角度，输入信息是按照 BERT 的规范去输入，使用命名实体识别一般是一句话，也可以两句话或者多句话，它可能不涉及句子关系，复杂的东西会涉及具体问题。简化这些内容，可以更清晰看见真相或者最重要的部分，一句话进来，这是数据预处理的部分，没有什么特殊性，最关键就是有标签，模型会通过线性层进行分类，分类后会有误差，然后通过反向传播，让 BERT 适配具体的任务如餐饮服务。

我们从餐饮案例的角度分享了 IOB 格式以及命名实体识别的内容。有了数据，接下来，要读取数据，对数据进行处理，围绕训练任务处理成想要的格式，比如，在训练文件 restauranttrain. bio 中有 2 列的内容，第一列是标签，第二列是具体信息本身，我们要处理这个信息转换成想要的格式。

标签数据文件处理的代码实现：

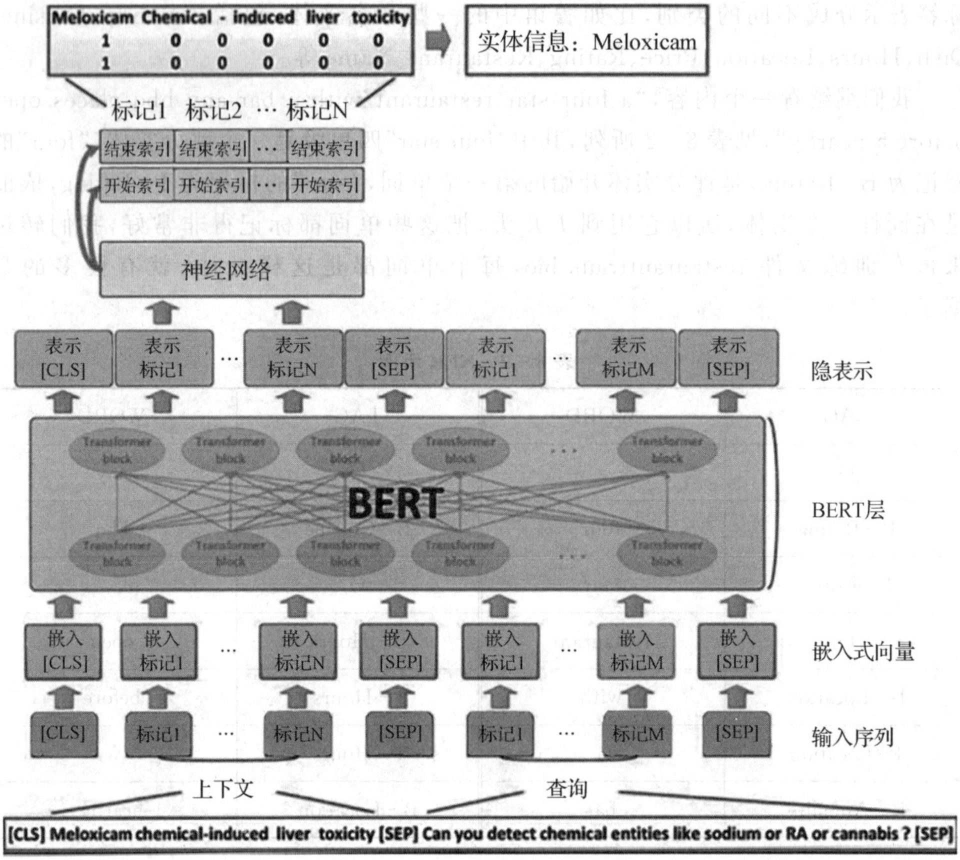

图 8-2 BERT NER

```
import csv

# 数据集中所有句子的列表
sentences = [ ]
labels = [ ]

# 用于存储当前句子的列表
tokens = [ ]
token_labels = [ ]

# 收集一组唯一的标签
unique_labels = set()

```

```
14. #逐行读取数据集。文件的每一行要么为空,要么有两个标记,由一个制表
    符分隔
15. with open("./restauranttrain.bio", newline = '') as lines:
16.
17. #使用'csv'类的制表符拆分行。
18.     line_reader = csv.reader(lines, delimiter='\t')
19.
20.     #对于文件中的每一行
21.     for line in line_reader:
22.
23.         #如果我们遇到一个空行,这意味着我们已经完成了前面的句子
24.         if line == []:
25.
26.             #添加完成的句子
27.             sentences.append(tokens)
28.             labels.append(token_labels)
29.
30.             #开始一个新句子
31.             tokens = []
32.             token_labels = []
33.
34.         else:
35.             #将标记及其标签添加到当前句子中
36.             tokens.append(line[1])
37.             token_labels.append(line[0])
38.
39. #将标签添加到集合(如果已经存在,则不加)
40. unique_labels.add(line[0])
```

上段代码中第 36 行获取了词汇的具体信息本身,如“hong”“kong”。

上段代码中第 37 行获取每一个词语的标签,如“B - Restaurant_Name”“I - Restaurant_Name”。

这是数据的一些基本处理,进行一些转换后,有了元数据信息,再作为输入信息输给 BERT 模型进行训练。从源文件中提取出来的标签数据是相应的 Amenity、Cuisine、Dish、Hours、Location、Price、Rating、Restaurant_Name 等标签。

查看数据集中的所有标签:

```
unique_labels
{'B-Amenity',
 'B-Cuisine',
 'B-Dish',
 'B-Hours',
 'B-Location',
 'B-Price',
 'B-Rating',
 'B-Restaurant_Name',
 'I-Amenity',
 'I-Cuisine',
 'I-Dish',
 'I-Hours',
 'I-Location',
 'I-Price',
 'I-Rating',
 'I-Restaurant_Name',
 'O'}
```

注意：整个模型中所有的内容都是以数字表示的方式，我们把标签变成整数的方式。

标签数值化的代码实现：

```
1. # 将每个唯一标签映射到一个整数
2. label_map = {}
3.
4. # 对于每个标签...
5. for (i, label) in enumerate(unique_labels):
6.
7.     # 将其映射到其整数
8.     label_map[label] = i
```

上段代码中第 8 行将标签映射为数字

查询训练句子的数量：

```
print("Number of training sentences: {:,}".format(len(sentences)))
Number of training sentences: 7,660
```

分词也是一个至关重要的内容，面向领域进行 NER 处理时，分词也会影响效

果，但这不是本节谈的重点，重点是围绕 BERT 进行 NER 的处理是初步处理的一些结果。

我们查询一个随机句子的例子：

```
1. print("Example sentence:")
2. print ("    Tokens:", sentences[4])
3. print ("    Labels:", labels[4])
4.
5. print ('\nSentence Tokens and Labels:')
6. for i in zip(sentences[4], labels[4]):
7.   print (i)
```

运行结果为：

```
Example sentence:
    Tokens: ['a', 'great', 'lunch', 'spot', 'but', 'open', 'till', '2', 'a', 'm', 'passims', 'kitchen']
    Labels: ['0', '0', '0', '0', '0', 'B - Hours', 'I - Hours', 'I - Hours', 'I - Hours', 'I - Hours', 'B - Restaurant_Name', 'I - Restaurant_Name']

Sentence Tokens and Labels:
('a', '0')
('great', '0')
('lunch', '0')
('spot', '0')
('but', '0')
('open', 'B - Hours')
('till', 'I - Hours')
('2', 'I - Hours')
('a', 'I - Hours')
('m', 'I - Hours')
('passims', 'B - Restaurant_Name')
('kitchen', 'I - Restaurant_Name')
```

在运行结果中，其中 'a', 'great', 'lunch', 'spot', 'but' 等标记对应的标签为：'0', '0', '0', '0', '0'，表示它们都不归属命名实体；其中 'open', 'till', '2', 'a', 'm' 标记对应的实体标签是 'B - Hours', 'I - Hours', 'I - Hours', 'I - Hours', 'I - Hours'，可很准确判断出它们是同一个标签“Hours”的命名实体。

也可以查询一下 label_map 字典，在微调过程中将标签映射为整数。

```
label_map
{'B-Amenity': 0,
 'O': 1,
 'B-Dish': 2,
 'I-Amenity': 3,
 'B-Rating': 4,
 'I-Restaurant_Name': 5,
 'B-Hours': 6,
 'I-Hours': 7,
 'B-Cuisine': 8,
 'B-Price': 9,
 'I-Location': 10,
 'I-Rating': 11,
 'I-Dish': 12,
 'B-Restaurant_Name': 13,
 'I-Price': 14,
 'B-Location': 15,
 'I-Cuisine': 16}
```

这些都是数据的预处理，预处理完成之后，我们要输入给 BERT，这个会涉及一个最大的长度。

BERT 输入文本最大长度的代码实现：

```
from transformers import BertTokenizer
import numpy as np

# 我们需要 BertTokenizer，以便根据 BERT 确定句子中的标记数量
tokenizer = BertTokenizer.from_pretrained('bert-base-uncased')

# 记录每个序列的长度
lengths = [ ]

print('Measuring sentence lengths...')

# 对于每一句话...
for sen in sentences:

```

```
15.      #重新构造句子,让 BERT 决定如何标记它
16.      sen = ''.join(sen)
17.
18. #编码将
19. (1)标记句子
20. (2)将[CLS]标记放在开头
21. (3)将[SEP]标记附加到末尾
22. (4)将标记映射到其 ID
23. encoded_sent = tokenizer.encode(
24.                     sen,                    # Sentence to encode.
25.                     add_special_tokens = True, #增加'[CLS]'和'[SEP]'
26.                      )
27.
28.      #标记化后记录句子的长度
29.      lengths.append(len(encoded_sent))
30.
31. print('    DONE.')
```

上段代码中,第 23 行使用了标记器(Tokenizer)进行编码,标记一个句子,将[CLS]标记放在开头,将[SEP]标记放到末尾,将标记映射到编码,主要是标记器会对输入的内容进行编码操作,由于是 BERT 的输入格式,所以会有一些特殊的标记,比如“CLS”标记、“SEP”标记。

统计评论长度的最小值、最大值和中间值的代码实现:

```
print('   Min length: {:,} tokens'.format(min(lengths)))
print('   Max length: {:,} tokens'.format(max(lengths)))
print('Median length: {:,} tokens'.format(int(np.median(lengths))))
```

运行结果为:

```
   Min length: 3 tokens
   Max length: 39 tokens
Median length: 11 tokens
```

为了进一步分析,绘制评论长度的分布图,代码实现:

```
import matplotlib.pyplot as plt
import seaborn as sns

sns.set(style='darkgrid')
```

```

#增加 plot 大小和字体大小
sns.set(font_scale = 1.5)
plt.rcParams["figure.figsize"] = (10,5)

#绘制长度的分布
sns.distplot(lengths, kde = False, rug = False)

plt.title('Sentence Lengths')
plt.xlabel('Sentence Length')
plt.ylabel('# of Sentences')
```

运行结果为：

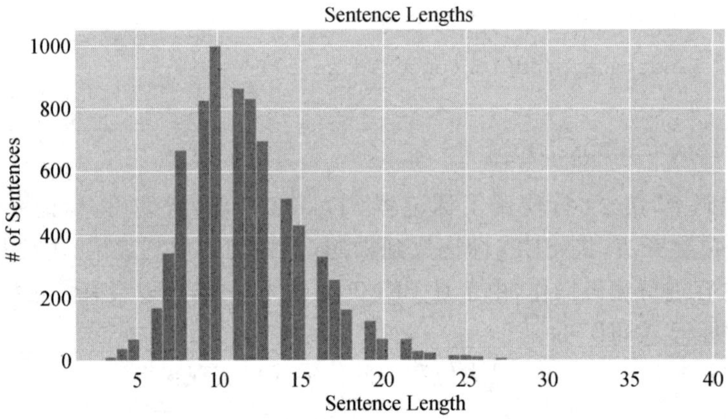

图 8－3 句子长度分布情况

从 BERT 的角度看，除了输入“CLS”“SEP”等特殊的标记以外，也有其他的一些预处理工作，例如未登录词（Unknown Words），这时如果使用 WordPiece 或通过其他的一些分词技术，可以进行更多元的处理。

用 BERT 重新标记的代码实现：

```
#标记所有句子，并将标记映射到其单词 ID
input_ids = [ ]
attention_masks = [ ]

#对于每一句话...
for sent in sentences:

```

```
8. #重新构造句子,否则标记器将把字符串标记列表解释为 BERT 已经标记
9. sent_str = ''.join(sent)
10.
11.     #encode_plus 方法将实现
12.     #(1)标记句子
13.     #(2)将[CLS]标记放在开头
14.     #(3)将[SEP]标记附加到末尾
15.     #(4)将标记映射到其 ID
16.     #(5)将句子填充或截断为最大长度
17.     #(6)为[PAD]标记创建注意力掩码
18.
19.     encoded_dict = tokenizer.encode_plus(
20.                         sent_str,                 #要编码的句子
21.                         add_special_tokens = True, #加入'[CLS]'和'[SEP]'
22.                         truncation = True,
23.                         max_length = 50,          #填充并截断所有句子。
24.                         pad_to_max_length = True,
25.                         return_attention_mask = True,#构建注意力掩码
26.                         return_tensors = 'pt',     #返回 pytorch 张量
27.                    )
28.
29.     #将编码的句子添加到列表中
30.     input_ids.append(encoded_dict['input_ids'][0])
31.
32.     #注意力掩码(区分填充和非填充)
33.     attention_masks.append(encoded_dict['attention_mask'][0])
34.
35. #打印第 0 个句子,现在是 ID 列表
36. print('Original:', sentences[0])
37. print('Token IDs:', input_ids[0])
38. print('Masks:', attention_masks[0])
```

上段代码中第 19～27 行,使用 encode_plus 方法实现标记一个句子,将[CLS]标记放在开头,将[SEP]标记附加到末尾,将标记映射到其 ID 编码,将句子填充或截断为最大长度,并将 PAD 标记创建注意力掩码。

运行结果为:

```
Original: ['2', 'start', 'restaurants', 'with', 'inside', 'dining']
Token IDs: tensor([ 101, 1016, 2707, 7884, 2007, 2503, 7759,  102,    0,
0,   0,   0,
        0,   0,   0,   0,   0,   0,   0,   0,   0,   0,   0,   0,
        0,   0,   0,   0,   0,   0,   0,   0,   0,   0,   0,   0,
        0,   0,   0,   0,   0,   0,   0,   0,   0,   0,   0,   0,
        0,   0])
Masks: tensor([1, 1, 1, 1, 1, 1, 1, 1, 0, 0, 0, 0, 0, 0, 0, 0, 0, 0, 0, 0, 0,
0, 0, 0,
      0, 0, 0, 0, 0, 0, 0, 0, 0, 0, 0, 0, 0, 0, 0, 0, 0, 0, 0, 0, 0, 0,
0,
      0, 0])
```

我们已经准备好了所有的句子,以便输入到 BERT,但是有一个问题,在输入序列中增加了一些标记,例如特殊标记、填充标记和未登录词的切分,现在原始标记标签不再与标记对齐。为了解决这个问题,可以定义一个额外的标记标签,将为增加的任何标记提供该标签。可以将其称为"null"标签或"padding"标签。如图 8-4 所示,如果句子是"5 star resturants nearby with chorizo tacos",其含义为"附近有五星级餐厅,配有香肠玉米卷",其中"resturants"这个单词可能是用户输入时拼写错误,正确的餐馆英文单词是"restaurant",因此我们把"resturants"这个输入有误的词切分为 3 个子词:"rest""##ura""##nts",而"chorizo""tacos"可能是未登录词。"chorizo"也切分为 3 个子词:"cho""##riz""##o","tacos"切分为 2 个子词:"tac""##os","resturants""chorizo"和"tacos"都会被标记成更小的子单词,这些字词都需要一个新的标签。

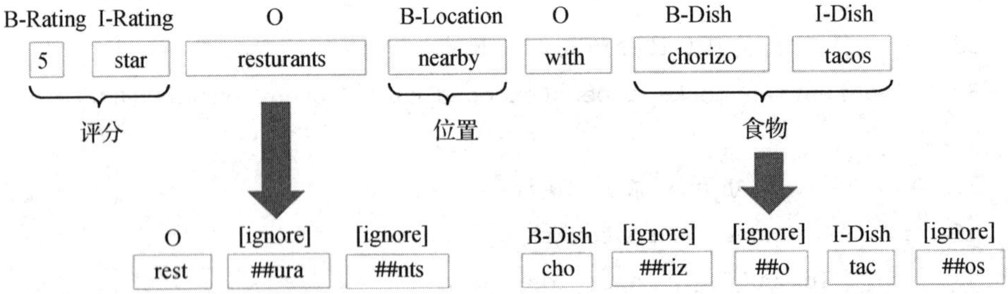

图 8-4 子词标签

将空标签添加到每个子单词标记中,生成新标记的句子,如图 8-5 所示:

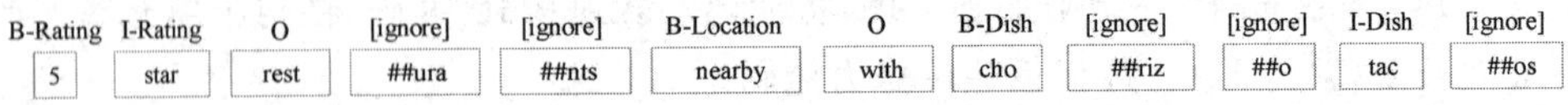

图 8-5 增加空标签

在解析数据集时创建 label_map 字典，将标签字符串映射到唯一的整数 ID，我们把－100 作为 ID 来映射这些空标签。

增加空标签，来更新每个句子标签列表的代码实现：

```
# 所有输入句子的新标签
new_labels = [ ]

# 将为额外的标记提供的特殊标签 ID
null_label_id = -100

# 对于每个句子 ...
for (sen, orig_labels) in zip(input_ids, labels):

    # 创建一个新列表以保存此句子的调整标签
    padded_labels = [ ]

    # 这是在原始标签列表中的索引
    orig_labels_i = 0

    # 对于填充句中的每个标记 ...
    for token_id in sen:

        # 从张量中提取值
        token_id = token_id.numpy().item()

        # 如果是 [PAD], [CLS], or [SEP]...
        if (token_id == tokenizer.pad_token_id) or \
            (token_id == tokenizer.cls_token_id) or \
            (token_id == tokenizer.sep_token_id):

            # 将其指定为空标签
            padded_labels.append(null_label_id)

        # 如果标记字符串以"##"开头 ...
        elif tokenizer.ids_to_tokens[token_id][0:2] == '##':

            # 它是一个子字标记，不是原始数据集的一部分，因此将其指
```

```
定为空标签。
34. padded_labels.append(null_label_id)
35.
36. #如果不是以上任何一项
37.         else:
38.
39.             #此标记对应于原始标记之一,因此将其指定为原始标签
40.
41.             #查找此标记的标签
42.             label_str = orig_labels[orig_labels_i]
43.
44.             #将标签映射到其 ID,然后指定它
45.             padded_labels.append(label_map[label_str])
46.
47.             #将索引增加到原始标签列表中
48.             orig_labels_i + = 1
49.
50.     #如果转换是正确的,那么新的填充标记的列表与标记化句子的长度相等
51.     assert(len(sen) = = len(padded_labels))
52.
53.     #存储此句子的更新标签列表
54.     new_labels.append(padded_labels)
```

上段代码中第 23～28 行,如果标记是一些特殊标记“PAD”“CLS”或者 “SEP”,则将它们指定为一个空标签。

上段代码中第 31～34 行,如果标记字符串以“##”开头,表明它是一个子单词标记,不是原始数据集的一部分,因此可将其指定为空标签。

上段代码中第 37～48 行,如果既不是特殊标记,又不是子词标记,这个标记对应的是一个原始标记,因此可将其指定为原始标签。

我们可以用从数据集中查一个例子,看到这些改变的结果,例如我镇上的五星级餐厅“5 star resturants in my town”,这句话也包含了拼写有误的单词“resturants”,因此 BERT 标记器将这个单词拆分为多个子单词,第一个子字“rest”被赋予原始标签,而“##ura”和“##nts”被标记为空标签的映射编码为－100。

查询第 2 个句子示例的代码实现:

```
print('\nSentence:    ', sentences[2])
print('\nLabels:      ', labels[2])
```

```
3. print('\nBERT Tokens: ', tokenizer.tokenize(' '.join(sentences[2])))
4. print('\nToken IDs:   ', input_ids[2])
5. print('\nNew Labels:  ', new_labels[2])
6. print('\nMask:        ', attention_masks[2])
```

运行结果为：

```
Sentence:      ['5', 'star', 'resturants', 'in', 'my', 'town']

Labels:        ['B-Rating', 'I-Rating', 'O', 'B-Location', 'I-Location','I-
Location']

BERT Tokens:  ['5', 'star', 'rest', '##ura', '##nts', 'in', 'my', 'town']

Token IDs:     tensor([ 101, 1019, 2732, 2717, 4648, 7666, 1999, 2026,
2237,  102,    0,    0,
               0,    0,    0,    0,    0,    0,    0,    0,    0,    0,    0,    0,
               0,    0,    0,    0,    0,    0,    0,    0,    0,    0,    0,    0,
               0,    0,    0,    0,    0,    0,    0,    0,    0,    0,    0,    0,
               0,    0])

New Labels:   [-100, 4, 11, 1, -100, -100, 15, 10, 10, -100, -100,
-100, -100, -100, -100, -100, -100, -100, -100, -100, -100, -100, -100,
-100, -100, -100, -100, -100, -100, -100, -100, -100, -100, -100, -100,
-100, -100, -100, -100, -100, -100, -100, -100, -100, -100, -100, -100,
-100, -100, -100]

Mask:          tensor([1, 1, 1, 1, 1, 1, 1, 1, 1, 1, 0, 0, 0, 0, 0, 0, 0, 0,
0, 0, 0, 0, 0, 0,
             0, 0, 0, 0, 0, 0, 0, 0, 0, 0, 0, 0, 0, 0, 0, 0, 0, 0, 0, 0, 0, 0,
0,
             0, 0])
```

从运行结果中可以看出，输入的内容是“5 star resturants in my town”，通过分词转换成单词列表 '5' 'star' 'resturants' 'in' 'my' 'town'，'5'对应的标签是'B-Rating'，'star'对应的标签是' I-Rating'，'resturants'对应的标签是'O'。它不是一个实体，'in' 'my' 'town' 分别对应的标签为'B-Location' 'I-Location' 'I-Location'，然后是 BERT 的标记，它会通过自己的标记器进标记的切分，例如，把'resturants'切分为 3 个子词

标记'rest''##ura''##nts',再变成 ID 的方式,其中“CLS”标记代表的 ID 是 101,“SEP”标记代表的 ID 是 102,其他填充的“PAD”部分,代表的 ID 是 0,然后形成新的标签。这里有很多的内容,它有自己的设计,最终都是形成数字化的方式。

我们将 Python 列表 input_ids、attention_masks、new_labels 转换为 Pytorch 张量的数据结构,将 Python 列表转换为 PyTorch 张量的代码实现:

```
# 将列表转换为 PyTorch 张量

#  input_ids 是张量数组的列表—将它们转换成大小为[7,660 x 50]的矩阵
pt_input_ids = torch.stack(input_ids, dim = 0)

# attention_masks 是张量数组的列表--将它们转换到一个大小为 [7,660 x 50]的矩阵中
pt_attention_masks = torch.stack(attention_masks, dim = 0)

# 标签是列表的列表,将其转换为大小为 [7,660 x 50]的张量矩阵
pt_labels = torch.tensor(new_labels, dtype = torch.long)
```

数据准备好之后,是训练集和验证集划分的工作,将数据分成 90%用于训练,10%用于验证,这些是经典的处理过程。

训练集和验证集划分的代码实现:

```
from torch.utils.data import TensorDataset, random_split
# 将训练输入合并到 TensorDataset 中
dataset = TensorDataset(pt_input_ids, pt_attention_masks, pt_labels)

# 创建 90 - 10 训练集与验证集拆分比例

# 计算每组要包含的样本数
train_size = int(0.9 * len(dataset))
val_size = len(dataset) - train_size

# 通过随机选择样本来划分数据集
train_dataset, val_dataset = random_split(dataset, [train_size, val_size])

print('{:>5,} training samples'.format(train_size))
```

```
15. print('{:>5,} validation samples'.format(val_size))
```

上段代码中第 12 行通过随机选择样本来划分训练集、验证集。

运行结果为，包括 6 894 个训练样本，766 个验证样本。

```
6,894 training samples
  766 validation samples
```

将使用 Torch DataLoader 类为数据集创建迭代器，有助于在训练期间节省内存，因为与 for 循环不同，使用迭代器时，整个数据集不需要加载到内存中。

DataLoader 加载数据的代码实现：

```
1. from torch.utils.data import DataLoader, RandomSampler, SequentialSampler
2.
3. #  DataLoader 需要知道训练批大小，对于特定任务的 BERT 微调，建议批量大小为 16 或 32
4. batch_size = 32
5.
6. #为训练集创建 DataLoader，将随机抽取训练样本
7. train_dataloader = DataLoader(
8.             train_dataset,  #训练样本
9.             sampler = RandomSampler(train_dataset), #随机选择批次
10.             batch_size = batch_size #批次大小
11.         )
12.
13. #为了进行验证，顺序无关紧要，所以将按顺序取数
14. validation_dataloader = DataLoader(
15.             val_dataset, #验证样本
16.             sampler = SequentialSampler(val_dataset), #按顺序取出批次
17.             batch_size = batch_size # Evaluate with this batch size.
18.         )
```

上段代码中第 7 行为训练集创建 DataLoader，将随机抽取训练样本。

上段代码中第 14 行为验证集创建 DataLoader，为了进行验证，顺序无关紧要，所以按顺序取出批次。

既然我们的输入数据已正确格式化,是时候对 BERT 模型进行微调了。我们使用 BertForTokenClassification 标准 BERT 模型,添加了一个线性层,用于对每个标记的实体类进行分类,当输入数据时,整个预先训练的 BERT 模型和附加的未训练分类层都会针对特定任务进行训练。

查询一下 label_map 标签词典的长度:

```
len(label_map)
17
```

这是数据集中标签的数量,一共 17 个标签,所有标签还要加上一个填充标签,因此将进行 18 个分类。

调用 Hugging Face 的 BertForTokenClassification 会封装 BERT 分类的内容,调 from_pretrained 方法时要告诉输入的信息,这里是使用 bert - base - uncased 模型,输入标签的数量,这是在处理具有标签化的信息或者领域知识时,已经算好的,有 18 个标签。

加载 BertForTokenClassification 的代码实现:

```
1. from transformers import BertForTokenClassification, AdamW, BertConfig
2.
3. # 加载 BertForTokenClassification
4. model = BertForTokenClassification.from_pretrained(
5.     "bert - base - uncased", # 使用 12 层 BERT 模型,使用小写的词汇表
6.     num_labels = len(label_map) + 1, # 输出标签的数量,NER 数据集标
   签为 18 个     output_attentions = False, # 模型是否返回注意力权重
7.     output_hidden_states = False, # 模型是否返回所有隐藏状态
8. )
9.
10. # pytorch 在 GPU 上运行此模型
11. model.cuda()
```

上段代码中第 4 行加载 BertForTokenClassification,指定使用 bert - base - uncased 的 12 层 BERT 模型。

Hugging Face 作为一个框架,可以输出 BERT 网络的很多内容,运行结果为:

```
BertForTokenClassification(
  (bert): BertModel(
    (embeddings): BertEmbeddings(
      (word_embeddings): Embedding(30522, 768, padding_idx = 0)
      (position_embeddings): Embedding(512, 768)
```

```
      (token_type_embeddings): Embedding(2, 768)
      (LayerNorm): LayerNorm((768,), eps=1e-12, elementwise_affine=
True)
      (dropout): Dropout(p=0.1, inplace=False)
    )
    (encoder): BertEncoder(
      (layer): ModuleList(
        (0): BertLayer(
          (attention): BertAttention(
            (self): BertSelfAttention(
              (query): Linear(in_features=768, out_features=768, bias=
True)
              (key): Linear(in_features=768, out_features=768, bias=
True)
              (value): Linear(in_features=768, out_features=768, bi-
as=True)
              (dropout): Dropout(p=0.1, inplace=False)
            )
            (output): BertSelfOutput(
              (dense): Linear(in_features=768, out_features=768, bi-
as=True)
              (LayerNorm):        LayerNorm((768,),        eps=
1e-12, elementwise_affine=True)
              (dropout): Dropout(p=0.1, inplace=False)
            )
          )
          (intermediate): BertIntermediate(
            (dense): Linear(in_features=768, out_features=3072,
bias=True)
            (intermediate_act_fn): GELUActivation()
          )
          (output): BertOutput(
            (dense): Linear(in_features=3072, out_features=768, bias=
True)
            (LayerNorm):        LayerNorm((768,),        eps=
1e-12, elementwise_affine=True)
```

```
          (dropout): Dropout(p = 0.1, inplace = False)
        )
      )
      (1): BertLayer(
        (attention): BertAttention(
          (self): BertSelfAttention(
            (query): Linear(in_features = 768, out_features = 768,
bias = True)
            (key): Linear(in_features = 768, out_features = 768, bias =
True)
            (value): Linear(in_features = 768, out_features = 768, bias =
True)
            (dropout): Dropout(p = 0.1, inplace = False)
          )
          (output): BertSelfOutput(
            (dense): Linear(in_features = 768, out_features = 768, bi-
as = True)
            (LayerNorm):          LayerNorm((768,),          eps =
1e - 12, elementwise_affine = True)
            (dropout): Dropout(p = 0.1, inplace = False)
          )
        )
        (intermediate): BertIntermediate(
          (dense): Linear(in_features = 768, out_features = 3072,
bias = True)
          (intermediate_act_fn): GELUActivation()
        )
        (output): BertOutput(
          (dense): Linear(in_features = 3072, out_features = 768, bias =
True)
          (LayerNorm):          LayerNorm((768,),          eps =
1e - 12, elementwise_affine = True)
          (dropout): Dropout(p = 0.1, inplace = False)
        )
      )
```

```
        (2): BertLayer(
          (attention): BertAttention(
            (self): BertSelfAttention(
              (query): Linear(in_features = 768, out_features = 768,
bias = True)
              (key): Linear(in_features = 768, out_features = 768, bias =
True)
              (value): Linear(in_features = 768, out_features = 768, bi-
as = True)
              (dropout): Dropout(p = 0.1, inplace = False)
            )
            (output): BertSelfOutput(
              (dense): Linear(in_features = 768, out_features = 768,
bias = True)
              (LayerNorm):          LayerNorm((768,),          eps =
1e - 12, elementwise_affine = True)
              (dropout): Dropout(p = 0.1, inplace = False)
            )
          )
          (intermediate): BertIntermediate(
            (dense): Linear(in_features = 768, out_features = 3072,
bias = True)
            (intermediate_act_fn): GELUActivation()
          )
          (output): BertOutput(
            (dense): Linear(in_features = 3072, out_features = 768,
bias = True)
            (LayerNorm):          LayerNorm((768,),          eps =
1e - 12, elementwise_affine = True)
            (dropout): Dropout(p = 0.1, inplace = False)
          )
        )
        (3): BertLayer(
          (attention): BertAttention(
            (self): BertSelfAttention(
              (query): Linear(in_features = 768, out_features = 768,
```

```
bias = True)
                  (key): Linear(in_features = 768, out_features = 768, bias =
True)
                  (value): Linear(in_features = 768, out_features = 768,
bias = True)
                  (dropout): Dropout(p = 0.1, inplace = False)
                )
                (output): BertSelfOutput(
                  (dense): Linear(in_features = 768, out_features = 768,
bias = True)
                  (LayerNorm):          LayerNorm((768,),          eps =
1e - 12, elementwise_affine = True)
                  (dropout): Dropout(p = 0.1, inplace = False)
                )
              )
              (intermediate): BertIntermediate(
                (dense): Linear(in_features = 768, out_features = 3072,
bias = True)
                (intermediate_act_fn): GELUActivation()
              )
              (output): BertOutput(
                (dense): Linear(in_features = 3072, out_features = 768,
bias = True)
                (LayerNorm):          LayerNorm((768,),          eps =
1e - 12, elementwise_affine = True)
                (dropout): Dropout(p = 0.1, inplace = False)
              )
            )
            (4): BertLayer(
              (attention): BertAttention(
                (self): BertSelfAttention(
                  (query): Linear(in_features = 768, out_features = 768,
bias = True)
                  (key): Linear(in_features = 768, out_features = 768,
bias = True)
                  (value): Linear(in_features = 768, out_features = 768,
```

```
bias = True)
              (dropout): Dropout(p = 0.1, inplace = False)
            )
            (output): BertSelfOutput(
              (dense): Linear(in_features = 768, out_features = 768,
bias = True)
              (LayerNorm):          LayerNorm((768,),           eps =
1e - 12, elementwise_affine = True)
              (dropout): Dropout(p = 0.1, inplace = False)
            )
          )
          (intermediate): BertIntermediate(
            (dense): Linear(in_features = 768, out_features = 3072,
bias = True)
            (intermediate_act_fn): GELUActivation()
          )
          (output): BertOutput(
            (dense): Linear(in_features = 3072, out_features = 768,
bias = True)
            (LayerNorm):          LayerNorm((768,),           eps =
1e - 12, elementwise_affine = True)
            (dropout): Dropout(p = 0.1, inplace = False)
          )
        )
        (5): BertLayer(
          (attention): BertAttention(
            (self): BertSelfAttention(
              (query): Linear(in_features = 768, out_features = 768,
bias = True)
              (key): Linear(in_features = 768, out_features = 768,
bias = True)
              (value): Linear(in_features = 768, out_features = 768,
bias = True)
              (dropout): Dropout(p = 0.1, inplace = False)
            )
            (output): BertSelfOutput(
```

```
            (dense): Linear(in_features = 768, out_features = 768,
bias = True)
            (LayerNorm):          LayerNorm((768,),          eps =
1e - 12, elementwise_affine = True)
            (dropout): Dropout(p = 0.1, inplace = False)
          )
        )
        (intermediate): BertIntermediate(
          (dense): Linear(in_features = 768, out_features = 3072,
bias = True)
          (intermediate_act_fn): GELUActivation()
        )
        (output): BertOutput(
          (dense): Linear(in_features = 3072, out_features = 768,
bias = True)
          (LayerNorm):          LayerNorm((768,),          eps =
1e - 12, elementwise_affine = True)
          (dropout): Dropout(p = 0.1, inplace = False)
        )
      )
      (6): BertLayer(
        (attention): BertAttention(
          (self): BertSelfAttention(
            (query): Linear(in_features = 768, out_features = 768,
bias = True)
            (key): Linear(in_features = 768, out_features = 768,
bias = True)
            (value): Linear(in_features = 768, out_features = 768,
bias = True)
            (dropout): Dropout(p = 0.1, inplace = False)
          )
          (output): BertSelfOutput(
            (dense): Linear(in_features = 768, out_features = 768,
bias = True)
            (LayerNorm):          LayerNorm((768,),          eps =
1e - 12, elementwise_affine = True)
```

```
            (dropout): Dropout(p = 0.1, inplace = False)
          )
        )
        (intermediate): BertIntermediate(
          (dense): Linear(in_features = 768, out_features = 3072,
bias = True)
          (intermediate_act_fn): GELUActivation()
        )
        (output): BertOutput(
          (dense): Linear(in_features = 3072, out_features = 768,
bias = True)
          (LayerNorm):          LayerNorm((768,),          eps =
1e - 12, elementwise_affine = True)
          (dropout): Dropout(p = 0.1, inplace = False)
        )
      )
      (7): BertLayer(
        (attention): BertAttention(
          (self): BertSelfAttention(
            (query): Linear(in_features = 768, out_features = 768,
bias = True)
            (key): Linear(in_features = 768, out_features = 768,
bias = True)
            (value): Linear(in_features = 768, out_features = 768,
bias = True)
            (dropout): Dropout(p = 0.1, inplace = False)
          )
          (output): BertSelfOutput(
            (dense): Linear(in_features = 768, out_features = 768,
bias = True)
            (LayerNorm):          LayerNorm((768,),          eps =
1e - 12, elementwise_affine = True)
            (dropout): Dropout(p = 0.1, inplace = False)
          )
        )
        (intermediate): BertIntermediate(
```

```
          (dense): Linear(in_features = 768, out_features = 3072,
bias = True)
          (intermediate_act_fn): GELUActivation()
        )
        (output): BertOutput(
          (dense): Linear(in_features = 3072, out_features = 768,
bias = True)
          (LayerNorm):          LayerNorm((768,),          eps =
1e - 12, elementwise_affine = True)
          (dropout): Dropout(p = 0.1, inplace = False)
        )
      )
      (8): BertLayer(
        (attention): BertAttention(
          (self): BertSelfAttention(
            (query): Linear(in_features = 768, out_features = 768,
bias = True)
            (key): Linear(in_features = 768, out_features = 768,
bias = True)
            (value): Linear(in_features = 768, out_features = 768,
bias = True)
            (dropout): Dropout(p = 0.1, inplace = False)
          )
          (output): BertSelfOutput(
            (dense): Linear(in_features = 768, out_features = 768,
bias = True)
            (LayerNorm):          LayerNorm((768,),          eps =
1e - 12, elementwise_affine = True)
            (dropout): Dropout(p = 0.1, inplace = False)
          )
        )
        (intermediate): BertIntermediate(
          (dense): Linear(in_features = 768, out_features = 3072,
bias = True)
          (intermediate_act_fn): GELUActivation()
        )
```

```
          (output): BertOutput(
            (dense): Linear(in_features = 3072, out_features = 768,
bias = True)
            (LayerNorm):          LayerNorm((768,),          eps =
1e - 12, elementwise_affine = True)
            (dropout): Dropout(p = 0.1, inplace = False)
          )
        )
        (9): BertLayer(
          (attention): BertAttention(
            (self): BertSelfAttention(
              (query): Linear(in_features = 768, out_features = 768, bi-
as = True)
              (key): Linear(in_features = 768, out_features = 768,
bias = True)
              (value): Linear(in_features = 768, out_features = 768,
bias = True)
              (dropout): Dropout(p = 0.1, inplace = False)
            )
            (output): BertSelfOutput(
              (dense): Linear(in_features = 768, out_features = 768,
bias = True)
              (LayerNorm):          LayerNorm((768,),          eps =
1e - 12, elementwise_affine = True)
              (dropout): Dropout(p = 0.1, inplace = False)
            )
          )
          (intermediate): BertIntermediate(
            (dense): Linear(in_features = 768, out_features = 3072,
bias = True)
            (intermediate_act_fn): GELUActivation()
          )
          (output): BertOutput(
            (dense): Linear(in_features = 3072, out_features = 768,
bias = True)
```

```
          (LayerNorm):          LayerNorm((768,),          eps =
1e - 12, elementwise_affine = True)
          (dropout): Dropout(p = 0.1, inplace = False)
        )
      )
      (10): BertLayer(
        (attention): BertAttention(
          (self): BertSelfAttention(
            (query): Linear(in_features = 768, out_features = 768,
bias = True)
            (key): Linear(in_features = 768, out_features = 768,
bias = True)
            (value): Linear(in_features = 768, out_features = 768,
bias = True)
            (dropout): Dropout(p = 0.1, inplace = False)
          )
          (output): BertSelfOutput(
            (dense): Linear(in_features = 768, out_features = 768,
bias = True)
            (LayerNorm):          LayerNorm((768,),          eps =
1e - 12, elementwise_affine = True)
            (dropout): Dropout(p = 0.1, inplace = False)
          )
        )
        (intermediate): BertIntermediate(
          (dense): Linear(in_features = 768, out_features = 3072,
bias = True)
          (intermediate_act_fn): GELUActivation()
        )
        (output): BertOutput(
          (dense): Linear(in_features = 3072, out_features = 768,
bias = True)
          (LayerNorm):          LayerNorm((768,),          eps =
1e - 12, elementwise_affine = True)
          (dropout): Dropout(p = 0.1, inplace = False)
        )
```

```
          )
          (11): BertLayer(
            (attention): BertAttention(
              (self): BertSelfAttention(
                (query): Linear(in_features = 768, out_features = 768, 
bias = True)
                (key): Linear(in_features = 768, out_features = 768, 
bias = True)
                (value): Linear(in_features = 768, out_features = 768, 
bias = True)
                (dropout): Dropout(p = 0.1, inplace = False)
              )
              (output): BertSelfOutput(
                (dense): Linear(in_features = 768, out_features = 768, 
bias = True)
                (LayerNorm):        LayerNorm((768,),       eps = 
1e - 12, elementwise_affine = True)
                (dropout): Dropout(p = 0.1, inplace = False)
              )
            )
            (intermediate): BertIntermediate(
              (dense): Linear(in_features = 768, out_features = 3072, 
bias = True)
              (intermediate_act_fn): GELUActivation()
            )
            (output): BertOutput(
              (dense): Linear(in_features = 3072, out_features = 768, 
bias = True)
              (LayerNorm):        LayerNorm((768,),       eps = 
1e - 12, elementwise_affine = True)
              (dropout): Dropout(p = 0.1, inplace = False)
            )
          )
        )
      )
    )
```

```
  (dropout): Dropout(p = 0.1, inplace = False)
  (classifier): Linear(in_features = 768, out_features = 18, bias = True)
)
```

这是它的整个网络结构，BertAttention 的核心是 Query、Key、Value 及 Dropout，在 BertSelfOutput 中会经过 Linear 及 LayerNorm 的操作，在 BertIntermediate 里面也经过了 Linear 及 GELUActivation 的操作，一层又一层，接下来，优化器和学习速率调度器的一些内容。

优化器和学习速率调度器的代码实现：

```
1. # 加载 AdamW 优化器
2. optimizer = AdamW(model.parameters(),
3.                   lr = 5e-5, # args.learning_rate
4.                   eps = 1e-8 # args.adam_epsilon
5.                 )
6.
7. from transformers import get_linear_schedule_with_warmup
8.
9. # 训练的轮次数
10. epochs = 4
11.
12. # 训练步骤总数是批次数 * 训练轮次数
13. total_steps = len(train_dataloader) * epochs
14.
15. # 创建学习速率调度器
16. scheduler = get_linear_schedule_with_warmup(optimizer,
17.                                             num_warmup_steps = 0,
18.                                             num_training_steps = total_steps)
```

上段代码中第 2 行加载 AdamW 优化器。

上段代码中第 16 行创建学习速率调度器。

格式化时间辅助函数的代码实现：

```
import time
import numpy as np
import datetime

def format_time(elapsed):
```

```
    '''
    以秒为单位,返回字符串hh:mm:ss
    '''
    #四舍五入到最接近的秒
    elapsed_rounded = int(round((elapsed)))

    #格式为hh:mm:ss
    return str(datetime.timedelta(seconds=elapsed_rounded))
```

准备好开始训练,Hugging Face 使用时一般都很简洁,因为它的格式和流程是一致的,我们要做的就是把数据转换成 Hugging Face 库想要的格式,而 Hugging Face 库想要的格式就是统一成 BERT 或者 Transformer 的格式。不论数据来源是餐馆类型的命名实体识别,还是医学领域或其他领域的数据,其实都会得到类似的效果。

神经网络是跨领域的通用语言,是计算机的通用语言,也是处理各个领域模型的通用语言,神经网络比很多经典的数学公式都强大,从理论上讲,它能拟合任意级别的、无论是线性的、还是非线性的一些模型,神经网络是给人类提供的最小成本建模的工具。如果要对领域建模,要好好掌握这些内容,这些太重要了。

BERT 模型训练的代码实现:

```
import random

#此训练训代码基于此处的run_glue.py脚本
# https://github.com/huggingface/transformers/blob/5bfcd0485ece086ebcbed2d008813037968a9e58/examples/run_glue.py#L128


#在所有位置设置种子值,使其可重复
seed_val = 42

random.seed(seed_val)
np.random.seed(seed_val)
torch.manual_seed(seed_val)
torch.cuda.manual_seed_all(seed_val)

#存储每个训练后的平均损失,以便可以绘制它们
loss_values = []
```

```

#对每一个训练轮次
for epoch_i in range(0, epochs):

# ========================================
#          训练
# ========================================

#对训练集进行一次全面检查

    print(" ")
    print('======== Epoch {:} / {:} ========'.format(epoch_i + 1, epochs))
    print('Training...')

    #测量训练时间
    t0 = time.time()

    #重置此训练轮次的总损失
    total_loss = 0

    #将模型置于训练模式,调用 train 只是改变了模式,它不会执行训练,dropout 和 batchnormal 层在训练期间的行为不同
    # vs. test (source: https://stackoverflow.com/questions/51433378/what-does-model-train-do-in-pytorch)
    model.train()

    #对于每批训练数据
    for step, batch in enumerate(train_dataloader):

        #每 40 批更新一次进度
        if step % 40 == 0 and not step == 0:
            #以分钟为单位计算已用时间
            elapsed = format_time(time.time() - t0)

            #报告进度
```

```
            print('  Batch {:>5,}  of  {:>5,}.    Elapsed: {:}.'.format(step, len(train_dataloader), elapsed))

        #从 dataloader 中解压缩此训练批次。
        #
        #在解压缩批处理时，还将使用 to 方法将每个张量复制到 GPU
        #batch 包含三个 pytorch 张量
        #[0]:输入 id
        #[1]:注意力掩码
        #[2]:标签

        b_input_ids = batch[0].to(device)
        b_input_mask = batch[1].to(device)
        b_labels = batch[2].to(device)

        #在执行反向传递之前,始终清除所有以前计算的梯度。PyTorch 不会自动执行此操作,因为在训练 RNN 时累积梯度很方便
        # (source: https://stackoverflow.com/questions/48001598/why-do-we-need-to-call-zero-grad-in-pytorch)
        model.zero_grad()

        #执行前向传递(在此训练批次上评测模型),这将返回损失(而不是模型输出),因为提供了"标签"。此 model 函数的文档如下
        # https://huggingface.co/transformers/v2.2.0/model_doc/bert.html#transformers.BertForSequenceClassification
        outputs = model(b_input_ids,
                        token_type_ids=None,
                        attention_mask=b_input_mask,
                        labels=b_labels)

        #对 model 的调用总是返回一个元组，需要从元组中提取损失值
        loss = outputs[0]

        #累积所有批次的训练损失,以便可以在最后计算平均损失,loss 是一个包含单个值的张量;item 函数只从张量返回 Python 值
        total_loss += loss.item()
```

```
80.
81.             #执行反向传递以计算梯度
82.             loss.backward()
83.
84.             #将渐变标准剪裁为 1.0,这有助于防止渐变爆炸问题
85.             torch.nn.utils.clip_grad_norm_(model.parameters(), 1.0)
86.
87.             #更新参数并使用计算出的梯度执行步骤。优化器规定了"更新规则",如何根据参数的梯度、学习速率等修改参数
88.             optimizer.step()
89.
90.             #更新学习率
91.             scheduler.step()
92.
93.         #计算训训数据的平均损失.
94.         avg_train_loss = total_loss / len(train_dataloader)
95.
96.         #存储用于绘制学习曲线的损失值
97.         loss_values.append(avg_train_loss)
98.
99.         print("")
100.            print("  Average training loss: {0:.2f}".format(avg_train_loss))
101.            print("  Training epcoh took: {:}".format(format_time(time.time() - t0)))
102.
103.
104.    print("")
105.    print("Training complete!")
```

上段代码中第 10 行进行一个随机化操作。

上段代码中第 70 行～73 行,从模型的角度调用模型,进行前向传播。

上段代码中第 82 行执行反向传递,以计算梯度,这是通用的过程。

训练模型花了较长的时间,运行结果为:

```
======== Epoch 1 / 4 ========
Training...
  Batch    40  of    216.    Elapsed: 0:05:29.
  Batch    80  of    216.    Elapsed: 0:10:48.
  Batch   120  of    216.    Elapsed: 0:16:02.
  Batch   160  of    216.    Elapsed: 0:21:20.
  Batch   200  of    216.    Elapsed: 0:26:43.

  Average training loss: 0.50
  Training epcoh took: 0:28:45

======== Epoch 2 / 4 ========
Training...
  Batch    40  of    216.    Elapsed: 0:05:18.
  Batch    80  of    216.    Elapsed: 0:10:30.
  Batch   120  of    216.    Elapsed: 0:15:57.
  Batch   160  of    216.    Elapsed: 0:21:23.
  Batch   200  of    216.    Elapsed: 0:26:45.

  Average training loss: 0.23
  Training epcoh took: 0:28:48

======== Epoch 3 / 4 ========
Training...
  Batch    40  of    216.    Elapsed: 0:05:27.
  Batch    80  of    216.    Elapsed: 0:10:47.
  Batch   120  of    216.    Elapsed: 0:16:06.
  Batch   160  of    216.    Elapsed: 0:21:19.
  Batch   200  of    216.    Elapsed: 0:26:16.

  Average training loss: 0.17
  Training epcoh took: 0:28:44

======== Epoch 4 / 4 ========
Training...
  Batch    40  of    216.    Elapsed: 0:05:41.
```

```
  Batch    80  of    216.    Elapsed: 0:13:16.
  Batch   120  of    216.    Elapsed: 0:21:00.
  Batch   160  of    216.    Elapsed: 0:28:08.
  Batch   200  of    216.    Elapsed: 0:35:17.

  Average training loss: 0.13
  Training epcoh took: 0:38:01

Training complete!
```

查看所有批次训练损失的代码实现

```
import matplotlib.pyplot as plt
% matplotlib inline

import seaborn as sns

#使用 seaborn 的绘图格式
sns.set(style = 'darkgrid')

#增加绘图大小和字体大小
sns.set(font_scale = 1.5)
plt.rcParams["figure.figsize"] = (12,6)

#绘制学习曲线
plt.plot(loss_values, 'b - o')

#为绘图添加标签
plt.title("Training loss")
plt.xlabel("Epoch")
plt.ylabel("Loss")

plt.show()
```

模型训练的效果不错,训练损失运行结果为:

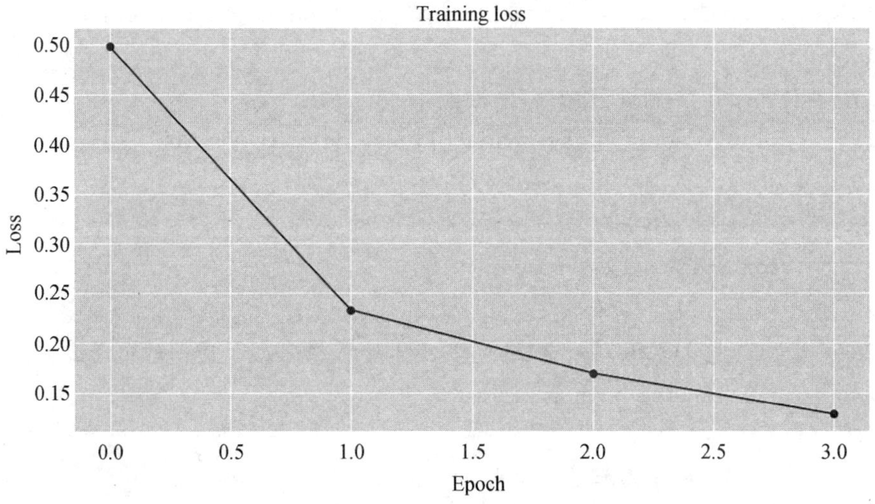

图 8-6　训练损失图

接下来，进行测试（Test）操作，需要按照对训练数据所做的相同步骤，来准备测试数据，按照 BERT 想要的方式进行输入，其实和训练的过程本身并没有太多的区别，只不过使用不同的数据，然后，使用 F1 分数评测模型效果，这是 CONLL2003 和其他 NER 数据集使用的指标，提供对模型性能的直观理解。当评测性能时，如果只关注非填充标记的预测，在计算 F1 分数之前，就要移除所有填充标记。

解析测试数据集文件的代码实现：

```
import csv

# 数据集中所有句子的列表
sentences = [ ]
labels = [ ]

# 用于存储当前句子的列表
tokens = [ ]
token_labels = [ ]

# 收集一组唯一的标签
unique_labels = set()

# 逐行读取数据集，文件的每一行要么为空，要么有两个标记，由一个制表符分隔
```

```
15. with open("./restauranttest.bio", newline = '') as lines:
16.
17. #使用 csv 类制表符切分每一行
18.     line_reader = csv.reader(lines, delimiter = '\t')
19.
20.     #对于文件中的每一行
21.     for line in line_reader:
22.
23.         #如果遇到一个空行,这意味着已经完成了前面的句子
24.         if line == []:
25.
26.             #添加完成的句子
27.             sentences.append(tokens)
28.             labels.append(token_labels)
29.
30.             #   开始一个新句子
31.             tokens = []
32.             token_labels = []
33.
34.         else:
35.             #将标记及其标签添加到当前句子中
36.             tokens.append(line[1])
37.             token_labels.append(line[0])
38.
39.             #将标签添加到集合(如果已经存在,则不加)
40.             unique_labels.add(line[0])
```

上段代码中第 36 行、第 37 行将标记及其标签增加到当前句子中。

使用 BERT 重新标记的代码实现：

```
#标记所有句子,并将标记映射到其单词 ID
input_ids = []
attention_masks = []

#对于每一句话...
for sent in sentences:

```

```
8. #重新构造句子,否则标记器将把字符串标记列表解释为 BERT 已经标记。
9.     sent_str = ''.join(sent)
10.
11.      #encode_plus 方法将实现
12.      #(1)标记句子
13.      #(2)将[CLS]标记放在开头
14.      #(3)将[SEP]标记附加到末尾
15.      #(4)将标记映射到其 ID
16.      #(5)将句子填充或截断为最大长度
17.      #(6)为[PAD]标记创建注意力掩码
18.      encoded_dict = tokenizer.encode_plus(
19.                          sent_str,                  #  要编码的句子
20.                          add_special_tokens = True, # 加入'[CLS]' 和
    '[SEP]'
21.                          max_length = 50,           #填充并截断所有
    句子。
22.                          pad_to_max_length = True,
23.                          return_attention_mask = True,   #构建注意力
    掩码
24.                          return_tensors = 'pt',     #返回 pytorch 张量
25.                     )
26.
27. #将编码的句子添加到列表中
28.      input_ids.append(encoded_dict['input_ids'][0])
29.
30.      #  注意力掩码(区分填充和非填充)
31.      attention_masks.append(encoded_dict['attention_mask'][0])
32.
33. #打印第 0 个句子,现在是 ID 列表
34. print('Original: ', sentences[0])
35. print('Token IDs:', input_ids[0])
36. print('Masks:', attention_masks[0])
```

上段代码中第 18 行使用 tokenizer.encode_plus 的方法,对内容进行编码,加入一些特殊的标记。

上段代码中第 21 行设置句子的最大长度为 50。

上段代码中第 22 行把 pad_to_max_length 设定为 True,句子不够最大长度时

进行填充。

上段代码中第 23 行把 return_attention_mask 的内容设置成 True 的状态。

上段代码中第 24 行把 return_tensors 设置为“pt”，返回 pytorch 张量的方式，也可以直接使用 Tensorflow，Hugging Face 的库是支持多框架的。

运行结果如下，从测试的角度，从初始的状态变成 Token IDs，然后变成 Masks，这是统一的一个过程。

```
Original:  ['a', 'four', 'star', 'restaurant', 'with', 'a', 'bar']
Token IDs: tensor([ 101, 1037, 2176, 2732, 4825, 2007, 1037, 3347,  102,
0,   0,   0,
          0,   0,   0,   0,   0,   0,   0,   0,   0,   0,   0,   0,
          0,   0,   0,   0,   0,   0,   0,   0,   0,   0,   0,   0,
          0,   0,   0,   0,   0,   0,   0,   0,   0,   0,   0,   0,
          0,   0])
Masks: tensor([1, 1, 1, 1, 1, 1, 1, 1, 1, 0, 0, 0, 0, 0, 0, 0, 0, 0, 0, 0, 0,
0, 0, 0,
         0, 0, 0, 0, 0, 0, 0, 0, 0, 0, 0, 0, 0, 0, 0, 0, 0, 0, 0, 0, 0, 0, 0,
0,0, 0])
```

忽略的内容称之为空标签，不要把无效的信息纳入到 NER 的处理中，可以使用 BERT 标记化器为新增加的标记添加空标签，测试集的代码和训练集的代码处理其实是类似的。

添加空标签的代码实现：

```
# 所有输入句子的新标签
new_labels = [ ]

# 将为额外的标记提供的特殊标签 ID
null_label_id = -100

# 对于每个句子 ...
for (sen, orig_labels) in zip(input_ids, labels):

    # 创建一个新列表以保存此句子的调整标签
    padded_labels = [ ]

    # 这是在原始标签列表中的索引
    orig_labels_i = 0
```

```
    # 这是在原始标签列表中的索引
    for token_id in sen:

        # 从张量中提取值
        token_id = token_id.numpy().item()

        # 如果是[PAD],[CLS], or [SEP]...
        if (token_id == tokenizer.pad_token_id) or \
           (token_id == tokenizer.cls_token_id) or \
           (token_id == tokenizer.sep_token_id):

            # 将其指定为空标签
            padded_labels.append(null_label_id)

        # 如果标记字符串以"##"开头
        elif tokenizer.ids_to_tokens[token_id][0:2] == '##':

            # 它是一个子字标记,不是原始数据集的一部分,因此将其指定为空标签。
            padded_labels.append(null_label_id)

        # 如果不是以上任何一项
        else:

            # 此标记对应于原始标记之一,因此将其指定为原始标签

            # 查找此标记的标签
            label_str = orig_labels[orig_labels_i]

            # 将标签映射到其ID,然后指定它
            padded_labels.append(label_map[label_str])

            # 将索引增加到原始标签列表中
            orig_labels_i += 1

```

```
# 如果转换是正确的,那么新的填充标记的列表与标记化句子的长度相等。
assert(len(sen) = = len(padded_labels))

#存储此句子的更新标签列表
new_labels.append(padded_labels)
```

看一个例子,来查看一下变化的结果,其代码实现:

```
print('\\nSentence:     ', sentences[2])
print('\\nLabels:       ', labels[2])
print('\\nBERT Tokens: ', tokenizer.tokenize(' '.join(sentences[2])))
print('\\nToken IDs:    ', input_ids[2])
print('\\nMask:         ', attention_masks[2])
print('\\nNew Labels:   ', new_labels[2])
```

运行结果为:

```
Sentence:['any', 'bbq', 'places', 'open', 'before', '5', 'nearby']

Labels:['O', 'B - Cuisine', 'O', 'B - Hours', 'I - Hours', 'I - Hours', 'B - Location']

BERT Tokens:['any', 'bb', '##q', 'places', 'open', 'before', '5', 'nearby']

Token IDs:tensor([  101,  2151, 22861,  4160,  3182,  2330,  2077,
1019,  3518,  102,
           0,    0,    0,    0,    0,    0,    0,    0,    0,    0,
           0,    0,    0,    0,    0,    0,    0,    0,    0,    0,
           0,    0,    0,    0,    0,    0,    0,    0,    0,    0,
           0,    0,    0,    0,    0,    0,    0,    0,    0,    0])

Mask:         tensor([1, 1, 1, 1, 1, 1, 1, 1, 1, 1, 0, 0, 0, 0, 0, 0, 0, 0,
0, 0, 0, 0, 0, 0,
        0, 0, 0, 0, 0, 0, 0, 0, 0, 0, 0, 0, 0, 0, 0, 0, 0, 0, 0, 0, 0, 0, 0, 0,
        0, 0])

New Labels:   [-100, 13, 3, -100, 13, 0, 14, 14, 8, -100, -100, -100,
-100, -100, -100, -100, -100, -100, -100, -100, -100, -100, -100, -100,
```

-100, -100]

输入这样一句话['any', 'bbq', 'places', 'open', 'before', '5', 'nearby'],将它标记成了不同的标签:['O', 'B-Cuisine', 'O', 'B-Hours', 'I-Hours', 'I-Hours', 'B-Location'],然后变成了 Token IDs 及 Mask,忽略掉空标签以后生成了新标签(New Labels)。

构建 DataLoader 的代码实现:

```
# 将列表转换为 PyTorch 张量
# input_ids 是张量数组的列表,将它们转换成矩阵
pt_input_ids = torch.stack(input_ids, dim=0)
# attention_masks 是张量数组的列表,将它们转换成矩阵
pt_attention_masks = torch.stack(attention_masks, dim=0)
#标签是列表的列表。将其转换为张量矩阵
pt_labels = torch.tensor(new_labels, dtype=torch.long)
#设置批次大小
batch_size = 32
#创建 DataLoader.
prediction_data = TensorDataset(pt_input_ids, pt_attention_masks, pt_labels)
prediction_sampler = SequentialSampler(prediction_data)
prediction_dataloader = DataLoader(prediction_data, sampler=prediction_sampler, batch_size=batch_size)
```

准备好测试集后,就开始进行训练,把数据都传进去,生成测试集的预测值。

基于测试集预测的代码实现:

```
#测试集预测
print('Predicting labels for {:,} test sentences...'.format(len(pt_input_ids)))
```

```
5. #将模型置于评测模式
6. model.eval()
7.
8. #跟踪变量
9. predictions , true_labels = [ ], [ ]
10.
11. #预测
12. for batch in prediction_dataloader:
13.   #将批次添加到 GPU
14.   batch = tuple(t.to(device) for t in batch)
15.
16.   #从 数据加载器中解压缩输入
17.   b_input_ids, b_input_mask, b_labels = batch
18.
19.   #告诉模型不要计算或存储梯度,节省内存并加快预测速度
20.   with torch.no_grad():
21.       #前向传播计算 logit 预测
22.       outputs = model(b_input_ids, token_type_ids = None,
23.                       attention_mask = b_input_mask)
24.
25.   logits = outputs[0]
26.
27.   #将 ogits 和标签转换到 CPU
28.   logits = logits.detach().cpu().numpy()
29.   label_ids = b_labels.to('cpu').numpy()
30.
31.   #存储预测和实际标签
32.   predictions.append(logits)
33.   true_labels.append(label_ids)
34.
35. print('    DONE.')
```

上段代码中第 22 行把数据传入 model 进行训练。

这时候会涉及误差的评测，这里使用了 F1 Score，它是 sklearn.metrics 中的内容。从学习或实验的角度看，大多数做传统学习算法时，都要使用 sklearn 库，因为它比较方便。接下来要给预测进行打分，先对结果进行一些维度调整。

维度调整的代码实现：

```
1. from sklearn.metrics import f1_score
2.
3. # 首先合并各批次的结果
4. all_predictions = np.concatenate(predictions, axis = 0)
5. all_true_labels = np.concatenate(true_labels, axis = 0)
6.
7. print("After flattening the batches, the predictions have shape:")
8. print("    ", all_predictions.shape)
9.
10. #   接下来删掉第三维度(axis 2),它包含所有 18 个标签的分数
11.
12. # 对于每个标记,选择得分最高的标签
13. predicted_label_ids = np.argmax(all_predictions, axis = 2)
14.
15. print("\nAfter choosing the highest scoring label for each token:")
16. print("    ", predicted_label_ids.shape)
17.
18. #   为了得分,实际上并不关心不同的句子,只是看看模型是否对单个标记
    做出了正确的预测
19.
20. # 删除对应于句子的轴 0
21. predicted_label_ids = np.concatenate(predicted_label_ids, axis = 0)
22. all_true_labels = np.concatenate(all_true_labels, axis = 0)
23.
24. print("\nAfter flattening the sentences, we have predictions:")
25. print("    ", predicted_label_ids.shape)
26. print("and ground truth:")
27. print("    ", all_true_labels.shape)
```

上段代码中第 4 行、第 5 行合并预测值、实际值各批次的结果。

运行结果为:

```
After flattening the batches, the predictions have shape:
    (1521, 50, 18)

After choosing the highest scoring label for each token:
    (1521, 50)
```

```
After flattening the sentences, we have predictions:
    (76050,)
and ground truth:
    (76050,)
```

在对预测进行 F1 评分之前，删除所有标记为空的标记，因为不需要关心这些标记。在 NER 系统中，忽略特殊标记的预测（如"CLS"、"SEP"和"PAD"），对划分多个字词的单词使用第一个词的预测值。

删除空标签的代码实现：

```
1. # 构建不包含任何空标记的新预测列表
2. real_token_predictions = [ ]
3. real_token_labels = [ ]
4.
5. # 对于数据集中的每个输入标记
6. for i in range(len(all_true_labels)):
7.
8.     # 如果它不是带有空标签的标记
9.     if not all_true_labels[i] == -100:
10.
11.         # 将预测和实际值到列表中
12.         real_token_predictions.append(predicted_label_ids[i])
13.         real_token_labels.append(all_true_labels[i])
14.
15. print("Before filtering out `null` tokens, length = {:,}".format(len
    (all_true_labels)))
16. print(" After filtering out `null` tokens, length = {:,}".format(len
    (real_token_labels)))
```

上段代码中第 9 行进行逻辑判断，去掉带有空标签的标记。

运行结果为：

```
Before filtering out `null` tokens, length = 76,050
 After filtering out `null` tokens, length = 14,256
```

最终计算 F1 得分的代码实现：

```
from sklearn.metrics import f1_score

#  计算 F1 得分，因为这是一个多类问题，必须设置平均参数
```

```
4. f1 = f1_score(real_token_labels, real_token_predictions, average='
   micro')
5.
6. print ("F1 score: {:.2%}".format(f1))
```

F1 得分的运行结果为 91.92%

```
F1 score: 91.92%
```

这是本节跟大家分享的餐馆 NER 的案例，通过微调 BERT，可以用最少的训练时间快速创建高质量的 NER 模型，还有一篇论文也推荐给大家，论文标题是"*Exploring Named Entity Recognition As an Auxiliary Task for Slot Filling in Conversational Language Understanding*"，论文链接是 https://aclanthology.org/W18-5711.pdf。这篇论文是从自然语言理解的角度，来看关于命名实体识别 NER 的处理，它的一个特殊性是在会话语言理解(Conversational Language Understanding)的场景中，进行词槽填充(Slot filling)，这是一篇不错的文章，涉及一些多任务的内容。

我们谈 BERT 时，谈它有"CLS"标记，很多时候是从句子的视角来进行分类，而 NER 是从标记的视角来进行分类，它们的思路是完全一样的，都是按照 BERT 模型的方式进行输入，输出的时候都是通过一个线性分类器，先进行线性转换，把 BERT 训练后或表达的信息进行线性操作，映射到子任务的空间，然后在子任务空间会得到一些结果，结果就是表达相关度，再通过 softmax 等相关的技术进行概率的判断。核心其实是要准备好输入，准备好标签，计算误差转过来调整模型。它本质就是一个分类器，前提是要很好表达类别，NLP 最终的核心竞争力其实是两点：第一，怎么能更好表达信息？第二，怎么能对信息进行状态管理？对于分类，传统机器学算法或者现在的很多机器学习算法，其实只要数据足够优质，很普通的模型也会取得很好的效果。

我们现在谈的 NER，其经典的做法是基于 Transformer 和 CRF 结合，CRF 本身无论从推理速度还是质量上都很不错，但是信息表达能力不够，而 Transformer 正好弥补了这些内容，但实时在线时会考虑一些优化技术。

8.2　BERT 命名实体识别 NER 案例实战之 CRF 和 BERT 的对比及 NER 原理剖析

命名实体识别，无论是传统经典的机器学习或是人工智能算法，还是以神经网络为核心的新一代算法，都有一个核心内容，它们的本质是信息提取(Information Extraction)，获得一个文本。如何从里面提取信息，是 NER 核心要完成的功能，对于实际的工作或者实际的研究至关重要，例如在服务行业或者餐饮行业中，消费者咨

询问题,给菜品或服务进行评价,一般都是以文本的方式,有时也会以语音的方式,但无论是文本还是语音还是其他的方式,最终都会获得文本的方式。语音可以变成文本,图片也可以变成文本,具体的转变有人工智能背后技术的支撑,最终获得的结果其实就是一个文本(Text),怎么围绕这个文本提取出想要的信息,这就是 NER,它会很有效去改善我们的服务。如果能够用一套机器学习算法和人工智能算法自动完成这个过程,可以极大节省人工阅读的成本,这不仅对于餐饮业或一些线上的服务业,对于医疗等相关的领域也是非常重要的。无论是传统的机器学习方法、现代化的机器学习方法,还是以神经网络为核心的机器学习方法,NER 都是核心中的核心。

如果整个 NLP 领域有两件最重要的事情,第一件事情一定是意图识别,第二件就是 NER。我们做星空智能对话机器人的过程中,有三件核心工作,其中两件是意图识别和 NER,意图识别涉及具体想干什么,这是一个定性的问题,一个系统会支持很多不同的意图,这是大方向的大局观 (Big Picture),即决定了走哪一条路线。在我们的对话机器人中,NER 是比较精细的,类似一个定量的问题,在确定要做什么的情况下,采用哪些信息,在对话机器人中,就是以变量的方式进行存储,可能有会话级别的变量,也有比较持久级别的变量。

在整个对话机器人中,意图识别和 NER 是三大核心的两大核心,另外还有一大核心是状态管理,状态管理是最复杂的内容,一旦涉及状态,会有时间上的问题,也会有空间上的问题,还会有不同用户的身份 ID 的问题,如果对话机器人同时服务大量的用户,如服务 1 亿个用户。状态管理是一个非常复杂的问题,无论是传统的服务业,还是医疗行业、教育行业,例如通过一个线上教育系统去学习,然后进行回复、学习讨论等,NER 系统会发挥非常重要的作用,给用户推荐一下最想要的问题,这是通过机器学习算法自动完成的。我们做的星空智能对话机器人迭代超过了 50 个核心版本,NER 在对话机器人里面具有核心的地位。

围绕这些内容,产生了传统的经典算法和现代化的算法,传统经典算法的巅峰是条件随机场(conditional random field,CRF),如果想研究一个正宗的机器学习算法,可以围绕 NER 命名实体识别研究 CRF,这在经典的学习算法中是一个类似珠穆朗玛峰一样的存在,把它掌握了,从理论上讲,传统的机器学习算法都不会有问题,其他的机器学习算法只是花时间探索的事情。为什么给 CRF 做 NER 给予这么高的评价,其中一个非常重要的点就在于它的复杂度来源于状态的管理,条件随机场它的场显然涉及状态,它的上下文知道从 A 到 B 到 C 转换,它会有一个转移矩阵,我们将有一个专门围绕 NER 系列主题的分享,涵盖传统和现代的经典内容。

从技术的角度,现代化的 NER 是以神经网络为核心,例如 LSTM,但现在业界使用最多的是以 BERT 为核心来做 NER 的。我们的星空智能对话机器人,最开始的时候也是采用了 BERT 做 NER,单独采用训练素材训练 BERT 模型, 进行 NER

线上推理时，如果不太考虑时间的维度，它是一个非常理想的选择，背后是源于BERT强大的信息表达能力，尤其是双向多头注意力机制，但转过来讲，对话机器人在线上是实时的交互，响应时间基本上是毫秒级别，例如5毫秒、10毫秒以内的延迟，在这种延迟情况下BERT就不行了。两年多以前，作者在实现星空智能对话机器人时就把BERT去掉了，通过自己手写的Transformer加上其他的一些技术来实现。

从技术的角度看，在业界想要深入探索，必须面临一个问题，已经有了传统经典的CRF，为什么还要用BERT新一代的技术来做NER命名实体识别？CRF是传统的机器学算法的巅峰，这背后有很多技术的原因，不展开谈这个内容。这里主要谈BERT微调在NER方面的运用，CRF确实很强，但CRF的一个核心弱点是信息表达能力不行，给CRF扣这个弱点的帽子，对它本身有点不太公平，因为它本身是一项经典的传统技术，当CRF产生时，也不是没有神经网络，神经网络其实很早时间就有了，但是那时候CRF思考的背景没有从信息表达角度来更好地表示信息，所以信息表达能力不行是CRF核心的软肋，而信息表达是Transformer整个架构的核心优势。Transformer一切的魔法都在它对信息的编码和表达方面，很多时，在实际的情况中，都会用Transformer模型表示这个信息，表示信息的结果是向量，例如可以使用BERT的"CLS"标记，产生一个向量表示整个全局的信息，尤其是类别级别的信息，结果也可以是矩阵，因为可能选了很多标记来表示信息，每个标记都是一个向量，它会构成了一个矩阵。有一个很好信息表达方式，可以输给CRF或其他类似的模型。要想研究新一代的神经网络，尤其是Transformer和传统经典的算法怎么结合，在现实中具有重大的意义，Transformer或BERT加上CRF都是一个非常不错的选择，这就是现代的神经网络算法和传统经典学习结合的经典的案例。

BERT＋LSTM＋CRF是一段时间内一个经典的架构，这是双向LSTM，如图8-7所示。

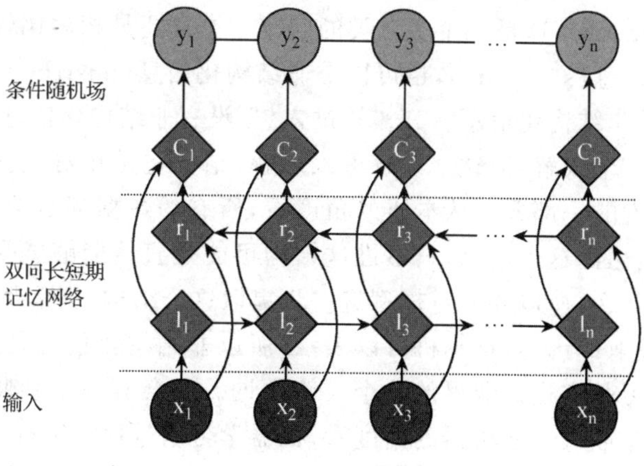

图8-7　BiLSTM＋CRF

BERT 表达的这个信息,把信息变成 x_1、x_2、x_3,这时的词嵌入信息是用 BERT 或者 Transformer 等其他的模型去完成的。从传统经典的技术角度看,输入的内容经过了 LSTM 进行编码,然后交给 CRF 编码产出结果,一般是向量或矩阵。很多时候是矩阵,从 CRF 的角度,y_1、y_2、y_3是一个序列,从 y_1 到 y_2 有一个条件,y_2 是在 y_1 的情况下出现的。它会有一个状态转移的条件,状态转移可以用不同的表达方式,使用矩阵来代表这个状态的转移。使用 BiLSTM 双向的 LSTM 方式来多元化表达信息。从这幅图的角度,首先从左到右,然后从右到左,把两者的信息融合起来,这其实是在试图模仿 BERT,只不过它的双向其实是单向的,从结果呈现的角度看上去像是双向的,它想增加模型的复杂度,同时更好表达,但是如果有 BERT,显然没有必要用 LSTM 了。想要增加复杂度,可以在 BERT 模型多增加几层编码层,在输出端的时候使用 CRF 这个模型。CRF 本身可以认为是进行了一个线性转换,LSTM 产出的结果会通过一个线性转换交给 CRF 对命名实体进行识别。

命名实体识别本身到底是什么?这个问题肯定是要搞清楚的。NER 是信息提取的子任务,旨在将非结构化文本中提到的命名实体定位,并分类为预定义类别(NER is a subtask of information extraction that seeks to locate and classify named entities mentioned in unstructured text into pre - defined categories),NER 是信息抽取(Information extraction)的一个子任务,它的目标是定位和分类(locate and classify),首先是定位,然后是分类,这两个词涵盖了编程绝大多数的精髓。无论通过什么语言、什么框架和平台编程,最重要的工作就是定位和分类,例如指针、对象、按 Key 值进行各种分类、分组算法等。第一步都是定位,完成定位之后,然后完成分类编程,没有什么玄乎或者玄妙的东西,写代码进行定位,分组之后根据业务逻辑进行各种比较的操作。其实整个写代码的过程基本上都是定位和分类,还有一个元素是高并发的情况,定位、分类、高并发,这三者基本上涵盖了写代码的所有事情。从命名实体识别的角度看,要定位的其实是一个实体,定位了之后,要转过来对它进行一个分类操作。例如它可能是一个组织(organization),一个产品(product),一个日期(date),也可能是一个人(person),这是一个多分类的问题。本身还是相对比较简单的,数据来源可以是结构化信息(structure),也可以是非结构化信息(unstructure),很多时候谈文本时,谈的都是非结构化信息。其实转过来想,没有非结构化信息的,结构化信息、非结构化信息是一个误解,但这个误解可以理解,结构化是相对数据库而言的,但数据库只是所有技术的一部分。从本质的角度看,所有的数据都是结构化信息。如果没有结构,怎么表达出这个信息,只不过这结构可能是直接能够感受到的,也可能不知道这个结构是什么,所以要通过模型进一步提取这个结构,更重要的是无论什么情况下,人都无法读取的内容,计算机可以表示,所以非结构化信息是业界的一个误解的词非监督性学习其实也是业界的一个误解的词。它会有一个参照点,非监督性学习的参照点就是参照人。从机器的角度看,机器学习的过程一定有一个参照物,如无论通过什么方式呈现这个标签,或按什么标签做判断依据,否则无法进行拟合,这是

背后的一些内容，我们稍微进行了一些延伸，会把这些实体分类为预定义好的类别，这些预定好的类别从哪里产生？肯定是根据领域专家知识或者标记的数据中提取出来的，例如 person names、organizations、locations、medical codes、time expressions、quantities、monetary values、percentages 等，图 8－8 是一个 NER 示例，"But Google is starting from behind. The company made a late push into hardware, and Apple's Siri available on iPhones and Amazon's Alexa software, which runs on its Echo and Dot devices, have clear leads in consumer adoption. "，

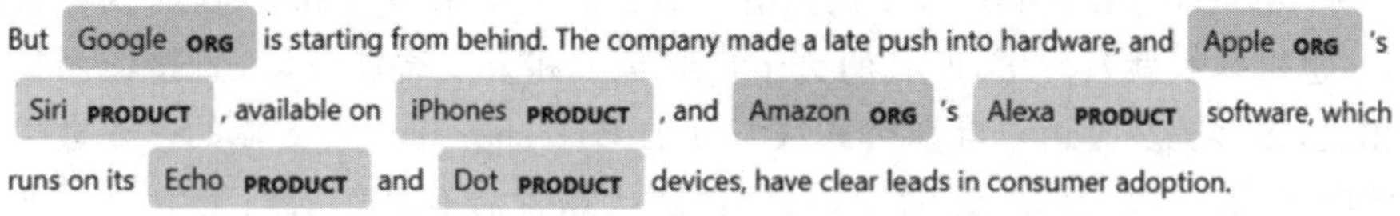

图 8－8　NER 示例

其中 Google 是一个组织实体(ORG)，Apple 是一个组织实体(ORG)，Siri 是一个产品实体(PRODUCT)，iPhone 也是一个产品实体(PRODUCT)等。

图 8－9 所示的情况是另一个 NER 示例，"Ousted WeWork founder Adam Neumann lists his Manhattan penthouse for ＄37.5 million"中 WeWork 是一个组织实体(organization)，Adam Neumann 是一个人员实体(person)，Manhattan 是一个地点实体(location)，＄37.5 million 是一个货币价值实体(monetary value)。

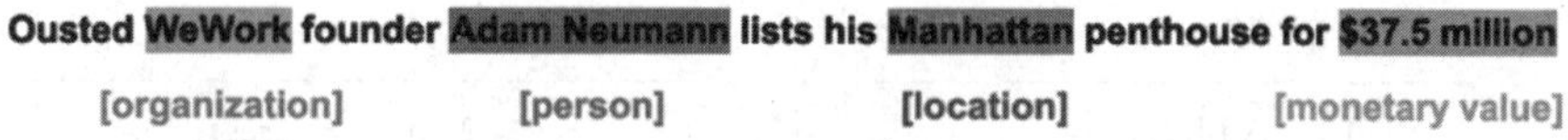

图 8－9　NER 示例

图 8－10 是 NER 标注结果的示意图，通过高亮的不同颜色标注了每一个实体。

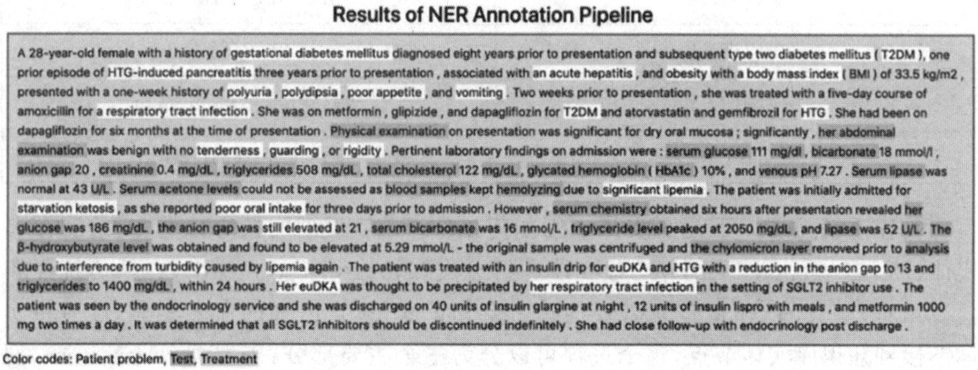

图 8－10　NER 标注

看见的这些标识可能是机器学习模型直接给的,要获得这样一个结果。首先需要进行标注,让机器学习模型知道每个实体的内容,例如 iPhone 是一个产品,但 Apple 这个单词比较典型,之所以比较典型,因为 Apple 既是一个产品,也是一个组织机构,它反映了内部的一些技术内幕级别的东西,Apple 在不同上下文下显然是有不同的意思,它是一个水果(fruit),是某个具体的产品,是一个组织机构。这时候模型应该具有识别能力,识别出它属于哪些类别,可能有歧义的部分,这个过程叫消歧的过程。从技术本质的角度看,消除歧义过程会涉及条件概率技术,在什么条件下 Apple 是一个组织(organization),在什么情况下它是一个水果(fruit),这时候会突然发现,当然也可能早就发现了,所有的关于机器学习和人工智能背后,直接或间接跟贝叶斯相关,多多少少是由贝叶斯公式或背后的 Bayesian 理念去支撑的。在做条件随机场的时候,有很多概率统计的知识,条件随机场背后有马尔科夫链等一系列的内容,马尔可夫链是一个序列的链条,是一个条件概率链,CRF 既涉及条件概率,又涉及序列链条,也涉及状态转移,所以它在传统经典的机器学习中有足够多的复杂度,有足够的应用场景。如表 8－3 所列,这边有很多实体类别 organization、person、location、date、time、money、 percent、facility、gpe 等。

表 8－3　NER 实体

Named Entity Type	Example
ORGANIZATION	WHO
PERSON	President Obama
LOCATION	Mount Everest
DATE	2020－7－10
TIME	12:50 P. M.
MONEY	One Million Dollars
PERCENT	98.24%
FACILITY	Washington Monument
GPE	North West America

具体系统得看一下命名实体识别如何工作,NER 模型的核心分两步:检测命名实体(Detect a named entity)、对实体进行分类(Categorize the entity),从传统经典的视角看,广义的 NER 首先需要构建一个知识库,包含已知的命名实体,然后将实体链接到知识库实体节点,这个过程可以分为三个主要部分:提取器(Extractor)、搜索器(Searcher)和消歧器(Disambiguator)。提取器是对命名实体的检测和准备,提取阶段包括词性标注、标记化、句子边界检测、大写规则和文档内的共同引用,搜索器

是为提及词生成一组候选实体的过程，在这个阶段，可以利用标题、消歧页面和其他源自维基百科的别名来捕获同义词，搜索器应该平衡精度和召回，以捕获正确的实体，同时保持一个小的候选集，以减少消除歧义所需的计算量。提高消歧效率的一种方法是减少必须考虑的候选词的数量，正确的候选者并不总是搜索器返回的第一个候选者；消歧器在消除歧义时，会选择最佳实体。不过目前看见的这些内容，说到底都是规则系统，CRF 是更高级别的内容，也有点超越规则的味道，类似于神经网络的这样一种感受。图 8－11 即是 NER 命名实体识别的一个示例。

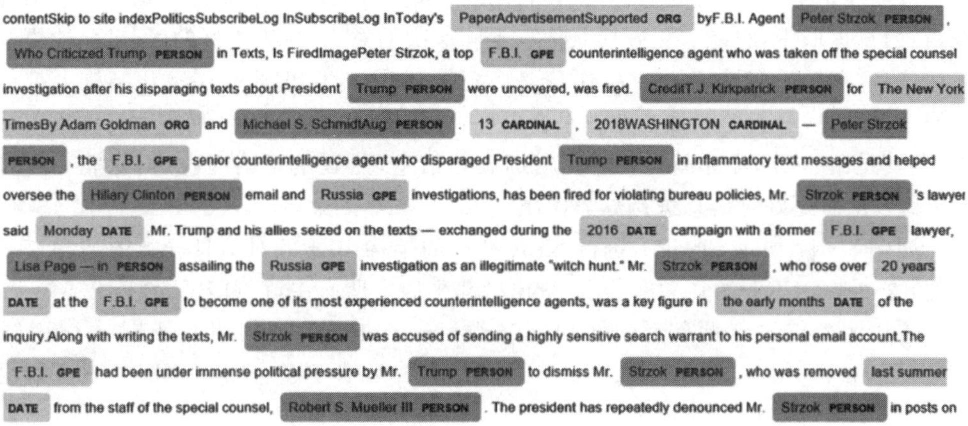

图 8－11　NER 示例

大家想，通过神经网络来做 NER 实体识别，有了传统的 CRF 或经典的一些 NER 算法，为什么还要用 BERT 神经网络？除了 CRF 或传统的机器学习在信息表示上能力不足，还有其他的原因，现代化的神经网络模型 BERT 对信息表达比传统的机器算法更好。传统算法都是规则类型的，把信息作为独立的个体，通过共现的方式，再加上贝叶斯的一些公式构建信息之间的关联。即使有信息之间的关联，包括条件随机场，基本上也都是一个巅峰性的信息关联的表达，并不能很好进入信息内部，这就好像达尔文的进化论，它是一个进化的思想，会从环境、物种或动物、植物特征与环境的交互来研究演化的一个过程，但没能从基因内部回答为什么，而是仅看见了物理规律以及物种跟现实环境相互交互的一些演变规律，并没回答基因内部的机制，为什么会有一些突变等内容，类似这些传统的 NER 技术没有很好地对信息内部结构或者规律进行很好的探索。而神经网络之所以非常强大，一个很重要的原因是在于神经网络能代表结构化的层次信息，从 NLP 的角度看，开始捕获的信息可能是标记或者词汇级别的，然后是语法、句法级别的，接着是语义级别的，甚至还可以有更高程度的抽象，而传统的方法很难做到，不是说很难而是做不到这样。如果神经网络能够捕获层次信息，在提取信息的时候，准确度会更高，更合理。尤其是对一个实体有多种不同的表示，一个实体有多种不同的意思，它可能属于不同类别的情况下，会得出

一个结论,这个结论就是围绕神经网络或 Transformer 的这些模型,肯定会逐渐完全统治整个命名实体识别领域,而现在只是有一步没有做到,在线上实时推理的时候,它的速度会有些问题,但这些问题其实都能很好解决。我们在做星空智能对话机器人的过程中,作者最开始使用 BERT 去做命名实体识别,但后来发现太慢了,就直接改用 Transformer 的模型来适应线上的实时推理,而且是小数据级别的。如果不具有改模型或改框架的能力,直接用 BERT 模型也没问题,使用 BERT 训练出不同的信息表示,作为词嵌入输入给 CRF 模型,在线上实际推理时,可以使用一些蒸馏技术或者裁剪技术等,这些都是神经网络的优化技术。归根结底是 BERT 要进行信息提取,在信息提取中,它能够更好捕获信息不同层次的意思,带来更好的区分度,能更好表达信息,多层次多维度的表达,无论是在宽度还是深度上,还是层次化结构上都能更好表达信息,分类的时候自然效果会更好,分类质量也会更好。其实我们做人工智能,尤其是做 NLP,无非就是更好更精细表达信息,然后基于精细表达,能捕获更多的内容 ,从而更好对信息进行分类操作。

如图 8-12 所示,BERT 进行 NER 处理的架构 BERT 对信息分类的架构是一样的,这也是 BERT 的强大之处,一个模型几乎做了所有主流 NLP 的事情。

这边输入信息有两句话:[CLS] Meloxicam chemical - induced liver toxicity [SEP] Can you detect chemical entities like sodium or RA or cannabis ? (SEP],会把这些文本信息按三个嵌入式向量的层次,以输入向量的方式,组合内容嵌入向量、位置嵌入向量、句子对嵌入向量,使用 BERT 最重要的是输入,把输入变成 BERT 需要的格式,把它输入给 BERT,交给 BERT 内部的神经网络进行处理。BERT 进行处理可能有很多层,关键是输出时,对每个标记都会有一个向量代表,这代表会通过神经网络的线性操作,通过 softmax 等相关的算法把它变成概率,基于这个概率会进行一个排序,判断它是实体以及哪一类的实体,有多大的概率,会把输入的内容进行实体标记并且分类。例如这边给了一个结果,Chemical entities: Meloxicam,表明单词"Meloxicam"是一个实体。

使用 BERT 这个模型,不太用做内部的事情,这也是 BERT 流行的一个很重要的原因,从一个学习者的角度和一般研究者的角度看,其核心要关注的是数据怎么变成 BERT 需要的输入格式。除了输入之外,最重要的要看以什么依据来训练网络,训练时肯定是手动打标签,会有很多标签,会命名这个单词是一个地方或是一个具体的评价等,可以自定义很多的实体,会从神经网络预测的结果和实际的结果(Ground Truth)进行比较,然后形成误差,形成误差之后,会经过反向传播训练网络,不断训练,这个网络就会变成适配具体领域的内容。

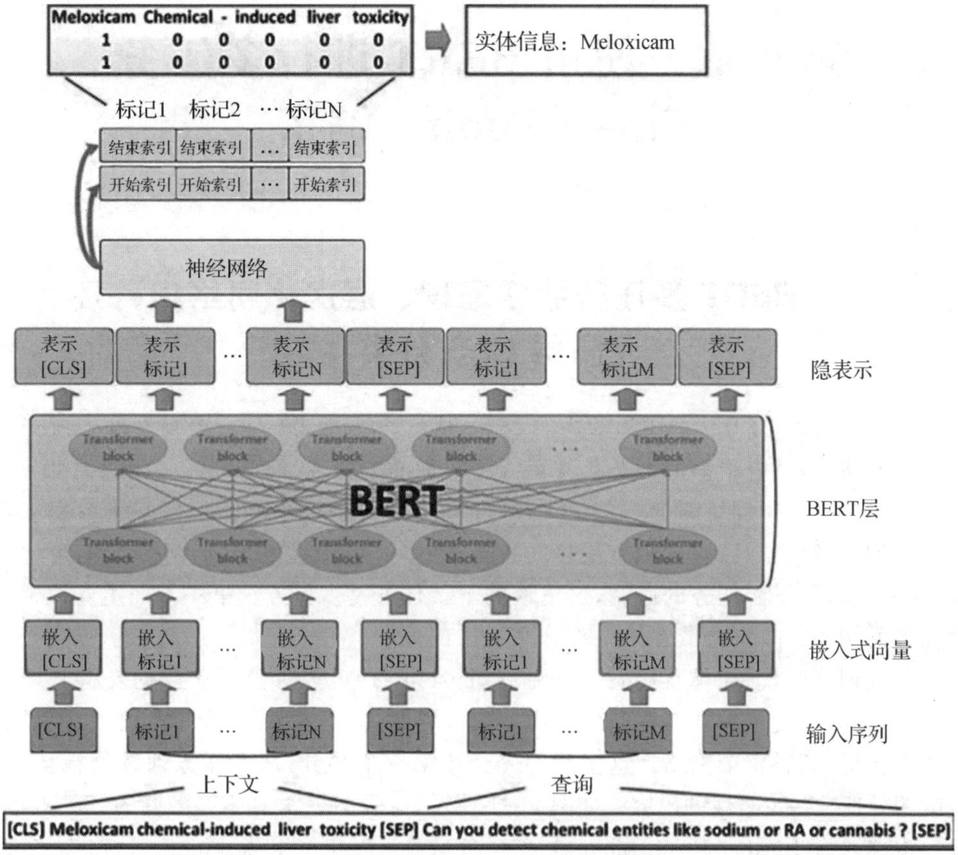

图 8 - 12　BERT NER

第 9 章　使用 BERT 进行多任务 Fine - Tuning 解密

9.1　BERT 多任务数学原理、层次化网络内幕及高层 CLS 分类

本节主要谈 BERT 多任务的内容，会分成三个方面，第一是微调本身一些最佳实践的策略，微调有很多的细节化或者工程落地的内容，我们会进行一些相关细节分享。第二部分是预训练时的一些优化，神经网络本身是一个能够很好基于数据来拟合出模型的高效工具，它内部有很多的智慧，或者一些未经发现的保障，我们也会进行一些分享，如下游任务的微调，这里谈的下游任务是多任务。第三方面主要谈一个多任务的例子。重点会放在第一部分和第二部分。

在预训练时代，如果直接做一个基线（baseline），很多时候要求数据要符合框架的要求，同时在输出端要有标签化的内容来计算误差，让框架能够计算误差，然后进行反向传播，调整整个网络。这里我们先介绍第一个部分，从多任务训练的视角，进行微调处理一些策略性的内容。如图 9 - 1 所示，这幅图表明 BERT 微调的三种方法：进一步预训练（Further Pre - training）、单任务微调（Single - Task Fine - Tuning）、多任务微调（Multi - Task Fine - Tuning），对下游的任务进行微调的基本架构流程图，重点是多任务微调的过程。

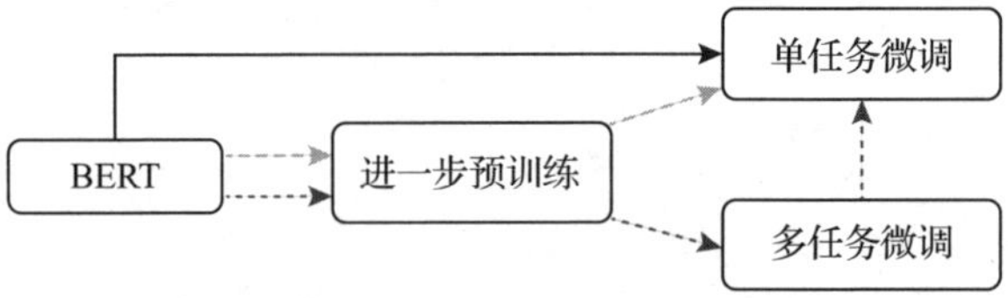

图 9 - 1　微调 BERT 的三种方法

从正常的角度理解，有了 BERT 架构，然后会进行预训练，把预训练后的网络，通过设立很多标签，对下游监督式学习的任务进行微调，这是传统意义上 BERT 预训练和工作的基本机制。这里要谈的内容和传统的内容会稍微有所不同，不同的地方有几点，第一是 Further Pre - training，即进一步的或者更深度的预训练，什么叫 Further Pre - training？这要打一个问号。第二是 Multi - Task Fine - Tuning，什么叫 Multi - Task Fine - Tuning？它内部的架构机制是怎么回事？下面会跟大家一一

进行分享。

其实，整个 BERT 在工作的时候，它其实是一个分类器，无论是单任务还是多任务，是聚焦全局的标记还是聚焦局部的标记，无论是什么一个情况，其本质都是一个分类。全局就是整个句子级别，或若干个句子级别，局部就是聚焦于标记，例如做 NER 命名实体识别时，就是聚焦局部的一个很好的例子。BERT 之所以很出色，就在于它能够捕捉领域通用的语义信息，同时它能够更精细表达输入的内容，以向量或者矩阵方式输出提供给下游任务，因此在使用 BERT 成果时，会非常容易，因为只需要加上一个线性转换，然后再加上具体任务就可以进行处理。我们可以看见在很多场景，以及在工程落地进行分类时，BERT 会和很多传统的机器学习算法结合，会把 BERT 作为整个训练或者整个推理的一个前提性的阶段，因为它的信息表达能力更强。以向量的方式提供了易于使用的接口，能更方便让传统机器学习算法或基于神经网络的算法，例如 LSTM 或者双向 LSTM 拥有更强大的能力。无论是一种什么样的使用方式，它的核心是条件概率：$\boldsymbol{P}(\boldsymbol{c}\mid\boldsymbol{h})=\mathbf{softmax}(\boldsymbol{Wh})$，P(c|h)中的 h 是什么？h 就是隐状态(hidden state)或者隐向量(hidden vector)，整个 BERT 模型本身可能有 12 个编码层，输入嵌入式向量经过了 BERT 多层编码器，进行处理之后会生成的一个信息，这个信息可能就是“CLS”标记，这也是最开始的标记所代表的全局信息。也可能是中间一个具体的标记来代表一个实体(Entity)，或某几个标记来代表一个实体(Entity)，或问答任务中的一个区域(Span)级别的操作。无论是哪种方式，其实都是 $\boldsymbol{P}(\boldsymbol{c}\mid\boldsymbol{h})$ 条件概率的方式，是一种条件概率的理念，h 是来自于 BERT 提供的信息表示，$P(\boldsymbol{c}\mid\boldsymbol{h})$ 中的 c 是类别(category)，无论是训练还是预测，两者的理念基本是一致的。从线上预测的角度看，有了隐状态，无论进行什么级别的任务，c 都能够最大化，即想要的目标类别能够最大化。例如不同类别的情绪状态，那么对一些文本的评论分析中可能有一些攻击的语言，通常攻击语言也有很多不同的种类，但无论是哪种方式，都有不同的类别，这个过程是一步一步走过来的。先有输入的嵌入式向量，然后由 12 个或更多或更少的编码层，把输入的嵌入式向量变成一个隐向量。有了隐向量 h，在输出的时候即可以它为前提，转过来通过一个线性转换，很好地获得目标的类别。它总共分成这三步，而且前后是一个流式的过程，就像做大数据时，例如做 Spark 或者 Flink，应该对流式的概念很清楚。流式思维的本质是什么？流式思维的本质是生产者消费者构成的链条，它由生产者、消费者构成，必不可少的核心环节是消息队列或者缓存区间。做 BERT 时，如果是做严肃的数学研究，或严肃的工业落地场景，基本上也会是流式思维。很多时候在做实际工作时，要面临对数据的具体处理，数据从输入端变成嵌入式向量，这是第一步，相当于最开始的原始数据生产成了嵌入式向量。整个 BERT 会消费输入嵌入式向量的内容，在消费的过程中，要进行一系列的转换，经过内部的一些线性和非线性操作之后，它会产生一个隐状态或者隐向量。BERT 消费了输入的内容，会产出一个信息的代表，这个信息的内容又会输入给下游的任务。如果用数学的公式来表达流式计算，就是条件概率。我们现在

看见的 $P(\boldsymbol{c}|\boldsymbol{h})$ 中的 h,其隐状态 h 实际上是 BERT 生产后的内容,隐状态是 BERT 在上游的产出传递给下游任务。下游任务对生产后的隐状态进行消费,即进行一个线性的操作,然后进行具体分类。条件概率 $P(\boldsymbol{c}|\boldsymbol{h})$ 是一种数学表达。如果读者特别喜欢写论文,本书已经为大家提供了一个很好的论文思维点,即如果聚焦于大数据的研究,可以基于贝叶斯的视角去研究大数据,写一篇很不错的博士论文。这里把大数据、人工智能、数学的很多内容进行了跨界融合,观点令人耳目一新。从讲课的角度看,在大数据业界,本书提出的,至少是中国和美国首次提出流式的过程,即贝叶斯的过程就是条件概率,而条件概率落实的工程级别就是生产者和消费者模式。当然这是本书的一家之言。

生产者和消费者的条件概率模式其实跟 BERT 进行微调或者预训练有直接紧密的关系。在微调的过程中,要消费 BERT 模型本身生产的向量或矩阵,信息会从上游不断流到下游。微调要调整整个数据流动链条中的不同环节,这是生产者、消费者的模式。流式思维之所以很强大,在工程实践应用也会很厉害,除了并发性能等优点,一个很重要的方面就在于它可以很方便锁定问题所在的地方。如果有流式思维,优化局部其实就是在优化全局。做人工智能或者做大数据的人,无论写什么代码都应该具有流式思维,说到底其背后是数据的流动,数据从一个地方流动到另一个地方,从 A 传递到 B。在这个传递的过程中加上消息队列或者缓存,是最原始的写代码的方式,这里面涉及代码的操作。代码和数据本身构成了基本的程序,在最原始、最原生的基础上通过流式的思维封装这个过程,并把它运用在人工智能方面。所以无论是做大数据还是做人工智能还是做普通的编程,这都是一个非常好的思维,尤其要想定位错误和优化,优化局部就得优化全局,流式的链条很容易定位错误或性能瓶颈所在的地方。

再次看图 9-1 这张图,使用 BERT 把隐状态传给了下游任务,BERT 会经过初步的训练,初步训练的结果是它会对信息进行信息呈现,BERT 开始训练是通用的,下一步进行微调时,可以用整个领域的数据,再转过来使用流式的链条,通过领域专家级别的数据对它进行进一步的预训练(Further Pre-training),然后在前面的基础上进行状态的更新。这个状态更新是最大后验概率(MAP),再在这一步的基础上,实现单任务微调(Single-Task Fine-Tuning)、多任务微调(Multi-Task Fine-Tuning),这种级别的微调是一个流水线的过程。

我们看 BERT 具体微调,如图 9-2 所示。

无论是单个句子(Single sentence X)级别,还是句子对(a sentence pair (X_1, X_2))级别的内容,输入之后,BERT 都变成了一个共享层(Shared layers),变成一个共享的知识空间(knowledge base)。拥有了知识空间之后,下游可以做各种事情,例如文本相似性(Text similarity)、关系提取(Relation extraction)、推理预测(Inference)或者命名实体识别(Named Entity Recognition,NER),其中关系抽取是 $P(c|X)$ 贝叶斯的部分,文本相似性是两个向量的相对比较,关系抽取、推理预测、命名实体识别这

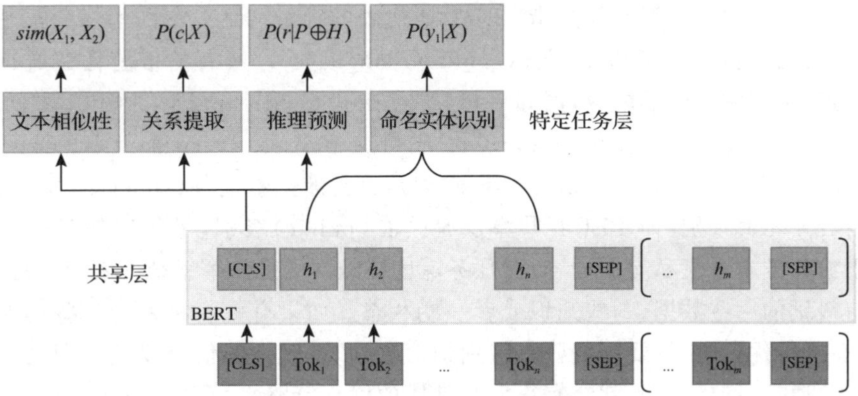

图 9-2　BERT 微调多任务

些都是贝叶斯思想提供的，它们都是任务特定层(Task specific layers)。BERT 本身是共享层，从生产者消费者或流式的角度看，BERT 共享层是上游，是生产者，数据通过共享层可以生产出隐状态。任务特定层的不同的任务会有自己的线性转换，不同的线性转换会生成不同任务想要的结果或者分类器。文本相似性任务会比较两个数据，某种程度上也可以认为是一个分类。大家看到这个句子的相似程度，一般都会有下一步的操作，例如在做推荐系统时，会根据它的相似度或者分数来进行下一步的推荐任务。

如图 9-3 所示，我们看一张更具体化的一幅图。

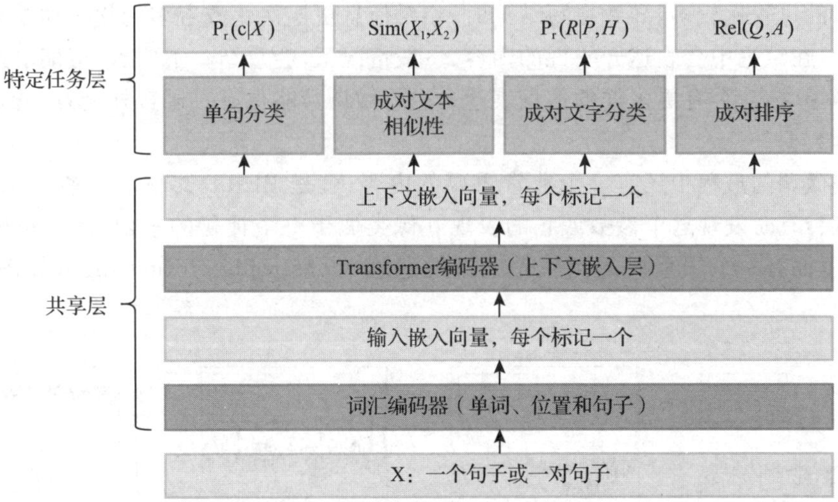

图 9-3　多任务深度神经网络架构

我们看到，上游是 BERT 共享层，如要把数据传给任务特定层进行相应的处理，要了解多任务学习的核心是什么？从生产者消费者或者流式的角度看，显然是有共

享的知识空间,这个知识空间是指 BERT 所代表的神经网络。不同的任务都是在训练这个神经网络,形成了通用语言(common language)。所有的下游任务通过一个线性转换,变成它里面的内容,例如单句分类(Single - Sentence Classification)、成对文本相似性(Pairwise Text Similarity)、成对文字分类(Pairwise Text Classification)、成对排序(Pairwise Ranking)等,它们是自己的监督任务(supervise tasks),属于私有(private)级别,而 BERT 共享层是公有(public)级别,是所有任务的公有级别。下游任务本身是私有的内容,多任务深度神经网络是一个系统或者一个对象,它有公有级别的一些数据、一些知识或者一些状态。如果有私有级别的一些具体任务内容,在进行优化时,就要围绕公有级别的信息、私有级别的信息以及它们之间的转换展开。通常,场景不同,就会有很多的具体的优化策略,每个生产者或消费者都是优化的关键环节。输入嵌入式向量时,输入的信息很长,信息大于 512 或大于规定的长度,该怎么做?可以选开头的 510 个标记,也可以选结束的 510 个标记。为什么选开头的 510 个标记,或选结束的 510 个标记,而不是选 512 个标记?因为输入的长文本还有一些特殊的标记,例如"CLS"是开头的特殊标记,"SEP"是结束的特殊标记。如果选取开头的 128 个标记和结束的 382 个标记,效果是最优化的,这是引入了一些论文(paper)的结果。这里有两个基本的问题,第一点是为什么选开头和结束能够很好表达信息?第二点是为什么结尾部分选的更多,更能够表达信息?要回答这些问题,首先要知道更能表达信息的是信息熵(entropy)的状态,即要有差异才有信息,写一篇文章时,大家一般会在开头和结束时给更多的信息,中间的过程都是在论证里面的内容,中间部分都在论证分析证明开头的内容,如果是一个比较长的文章,可能中间分析的过程比较多,导致在写结论时,相对信息更层次化或者多元化。如果是一个长文本,在结论中会表达开头说的内容,一般情况下,会总结一下要点,可能要进行一些展望等内容,会有更多样的信息表达。进行微调策略也有一层言外之意,就是一定要了解数据。

在微调的过程中还有一个非常重要的内容,就是 BERT 共享层可能有 12 层或者 24 层,有时发现这个参数或它的表现好像类似于一个神秘的东西,无法精确去预测,这里面有一个很重要的点就是灾难性遗忘(catastrophic forgetting),如图 9 - 4 所示。

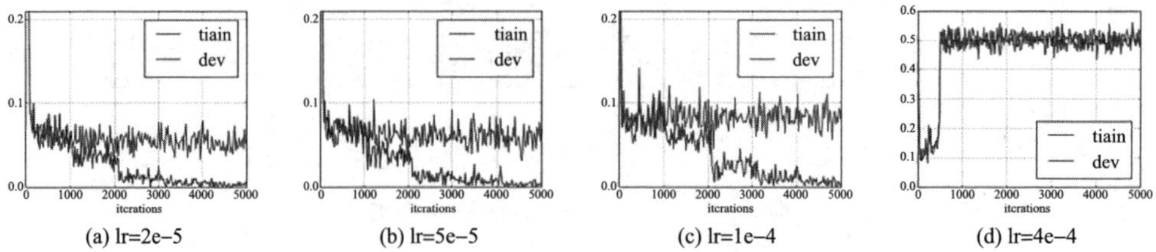

图 9 - 4　灾难性遗忘

深度学习神经网络的内容，可能发生灾难性遗忘，在训练时会发现它的表现形成震荡的效果，震荡可能还是比较好的一种情况，至少它有时特别好，有时特别坏。最坏的情况是它一直拟合不了，就是一个训练模型，无论怎么去训练它，一直不能拟合。拟合不了除了跟数据有关以外，学习率也是一个很大的问题。一种优化的策略，就是可产生相对比较动态的学习率，须调整学习率。但怎么调整，这是一个很重要的问题，从流式思维及生产者消费者思维的角度看，其不仅是输入嵌入向量、BERT 网络、下游的具体的任务，其在 BERT 内部也是一种生产者、消费者的过程。这些都是背后非常核心的一些内容，在做对话机器人时，不同的层次也是生产者消费者的过程。BERT 是一种神经网络结构，这种神经网络结构是有层次之分的。它在低层表达的信息相对更原始，也可以认为相对更精细化一点，更细节化一点，而在高层信息中，它表达得更抽象或者更模糊一点，所以设置学习率要进行调整。进行微调或者训练时，要想更好进行拟合，而不至于导致灾难性的遗忘，就要符合它的结构规律，或生产者、消费者的规律。开始既然很精细，就不能把步子迈得很大，也就是说学习率肯定不能太大，如果迈得很大，就会失掉很多细节，失掉很多内部的过程。建议在底层时，也就是开始的时候，可以把学习率设得很小，然后随着层次的增加，再增大。这些都是控制它的一些好的方法。不要对整个神经网络就只设置一个学习率。大家可以在不同的时代(Epoch)设置动态的学习率，但最好针对不同的层次调整学习率。低层捕获的是词汇，中层捕获语法层面、句法层面的信息，高层捕获到语义层面的信息。捕捉信息的粒度不同，学习率也应该进行相应的调整。这里面有很多其他的内容，为什么能够实现对 Transformer 的精细控制？其实有很多工程的细节问题，有的读者可能完全没有意识到的背后的数学原理，或看事情视角不同。控制不了它是因为无法看到它，如果只用一种很抽象的方式或很统一的方式去处理，当然无法感知较深，出了问题，也无法感知问题出在哪里。

至此，对于如何看待 BERT 模型的微调，我们解密了一些比较顶级的思维，例如流式思维，其不仅是简单的思维问题。它在进行优化或者定位问题时，会极大地简化处理的过程，即从理论上讲，可以很轻松处理很多工作，例如学习率的调整。

在神经网络最底层，最原始的部分，由于 NLP 语言本身的特性，它代表的是最精细化的信息，是最细节化的信息。随着层次的累加，它就更抽象，一般都会选取最后一个层次的“CLS”标记来代表全局信息进行分类。“CLS”能够代表全局进行分类，其不是简单因为有注意力机制。如果仅仅从注意力机制的角度考虑“CLS”代表全局信息，这是一种比较初级的状态。假设注意力机制就可以代表所有的信息，那么只有一个编码层能不能很好代表所有的信息？从技术或者数学的视角看，如果有了流式思维，由于更高的层次代表了更抽象的语义，用最后一层例如 12 层的 CLS 标记，就能很好地表达语义级别，甚至比语义级别更抽象的内容，这时就能很好表达全局信息。

9.2 BERT 多任务微调共享知识空间结构内幕解密

我们来谈一下预训练（Pre Training），整个神经网络低层代表更细节化的信息，然后越往上层代表越抽象的信息，如图 9-5 所示。从人脸识别的角度看，大家对图 9-5 中可见的信息应该有很清晰的一个认识。

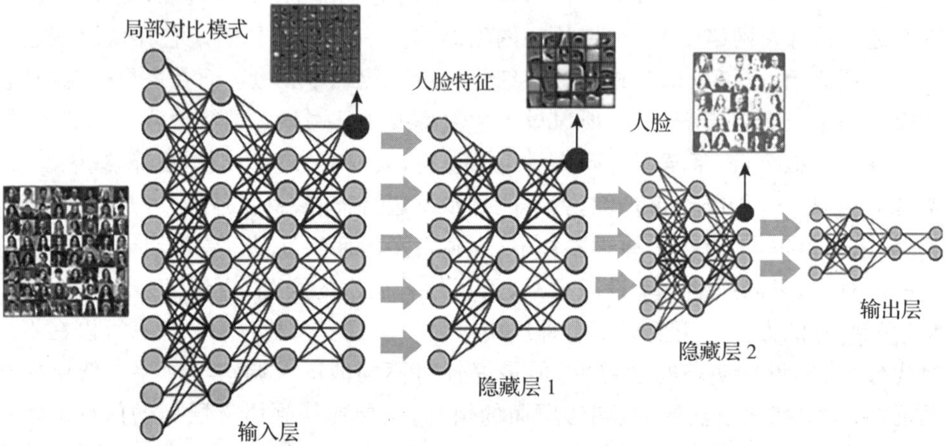

图 9-5　基于深度神经网络的人脸识别系统

左侧是输入图片，图片的背后用向量或矩阵表示，因为它是像素点，像素点背后是数字，也可能分层，但这些都不重要，重要的是它用向量来表示相应的内容。输入层（Input Layer）代表了比较抽象的信息，最开始从人的角度很难识别它具体在做什么，这是底层的内容。经过隐藏层（Hidden Layer），可以看得更清楚一些，它把前面更细节化的信息通过结构组合起来，就像搭积木一样，把更细粒度的内容封装起来，这可以认为是一个抽象的过程。抽象本质是结构的封装或者结构的组装，其实抽象和具体没有区别。从结构的视角来看，它只不过是把底层的东西封装起来。从整体的角度看，随着隐藏层的加深，经过 1 个编码层（Hidden Layer 1）、2 个编码层（Hidden Layer 2）…可以一直到 12 个编码层。在输出时，看见的是整体信息，从整个网络训练的角度看，神经网络的不同层可以捕获不同层次的句法和语义信息（Different layers of a neural network can capture different levels of syntactic and semantic information）。在对网络进行训练时，会基于这样的一种理解进行很多精细的控制。对网络进行精细的控制时会看不见它内部的控制点。在训练时，可以基于这个层次结构，更好表达任务所在的领域，围绕它进行领域的训练，在进一步的预训练（Further Pre-training）中进行领域训练，基于先验知识，然后更新模型是最大后验概率（MAP）的思维。

BERT进一步预训练分成好几种不同的做法：第一种方式是具体任务预训练(Within-task pre-training)，即拿到这个任务的数据后，要对目标任务的训练数据进一步预训练；第二种方式是领域内预训练(In-domain pre-training)，即在工程实践中，会拿这个任务同样领域的数据来进预训练，只不过没有直接拿训练任务的数据来预训练，而是拿具体任务所在这个领域的其他数据来训练模型。第二种方式是很多NLP比赛中冠军级别的团队采用的方式，背后的核心还是迁移学习，就是把网络训练得足够好。我们看见Kaggle很多关于NLP比赛一些高分作品时，都会发现第二种方式的影子，有时候也会发现第一种方式的影子。如果做电商也可以借鉴这些思维，把模型很好适配具体任务数据，但任务数据可能不是那么多，例如可能只有5 000条或者3 000条的数据。那么要想让模型表现得很好，就要分析一下这个数据是什么类型、什么领域，然后再进一步预训练，例如模型基于整个电商领域知识的数据来进行预训练，转过来再加上少量任务数据进行调整。我们的星空智能对话机器人就借鉴了这个思路，做了很多事情。第三种方式是跨域预训练(Cross-domain pre training)，即从同一个领域和其他不同领域中获得目标任务的预训练数据，但跨领域要小心，因为这个会涉及不同领域是多大相关度的问题，如果它的相关度很好，可能表现还是不错的，但如果它的相关度不大，它有时可能会伤害模型的训练。无论是微调，还是这种预训练，都有一个共同点，就是在底层(lower layer)要设置更低、更小的学习率，因为底层都是更精细化的信息表达。

如图9-6所示，我们可以看到一个报告的结果，产生底层也是第一个层次(Layer-0)的CLS，它的误差是11.07%，但如果在最后一层(Layer-11)，它的误差

Layer	Test error rates(%)
Layer-0	11.07
Layer-1	9.81
Layer-2	9.29
Layer-3	8.66
Layer-4	7.83
Layer-5	6.83
Layer-6	6.83
Layer-7	6.41
Layer-8	6.04
Layer-9	5.70
Layer-10	5.46
Layer-11	**5.42**
First 4 Layers + concat	8.69
First 4 Layers + mean	9.09
First 4 Layers + max	8.76
Last 4 Layers + concat	5.43
Last 4 Layers + mean	5.44
Last 4 Layers + max	**5.42**
All 12 Layers + concat	5.44

图9-6 模型各层次训练效果

就是 5.42%,这是为什么? 显然是 BERT 在进行整个训练或微调的过程中,更上层代表了更抽象的信息,这时的分类才是极为有效的。底层代表的是非常精细化的信息,即使有注意力机制,其代表的也是比较细微的信息,不能很好代表当前的句子。如果无论通过什么注意力机制,表达的总是局部的、更精细化的细节,那么分类时候就不能很好代表整个句子,这个分类效果肯定导致误差很大。例如一个误差 5.42%、一个误差 11.07%,这个差距还是很恐怖的。

大家也可以通过一些融合操作,比如取前面 4 层,加上一些线性操作的结合,把它们连接起来(First 4 Layers+concat),或取平均值(First 4 Layers+mean)、取最大值(First 4 Layers+max),但即使把前面 4 层加起来,也会发现它们的效果(First 4 Layers+ concat 8.69%、First 4 Layers + mean 9.09%、First 4 Layers + max 8.76%)依旧没有最后一层好(Layer - 11 5.42%)。如果采用最后 4 层,把它们连接(Last 4 Layers+concat)或取平均值(Last 4 Layers+mean)、最大值(Last 4 Layers+max)的方式,会发现效果都是不错的(Last 4 Layers+concat 5.43%、Last 4 Layers+mean 5.44%、Last 4 Layers+ max 5.42%)。其中最好的效果是 Layers+ max 5.42%,即采用的是最大值(max)方式,也就是说 max 最后一层最抽象。如果把所有的层加起来进行连接操作(ALL 12 Layers+concat),它的误差是 5.44%,也不及最后一层(Layer - 11 5.42%)的表现。这再一次强烈论证了流式思维的重要性,以及等级化结构本身的有效性。

多任务训练时,如果有基本的命名实体识别,也有阅读理解,还有问答任务等不同的任务。进行训练时,如果采用最开始的网络,任务的训练都是线性的方式进行,这会对训练速度有影响,也会有一些结构的影响。如图 9 - 7 所示,双编码器(dual encoder)或者双线模型编码(Multiple Encoders)的方式就像我们星空智能对话机器人,采用分布式 distributed Transformers,它是一个分布式并行的过程。

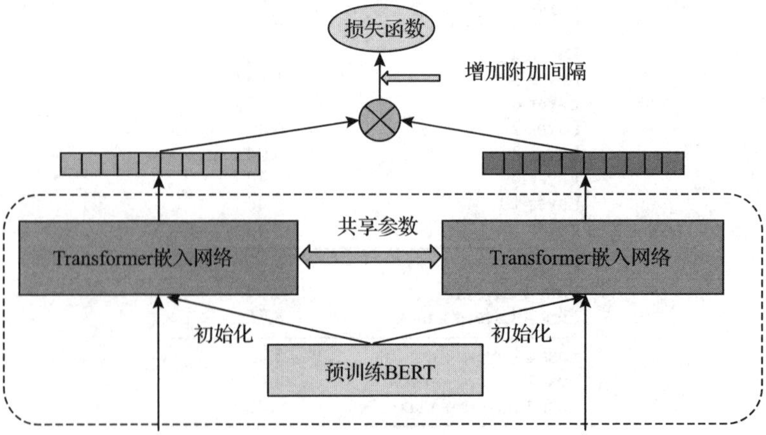

图 9 - 7　双编码器(dual encoder)

这里，不同的 Transformer 训练的是同样一个参数空间，既完成了并行化，又加快了训练速度，好处是同时得到的结果是不同的任务共享的知识，是共享层的知识空间。

9.3　BERT 多任务微调示例 Transformers+NLP

本节看一个多任务微调的例子，从代码的角度看，其实相对比较简单，如果只是使用者，只会调库，即永远处在最基本的层次，因为机器学习或者人工智能算法的使用的接口都很简单，框架把模型都提供好了，使用者只要输入数据，对模型的输出进行任务适配即可。

这里使用的是 Hugging Face 库，也有另外一个 NLP 库。

安装 Transformer 和 NLP 库及导包的代码实现：

```
1. #!pip install git+https://github.com/huggingface/nlp
2. !pip install transformers==2.11.0
3. !pip install nlp==0.2.0
4. import numpy as np
5. import torch
6. import torch.nn as nn
7. import transformers
8. import nlp
9. import logging
10. logging.basicConfig(level=logging.INFO)
```

上段代码中第 2 行安装了 Hugging Face 的 transformers 库。

上段代码中第 3 行安装了另外一个 NLP 库。

我们看一下实现的核心，它有不同的任务，比如 STS-B 任务的文本相似性(textual similarity)、RTE 两个句子的自然语言隐含任务会在两个类别中获得一个类别以及 QA 常识问答(Commonsense QA)任务，这也是一个多项选择的问答，可以设置更多的任务。

数据集下载的代码实现：

```
dataset_dict = {
    "stsb": nlp.load_dataset('glue', name="stsb"),
    "rte": nlp.load_dataset('glue', name="rte"),
    "commonsense_qa": nlp.load_dataset('commonsense_qa'),
}
```

上段代码中第 2 行设置下载 STS - B 文本相似性的数据集。

上段代码中第 3 行设置下载 RTE 两句自然语言隐含任务的数据集。

上段代码中第 4 行设置下载 QA 常识问答的数据集。

把里面的数据集下载下来,然后进行一些打印的操作:

```
for task_name, dataset in dataset_dict.items():
    print(task_name)
    print(dataset_dict[task_name]["train"][0])
    print()
```

运行结果为:

```
commonsense_qa
{'answerKey': 'A', 'question': 'The sanctions against the school were a punishing blow, and they seemed to what the efforts the school had made to change? ', 'choices': {'label': ['A', 'B', 'C', 'D', 'E'], 'text': ['ignore', 'enforce', 'authoritarian', 'yell at', 'avoid']}}
```

如图 9 - 8 所示,最开始的时候是编码器(Encoder),它是多层的编码层,有不同的任务。

如图 9 - 9 所示,实现不同的编码器进行并行的训练,每个任务看见的是自己的编码器,但实际上从整个系统的角度看,这些编码器都是共享的,里面有一些并发的原理,并发本身没有什么特殊,其只涉及人工智能里面并发的一些内容。

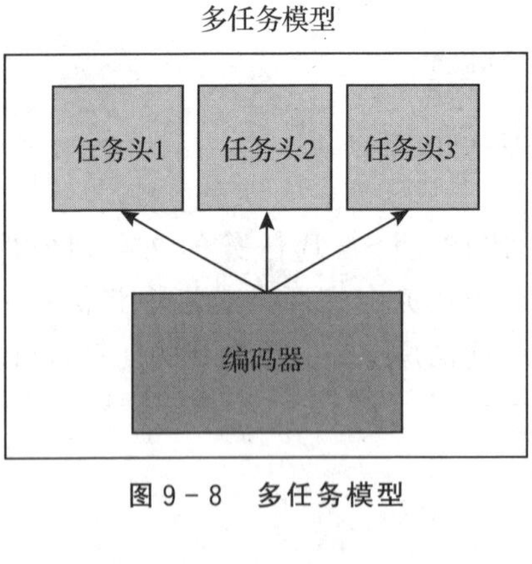

图 9 - 8　多任务模型

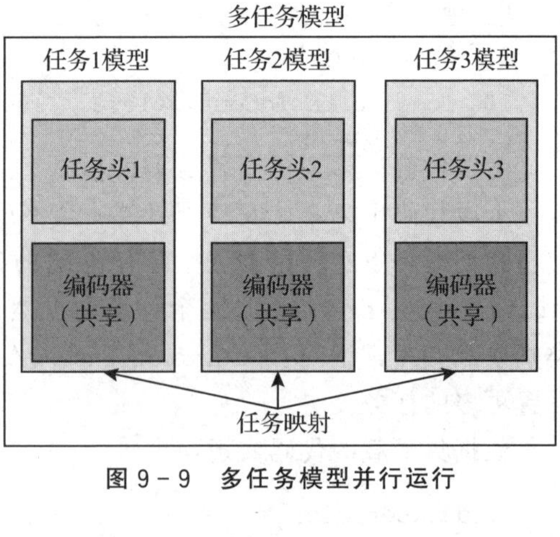

图 9 - 9　多任务模型并行运行

如果把人工智能做到比较深入,比较严肃地研究这个内容,哪怕只研究一个模型,如在进行工业落地时,也会用到这个消息系统、生产者消费者模式以及并发等内容,即传统学习的内容都可以用起来。

多任务模型类(MultitaskModel)的代码实现:

```
class MultitaskModel(transformers.PreTrainedModel):
    def __init__(self, encoder, taskmodels_dict):
        """
        将 MultitaskModel 设置为 PretrainedModel 可以更好地利用 Trainer 功能
        """
        super().__init__(transformers.PretrainedConfig())

        self.encoder = encoder
        self.taskmodels_dict = nn.ModuleDict(taskmodels_dict)

    @classmethod
    def create(cls, model_name, model_type_dict, model_config_dict):
        """
    这将使用单个任务模型中的模型类和配置对象创建一个 MultitaskModel,
    通过创建每个任务模型,让它们共享相同的编码器转换器来实现

        """
        shared_encoder = None
        taskmodels_dict = {}
        for task_name, model_type in model_type_dict.items():
            model = model_type.from_pretrained(
                model_name,
                config=model_config_dict[task_name],
            )
            if shared_encoder is None:
                shared_encoder = getattr(model, cls.get_encoder_attr_name(model))
            else:
                setattr(model, cls.get_encoder_attr_name(model), shared_encoder)
            taskmodels_dict[task_name] = model
        return cls(encoder=shared_encoder, taskmodels_dict=taskmodels_dict)

    @classmethod
```

```
33. def get_encoder_attr_name(cls, model):
34.         """
35.         编码器 transformer 在每个模型“架构”中的名称不同。此方法允许获取编码器属性的名称
36.         """
37.         model_class_name = model.__class__.__name__
38.         if model_class_name.startswith("Bert"):
39.             return "bert"
40.         elif model_class_name.startswith("Roberta"):
41.             return "roberta"
42.         elif model_class_name.startswith("Albert"):
43.             return "albert"
44.         else:
45.             raise KeyError(f"Add support for new model {model_class_name}")
46.
47.     def forward(self, task_name, **kwargs):
48.         return self.taskmodels_dict[task_name](**kwargs)
```

上段代码中第 26 行是 shared_encoder，它处理时本身会进行共享操作。

MultitaskModel 类是由两个组件组成的共享编码器，是单个任务模型的字典，大家可以通过提供单个的模型类和模型配置来简单地创建相应的任务模型，将使用 Transformers 的 AutoModels 进一步自动化给定模型架构模型类的选择，在这边使用 roberta-base。

创建多任务模型的代码实现：

```
model_name = "roberta-base"
multitask_model = MultitaskModel.create(
    model_name=model_name,
    model_type_dict={
"stsb": transformers.AutoModelForSequenceClassification,
"rte": transformers.AutoModelForSequenceClassification,
"commonsense_qa": transformers.AutoModelForMultipleChoice,
    },
    model_config_dict={
        "stsb": transformers.AutoConfig.from_pretrained(model_name, num_labels=1),
```

```
11. "rte":    transformers.AutoConfig.from_pretrained(model_name, num_
    labels=2),
12. "commonsense_qa": transformers.AutoConfig.from_pretrained(model_
    name),
13.     },
14. )
```

上段代码中第1行设置模型名称是“roberta-base”，它是BERT的基本变种，这个Robert在比赛中比较常用。

大家可以看一下它的结构：

```
INFO:transformers.configuration_utils:Model config RobertaConfig {
"architectures": [
    "RobertaForMaskedLM"
],
"attention_probs_dropout_prob": 0.1,
"bos_token_id": 0,
"eos_token_id": 2,
"hidden_act": "gelu",
"hidden_dropout_prob": 0.1,
"hidden_size": 768,
"id2label": {
    "0": "LABEL_0"
},
"initializer_range": 0.02,
"intermediate_size": 3072,
"label2id": {
    "LABEL_0": 0
},
"layer_norm_eps": 1e-05,
"max_position_embeddings": 514,
"model_type": "roberta",
"num_attention_heads": 12,
"num_hidden_layers": 12,
"pad_token_id": 1,
"type_vocab_size": 1,
"vocab_size": 50265
```

```
27. }
```

上段日志中第 3 行显示它本身也是一个 RobertaForMaskedLM，它只是个变种。

上段日志中第 5 行显示 attention_probs_dropout_prob，它的注意力 dropout 是 0.1。

上段日志中第 6 行显示开始标记的编号 bos_token_id 是 0。

上段日志中第 7 行显示结束标记的编号 eos_token_id 是 2，大家可以自己设定开始的标记和结束的标记，规定好设置什么标记，然后按照约定训练神经网络就行。

上段日志中第 10 行显示隐向量的维度(hidden_size)是 768。

上段日志中第 14 行会有一些初始化的信息，初始化是非常重要的内容，同样的网络，同样的数据，同样的任务初始化，不同的初始化会表现极大不同，这背后有很多数学或者物理级别的内容，但不是不可捉摸的东西，它背后是有一些规律的。

为了确认所有三个任务模型都使用相同的编码器，大家可以检查各个编码器的数据指针，检查每个模型中的单词嵌入是否都指向相同的内存位置。

查询内存位置的代码实现：

```
if model_name.startswith("roberta-"):
print(multitask_model.encoder.embeddings.word_embeddings.weight.data_ptr())
print(multitask_model.taskmodels_dict["stsb"].roberta.embeddings.word_embeddings.weight.data_ptr())
print(multitask_model.taskmodels_dict["rte"].roberta.embeddings.word_embeddings.weight.data_ptr())
print(multitask_model.taskmodels_dict["commonsense_qa"].roberta.embeddings.word_embeddings.weight.data_ptr())
else:
print("Exercise for the reader: add a check for other model architectures =)")
```

运行结果为：

```
94077639393280
94077639393280
94077639393280
94077639393280
```

运行结果显示将每个模型中的单词嵌入都指向相同的内存位置 94077639393280。

基于已创建的 NLP 数据集字典，需要做更多的工作将各个任务的数据转换为模型输入，首先获得与模型相对应的标记化器。

构建标记化器的代码实现：

```
tokenizer = transformers.AutoTokenizer.from_pretrained(model_name)
```

接下来，我们将编写一些简短的函数，将原始文本转换为标记化文本输入，对于 STS-B、RTE 以及两个句子输入的任务，可将它们与相应的特殊标记连接起来，使用标记器(tokenizer)的 batch_encode_plus 方法处理这个问题。

输入可能如下所示：

['<s>', 'This', 'is', 'my', 'premise', '.', '</s>', '</s>', 'This', 'is', 'my', 'hypothesis', '.', '</s>']

CommonsenseQA 问答任务是一个多选题，一个题目包括一个题目，还有五个可能的答案，其将提供像问题＋选择 1(QUESTION＋CHOICE_1)，问题＋选择 2 (QUESTION＋CHOICE_2)的模型输入方式。

各个辅助函数的代码实现：

```
max_length = 128

def convert_to_stsb_features(example_batch):
    inputs = list(zip(example_batch['sentence1'], example_batch['sentence2']))
    features = tokenizer.batch_encode_plus(
        inputs, max_length=max_length, pad_to_max_length=True
    )
    features["labels"] = example_batch["label"]
    return features

def convert_to_rte_features(example_batch):
    inputs = list(zip(example_batch['sentence1'], example_batch['sentence2']))
    features = tokenizer.batch_encode_plus(
        inputs, max_length=max_length, pad_to_max_length=True
    )
    features["labels"] = example_batch["label"]
    return features

def convert_to_commonsense_qa_features(example_batch):
    num_examples = len(example_batch["question"])
```

```
21. num_choices = len(example_batch["choices"][0]["text"])
22. features = {}
23.     for example_i in range(num_examples):
24.         choices_inputs = tokenizer.batch_encode_plus(
25.             list(zip(
26.                 [example_batch["question"][example_i]] * num_choices,
27.                 example_batch["choices"][example_i]["text"],
28.             )),
29.             max_length = max_length, pad_to_max_length = True,
30.         )
31.         for k, v in choices_inputs.items():
32.             if k not in features:
33.                 features[k] = [ ]
34.             features[k].append(v)
35.     labels2id = {char: i for i, char in enumerate("ABCDE")}
36.     #测试的假答案
37.     if example_batch["answerKey"][0]:
38.          features["labels"] = [labels2id[ans] for ans in example_batch["answerKey"]]
39.     else:
40.         features["labels"] = [0] * num_examples
41.     return features
42.
43. convert_func_dict = {
44.     "stsb": convert_to_stsb_features,
45.     "rte": convert_to_rte_features,
46.     "commonsense_qa": convert_to_commonsense_qa_features,
47. }
```

上段代码中第 3 行会把 stsb 任务的输入变成特征。

上段代码中第 5 行是 tokenizer，我们对数据进行编码操作，这些代码没有什么特别的内容，操作思路流程以及代码本身和 BERT 的内容基本上都是一致的，它没有新奇逻辑。

已经定义了上述函数，就可以使用数据集了。NLP 库中的 map 方法可用在函数的整个数据集，NLP 库将有效地处理映射并缓存特征。

数据集处理的代码实现：

```
columns_dict = {
"stsb": ['input_ids', 'attention_mask', 'labels'],
    "rte": ['input_ids', 'attention_mask', 'labels'],
    "commonsense_qa": ['input_ids', 'attention_mask', 'labels'],
}

features_dict = {}
for task_name, dataset in dataset_dict.items():
    features_dict[task_name] = {}
    for phase, phase_dataset in dataset.items():
        features_dict[task_name][phase] = phase_dataset.map(
            convert_func_dict[task_name],
            batched = True,
            load_from_cache_file = False,
        )
        print(task_name, phase, len(phase_dataset), len(features_dict[task_name][phase]))
        features_dict[task_name][phase].set_format(
            type = "torch",
            columns = columns_dict[task_name],
        )
        print(task_name, phase, len(phase_dataset), len(features_dict[task_name][phase]))
```

这里，通过融合几个单任务 Transformer 模型创建了多任务模型，使用 NLP 数据集可为每个任务创建一个缓存的特征化输入字典。接下来，需要设置数据加载，设置训练器，开始进行训练。准备多任务数据加载器和训练器：设置一个多任务数据加载器原则上比较很简单，只要以一定的概率从多个单任务数据加载器中采样，然后将每个批次输入到多任务模型中即可。随着每个批次处理，我们要告诉模型做什么任务，所以 MultitaskModel 知道使用正确的任务模型，但要在 Transformers 中使用内置的 Trainer 类，稍微有点麻烦，因为 Trainer 需要一个数据加载器，还要知道每批次数据的具体格式。通过对 Hugging Face 中的 Trainer 代码进行一些调整，可以变得更加精简。

这里需要定义一个 MultitaskDataloader，它可将多个数据加载器组合成一个数据加载器，其与多任务模型没有太大的不同，这个 MultitaskDataloader 从不同的单任务数据加载器中采样，并生成一个任务批次和相应的任务名称，可以向批次数据增加任务名(task_name)，还需要复写 Trainer 的 get_train_dataloader 方法，以便更好

地使用 MultitaskDataloader。大家可使用多任务训练器（MultitaskTrainer）进行这个操作。

准备多任务数据加载器和训练器的代码实现：

```
import dataclasses
from torch.utils.data.dataloader import DataLoader
from transformers.training_args import is_tpu_available
from transformers.trainer import get_tpu_sampler
from transformers.data.data_collator import DataCollator, InputDataClass
from torch.utils.data.distributed import DistributedSampler
from torch.utils.data.sampler import RandomSampler
from typing import List, Union, Dict


class NLPDataCollator(DataCollator):
"""
扩展现有 DataCollator 以使用 NLP 数据集批处理
    """
    def collate_batch(self, features: List[Union[InputDataClass, Dict]]) -> Dict[str, torch.Tensor]:
        first = features[0]
        if isinstance(first, dict):
            # NLP 数据集当前的工作将功能呈现为字典列表(每个示例一个),将为此调整 collate_batch 逻辑
            if "labels" in first and first["labels"] is not None:
                if first["labels"].dtype == torch.int64:
                    labels = torch.tensor([f["labels"] for f in features], dtype=torch.long)
                else:
                    labels = torch.tensor([f["labels"] for f in features], dtype=torch.float)
                batch = {"labels": labels}
            for k, v in first.items():
                if k != "labels" and v is not None and not isinstance(v, str):
                    batch[k] = torch.stack([f[k] for f in features])
```

```
return batch
else:
#否则,返回到使用默认的collabatch
return DefaultDataCollator().collate_batch(features)


class StrIgnoreDevice(str):
    """
    训练器将在每次输入时调用 to 方法,但需要传入一个额外的 task_name 字符串, 这可以防止它抛出错误
    """
    def to(self, device):
        return self


class DataLoaderWithTaskname:
    """
    围绕 DataLoader 进行封装,以生成任务名称
    """
    def __init__(self, task_name, data_loader):
        self.task_name = task_name
        self.data_loader = data_loader

        self.batch_size = data_loader.batch_size
        self.dataset = data_loader.dataset

    def __len__(self):
        return len(self.data_loader)

    def __iter__(self):
        for batch in self.data_loader:
            batch["task_name"] = StrIgnoreDevice(self.task_name)
            yield batch


class MultitaskDataloader:
```

```
"""
组合多个单任务数据加载器并对其进行采样的数据加载程序
    """
    def __init__(self, dataloader_dict):
        self.dataloader_dict = dataloader_dict
        self.num_batches_dict = {
            task_name: len(dataloader)
            for task_name, dataloader in self.dataloader_dict.items()
        }
        self.task_name_list = list(self.dataloader_dict)
        self.dataset = [None] * sum(
            len(dataloader.dataset)
            for dataloader in self.dataloader_dict.values()
        )

    def __len__(self):
        return sum(self.num_batches_dict.values())

    def __iter__(self):
        """
        对于每个批次,对任务进行采样,并从相应的任务 Dataloader 中生成一个批次,使用大小比例采样,可以比较容易地将其修改为从其他分布进行采样
        """
        task_choice_list = [ ]
        for i, task_name in enumerate(self.task_name_list):
            task_choice_list += [i] * self.num_batches_dict[task_name]
        task_choice_list = np.array(task_choice_list)
        np.random.shuffle(task_choice_list)
        dataloader_iter_dict = {
            task_name: iter(dataloader)
            for task_name, dataloader in self.dataloader_dict.items()
        }
        for task_choice in task_choice_list:
```

```
task_name = self.task_name_list[task_choice]
            yield next(dataloader_iter_dict[task_name])

class MultitaskTrainer(transformers.Trainer):

    def get_single_train_dataloader(self, task_name, train_dataset):
        """
        创建单个任务数据加载器,该加载器也会生成任务名称
        """
        if self.train_dataset is None:
            raise ValueError("Trainer: training requires a train_dataset.")
        if is_tpu_available():
            train_sampler = get_tpu_sampler(train_dataset)
        else:
            train_sampler = (
                RandomSampler(train_dataset)
                if self.args.local_rank == -1
                else DistributedSampler(train_dataset)
            )

        data_loader = DataLoaderWithTaskname(
            task_name=task_name,
            data_loader=DataLoader(
              train_dataset,
              batch_size=self.args.train_batch_size,
              sampler=train_sampler,
              collate_fn=self.data_collator.collate_batch,
            ),
        )

        if is_tpu_available():
            data_loader = pl.ParallelLoader(
                data_loader, [self.args.device]
            ).per_device_loader(self.args.device)
        return data_loader
```

```
130.
131. def get_train_dataloader(self):
132.         """
133.             返回一个 MultitaskDataloader,它实际上不是 Dataloader 而是一个可迭代的,它返回从每个任务 Dataloader 采样的生成器
134.         """
135.         return MultitaskDataloader({
136.             task_name: self.get_single_train_dataloader(task_name, task_dataset)
137.                 for task_name, task_dataset in self.train_dataset.items()
138.         })
139.
```

上段代码中第 115～122 行里边有个 data_loader 把数据加载了进来。

此时,已完成了所有的准备工作,现在可以简单地创建多任务训练器,基于 Robert 进行不同的任务的训练,在 Google Colab 上运行大约需要 45 min,时间通常取决于分配的 GPU 水平。

训练模型的代码实现:

```
train_dataset = {
task_name: dataset["train"]
for task_name, dataset in features_dict.items()
}
trainer = MultitaskTrainer(
    model = multitask_model,
    args = transformers.TrainingArguments(
        output_dir = "./models/multitask_model",
        overwrite_output_dir = True,
        learning_rate = 1e-5,
        do_train = True,
        num_train_epochs = 3,
        #如果不适合 Colab GPU ,请调整批量大小
        per_device_train_batch_size = 8,
        save_steps = 3000,
    ),
    data_collator = NLPDataCollator(),
    train_dataset = train_dataset,
```

```
19. )
20. trainer.train()
```

可在上段代码中第 8～16 行在训练时，把参数传进来，设置一些超参数。

模型训练完成，可以在所有三个任务上评测多任务模型，也可以简单地使用单任务数据加载器单独评测每个任务。

模型预测的代码实现：

```
preds_dict = {}
for task_name in ["rte", "stsb", "commonsense_qa"]:
    eval_dataloader = DataLoaderWithTaskname(
        task_name,
        trainer.get_eval_dataloader(eval_dataset = features_dict[task_name]["validation"])
    )
    print(eval_dataloader.data_loader.collate_fn)
    preds_dict[task_name] = trainer._prediction_loop(
        eval_dataloader,
        description = f"Validation: {task_name}",
    )
```

NLP 库为 GLUE 任务（包括 STS-B 和 RTE）提供了内置指标，但没提供 Commonsense QA 的内置指标，Commonsense QA 的评价指标比较简单，可以轻松进行计算。

多任务模型评价指标的代码实现：

```
# 评价 RTE
nlp.load_metric('glue', name = "rte").compute(
    np.argmax(preds_dict["rte"].predictions, axis = 1),
    preds_dict["rte"].label_ids,
)

# 评价 STS-B
nlp.load_metric('glue', name = "stsb").compute(
    preds_dict["stsb"].predictions.flatten(),
    preds_dict["stsb"].label_ids,
)

# 评价 Commonsense QA 常识 QA 问答
```

```
14. np.mean(
15.     np.argmax(preds_dict["commonsense_qa"].predictions, axis = 1)
16.     == preds_dict["commonsense_qa"].label_ids
```

期望得到的分数约为:RTE:0.74、STS-B:0.89、常识问答 QA:0.60

这是 BERT 多任务微调代码的整个过程,这种级别的代码是基于框架本身完成的,且描述了一个经典的、标准的过程。如果要深入进行工程实践落地,还要进行很多细节的处理,这时的细节往往是数据输入方面的一些技巧,还有一些学习率的调整内容。

第 10 章　使用 BERT 对影评数据分析（数据处理、模型代码、线上部署）

10.1　影评案例数据处理

本节分享一个案例，这个案例是对 IMDb 影视数据进行分析，会围绕不同的知识点及一些具体技术，从不同的视角展开。从使用 BERT 的角度看，其既包含对数据的处理，也包含对模型的训练，如线上的部署和测试，比较侧重于整个生命周期，具体的内容包括三个部分，第一是分析数据及围绕数据本身进行数据处理；第二是使用 BERT 模型来处理数据，第三是线上部署。

首先看一下这个数据，这个数据是从 Kaggle 上面下载的（https://www.kaggle.com/datasets/lakshmi25npathi/imdb-dataset-of-50k-movie-reviews），总共是 5 万多条电影点评数据，包含点评内容，同时包含关于点评的情感状态。这其是一个分类问题。

IMDB_Dataset.csv 数据文件的格式：

```
reviewsentiment
A wonderful little production. <br /><br />The filming technique is very unassuming - very old - time - BBC fashion and gives a comforting, and sometimes discomforting, sense of realism to the entire piece. <br /><br />The actors are extremely well chosen - Michael Sheen not only "has got all the polari" but he has all the voices down pat too! You can truly see the seamless editing guided by the references to Williams' diary entries, not only is it well worth the watching but it is a terrificly written and performed piece. A masterful production about one of the great master's of comedy and his life. <br /><br />The realism really comes home with the little things: the fantasy of the guard which, rather than use the traditional 'dream' techniques remains solid then disappears. It plays on our knowledge and our senses, particularly with the scenes concerning Orton and Halliwell and the sets (particularly of their flat with Halliwell's murals decorating every surface) are terribly well done. positive
…….
```

IMDB_Dataset.csv 数据文件有两列内容，第一列显示评论的状态，看过一部电

影之后，可能是受专门邀请写影评或自己写感受；第二列是情感分类，在这一列可以看见积极(positive)或消极(negative)的状态，也可以有更多的状态，这是测试数据的基本内容。先把测试数据在整个系统中跑通，测试数据和真正的训练数据分开。如果基于5万条数据训练，效果非常理想，这是IMDB小数据集(IMDB Dataset Small)。IMDB_Dataset.csv里面只有1 000多条数据，基于1 000条数据去训练BERT，效果可能不太好。现在主要是学习整个流程数据的预处理、模型的构建以及线上的部署，相当于在学微积分、多元求导时，每次聚焦一个点，然后锁住其他的点，这样可以减少它的复杂度，更清晰看问题，这也是本书作者在美国硅谷感觉到非常强烈的一点，即会从动态的视角去看待事情，每次会锁定一个维度，在这个维度下，暂时可以看见整个模型是静态的，会知道信息的进入、信息的转换、信息的输出，清楚基于这个维度的内部过程。如果是我们星空智能对话机器人，基于小数据集，有10条数据，它也会处理得很理想，这背后有很多工程的技术，有很多架构的内容支持。

启动模型预测的Flask服务，向服务器发送请求，收到服务器返回消息的Web URL链接为：

```
127.0.0.1:5000/predict? sentence = love%20it%20an%20enjoyable%20time%20recommend%20it
```

服务器返回的Json格式的消息为：

```
{"response":  {"negative":"0.49888306856155396 ","positive":"0.50111693 ","sentence":"love it an enjoyable time recommend it",
  "time_taken":"0.1712179183959961"}}
```

输入的文本是“love it an enjoyable time recommend it”，内容显示非常喜欢这部电影，这是非常令人愉悦的一段时光，但这时候看见服务器返回的消息，表达的积极状态(positive)只有0.501 116 93，消极状态(negative)是0.498 883 068 561 553 96。我们可以很明显看出来模型对积极、消极状态不具有很好的区分力，因为使用BERT训练的数据只有1 000条左右，如果使用5万条数据训练BERT，积极状态是0.97，消极状态是0.03左右，可以看到数据对模型的影响，跟训练的时间也有关系。使用BERT模型训练5万条数据还是很花时间的。

从代码的角度看，本节内容侧重数据模型和线上部署的生命周期，后面将分享BERT的调试内容，对BERT模型内部的每一步过程进行调试。数据每一步的流动，对整个BERT的驱动力(driving force)都会做调试，现在先不谈手动实现BERT，直接介绍使用Hugging Face库提供的BERT内容。我们可以先看一下配置文件。

配置文件config.py的代码实现：

```
1. from transformers import BertTokenizer
2.
```

```
3. DEVICE = "cuda"
4. MAX_LEN = 64
5. TRAIN_BATCH_SIZE = 64
6. VALID_BATCH_SIZE = 32
7. EPOCHS = 5
8. BERT_PATH = "bert - base - uncased"
9. MODEL_PATH = "model/model.bin"
10. TRAINING_FILE = "data/IMDB_Dataset.csv"
11. TOKENIZER = BertTokenizer.from_pretrained(BERT_PATH, do_lower_
    case = True)
```

上段代码中第 3 行配置设备参数,可以是 CPU,也可以是 GPU 或者 TPU,Google Colab 平台的 TPU 对张量(Tensor)非常友好。

上段代码中第 4 行设置每句话的长度(MAX_LEN)可以设置得较长一点,例如设置成 256,这跟数据的具体内容是相关的,如果电影评论绝大多数的内容都是 250 个单词级别的,在设置最大长度时,可以设置为 256,也设置更多或更少,这跟数据紧密相关。在做人工智能时,了解数据是基础性的步骤,也是核心性的步骤,不仅涉及数据的预处理,也涉及性能,如果大多数评论都是 250 个字符,却设置成 512,会对网络及性能有比较大的影响。如果对最大长度进行调整,要先分析一下数据长度的分布(distribution),我们可以很简单地以空格为切分,统计有多少个单词,也可以使用模型标记器算法来决定它的长度,其实都差不多,也可以直接使用天然的、空格的方式来统计单词长度。

上段代码中第 5 行、第 6 行设置 TRAIN_BATCH_SIZE、VALID_BATCH_SIZE 的大小,训练及验证的批处理大小跟网络的层数、网络的维度紧密相关,它涉及能否拟合或者拟合的速度。批处理大小的设置会较大影响当前模型的表现,由于现在是谈贯通整个流程层面,先提醒到这里,读者如果感兴趣,可以看一些网络资料,关于超参数等一些至关重要的内容,后面会在具体的场景中谈。

上段代码中第 7 行设置训练轮次数(EPOCHS),设置了对所有的数据训练多少轮。

上段代码中第 8 行设置 BERT_PATH 为“bert - base - uncased”,使用 Hugging Face 时,可以指定模型的名称,BERT_PATH 也可以使用第三方的模型,不过尽量把所有的东西放在最简化的状态,以便让大家聚焦于当前整个流程的视角。

上段代码中第 9 行设置了模型保存路径(MODEL_PATH),训练后的模型有一个保存的地方,即保存为 model 目录里面的 model.bin 文件。

上段代码中第 10 行设置了训练文件的来源(TRAINING_FILE),数据来自于 data 目录下面,这里面有个原始(IMDB_Dataset_Original.csv)数据文件,也有个小数据集(IMDB_Dataset_ Small.csv)文件,小数据集文件只有 1 000 条左右,原始数

据文件是 5 万多条数据。

上段代码中第 11 行标记器(TOKENIZER)至关重要,其涉及输入信息怎么进行标记的问题,BertTokenizer 来自于 transformers 库,Hugging Face 库作为一个库或者一个平台,有很多不同的 BERT 的配置, 指定具体使用什么级别的 BERT,具有不同的名称,这是配置方面的内容。

10.2 模型 model 源码

然后看一下模型,model. py 的代码实现:

```
1. import config
2. import transformers
3. import torch.nn as nn
4.
5.
6. class BERTBaseUncased(nn.Module):
7.     def __init__(self):
8.         super(BERTBaseUncased, self).__init__()
9.         self.bert = transformers.BertModel.from_pretrained(config.BERT_PATH)
10.        self.bert_drop = nn.Dropout(0.3)
11.        self.out = nn.Linear(768, 1)
12.
13.    def forward(self, ids, mask, token_type_ids):
14.    o1, o2 = self.bert(ids, attention_mask=mask, token_type_ids=token_type_ids)
15.        print(o1)
16.        print(o2)
17.        bo = self.bert_drop(o2)
18.        output = self.out(bo)
19.        return output
```

上段代码中第 1 行导入了 config,它是一些配置。

上段代码中第 2 行使用了 transformers,transformers 是一个库或是一个框架,其来自于 Hugging Face 框架,Hugging Face 提供的库很不错,源代码开源都可以使用,尤其是 NLP 研究人员,其可以基于 Hugging Face 库做反向传播等内容。

上段代码中第 3 行结合了 Pytorch 的库,大家也可以使用 Tensorflow。我们在

做星空智能对话机器人的过程中,Pytorch 和 Tensorflow 两个版本都有实现,从线上部署的角度考虑,比较倾向于 Tensorflow 的方式,它的工程化支持一些动态的线上运营服务,支持得更好。

上段代码中第 6 行定义了一个类 BERTBaseUncased,这个名称表明它不区分大小写,且继承于 nn. Module,可以在其他的地方使用。从框架的角度看,它是做工程架构一个比较经典的内容,在整个生命周期流程(Life cycle)环节中比较重要,例如做安卓应用程序,它会有 onStart(激活)、onResume(恢复)、onPause(暂停)等不同的状态,做 iPhone 或者苹果产品的一些应用程序的开发,有 Foreground(前景)、background(背景)等不同的模式。进入模式的时候,它都会回调相应的方法,回调就是个生命周期的流程性的内容。从设计模式的角度看,它是模板方法的模式,会把不同的步骤串联起来,自动调动,这很重要,因为它是一个流式思维的过程,数据从第一步传到第二步,传到第三步,传到第四步等,每一步都可以对数据的状态进行管理。开发安卓应用程序或 iPhone 应用程序,核心就是基于前端和后端的模式,这两种模式的基础在于生命周期方法对状态进行管理。在这里,使用框架也是同样的道理,数据初始化之后,要接受一些参数,这是框架完成的事情,框架完成的过程和自己手写其实是一样的,框架相当于一个容器(container),当前有哪些对象,初始化哪些内容,框架肯定知道,转过来它就进行回调(forward)。但如果不继承 nn. Module,可能就要手动去调。现在谈的是背后的架构设计、理念性的内容,继承一些接口或类,继承的好处是这个接口类来自于框架,它转过来可以控住不同的方法,我们只需要专注于数据的输入、数据的转换和数据的输出就行了。在大数据系统中,Flink 是一个令人心潮澎湃的技术,它核心的状态管理还不错,我们在做星空智能对话机器人的过程中,吸收了很多 Flink 的流式处理思想,一个对话机器人之所以智能,核心就是对状态级别的管理方法,无论从整个框架级别谈信息的状态,还是从整个工程落地的角度谈用户交互的状态,都是流式的。

上段代码中第 8 行会有初始化的内容,如果让父类进行回调,父类知道子类的存在,这背后有一些依赖注入的技术,如果要开发一个系统和框架,就必须很好了解这些内容,它把自己的名字注册进去,系统框架就会知道是 BERTBaseUncased 这个模型。

上段代码中第 9 行实例化 self. bert,对当前的实例注册了一些属性或方法,属性和方法本质上都是属性,这里注册的是"bert - base - uncased"模型,即通过 transformers. BertModel. from_pretrained(config. BERT_PATH)加载配置文件里面的模型参数,Hugging Face 实际上有很多不同微调版本的 BERT,这是 Hugging Face 提供的。

上段代码中第 10 行会进行一些 Dropout 设置,一个神经网络一定会设计 Dropout,这是为了更好融合神经网络不同的空间。因为一个数据或一批数据很难把整个网络空间训练完,神经网络里面有很多参数,甚至数亿级别的参数,从网络或

工程架构的角度看，使用 Dropout 背后其实是 Bayesian 的思想。

上段代码中第 11 行是初始化的另外一面，即设置 self. out 输出，其输出的时候是线性层。BERT 模型输出的是一个向量，向量有两种类型，一种是使用最后一层的“CLS”标记代表的向量，它代表了整个句子，分类的时候使用“CLS”进行分类，“CLS”在不同层次的分类具有不同的效果；另外一种类型是使用标记所具有的向量来表达标记的信息。无论哪种类型的输出，从整个网络架构的角度，nn. Linear(768，1)方法传入的第一个参数是 768，是输入向量的维度，经过线性层之后，它会产生一个结果，nn. Linear(768，1)方法传入的第二个参数是 1，产出的结果是基于概率的。它的积极状态概率是多少，消极状态概率是多少，其实只是直接算一个概率。如果设置参数为 1 的这种方式，从分类的角度，实际上可能有多标签，也可能有多分类，说到底是线性转换的操作，这些是模型的初始化。

上段代码中第 14 行是输入模型的内容，模型初始化之后，具体的处理过程中肯定有输入，这边的输入有 ids、attention_mask、token_type_ids，这些是 BERT 输入的表达方式，然后输出两个结果 o1，o2，接下来我们查看一下这两个结果的具体内容。

首先，启动运行服务器程序，执行代码 app. py，如果系统提示'model/model. bin'文件没找到，需要先运行 train. py 文件，将训练好的模型 model. bin 保存到 model 目录里面。

app. py 代码运行结果如下：

```
……
 * Running on all addresses (0.0.0.0)
  * Running on http://127.0.0.1:5000
  * Running on http://192.168.5.136:5000
Press CTRL + C to quit
127.0.0.1 - - [27/Oct/2022 20:55:47] "GET / HTTP/1.1" 404 -
127.0.0.1 - - [27/Oct/2022 20:55:47] "GET /favicon.ico HTTP/1.1" 404 -
```

这里日志显示 Flask 服务已经在运行的状态，在 Web 浏览器中单击链接“http://127.0.0.1:5000/”，显示找不到请求的 URL，“Not Found The requested URL was not found on the server. If you entered the URL manually please check your spelling and try again.”，因为它是最简化的地步。它的默认页面没有设置内容，所以页面找不到，实际上这个页面的预测路径应该是“http://127.0.0.1:5000/predict”，然后输入一个简单的句子“it is bad”，完整的 URL 链接为：“http://127.0.0.1:5000/predict? sentence=it is bad”，系统运行的结果为：

{"response":{"negative":"0.5073650181293488","positive":"0.49263498","sentence":"it is bad","time_taken":"0.14762330055236816"}}

返回一个 Json 字符串，消极状态(negative)是 0.507 365 018 129 348 8，积极状

态(positive)低一点,这也很正常,调用 API 接口使用了 0.147 623 300 552 368 16 s 左右的时间,有了这个反馈的结果,它内部肯定有处理过程。

再回到 Pycharm 的运行终端,查看一下 Flask 系统运行的日志:

```
……
tensor([[[ 0.0269, 0.4083, -0.0996, ..., -0.1281, 0.1304, 0.3146],
         [-0.2299, -0.0171, -0.1305, ..., -0.1705, 0.4137, 0.2988],
         [-0.1697, 0.0746, 0.0918, ..., -0.1309, -0.0571, 0.2109],
         ...,
         [ 0.0799, 0.2227, 0.3483, ..., 0.1733, 0.0735, 0.0231],
         [ 0.0279, 0.2777, 0.3031, ..., 0.1810, 0.0100, 0.1756],
         [-0.2244, -0.1417, 0.0145, ..., 0.4637, 0.2194, -0.2352]]],
      grad_fn=<NativeLayerNormBackward0>)
tensor([[-9.2335e-01, -3.2876e-01, -2.8662e-01, 8.1434e-01,
8.3737e-02,
         -7.7933e-02, 8.9958e-01, 2.5600e-01, -4.7954e-01,
-9.9997e-01,
         -3.2942e-02, 8.0964e-01, 9.8508e-01, 3.7576e-02,
9.6508e-01,
         -6.8942e-01, -3.1435e-01, -6.1864e-01, 3.4115e-01,
-8.4145e-01,
          7.1713e-01, 9.9676e-01, 4.5397e-01, 2.7950e-01,
3.8891e-01,
          9.1791e-01, -6.6070e-01, 9.4803e-01, 9.6752e-01,
7.2994e-01,
         -7.9846e-01, 9.3091e-02, -9.8859e-01, -1.0651e-01,
-4.1140e-01,
         -9.9101e-01, 2.3357e-01, -7.7727e-01, 9.3618e-02,
1.2597e-01,
         -9.2231e-01, 1.8768e-01, 9.9984e-01, -2.5953e-01,
1.9889e-01,
         -2.6911e-01, -1.0000e+00, 2.0518e-01, -8.9666e-01,
3.9006e-01,
          4.4565e-01, 5.8892e-02, 1.4417e-01, 4.4517e-01,
3.5053e-01,
         -1.3307e-01, -1.5811e-01, 1.0858e-01, -5.4526e-02,
-5.4974e-01,
```

```
            -5.8373e-01, 3.2577e-01, -4.7431e-01, -9.2295e-01,
4.2261e-01,
             1.0467e-01, 5.0297e-02, -1.2317e-01, 1.3136e-02,
-1.1993e-01,
             8.8614e-01, 1.4217e-01, 3.7207e-01, -8.4649e-01,
1.5333e-01,
          ...,
            -5.0453e-01, -2.2633e-01, -2.2855e-01, 2.9157e-01,
-2.2491e-01,
            -1.0000e+00, 4.1237e-01, 1.0668e-01, 1.8315e-01,
-3.2785e-01,
             1.8258e-01, -2.2406e-01, -9.8661e-01, -1.4481e-01,
4.9047e-02,
             6.3754e-02, -5.0622e-01, -5.7164e-01, 6.1380e-01,
2.6702e-01,
             7.6066e-01, 8.9727e-01, 3.3631e-01, 5.3603e-01,
6.8925e-01,
             6.6563e-02, -7.0240e-01, 9.5364e-01]], grad_fn =
<TanhBackward0>)
```

这时可以看到,系统返回了两个张量(Tensor),这两个张量有什么区别？数字肯定有区别,除了数字以外,显然包含的维度也不一样,我们可以简单从中括号的角度来分析。第一个张量的层次有三个中括号,第二个张量只有两个,从结构(Shape)的角度看,这三个中括号码里面可以有很多具体内容的表达。可以看得很清楚,第一个张量代表最后一个输入层每一个向量的具体的信息,第二个张量其实就是一个vector,一共是 768 维,跟 model.py 第 11 行 self.out = nn.Linear(768, 1)是相对应的,是用 768 维的向量来表达当前的信息,第二个张量代表着全局的信息。BERT 会反馈这两种信息,这里聚焦于最朴素,即最核心的一些内容:BERT 模型在处理的时候,使用了它的"CLS"部分。

上段代码 model.py 中第 18 行通过 output = self.out(bo) 输出了结果,即 self.out 是一个线性转换操作,通过线性操作产出了一个结果,这个结果会是一个数字,现在还没有产生概率,这是 BERT 模型的内容,有了模型就要去使用它,这边有引擎(engine)的内容。

10.3 模型训练预测及部署

接下来谈具体的引擎、模型的训练预测及部署。

引擎 engine. py 的代码实现：

```
import torch
import torch.nn as nn
from tqdm import tqdm


def loss_fn(outputs, targets):
    return nn.BCEWithLogitsLoss()(outputs, targets.view(-1, 1))


def train_fn(data_loader, model, optimizer, device, scheduler):
    model.train()

    for bi, d in tqdm(enumerate(data_loader), total = len(data_loader)):
        ids = d["ids"]
        token_type_ids = d["token_type_ids"]
        mask = d["mask"]
        targets = d["targets"]

        ids = ids.to(device, dtype = torch.long)
        token_type_ids = token_type_ids.to(device, dtype = torch.long)
        mask = mask.to(device, dtype = torch.long)
        targets = targets.to(device, dtype = torch.float)

        optimizer.zero_grad()
        outputs = model(ids = ids, mask = mask, token_type_ids = token_type_ids)

        loss = loss_fn(outputs, targets)
        loss.backward()
        optimizer.step()
        scheduler.step()


def eval_fn(data_loader, model, device):
    model.eval()
```

```
35.     fin_targets = [ ]
36.     fin_outputs = [ ]
37.     with torch. no_grad():
38.         for bi, d in tqdm(enumerate(data_loader), total = len(data_loader)):
39.             ids = d["ids"]
40.             token_type_ids = d["token_type_ids"]
41.             mask = d["mask"]
42.             targets = d["targets"]
43.
44.             ids = ids. to(device, dtype = torch. long)
45.             token_type_ids = token_type_ids. to(device, dtype = torch. long)
46.             mask = mask. to(device, dtype = torch. long)
47.             targets = targets. to(device, dtype = torch. float)
48.
49.             outputs = model(ids = ids, mask = mask, token_type_ids = token_type_ids)
50.             fin_targets. extend(targets. cpu(). detach(). numpy(). tolist())
51. fin_outputs. extend(torch. sigmoid(outputs). cpu(). detach(). numpy(). tolist())
52.     return fin_outputs, fin_targets
```

上段代码中第 7 行是 nn. BCEWithLogitsLoss 的损失函数计算，其将 Sigmoid 层和 BCELoss 层结合在一起，它在数值上比使用普通的 Sigmoid 加上 BCELoss 更稳定，因为将操作组合到一个层中，是利用了 log - sum - exp 技巧来提高数值稳定性。BCEWithLogitsLoss 会先对预测值进行 Sigmoid 处理，然后是交叉熵损失函数计算，一般常用于二分类问题。

上段代码中第 10 行创建了一个训练函数，训练方法本身会传递参数进来，传入数据加载器(data_loader)、模型(model)等内容。

上段代码中第 11 行调用 model. train ()方法，这是 Pytorch 提供的一种切换到训练模式的方式。

上段代码中第 14～17 行，是从数据加载器(data_loader) 中获得 ids、mask、token_type_ids、targets 的数据。

上段代码中第 19～22 行，进行了一些基本的处理，即数据类型的转换。

上段代码中第 24 行调用了 optimizer. zero_grad()方法，这是 Pytorch 的基本设

置,进行训练时,要对参数状态进行反向传播有一些权重的积累,通过 optimizer.zero_grad()方式把历史信息清除掉。

上段代码中第 25 行在训练时,把输入的数据传给模型,其中的 model 是 BERT-BaseUncased 的实例。

上段代码中第 27 行进行损失计算时,通过 nn.BCEWithLogitsLoss 与实际值计算损失。

上段代码中第 28 行进行反向传播算法(backward)的计算。

上段代码中第 29 行、第 30 行通过反向传播算法之后,计算出了需要调整的部分,然后使用 step 方法具体调整神经网络的内容。

上段代码中第 33～52 行,评测方法(eval_fn)和训练方法(train_fn)其实是一致的。

上段代码中第 51 行通过 torch.sigmoid(outputs)方法,会对预测值进行 sigmoid 处理,把预测值转换成 0～1 的值。

上段代码中第 52 行 return 返回了输出的结果和目标值(target),因为它要进行误差计算,在训练中收到这个内容之后,就可以看到它们的误差。

模型进行训练时要看一下数据的处理,这里不会对数据的处理花很多的工夫,但会把要点告诉一下大家。

数据处理 dataset.py 的代码实现:

```
import config
import torch


class BERTDataset:
    def __init__(self, review, target):
        self.review = review
        self.target = target
        self.tokenizer = config.TOKENIZER
        self.max_len = config.MAX_LEN

    def __len__(self):
        return len(self.review)

    def __getitem__(self, item):
        review = str(self.review[item])
        review = " ".join(review.split())

```

```
19.         inputs = self.tokenizer.encode_plus(
20.             review,
21.             None,
22.             add_special_tokens = True,
23.             max_length = self.max_len,
24.             pad_to_max_length = True,
25.         )
26.
27.         ids = inputs["input_ids"]
28.         mask = inputs["attention_mask"]
29.         token_type_ids = inputs["token_type_ids"]
30.
31.         return {
32.             "ids": torch.tensor(ids, dtype = torch.long),
33.             "mask": torch.tensor(mask, dtype = torch.long),
34.             "token_type_ids": torch.tensor(token_type_ids, dtype = torch.long),
35.             "targets": torch.tensor(self.target[item], dtype = torch.float),
36.         }
```

上段代码中第 7 行是评论数据(review)。

上段代码中第 8 行是目标实际值(target),这是数据本身具有的内容。

上段代码中第 9 行是标记器(TOKENIZER)。

上段代码中第 15 行在数据处理时,所有预处理的环节中最关键的是要获得每一条数据,通过__getitem__方法实现。

上段代码中第 17 行对文本进行分词。

上段代码中第 19～25 行在分词之后进行了编码的操作,在 encode_plus 方法中会设置一些参数,这些都是 Hugging Face 提供的内容,只需要传参就行,设置 add_special_tokens 为 True,涉及"CLS"标记"SEP"标记等内容,而设置 pad_to_max_length 为 True,会涉及一些填充(pad)的操作。

上段代码中第 27～29 行获取 ids、mask、token_type_ids 的数据。

上段代码中第 31～36 行返回了 ids、mask、token_type_ids、targets 的内容,有了这些内容,会被引擎去使用,引擎也会被训练的时候调用。

接下来,看模型具体训练的过程,训练本身的核心是 run 方法。

训练 train.py 的代码实现:

```
import config
import dataset
import engine
import torch
import pandas as pd
import torch.nn as nn
import numpy as np

from model import BERTBaseUncased
from sklearn import model_selection
from sklearn import metrics
from transformers import AdamW
from transformers import get_linear_schedule_with_warmup


def run():
    dfx = pd.read_csv(config.TRAINING_FILE,encoding='gb18030').fillna("none")
    dfx.sentiment = dfx.sentiment.apply(lambda x: 1 if x == "positive" else 0)

    df_train, df_valid = model_selection.train_test_split(
        dfx, test_size=0.1, random_state=42, stratify=dfx.sentiment.values
    )

    df_train = df_train.reset_index(drop=True)
    df_valid = df_valid.reset_index(drop=True)

    train_dataset = dataset.BERTDataset(
        review=df_train.review.values, target=df_train.sentiment.values
    )

    train_data_loader = torch.utils.data.DataLoader(
        train_dataset, batch_size=config.TRAIN_BATCH_SIZE, num_
```

```
    workers = 4
    )

    valid_dataset = dataset.BERTDataset(
        review = df_valid.review.values, target = df_valid.sentiment.values
    )

    valid_data_loader = torch.utils.data.DataLoader(
        valid_dataset, batch_size = config.VALID_BATCH_SIZE, num_workers = 1
    )

    device = torch.device(config.DEVICE)
    model = BERTBaseUncased()
    model.to(device)

    param_optimizer = list(model.named_parameters())
    no_decay = ["bias", "LayerNorm.bias", "LayerNorm.weight"]
    optimizer_parameters = [
        {
            "params": [
                p for n, p in param_optimizer if not any(nd in n for nd in no_decay)
            ],
            "weight_decay": 0.001,
        },
        {
            "params": [
                p for n, p in param_optimizer if any(nd in n for nd in no_decay)
            ],
            "weight_decay": 0.0,
        },
    ]

```

```
64.     num_train_steps = int(len(df_train) / config.TRAIN_BATCH_SIZE * config.EPOCHS)
65.     optimizer = AdamW(optimizer_parameters, lr = 3e - 5)
66.     scheduler = get_linear_schedule_with_warmup(
67.         optimizer, num_warmup_steps = 0, num_training_steps = num_train_steps
68.     )
69.
70.     best_accuracy = 0
71.     for epoch in range(config.EPOCHS):
72.         engine.train_fn(train_data_loader, model, optimizer, device, scheduler)
73.         outputs, targets = engine.eval_fn(valid_data_loader, model, device)
74.         outputs = np.array(outputs) >= 0.5
75.         accuracy = metrics.accuracy_score(targets, outputs)
76.         print(f"Accuracy Score = {accuracy}")
77.         if accuracy > best_accuracy:
78.             torch.save(model.state_dict(), config.MODEL_PATH)
79.             best_accuracy = accuracy
80.
81.
82. if __name__ == "__main__":
83.     run()
```

上段代码中第 17 行加载训练数据,把数据读进来。

上段代码中第 20 行进行数据集的切分,划分为训练集及测试集。

上段代码中第 27 行、第 35 行,使用 BERTDataset 获得训练和测试的数据。

上段代码中第 43 行进行 torch.device 级别的操作,很多时候会使用 GPU,在 Google Colab 中可以使用 GPU。

上段代码中第 44 行定义模型,对 BERTBaseUncased 模型进行实例化。

上段代码中第 45 行模型会传给具体的设备进行处理。

上段代码中第 47~62 行进行训练时,会设置一些优化的参数。

上段代码中第 65 行继续进行了一些设置操作,设置 AdamW 优化器,它本身其实也很简单,即在 Adam 的基础进行一些微调。

上段代码中第 66 行创建了一个学习率计划,在热身(Warmup)期间会线性增加,然后线性减少的学习率计划。

上段代码中第 71 行在训练的时候进行 Epochs 次数的循环。

上段代码中第 72 行、第 73 行调用引擎的 train_fn 方法及 eval_fn 方法。

上段代码中第 74 行是一行比较关键的代码，它会根据 engine.eval_fn 的输出结果进行一个条件判断，获得一个布尔值。如果输出值大于等于 0.5，设置为 True，如果小于 0.5 设置为 False。

上段代码中第 75 行通过 metrics.accuracy_score 方法，将预测值和实际值计算精度。

上段代码中第 77～79 行，在训练的过程中会保存一些比较好的模型状态，这是 checkpoint 的机制，整个训练可能会产生很多状态，会把精度最高的模型保存下来。

上段代码中第 83 行，从训练的角度，直接调用 run 方法执行。

上述从目标的角度谈了数据的状况及模型这两方面的内容，接下来重点谈一下模型在线上的部署。线上部署有很多的方式，一般情况下，如果是团队合作，可以采用 docker 的方式，通过 docker 打包和部署，但这些不属于我们分享的内容。我们会跟大家展示一种最简单的部署方法，模型训练好了之后保存在 model 目录，得到 model.bin 这个文件，这时部署这个模型，要有一个服务器把这个模型加载进来，大家可以使用一个最原始最简单、容易掌握学习的工具，即使用 Flask 做一个服务器，从它启动一个 server 的角度，大约只有三行左右的代码。现在给大家展示调用 BERT 的结果。

模型部署 app.py 的代码实现：

```
import config
import torch
import flask
import time
from flask import Flask
from flask import request
from model import BERTBaseUncased
import functools
import torch.nn as nn


app = Flask(__name__)

MODEL = None
DEVICE = config.DEVICE
PREDICTION_DICT = dict()

```

```

def sentence_prediction(sentence):
    tokenizer = config.TOKENIZER
    max_len = config.MAX_LEN
    review = str(sentence)
    review = " ".join(review.split())

    inputs = tokenizer.encode_plus(
        review, None, add_special_tokens=True, max_length=max_len
    )

    ids = inputs["input_ids"]
    mask = inputs["attention_mask"]
    token_type_ids = inputs["token_type_ids"]

    padding_length = max_len - len(ids)
    ids = ids + ([0] * padding_length)
    mask = mask + ([0] * padding_length)
    token_type_ids = token_type_ids + ([0] * padding_length)

    ids = torch.tensor(ids, dtype=torch.long).unsqueeze(0)
    mask = torch.tensor(mask, dtype=torch.long).unsqueeze(0)
    token_type_ids = torch.tensor(token_type_ids, dtype=torch.long).unsqueeze(0)

    ids = ids.to(DEVICE, dtype=torch.long)
    token_type_ids = token_type_ids.to(DEVICE, dtype=torch.long)
    mask = mask.to(DEVICE, dtype=torch.long)

    outputs = MODEL(ids=ids, mask=mask, token_type_ids=token_type_ids)

    outputs = torch.sigmoid(outputs).cpu().detach().numpy()
    return outputs[0][0]


```

```
52. @app.route("/predict")
53. def predict():
54.     sentence = request.args.get("sentence")
55.     print("Info from user is " + str(sentence))
56.     start_time = time.time()
57.     positive_prediction = sentence_prediction(sentence)
58.     negative_prediction = 1 - positive_prediction
59.     response = {}
60.     response["response"] = {
61.         "positive": str(positive_prediction),
62.         "negative": str(negative_prediction),
63.         "sentence": str(sentence),
64.         "time_taken": str(time.time() - start_time),
65.     }
66.     return flask.jsonify(response)
67.
68. if __name__ == "__main__":
69.     MODEL = BERTBaseUncased()
70.     MODEL.load_state_dict(torch.load(config.MODEL_PATH))
71.     MODEL.to(DEVICE)
72.     MODEL.eval()
73.     app.run(host = "0.0.0.0", port = "5000")
```

上段代码中第 12 行是第一步,定义一个 App,其实就是定义服务器(server)。

上段代码中第 68 行是第二步,定义一个 Main 方法,判断名称是否等于__main__。

上段代码中第 73 行是第三步,启动 Flask 服务,传入第一个参数是 IP 地址,传入第二个参数是端口号。这三步很简单,定义一个 App 对象,然后定义 Main 方法,接着调用 run 方法,从使用的角度就这三步,希望大家清晰看见这个视角。看见的都是直接和 Transformer 或者 BERT 相关的,把其他不相关的尽量简化屏蔽掉,就这么简单去处理即可。

上段代码中第 20 行定义了一个标记化器 BertTokenizer,注意信息进来要进行一个预测,先要进行文本标记化。

上段代码中第 23 行对输入信息进行一些操作,进行各种处理时,因为 URL 暴露在外面,要注意防黑客攻击等问题。

上段代码中第 25 行把输入内容进行一个编码。

上段代码中第 29~31 行,编码之后获得 ids、mask、token_type_ids。

上段代码中第 33~36 行,使用填充(padding)方式对齐文本长度。

上段代码中第 38～44 行,将输入数据转换成张量的方式,并进行一些数据类型的转换,变成张量方式时,模型才能更好处理。

上段代码中第 46 行调用模型,把相关的数据输给模型进行预测。

上段代码中第 48 行是一行很重要的代码,通过 torch. sigmoid 方法对输出的内容进行 Sigmoid 操作。BERT 模型会输出一个结果,然后通过线性转换会获得一个分类的数值或相关度,但很多时候其不会是概率的方式,只是表达相关度,大家可通过 Sigmoid 方法或者其他的一些方法,把它变成想要的概率级别的一些数字。

上段代码中第 52 行定义一个转发路由@app. route("/predict"),服务器启动以后,将 URL 请求发过来,请求的 URL 会有不同的路径,它会解析里面的数据,例如浏览器中输入链接:"http://127. 0. 0. 1:5000/predict"。除了 IP 地址和端口以外,"/predict"是 URL 的路由,这个字符串是什么,它就路由到什么地方,这背后有一套机制,其实是一个字典的查询机制,例如根据 IP 地址及端口之后输入的"predict",它就会路由到这个方法。

上段代码中第 53 行是预测(predict)方法,服务器 server 没问题,但具体实现时有一个关键性的问题是方法签名,即用户发生请求的时候,以什么方式调用具体的方法,这时要写一个方法签名。它首先是一个方法,本身没什么特殊的,跟定义一个普通的 Python 方法没什么区别,重点就在于@app. route("/predict")。

上段代码中第 54 行在预测(predict)方法中的第一步时,要看一下输入的参数内容。可以是 body 传进来的内容,大家可在浏览器单击链接 http://127. 0. 0. 1:5000/predict? sentence=it is bad 中,即 predict 问号后面输入内容("sentence=it is bad")就是参数内容。这时候可以通过 request. args. get("sentence")获得这个内容。

上段代码中第 55 行打印发送的请求参数内容,在 Pycharm 的运行终端中显示"Info from user is it is bad",这是 URL 传送的内容,要把它打印出来。同时,在浏览器 Web 也会收到服务器返回的信息:

```
{"response":{"negative":"0.5073650181293488","positive":"0.49263498",
"sentence":"it is bad","time_taken":"0.1765272617340088"}}
```

其中时间"time_taken"是"0. 1765272617340088",大约是 0. 2 s 或 200 ms,理论上讲,线上环境响应时间不应该超过 10 ms,我们做星空智能对话机器人的响应时间不超过 10 ms。

上段代码中第 57 行获得 sentence 内容之后进行了预测,使用了 sentence_prediction 方法获得积极状态的概率值(positive_prediction)。

上段代码中第 58 行消极状态的概率值等于 1 - positive_prediction。

上段代码中第 60～65 行创建了一个字典,设置了 positive、negative、sentence、time_taken 的值。

上段代码中第 69～72 行实例化 BERTBaseUncased 模型,通过 load_state_dict 方式把保存在 model 里面的模型加载进来,加载已训练模型的参数,有一个 eval() 的操作把模型设置为评测模式,它本身有很多工程实践的内容。

本节分享内容的目的是,让读者看见怎么处理数据、怎么训练模型,又怎么在线上进行模型的部署和使用。后面会分享模型的调试内容,即数据流的每一步,代码逻辑的每一个环节,模型内部的所有细节,都一一呈现,即从 BERT 论文的角度,从 BERT 本身最原始官方的角度,以及从通常的架构或驱动力的角度介绍背后的数学机制,分享怎么设计 BERT。让读者对 BERT 有具体的感知,对内部有足够深入的理解之后,转过来再去看官方论文,就会明白很多具体的内容,这时候肯定会有截然不同的一种感受。

第 2 篇
ChatGPT 技术：从基础应用到进阶实践篇

第 11 章　ChatGPT 技术概述

11.1　GPT－1、GPT－2、GPT－3、GPT－3.5、GPT4 的发展历程与技术特点

GPT 是指“Generative Pre－trained Transformer”的缩写是一种基于 Transformer 架构的自然语言处理模型。下面是 GPT 系列模型的发展历程与技术特点：

如图 11－1 所示，GPT－1：于 2018 年发布，这是 OpenAI 推出的第一个 GPT 模型。它引入了基于自回归的生成模型，将 Transformer 架构应用于大规模的无监督学习，使用了 12 个 Transformer 编码器，117M 个参数。该模型主要用于生成文本，例如完成句子、文章甚至是小说等任务。

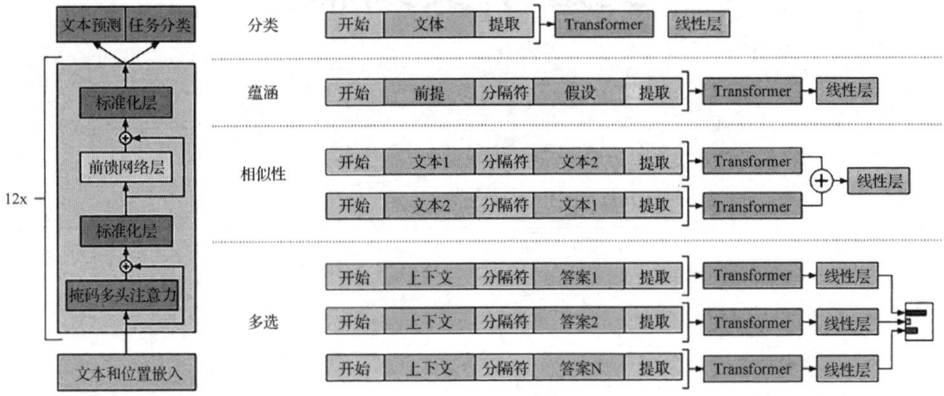

图 11－1　GPT－1 模型

GPT－2：于 2019 年发布，它的模型规模和能力大大超过了 GPT－1，使用了 48 个 Transformer 编码器，1.5B 个参数。相比于 GPT－1，GPT－2 的能力更强，可以生成更长、更复杂的文本。同时，GPT－2 还可以执行多种自然语言处理任务，包括问答、翻译、摘要等。

GPT－3：于 2020 年发布，使用了 175B 个参数，是当时最大的自然语言处理模型。GPT－3 不仅可以生成文本，还可以执行各种自然语言处理任务，如问答、翻译、摘要、文本分类等。GPT－3 的另一个特点是具有零样本学习的能力，即可以在没有任何训练数据的情况下完成新任务。

GPT－3.5：是 OpenAI 在 2021 年 7 月发布的一个改进版 GPT－3，GPT－3.5

在 GPT－3 的基础上进行了一些优化，提高了模型的鲁棒性和泛化能力。

GPT－4：作为 OpenAI 的最新模型，GPT－4 的规模和性能进一步提升。虽然具体参数和训练数据的详细信息尚未公开，但 GPT－4 相较于前几代模型在很多任务上表现出更高的准确性和生成能力，具有更强的自然语言处理能力和更好的零样本学习能力。

OpenAI 的 GPT 系列模型的发布历程，如表 11－1 所列：

表 11－1　OpenAI 的 GPT 系列模型的发布历程

日期	里程碑
2018 年 6 月 11 日	GPT－1 发布
2019 年 2 月 14 日	GPT－2 发布
2020 年 5 月 28 日	GPT－3 预印本论文在 arXiv 上发表
2020 年 6 月 11 日	GPT－3 API 内测版发布
2020 年 9 月 22 日	GPT－3 授权给微软
2021 年 11 月 18 日	GPT－3 API 向公众开放
2022 年 1 月 27 日	InstructGPT 以 text－davinci－002 发布，现称为 GPT－3.5，2022 年 3 月论文预印本发布
2022 年 7 月 28 日	论文在 arXiv 发布
2022 年 9 月 1 日	GPT－3 达·芬奇模型降价 66%
2022 年 9 月 21 日	Whisper(语音识别)发布
2022 年 11 月 28 日	GPT－3.5 扩展为 text－davinci－003，1. 更高质量的写作。2. 处理更复杂的指令。3. 更擅长生成长篇内容
2022 年 11 月 30 日	ChatGPT 发布
2023 年 2 月 1 日	ChatGPT 的月活跃用户达到 1 亿
2023 年 3 月 1 日	ChatGPT API 发布
2023 年 3 月 15 日	GPT4 发布
2023 年 3 月 23 日	ChatGPT 插件发布

OpenAI 的 GPT－3 至 GPT－3.5 的演进路线，如图 11－2 所示：

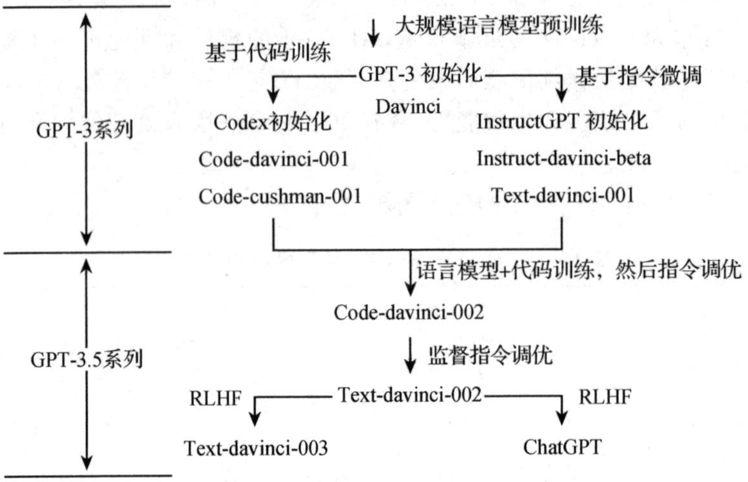

图 11-2 OpenAI 的 GPT-3 至 GPT-3.5 的演进路线

11.2 ChatGPT 技术的基本原理简介

ChatGPT 是一种基于语言模型的自然语言处理技术,ChatGPT 在 InstructGPT 的基础上进行了改进,引入了强化学习 RLHF 技术及对话技术,使得模型能够更好地理解对话文本的语言模式和语义信息,进而生成更加流畅、自然的回复,虽然 ChatGPT 没有开源,但是可以通过 InstructGPT 的相关论文了解 ChatGPT 的技术原理和改进点。

11.2.1 InstructGPT 数据集

为了训练最初的 InstructGPT 模型,OpenAI 公司要求标注员自己编写提示语。这是因为开始的时候,需要有一些类似指令的提示语来启动整个过程,而这种类型的提示语通常不会被提交给 API 上的 GPT-3 模型。OpenAI 公司要求标注员编写三种类型的提示语:

· 普通提示:要求标注员提供任意任务,同时确保这些任务具有足够的多样性。

· 小样本提示:要求标注员提供一条指令,以及多个与该指令相关的查询/响应对。

· 基于用户的提示:在等待 OpenAI API 的申请中列出了许多使用案例,要求标注员提供与这些使用案例相应的提示语。

从这些提示中,OpenAI 公司生成了三个不同的数据集,用于 InstructGPT 过程微调:

(1) SFT 数据集,用于训练 SFT 模型。SFT 数据集包含大约 13 000 个训练提

示,来自 API 和标注员编写。

(2)RM 数据集,用于训练奖励模型(RM)排名。RM 数据集有 33 000 个训练提示,来自 API 和标注员编写。

(3)PPO 数据集,没有任何人工标签,用作 RLHF 微调的输入。PPO 数据集有 31 000 个训练提示,仅来自 API。

如图 11-3 所示,报告了 InstructGPT 用于训练/验证 SFT、RM 和 RL 模型详细的数据集的大小。

监督微调数据集			奖励模型数据集			近似策略优化数据集		
拆分	数据源	大小	拆分	数据源	大小	拆分	数据源	大小
训练集	标签员	11,295	训练集	标签员	6,623	训练集	客户	31,144
训练集	客户	1,430	训练集	客户	26,584	验证集	客户	16,185
验证集	标签员	1,550	验证集	标签员	3,488			
验证集	客户	103	验证集	客户	14,399			

图 11-3 InstructGPT 三种不同的数据集

11.2.2 InstructGPT 技术原理

InstructGPT 是 OpenAI 团队在 2022 年提出的一种基于 GPT 架构的自然语言生成模型,与其他 GPT 变体不同,InstructGPT 注重生成精准、易于理解和执行的指令语句,使用了奖励模型的技术,通过对人类偏好进行建模来引导模型生成符合人类习惯的指令,使得生成的指令更加符合人类直觉和惯用表达方式。

InstructGPT 使用三种不同的技术训练模型,如图 11-4 所示。

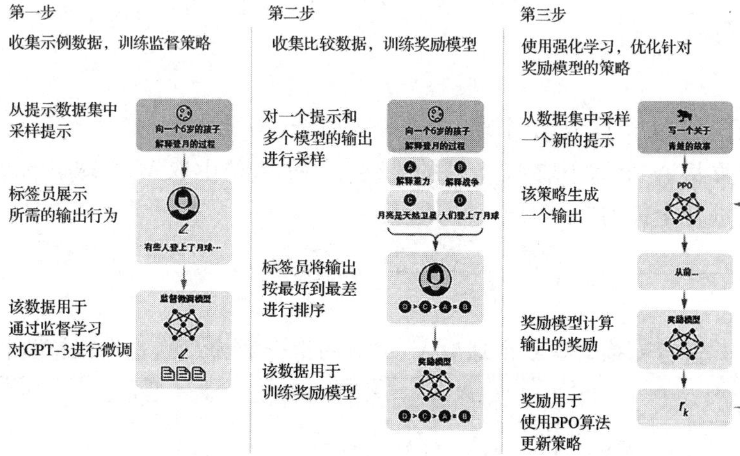

图 11-4 InstructGPT 使用三种不同的技术训练模型

1. 监督微调(SFT)

使用监督学习对 GPT-3 进行微调,使用标记数据进行了 16 个时代(Epoch)的训练,设置余弦学习率衰减,残差丢失率为 0.2,根据验证集上的奖励分数进行最终的 SFT 模型选择,在模型训练时,发现 SFT 模型在 1 个时代以后会过拟合,尽管存在过度拟合问题,但发现训练更多的时代,有助于提高奖励分数和人类偏好评分。

2. 奖励建模(RM)

从去掉最终嵌入层的 SFT 模型开始,InstructGPT 训练了一个模型,用于接收提示和响应,并输出奖励值,仅使用 6B 大小的奖励模型,因为这样可以节省大量计算资源。175B 的奖励模型训练可能不稳定,因此不适合在强化学习期间用作价值函数。

我们首先复习一下关于排列组合的基础知识:

(1)全排列:假设从 N 个球中取 N 个球,一共有多少种排列?第一个位置有 N 种选择,第 2 个位置剩 $N-1$ 种选择,第 3 个位置剩 $N-2$ 种选择,…,依次类推,第 N 个位置剩 1 种选择,因此,N 个位置一共有 $N\times(N-1)\times(N-2)\times\cdots\times1=N!$ 种排列,全排列公式为

$$A_N^N=N! \tag{11-1}$$

(2)非全排列:从 N 个球中取 M 个球,第一个位置有 N 种选择,第 2 个位置剩 $N-1$ 种选择,第 3 个位置剩 $N-2$ 种选择,…,依次类推,第 M 个位置剩 $N-M+1$ 种选择,因此,M 个位置排列数为:

$$\begin{aligned}&N\times(N-1)\times(N-2)\times\cdots(N-M+1)\\=&\frac{N\times(N-1)\times(N-2)\times\cdots(N-M+1)\times(N-M)\times(N-M-1)\times\cdots\times1}{(N-M)\times(N-M-1)\times\cdots\times1}\\=&\frac{N!}{(N-M)!}\end{aligned} \tag{11-2}$$

(3)组合:从 N 个球取 M 个球,有多少种组合?

①先计算从 N 个球中取 M 个球的排列:从 N 个球中取 M 个球进行组合,然后对每个组合进行全排列。

$$A_N^M=C_N^M\times A_M^M \tag{11-3}$$

②对上式进行变换,从 N 个球取 M 个球的组合数为 C_N^M,也可以记为 $\binom{N}{M}$:

$$\binom{N}{M}=\frac{A_N^M}{A_M^M}=\frac{A_N^M}{M!}=\frac{\frac{N!}{(N-M)!}}{M!}=\frac{N!}{M!\,(N-M)!} \tag{11-4}$$

为了加快排名数据比较收集的速度，OpenAI 公司为标注者提供了 $K=4$ 到 $K=9$ 之间的排名响应，对于每个提示（prompt），会随机生成 K 个输出（$4 \leqslant K \leqslant 9$），这些输出会成对展示，每个提示共展示 $\binom{K}{2}$ 个结果，$\binom{K}{2}$ 表示从 K 个响应中选择 2 个响应的组合数：

如果 $K=4$，则从 4 个响应中选择 2 个响应的组合数为 6 个，如图 11-5 所示：

$$\binom{4}{2}=\frac{A_4^2}{A_2^2}=\frac{A_4^2}{2!}=\frac{\frac{4!}{(4-2)!}}{2!}=\frac{4!}{2!\ (4-2)!}=6 \tag{11-5}$$

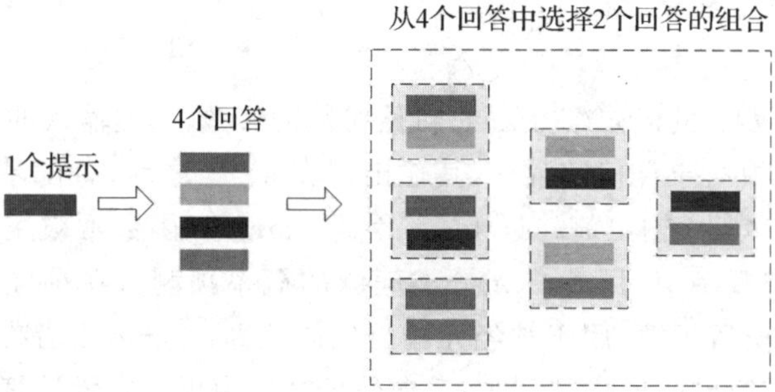

图 11-5　从 4 个响应中选择 2 个响应的组合数

如果 $K=9$，则从 9 个响应中选择 2 个响应的组合数为 36 个：

$$\binom{9}{2}=\frac{A_9^2}{A_2^2}=\frac{A_9^2}{2!}=\frac{\frac{9!}{(9-2)!}}{2!}=\frac{9!}{2!\ (9-2)!}=36 \tag{11-6}$$

InstructGPT 论文里面，选择 $K=9$，其提到两个原因：①如果 $K=4$，标注时要对 4 个答案进行排序，如果 $K=9$，要对 9 个答案进行排序。相对而言，排序变得更加复杂，尽管对 9 个答案进行排序比 4 个答案排序多了 30%～40% 的时间，但是 9 个答案排序产生了 36 项，$K=4$ 时只能产生 6 个组合项，相当于标注的信息多了 6 倍；②损失函数的计算成本降低了，因为可以在不同答案对之间重复使用值。

为了加快排名数据比较收集的速度，OpenAI 公司为标注者提供了 $K=4$ 到 $K=9$ 之间的排名响应，对于每个提示（prompt），会随机生成 K 个输出（$4 \leqslant K \leqslant 9$），这些输出会成对展示，每个提示共展示 $\binom{K}{2}$ 个结果。由于每个标记任务中的比较数据非常相关，如果简单地将比较数据混合在一个数据集中，数据集的一次遍历会导致奖励模型过拟合，因此，将每个提示的所有 $\binom{K}{2}$ 个比较作为一批元素进行训练，在计

算上更高效，因为它只需要每次完成奖励模型的一次前向传递（而不是 K 个输出的 $\binom{K}{2}$ 次前向传递），并且不再过拟合，由此大大提高了验证精度。

奖励模型的损失函数为：

$$\mathrm{loss}(\theta)=-\frac{1}{\binom{K}{2}}E_{(x,y_w,y_l)\sim D}[\log(\sigma(r_\theta(x,y_w)-r_\theta(x,y_l)))] \quad (11-7)$$

其中 σ 表示为 Sigmoid 函数，Sigmoid 函数是一种常用的数学函数，通常用于二元分类问题，将输入的数值转换为概率值，其数学表达式为：

$$\mathrm{Sigmoid}(x)=\frac{1}{1+e^{-x}}=\frac{e^x}{e^x+1}$$

其中，e^{-x} 表示 e 的 $-x$ 次方，e 是自然对数的底数，x 是输入的实数，如图 11－6 所示，Sigmoid 函数对于任何实数 x，其输出都在 0～1 之间，且随着 x 增大，输出值趋近于 1；随着 x 减小，输出值趋近于 0。因此，sigmoid 函数常被用于将一个实数映射到 0～1 之间的概率值，用于二元分类问题的概率预测。在神经网络中，Sigmoid 函数也常被用作激活函数，用于神经元输出值的计算，Sigmoid 函数的导数可以用其本身表示，其具有简单的形式，因此在反向传播算法中也很容易计算。

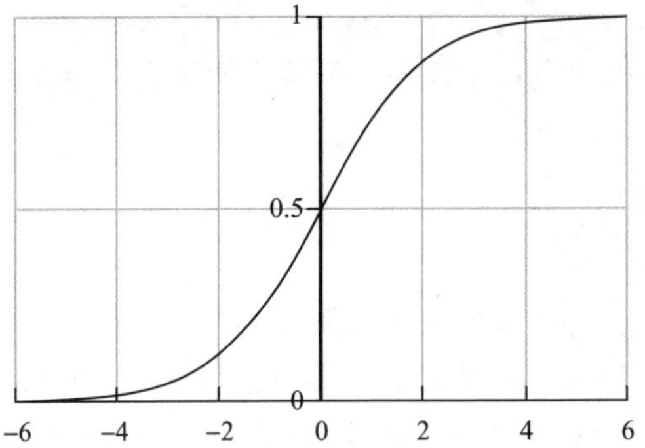

图 11－6　Sigmoid 函数

其中，在参数为 θ 的情况下，$r_\theta(x,y)$ 为提示 x 和补全文本 y 在奖励模型中的标量输出，y_w 为 y_w 和 y_l 对中的首选补全文本，D 为人类比较的数据集。

对于强化学习（RL），继 Stiennon 等人（2020）之后，使用 PPO 算法（Schulman 等人，2017）对环境中的 SFT 模型进行了微调，显示一个随机的提示，并期望对提示作出响应。给出提示和响应，它会产生由奖励模型决定的奖励，并且在每个标记上增加了来自 SFT 模型的 KL 惩罚，以减轻对奖励模型的优化。值函数从奖励模型进行初始化，这个模型称之为近似策略优化算法（Proximal Policy Optimization，PPO）算

法;如果将预训练梯度混合到 PPO 梯度中,以修正 NLP 公共数据集上的性能回归,称之为“PPO - ptx”算法。在强化学习训练中最大化以下组合目标函数:

$$\text{objective}(\varnothing)=E_{(x,y)\sim D_{\pi_{\varnothing}^{RL}}}\left[r_{\theta}(x,y)-\beta\log\left(\frac{\pi_{\varnothing}^{RL}(y|x)}{\pi^{SFT}(y|x)}\right)\right]+\gamma E_{x\sim D_{pretrain}}\left[\log(\pi_{\varnothing}^{RL}(x))\right] \quad (11-8)$$

其中,$\pi_{\varnothing}^{RL}$ 学习到的 RL 策略中,π^{SFT} 为监督训练模型,$D_{pretrain}$ 为预训练分布,KL 奖励系数 β 和预训练损失系数 γ,分别控制 KL 惩罚和预训练梯度的强度,对于 PPO 模型,γ 设置为 0,否则,InstructGPT 为 PPO - ptx 模型。

11.2.3 RLHF 技术内幕详解

下面在 InstructGPT 的基础上,进一步详细讲解 RLHF 技术内幕,RLHF 是 *R*einforcement *L*earning from *H*uman *F*eedback 的缩写,表示“来自人类反馈的强化学习”,它是一种利用人类反馈来指导机器学习模型学习的方法。在 RLHF 中,通过收集人类反馈来指导模型的生成,使得生成结果更加符合人类的期望和需求。在 ChatGPT 中,RLHF 可以用于指导模型的生成,使得生成的文本更加流畅、准确、符合人类语言习惯。例如,在对话生成场景中,利用 RLHF 收集用户反馈来指导对话生成,可以使得生成的对话更加自然、流畅,更符合用户的需求和期望。同时,RLHF 在 ChatGPT 中也可以用于改进模型的性能和效果,使得生成的文本更加符合人类语言的语义和上下文信息。

RLHF 主要应用于自然语言生成领域,包括文本生成、对话生成等。

• 文本生成:通过对用户输入的提示进行生成,利用 RLHF 收集用户反馈,指导生成更符合用户期望的文本。

• 对话生成:通过对用户的语音或文本输入进行对话生成,并利用 RLHF 收集用户反馈,指导生成具有更好流畅度和语义连贯度的对话。

• 机器翻译:利用 RLHF 收集人类反馈,指导机器翻译模型在翻译过程中更好地保留原始语言的语义和上下文信息。

• 搜索引擎优化:通过 RLHF 收集用户对搜索结果的反馈,指导搜索引擎优化搜索结果的准确性和相关性。

• 内容推荐:利用 RLHF 收集用户对推荐内容的反馈,指导推荐算法更好地满足用户兴趣和需求。

RLHF 可以应用于任何需要人类反馈来指导生成的领域,大大提高生成效果和性能。

RLHF 是一个具有挑战性的概念,因为它涉及多模型训练过程和不同阶段的部署,把训练过程分解为三个步骤:

①预训练语言模型(Language Model,LM)。

②收集数据,并训练一个奖励模型(Reward Model,RM)。

③用强化学习对语言模型 LM 进行微调。

1. 第一步是预训练语言模型

InstructGPT、Anthropic 和 Gopher 通过传统预训练目标进行预训练,它们在大小、训练目标和微调方法上存在差异。

(1)InstructGPT 是 OpenAI 第一个广受欢迎的 RLHF 模型,它使用了 GPT-3 的较小版本,预先在大量文本数据上进行了预训练,并以人类生成的可取文本进行微调,以生成与人类喜好相符的文本。

(2)Anthropic 使用了 Transformer 模型,参数范围从 1 000 万到 520 亿个,通过蒸馏原始语言模型的上下文线索进行了微调。

(3)DeepMind 使用了 2 800 亿个参数的模型 Gopher,在大型文本数据集上进行了预训练。

如图 11-7 所示,虽然这些模型在大小、训练目标和微调方法上存在差异,但它们都致力于生成与人类喜好和价值观相符的文本。选择哪种模型作为 RLHF 的起点取决于特定任务和可用数据,没有一种模型适合所有的解决方案。接下来,介绍基于语言模型生成数据来训练奖励模型,并将人类偏好集成到系统中。

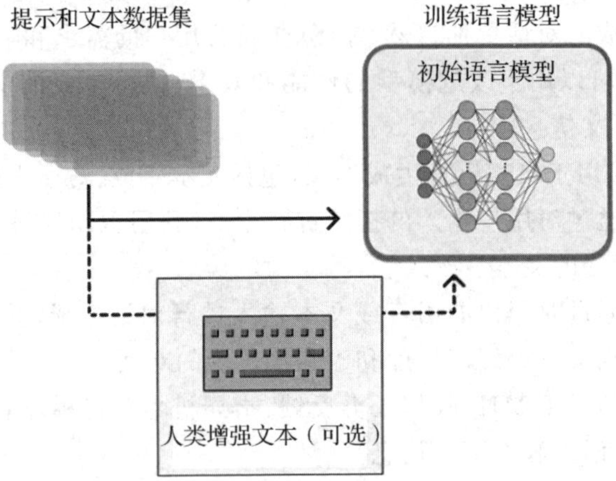

图 11-7 预训练语言模型(LM)

2. 第二步是训练奖励模型

生成一个经过人类喜好校准的奖励模型(RM,也称为偏好模型)是相对较新的 RLHF 研究的起点,其基本目标是得到一个模型或系统,此模型或系统输入一系列文本,返回一个奖励值,该奖励在数字上代表人类偏好。该系统可以是一个端到端的语言模型(LM),也可以是一个输出奖励的模块化系统,例如,模型对输出进行排名,排名被转换为奖励值,输出奖励值对于集成现有 RL 算法到 RLHF 过程中至关重要。

(1)模型选择:用于奖励建模的语言模型(LM)可以是另一个经过微调的LM,也可以是从头开始训练的语言模型(LM)。例如Anthropic使用了一种专门的微调方法来初始化这些模型,偏好模型预训练(Preference Model Pretraining,PMP),发现比微调更有效,但是没有一种奖励建模的变体被认为是明确的最佳选择。

(2)训练数据:用于奖励模型(RM)的提示——生成对的训练数据集是通过从预定义数据集中抽取一组提示来生成的。Anthropic的数据主要是在Amazon Mechanical Turk上使用聊天工具生成的,可在Hub上获得;而OpenAI使用用户提交的提示来访问GPT API,这些提示被传递到初始语言模型中以生成新的文本。

(3)奖励排名:使用人类标注员对语言模型(LM)生成的文本输出进行排名。最初可能认为人类应该直接对每个文本进行评分,以生成奖励模型,但在实践中这很难做到,由于人类标注员的价值观不同,这些评分未经校准,而且存在噪声。相反,使用排名来比较多个模型的输出,如可以创建一个更好的规范化数据集,有多种排名文本的方法。一种成功的方法是,让用户比较两个基于相同提示的语言模型生成的文本,如可以使用Elo评分系统生成一个相对排名。Elo评分系统是一种计算棋手在零和游戏(例如国际象棋)中的相对技能水平的方法,以其创建者Arpad Elo的名字命名,这些不同的排名结果被归一化为一个奖励值进行训练。

迄今为止,目前成功的RLHF系统使用了与文本生成相对大小不同的奖励语言模型,例如,OpenAI使用175B的语言模型(LM)和6B的奖励模型;Anthropic使用10B到52B的语言模型(LM)和奖励模型;DeepMind使用70B Chinchilla模型用于语言模型(LM)和奖励模型。从直觉的角度考虑,这些奖励模型都需要有类似于模型生成所需容量的理解文本的能力。

如图11-8所示,在RLHF系统中,在此阶段,我们有一个初始的语言模型,可以用于生成文本,以及一个奖励模型,它接收任何文本并为其分配人类感知的得分。接下来,我们使用强化学习(RL)来优化原始的语言模型,以使其相对于奖励模型更加优化。

3. 第三步是使用强化学习(RL)进行语言模型的微调

长期以来,由于工程和算法的原因,人们都认为用强化学习来训练语言模型是不可能的。目前多个组织使用的方案是策略梯度强化学习(Policy Gradient RL)算法、近似策略优化(Proximal Policy Optimization,PPO)算法,微调初始语言模型(LM)的部分或全部参数,来使这项任务得以实现。语言模型(LM)的参数被冻结,因为对整个10B或100B+参数模型进行微调是非常昂贵的,相关工作可以参见语言模型的低秩适应Low-Rank Adaptation(LoRA)或DeepMind的Sparrow LM。其中,LoRA:Low-Rank Adaptation of Large Language Models,这个自然语言处理的一个重要范例是对通用领域数据进行大规模预训练,并适应特定的任务或领域。随着对更大的模型进行预训练,重新训练所有模型参数的全微调变得不太可行。以GPT-3 175B为例,部署独立的微调模型实例时,每个实例都有175B参数,成本非

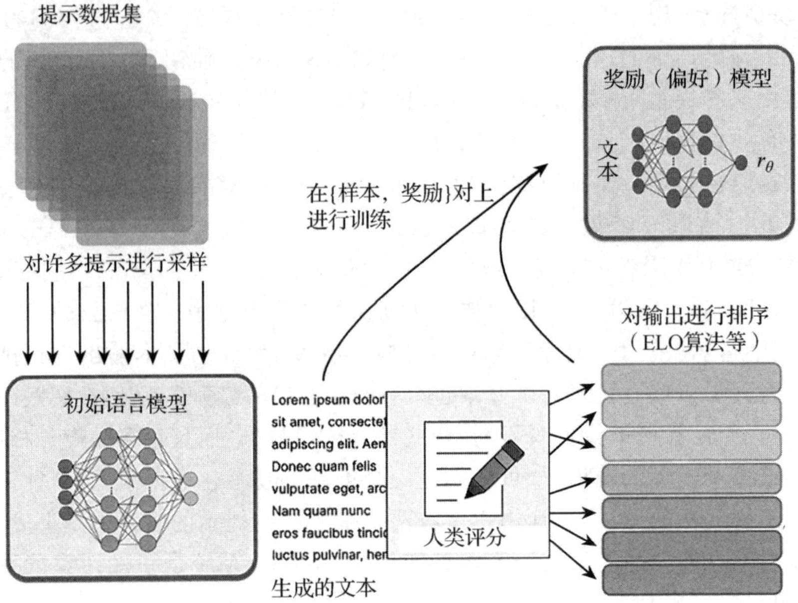

图 11-8 训练奖励模型

常高。因此,我们提出低秩自适应(Low-Rank Adaptation, LoRA),它冻结了预训练的模型权重,并将可训练的秩分解矩阵注入到 Transformer 体系结构的每一层,从而大大减少了下游任务的可训练参数的数量。与 Adam 微调的 GPT-3 175B 相比,LoRA 可训练参数数量减少了数量的 1 万倍,GPU 内存需求减少了数量的 3 倍。在 RoBERTa、DeBERTa、GPT-2 和 GPT-3 上,LoRA 在模型质量方面的表现与微调相当或更好。其有更少的可训练参数、更高的训练吞吐量,并且与适配器不同,没有额外的推理延迟。

近似策略优化 (Proximal Policy Optimization,PPO)算法已经存在相对较长的时间,有许多关于它如何工作的指南。这种方法的相对成熟使其成为扩展到 RLHF 的分布式训练的有利选择。许多用于 RLHF 强化学习的进展是:如何将熟悉的强化学习算法应用更新如此大的模型。

首先,将这个微调任务作为一个强化学习问题来表述,策略是一个语言模型,它接收提示并返回文本序列(或者文本的概率分布)。这个策略的动作空间是与语言模型的词汇表对应的所有标记(通常是 50k 个标记的数量级),观测空间是可能的输入标记序列的分布。考虑以前使用强化学习的情况,这个维度相当大,维度约等于词汇量输入标记的数量,奖励函数是偏好模型和策略转移的组合。

奖励函数将讨论的所有模型结合到一个 RLHF 过程中,给定数据集中的提示 x,输入初始语言模型(LM) 和当前微调策略模型(RL Policy),分别得到输出文本 y_1、y_2,将来自当前策略的文本传递给奖励模型(RM)得到一个奖励评分 r_θ,并将

该文本与初始模型生成的文本进行比较，以计算它们之间差异的惩罚度。在 OpenAI、Anthropic 和 DeepMind 的多篇论文中，这种惩罚被设计为输出词分布序列之间的 Kullback－Leibler（KL）divergence 散度 r_{KL}。

如果在训练批次中大幅偏离初始预训练模型，将使用 KL 散度项惩罚 RL 策略，这有助于确保模型输出合理的连贯文本。如果没有这个惩罚，可能开始会生成无意义的文本，愚弄奖励模型给出高奖励。在实践中，KL 散度是通过从两个分布中进行采样进行近似计算：

$$KL[q,p]=\sum_{x}q(x)\log\frac{q(x)}{p(x)}=E_{x\sim q}\left[\log\frac{q(x)}{p(x)}\right] \tag{11-9}$$

发送给强化学习模型更新规则的最终奖励是 $r=r_\theta-\lambda r_{KL}$。OpenAI 可将额外的预训练梯度集成到 PPO 的更新规则中，成功地在 InstructGPT 上进行了实验。随着 RLHF 的进一步研究，奖励函数的公式可能会继续进化。

更新规则可用于更新 PPO 参数，即以最大化当前数据批次中的奖励值。PPO 是一种信赖域优化（Trust Region Optimization，TRO）算法，它使用梯度约束来确保更新步骤不会破坏学习过程。DeepMind 在 Gopher 中使用了类似的奖励设置，但使用了不同的 A2C（synchronous advantage actor－critic）优化算法。

使用强化学习(RL)进行语言模型的微调过程，如图 11－9 所示。

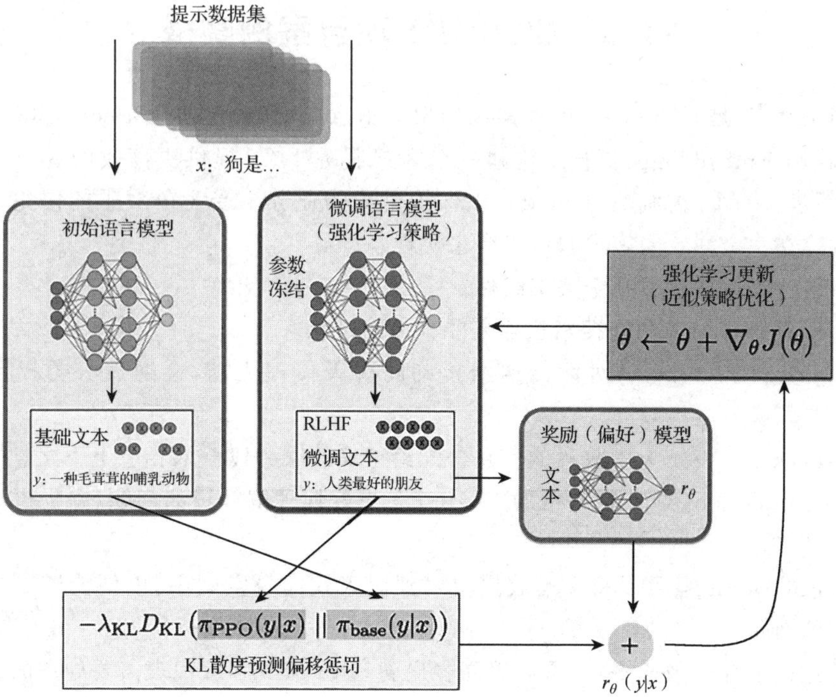

图 11－9　使用强化学习(RL)进行语言模型的微调

可以看出,RLHF 能共同迭代更新奖励模型和策略。随着 RL 策略的更新,用户可以继续将这些输出与模型的早期输出进行排名。Anthropic 在论文中讨论了迭代在线 RLHF,其中策略的迭代包含在跨模型的 ELO 排名系统中,其引入了政策和奖励模型演变的复杂动态,代表了一个复杂而开放的研究问题。如图 11-10 所示。

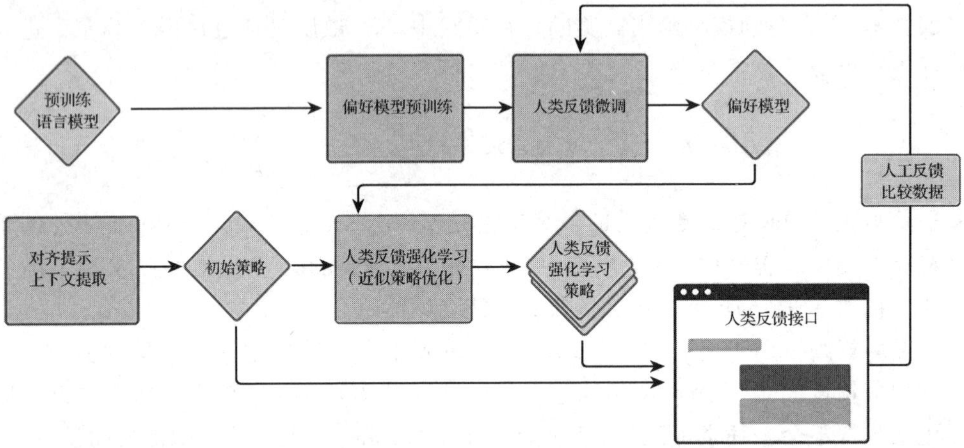

图 11-10　Anthropic 数据收集和模型训练工作流程

11.3　ChatGPT 项目案例实战

图 11-11 是 ChatGPT 项目案例的架构示意图,即通过使用 Redis、Chat Completions 和 Embeddings 等技术构建一个客户服务平台,提供更高效的客户支持体验,从而建立一个"护城河"(moat),以保护公司的业务不受竞争对手的侵犯。这可以通过建立一个高效的客户服务平台来实现。

该平台将包括以下几个关键组件:

- Search Bar:客户在搜索栏输入要查询的信息。
- Triage Prompt:将对话传递给正确的聊天代理之前,会通过分类提示确定意图。
- Backend:将聊天中收集的信息分配给正确的服务以获取相应上下文。
- Completions OpenAI:帮助 ChatGPT 更好地理解客户的问题,并提供更准确的答案。
- Embeddings:可以将文本数据映射到嵌入式向量空间中,以便能够更好地理解客户的问题。

通过这个客户服务平台,可以提高客户满意度,减少客服代表需要处理的重复性任务。同时,这个平台还可以提供有关客户的有用信息,帮助公司更好地了解客户需

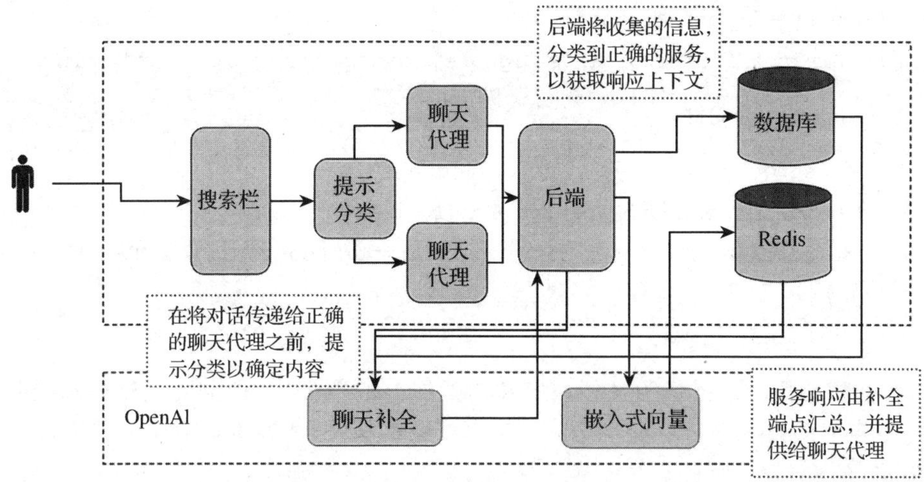

图 11－11　ChatGPT 技术案例

求，从而改进产品和服务。

设置库和环境变量的代码实现：

```
import openai
import os
import requests
import numpy as np
import pandas as pd
from typing import Iterator
import tiktoken
import textract
from numpy import array, average

from database import get_redis_connection

#设置 默认模型和分块大小
from config import COMPLETIONS_MODEL, EMBEDDINGS_MODEL, CHAT_MODEL,
    TEXT_EMBEDDING_CHUNK_SIZE, VECTOR_FIELD_NAME


import warnings

warnings.filterwarnings(action = "ignore", message = "unclosed", cat-
```

```
egory = ImportWarning)
warnings.filterwarnings("ignore", category = DeprecationWarning) .
```

加载 data 目录文件：

```
pd.set_option('display.max_colwidth', 0)
data_dir = os.path.join(os.curdir,'data')
pdf_files = sorted([x for x in os.listdir(data_dir) if 'DS_Store' not in x])
pdf_files
```

我们将使用 Redis 作为文档内容和向量嵌入的数据库，即需要完整的 Redis 技术栈来启用 Redisearch，这是一个允许语义搜索的模块，要在本地 Linux 虚拟机上启动 Redis 的 Docker 服务：

```
(base) [root@toweAI ~]# docker run -d --name redis-stack -p 6379:6379 -p 8001:8001 redis/redis-stack:latest
Unable to find image 'redis/redis-stack:latest' locally
latest: Pulling from redis/redis-stack
ca1778b69356: Pull complete
518777ca318a: Pull complete
4f4fb700ef54: Pull complete
f3214da40ad6: Pull complete
4cf419baf0fd: Pull complete
6f8031a5cee9: Pull complete
33f7730dff5d: Pull complete
ae439f3bd24e: Pull complete
0051d2b6e334: Pull complete
1bb975664fd4: Pull complete
6b38923421ac: Pull complete
6dece0c7252b: Pull complete
e3de16b18118: Pull complete
8222ec87331e: Pull complete
8f6dbd1e47fa: Pull complete
24fdcd115c41: Pull complete
Digest: sha256:f32efb09d1e4f87997470efb444e8810788a5c558900a80ee562f2be5d64b481
Status: Downloaded newer image for redis/redis-stack:latest
3cdc7acaf91a2c5990b9e76f0cddbb402a743fb3e6d035450c9012f576f858d1
```

使用 get_redis_connection 方法连接 Redis 数据库：

```
# Redis 设置
from redis import Redis
from redis.commands.search.query import Query
from redis.commands.search.field import (
    TextField,
    VectorField,
    NumericField
)
from redis.commands.search.indexDefinition import (
    IndexDefinition,
    IndexType
)

redis_client = get_redis_connection("192.168.72.129")
```

构建索引相关变量的代码实现：

```
# 常量
VECTOR_DIM = 1536 # len(data['title_vector'][0]) # 向量的长度
# VECTOR_NUMBER = len(data)                 # 初始向量数
PREFIX = "sportsdoc"                          # 文档键的前缀
DISTANCE_METRIC = "COSINE"                # 向量的距离度量(例如 .
COSINE, IP, L2)


# 创建搜索索引

# 索引
INDEX_NAME = "f1 - index"             # 搜索索引的名称
VECTOR_FIELD_NAME = 'content_vector'

# 为数据集中的每一列定义 RediSearch 字段
# 这是添加任何想要捕获的额外元数据的地方
filename = TextField("filename")
text_chunk = TextField("text_chunk")
file_chunk_index = NumericField("file_chunk_index")
```

```

#定义使用 HNSW 索引的 RediSearch 向量
text_embedding = VectorField(VECTOR_FIELD_NAME,
    "HNSW", {
        "TYPE": "FLOAT32",
        "DIM": VECTOR_DIM,
        "DISTANCE_METRIC": DISTANCE_METRIC
    }
)
#将所有字段对象添加到要创建的列表中作为索引
fields = [filename,text_chunk,file_chunk_index,text_embedding]

redis_client.ping()
```

创建索引的代码实现：

```
#如果索引已经存在,删除索引,这是可选步骤
#redis_client.ft(INDEX_NAME).dropindex()

#检查索引是否存在
try:
    redis_client.ft(INDEX_NAME).info()
    print("Index already exists")
except Exception as e:
    print(e)
     #创建 RediSearch 索引
    print('Not there yet. Creating')
    redis_client.ft(INDEX_NAME).create_index(
        fields = fields,
        definition = IndexDefinition(prefix = [PREFIX], index_type = IndexType.HASH)
    )
```

加载 Pdf 文件并执行操作,启动标记器并运行一个处理管道：

- 从每个 PDF 中挖掘文本。
- 把它们分成小块并嵌入其中。
- 将它们存储在 Redis 中。

```
#  transformers.py 文件包含所有的转换函数,包括分块化、嵌入和加载数
```

```
据的函数
from transformers import handle_file_string

% % time
# 该步骤耗时约 5 分钟

# 初始化标记器
tokenizer = tiktoken.get_encoding("cl100k_base")

# 处理每个 PDF 文件，并准备嵌入
for pdf_file in pdf_files:

    pdf_path = os.path.join(data_dir,pdf_file)
    print(pdf_path)

    # 使用 text 从每个 PDF 中提取原始文本
    text = textract.process(pdf_path, method = 'pdfminer')

    # 将每个文档分块，嵌入内容并加载到 Redis
    handle_file_string((pdf_file,text.decode("utf - 8")),tokenizer,
redis_client,VECTOR_FIELD_NAME,INDEX_NAME)
```

其中，handle_file_string 方法处理文件字符串并将其存储到 Redis 数据库中，传入五个参数：文件名(file)、分词器(tokenizer)、Redis 连接(redis_conn)、文本嵌入字段(text_embedding_field)和索引名称(index_name)。函数的主要步骤如下：从文件参数中获取文件名和文件字符串；清理文件字符串，将所有双空格和换行符替换为单空格和分号，并将其保存为一个新的字符串；将文件名添加到清理后的文件字符串中，创建文本嵌入；对每个嵌入获取一个唯一的 ID 并将其与文本嵌入、文件名和文本块索引一起作为向量数据，存储到一个向量列表中；将向量列表上传到 Redis 数据库中，使用指定的文本嵌入字段进行存储。

handle_file_string 函数的代码实现：

```
def handle_file_string(file,tokenizer,redis_conn, text_embedding_
field,index_name):
    filename = file[0]
    file_body_string = file[1]

```

```
    #通过替换换行符、双空格和分号来清理文件字符串
    clean_file_body_string = file_body_string.replace("  ", " ").replace("\n", "; ").replace(';',' ')
    #
    #将文件名添加到要嵌入的文本中
    text_to_embed = "Filename is: {}; {}".format(
        filename, clean_file_body_string)

    #为文本创建嵌入
    try:
        text_embeddings, average_embedding = create_embeddings_for_text(
            text_to_embed, tokenizer)
        #print("[handle_file_string] Created embedding for {}".format(filename))
    except Exception as e:
        print("[handle_file_string] Error creating embedding: {}".format(e))

    #对每个嵌入获取三元组的向量数组:file_chunk_id, embedding, metadata ,元数据是一个键为 filename, file_chunk_index 的字典
    vectors = []
    for i, (text_chunk, embedding) in enumerate(text_embeddings):
        id = get_unique_id_for_file_chunk(filename, i)
        vectors.append(({'id': id
                        , "vector": embedding, 'metadata': {"filename": filename
                                                            , "text_chunk": text_chunk
    , "file_chunk_index": i}}))

    try:
        load_vectors(redis_conn, vectors,text_embedding_field)

    except Exception as e:
        print(f'Ran into a problem uploading to Redis: {e}')
```

检查文档是否已经插入：

```
1. #检查 文档是否已经插入
2. redis_client.ft(INDEX_NAME).info()['num_docs']
```

官网运行的结果为：

```
'829'
```

接下来，将测试搜索是否按预期工作，在 Redis 中使用语义搜索和验证结果，并将结果传递给 GPT-3 进行文本摘要。

首先，在 Redis 数据库中查询与给定查询字符串最相似的文档：

```
1. from database import get_redis_results
2.
3. f1_query = 'what are the criteria for disqualification'
4.
5. result_df = get_redis_results(redis_client,f1_query,index_name =
   INDEX_NAME)
6. result_df.head(2)
```

官网的运行结果如图 11-12 所示：

	id	result	certainty
0	0	The IT will, therefore, be competent to establish the existence, or not, of a breach of the FIA regulations and to impose any sanction upon the person and Competitor concerned (see the process governed by the FIA Judicial and Disciplinary Rules). The President of the FIA, in its capacity as prosecuting authority, will ask, in respect of every disciplinary procedure: - - for the imposition of a suspension upon Competitor's Staff Certificate of Registration holders who have contravened the FIA Code of Good Standing or the withdrawal of the Competitor's Staff Certificate of Registration (any withdrawal can only be imposed for the remaining period of the current season of the FIA Formula One World Championship) and that these same people not be fined. The person and/or Competitor sanctioned may bring an appeal before the ICA against the IT's decision. ********* The FIA will inform the relevant Competitor of any proceedings instigated against any member of its staff. It is the responsibility to the relevant Competitor to send the IT a written request to be heard, and if granted, it shall be permitted to submit written observations. The FIA undertakes to support before the IT and/or the ICA any request from the Competitor to intervene as a third party within the framework of a disciplinary procedure. The right to deprive any duly registered member of a Competitor's staff of access to the Reserved Areas at events forming part of the FIA Formula One World Championship is subject to the procedure set forth in the FIA Judicial and Disciplinary Rules. The Stewards during the course of an Event or otherwise will have no authority to suspend or withdraw a Competitor's Staff Certificate of Registration for any breach or alleged breach of the FIA Code of Good Standing.	0.205749571323
1	1	The following sets out examples of the type of behaviours which might constitute an infringement of the FIA Code of Good Standing (non-exhaustive list of examples) in relation to a person who is subject to the Code of Good Standing: - - - - giving instructions to a driver or other member of a Competitor's staff with the intention or with the likely result of causing an accident, collision or crash or a race to be stopped or suspended any action which is likely to endanger or materially compromise the safety of any driver, other members of the Competitor's staff, other participants in a race, Officials or any spectators or other members of the public who attend an event giving instructions to make any changes to a car in breach of any safety requirements or regulations giving instructions to tamper with or adversely affect the set-up or performance of the car of any other Competitor 4 / 5 ♠FIA Legal Department Practice Directions - Competitor's Staff Registration System 17 March 2011 - - giving instructions to a driver or otherwise taking any action by which the result or course of a race may be influenced or affected for the purpose of profiting or assisting someone to profit through betting on the outcome of a race or any part of a race or being convicted of a criminal offence (other than a driving offence) which carries a maximum prison sentence of five years. VII. AMENDMENTS TO THE COMPETITOR'S STAFF REGISTRATION SYSTEM The FIA will not make any amendments with regard to the Competitor's Staff Registration System, either to the International Sporting Code or to the Practice Directions, prior consultation with the Competitors entered in the FIA Formula One World Championship and adequate opportunity to provide input on the proposed amendments.	0.206525266171

图 11-12 在 Redis 数据库中查询与给定查询字符串最相似的文档

其中，get_redis_results 函数调用了 query_redis 函数，query_redis 函数的作用是在 Redis 数据库中查询与给定查询字符串最相似的文档。首先根据给定的查询字符串，通过 openai.Embedding.create 接口创建一个嵌入向量，然后，使用创建的嵌入向量作为查询参数，构建一个 Redis 查询对象。该对象使用 KNN 算法搜索与查询向量最相似的向量，并返回 K 个最相似的结果。查询结果包括文档的向量分数、文本块和文本块索引等信息。然后将查询结果返回。get_redis_results 函数的作用

是从查询结果中提取信息并将其显示为 DataFrame 格式，DataFrame 包含三列，分别为结果的 ID、结果文本和结果匹配得分。

get_redis_results 函数和 query_redis 函数的代码为：

```
# 向 Redis 查询
def query_redis(redis_conn,query,index_name, top_k = 2):
    ##从用户查询创建嵌入向量
    embedded_query = np.array(openai.Embedding.create(
                                              input = query,
                                              model = EMBEDDINGS_MODEL,
                                          )["data"][0]['embedding'], dtype = np.float32).tobytes()

    #准备查询
    q = Query(f'* = >[KNN {top_k} @{VECTOR_FIELD_NAME} $vec_param AS vector_score]').sort_by('vector_score').paging(0,top_k).return_fields('vector_score','filename','text_chunk','text_chunk_index').dialect(2)
    params_dict = {"vec_param": embedded_query}


    #执行查询
    results = redis_conn.ft(index_name).search(q, query_params = params_dict)

    return results

#从 结果中获取映射文档
def get_redis_results(redis_conn,query,index_name):

    #从 Redis 获取最相关的文档
    query_result = query_redis(redis_conn,query,index_name)

    #将信息提取到列表中
    query_result_list = [ ]
    for i, result in enumerate(query_result.docs):
        result_order = i
```

```
        text = result.text_chunk
        score = result.vector_score
        query_result_list.append((result_order,text,score))

    #将结果显示为 DataFrame 以方便操作
    result_df = pd.DataFrame(query_result_list)
    result_df.columns = ['id','result','certainty']
    return result_df
```

接下来，使用 OpenAI 的 GPT－3 API 生成摘要，以回答客户发出的搜索查询。首先，定义一个字符串变量(summary_prompt)，它包含一个摘要的模板，用于在生成摘要时提供原始查询和结果。在模板中，使用“SEARCH_QUERY_HERE”和“SEARCH_RESULT_HERE”作为占位符。接下来使用 Python 字符串的 replace 方法，将模板中的“SEARCH_QUERY_HERE”和“SEARCH_RESULT_HERE”分别替换为查询字符串“f1_query”和查询结果 DataFrame 中的第一个结果的文本值；然后，使用 OpenAI 的 GPT－3 API 生成摘要。调用“openai.Completion.create”函数，传递生成摘要所需的参数，包括引擎模型、摘要模板字符串和最大标记数。GPT－3 API 将根据提供的摘要模板和最大标记数，生成一个摘要文本，回答客户发出的搜索查询。

```
summary_prompt = '''Summarise this result in a bulleted list to answer the search query a customer has sent.
Search query: SEARCH_QUERY_HERE
Search result: SEARCH_RESULT_HERE
Summary:
'''
summary_prepped = summary_prompt.replace('SEARCH_QUERY_HERE',f1_query).replace('SEARCH_RESULT_HERE',result_df['result'][0])
summary = openai.Completion.create(engine = COMPLETIONS_MODEL,prompt = summary_prepped,max_tokens = 500)
#GPT-3 提供的响应
print(summary['choices'][0]['text'])
```

官网的运行结果为：

- Breach of FIA regulations can lead to disqualification
- Imposed sanctions may include suspension of Competitor's Staff Certificate of Registration
- Competitor's Staff Certificate of Registration may also be withdrawn for

remaining duration of the season

- Competitor has right to appeal the IT's decision
- Competitor must make written request to be heard
- FIA will support Competitor's request
- Stewards have no authority to suspend or withdraw Competitor's Staff Certificate of Registration for any breach or alleged breach of the FIA Code of Good Standing

对于构筑护城河:我们已经将知识库嵌入存储在 Redis 中,可以创建一个内部搜索应用程序,问答功能虽然有用,但在交互复杂性方面受到了相当的限制。如果用户提出了一个次优的问题,系统无法提供帮助来提示他们获取更多信息或进行对话,以引导他们走向正确的路径。

我们可以使用聊天功能自动补全终端创建一个聊天机器人,它将:

- 接收关于其行为方式和用户目标的指令。
- 获得一些必要的信息进行收集。
- 与客户来回交流,直到收集到所需的信息。
- 发出触发词,以启动语义搜索和响应摘要化的流程。

这是一个与 ChatCompletion 端点交互的基本示例,它需要一个"消息"列表,由"角色"(系统、用户或助手之一)和"内容"组成。

```
question = 'How can you help me'


completion = openai.ChatCompletion.create(
  model = "gpt-3.5-turbo",
  messages = [
     {"role": "user", "content": question}
  ]
)
print(f"{completion['choices'][0]['message']['role']}: {completion
  ['choices'][0]['message']['content']}")
```

官网的运行结果为:

assistant:

As an AI language model developed by OpenAI, I can help you in several ways. Here are some examples:

- Answer questions: You can ask me any questions you have, and I'll do my

best to provide accurate and helpful answers. I can help you with anything from math problems to historical facts to recommendations for restaurants or movies.

- Assist in writing: Whether you need help with grammar, sentence structure, or word choice, I can assist you in writing. I can also help you generate ideas for writing assignments and provide writing prompts for inspiration.

- Provide information: If you need information on a specific topic or want to learn more about a particular subject, I can provide you with useful information and resources.

- Give suggestions: If you're unsure about something or need advice, I can give you suggestions and recommendations based on my knowledge and experience.

- Chat and entertain: If you're feeling bored or lonely, I can chat with you and try to entertain you with jokes, stories, or interesting facts.

接下来,实现一个基本的聊天机器人,使用 OpenAI 的 GPT-3 API 进行聊天自动补全,通过 Python 的 termcolor 库对输出进行颜色标记。

首先,代码导入了 termcolor 库中的 colored 函数,用于对输出的文本进行颜色标记。接下来,定义一个 Message 类,用于创建消息作为聊天字典的基本类,包含 role 和 content 两个属性,分别表示消息的角色和内容。同时,还定义了一个 message 方法,用于返回一个包含 role 和 content 属性的字典。

然后,定义了一个 Assistant 类,用于与机器人交谈,该类包含一个 conversation_history 属性,用于存储聊天历史记录。_get_assistant_response 方法,用于调用 OpenAI 的聊天自动补全 API,生成机器人的回复,该方法接收一个 prompt 参数,即机器人的前一个回复和用户的下一个问题。如果成功调用了 API,将返回一个包含机器人回复的 Message 对象。如果调用失败,将返回一个带有异常信息的字符串。

接下来,定义了一个 ask_assistant 方法,用于向机器人提出问题并获取回答。该方法接收一个 next_user_prompt 参数,即用户的下一个问题,并将其添加到聊天历史记录中。然后,调用_get_assistant_response 方法,生成机器人的回答,并将其添加到聊天历史记录中,返回机器人的回答。

这里还定义了一个"pretty_print_conversation_history"方法,可用于将聊天历史记录以可读性良好的方式输出到控制台上。

```
from termcolor import colored

# 创建消息作为聊天字典的基本类
class Message:
```

```
    def __init__(self,role,content):

        self.role = role
        self.content = content

    def message(self):

        return {"role": self.role,"content": self.content}

#将使用 助手类来与机器人交谈
class Assistant:

    def __init__(self):
        self.conversation_history = [ ]

    def _get_assistant_response(self, prompt):

        try:
            completion = openai.ChatCompletion.create(
              model = "gpt - 3.5 - turbo",
              messages = prompt
            )

            response_message = Message(completion['choices'][0]['message']['role'],completion['choices'][0]['message']['content'])
            return response_message.message()

        except Exception as e:

            return f'Request failed with exception {e}'

    def ask_assistant(self, next_user_prompt, colorize_assistant_replies = True):
        [self.conversation_history.append(x) for x in next_user_
```

```
prompt]
        assistant_response = self._get_assistant_response(self.conversation_history)
        self.conversation_history.append(assistant_response)
        return assistant_response


    def pretty_print_conversation_history(self, colorize_assistant_replies=True):
        for entry in self.conversation_history:
            if entry['role'] == 'system':
                pass
            else:
                prefix = entry['role']
                content = entry['content']
                output = colored(prefix + ':\n' + content, 'green') if colorize_assistant_replies and entry['role'] == 'assistant' else prefix + ':\n' + content
                print(output)
```

实例化 Assistant 类，和机器人进行交互

```
# 启动我们的 Assistant 类
conversation = Assistant()

# 创建一个列表来保存 消息，并插入系统消息来指导行为和 第一个用户问题
messages = []
system_message = Message('system','You are a helpful business assistant who has innovative ideas')
user_message = Message('user','What can you do to help me')
messages.append(system_message.message())
messages.append(user_message.message())
messages


# 得到聊天机器人对问题的回复
response_message = conversation.ask_assistant(messages)
```

```
15. print(response_message['content'])
```

官网的运行结果为：

As a business assistant with innovative ideas, I can:

1. Conduct market research: I can carry out thorough research on your target market, analyze consumer behavior, and gather insights to help you make informed decisions about your business.

2. Develop a strategic plan: I can help you come up with a comprehensive business plan that includes a clear vision, goals, and actionable steps to help you achieve your business objectives.

3. Create a strong online presence: I can help you create a compelling website, develop a social media strategy, and create engaging online content to help you connect with your customers.

4. Improve customer service: I can help you identify areas where your customer service needs improvement and help you develop strategies for how to provide excellent service to your customers.

5. Optimize your operations: I can help you streamline your business processes, identify inefficiencies, and create systems that will improve productivity, reduce costs, and increase profitability.

6. Explore new revenue streams: I can help you identify new opportunities for revenue generation, such as introducing new products or services, or expanding into new markets.

7. Develop innovative marketing: I can help you come up with innovative marketing strategies that will help you stand out from competitors and resonate with your target audience.

继续问下一个问题：

```
1. next_question = 'Tell me more about option 2'
2.
3. #启动一个新消息列表并插入下一个问题
4. messages = []
5. user_message = Message('user',next_question)
6. messages.append(user_message.message())
7. response_message = conversation.ask_assistant(messages)
```

```
8. print(response_message['content'])
```

官网的运行结果为：

Developing a strategic plan is one of the most critical aspects of running a successful business. A strategic plan outlines a clear vision for your business and provides a roadmap for achieving your goals. As a business assistant, I can help you develop a comprehensive strategic plan that includes:

1. A clear and concise vision statement that defines what you want to achieve with your business.

2. An analysis of your competition and the market environment to identify opportunities and threats.

3. A SWOT analysis to identify your business's strengths, weaknesses, opportunities, and threats.

4. A clear set of objectives and goals that are specific, measurable, attainable, relevant, and time - bound.

5. An action plan that outlines the steps you need to take to achieve your goals.

6. A timeline that details when each objective will be completed.

7. A monitoring and evaluation plan to keep track of your progress and identify areas that need improvement.

By working together, we can develop a strategic plan that aligns with your long - term goals and helps you grow your business.

接下来，我们将扩展 RetrievalAssistant 类实现知识检索，这段代码是一个聊天机器人的实现，它可以根据用户提供的查询问题和适用的赛季年份，检索知识库并提供答案。如果用户没有提供赛季年份，聊天机器人会要求用户再次提供。当聊天机器人获得了赛季年份，它会回答“正在搜索答案”。这段代码的主要更改是扩展了一个 RetrievalAssistant 类，它将一个向量数据库调用添加到了聊天机器人的响应中。该类包含一个函数_get_assistant_response 来获取聊天机器人的响应，并且有一个_ask_assistant 函数，用于处理用户的下一个请求，并返回聊天机器人的响应。当聊天机器人获得了赛季年份，并回答“正在搜索答案”时，它会使用_get_search_results 函数从 Redis 数据库中检索答案，然后将检索到的答案作为系统提示添加到会话历史中，并要求聊天机器人使用这些内容回答用户的问题。该类还提供了一个 pretty_print_conversation_history 函数，用于将整个会话的历史记录以易于阅读的

方式打印出来。

知识检索的代码实现：

```
#更新了系统提示,要求从用户提取问题和年份
system_prompt = '''
You are a helpful Formula 1 knowledge base assistant. You need to capture a Question and Year from each customer.
The Question is their query on Formula 1, and the Year is the year of the applicable Formula 1 season.
If they haven't provided the Year, ask them for it again.
Once you have the Year, say "searching for answers".

Example 1：

User：I'd like to know the cost cap for a power unit

Assistant：Certainly，what year would you like this for?

User：2023 please.

Assistant：Searching for answers.
'''

#新增 Assistant 类,用于向其响应增加向量数据库调用
class RetrievalAssistant：

    def __init__(self)：
        self.conversation_history = [ ]

    def _get_assistant_response(self, prompt)：

        try：
            completion = openai.ChatCompletion.create(
              model = CHAT_MODEL,
              messages = prompt,
              temperature = 0.1
            )
```

```

            response_message = Message(completion['choices'][0]['message']['role'],completion['choices'][0]['message']['content'])
            return response_message.message()

        except Exception as e:

            return f'Request failed with exception {e}'

    #检索 Redis 搜索结果的函数
    def _get_search_results(self,prompt):
        latest_question = prompt
        search_content = get_redis_results(redis_client,latest_question,INDEX_NAME)['result'][0]
        return search_content


    def ask_assistant(self, next_user_prompt):
        [self.conversation_history.append(x) for x in next_user_prompt]
        assistant_response = self._get_assistant_response(self.conversation_history)

        #  正常回答，除非使用"searching_for_answers"触发序列
        if 'searching for answers' in assistant_response['content'].lower():
            question_extract = openai.Completion.create(model = COMPLETIONS_MODEL,prompt = f"Extract the user's latest question and the year for that question from this conversation: {self.conversation_history}. Extract it as a sentence stating the Question and Year")
            search_result = self._get_search_results(question_extract['choices'][0]['text'])

            #  在这里插入了一个额外的系统提示符，为 Chatbot 提供关于如何使用 Redis 结果的新上下文。在本例中，我们将其添加到会话历史
```

```
记录中，但在生产环境中，隐藏它可能会更好
            self.conversation_history.insert(-1,{"role": 'system', "content": f"Answer the user's question using this content: {search_result}. If you cannot answer the question, say 'Sorry, I don't know the answer to this one'"})
            #[self.conversation_history.append(x) for x in next_user_prompt]

            assistant_response = self._get_assistant_response(self.conversation_history)
            print(next_user_prompt)
            print(assistant_response)
            self.conversation_history.append(assistant_response)
            return assistant_response
        else:
            self.conversation_history.append(assistant_response)
            return assistant_response


    def pretty_print_conversation_history(self, colorize_assistant_replies=True):
        for entry in self.conversation_history:
            if entry['role'] == 'system':
                pass
            else:
                prefix = entry['role']
                content = entry['content']
                output = colored(prefix +':\n' + content, 'green') if colorize_assistant_replies and entry['role'] == 'assistant' else prefix +':\n' + content
                #prefix = entry['role']
                print(output)
```

构建 RetrievalAssistant 实例，与对话机器人进行交互：

```
conversation = RetrievalAssistant()
messages = []
```

```
3. system_message = Message('system',system_prompt)
4. user_message = Message('user','How can a competitor be disqualified
   from competition')
5. messages.append(system_message.message())
6. messages.append(user_message.message())
7. response_message = conversation.ask_assistant(messages)
8. response_message
```

运行结果如下：

```
{'role': 'assistant',
 'content': 'Sure, what year would you like this information for? '}
```

用户提供年份信息，继续对话：

```
1. messages = [ ]
2. user_message = Message('user','For 2023 please. ')
3. messages.append(user_message.message())
4. response_message = conversation.ask_assistant(messages)
5. #response_message
```

运行结果如下：

```
[{'role': 'user', 'content': 'For 2023 please. '}]
{'role': 'assistant', 'content': 'According to the FIA Sporting Regulations for the 2023 Formula One season, a competitor can be disqualified from the competition if they breach the FIA regulations. The FIA will investigate and establish the existence of the breach and impose any sanction upon the person and competitor concerned. The President of the FIA, in its capacity as prosecuting authority, will ask for the imposition of a suspension upon Competitor's Staff Certificate of Registration holders who have contravened the FIA Code of Good Standing or the withdrawal of the Competitor's Staff Certificate of Registration. The person and/or competitor sanctioned may bring an appeal before the ICA against the IT's decision. '}
```

第 12 章 OpenAI API 基础应用实践

12.1 OpenAI API 模型及接口概述

OpenAI API 可以应用于自然语言理解、生成自然语言、代码或图像的任务，OpenAI 提供了一系列具有不同功能级别的模型，适用于不同的任务，并且能够微调用户自己的自定义模型。这些模型可用于从内容生成到语义搜索和分类的所有领域。OpenAI 系列模型以 GPT(Generative Pre - trained Transformer)开头，后面的数字或字母代表着不同版本的模型，例如，GPT - 1、GPT - 2、GPT - 3、GPT - 4 等。GPT - 1 是 OpenAI 发布的第一款自然语言处理模型，由 12 层 Transformer 堆叠而成，拥有 1.17 亿个参数。它主要是用于文本摘要、翻译和问答等自然语言任务。GPT - 2 是 GPT - 1 的升级版，由 24 层 Transformer 堆叠而成，拥有 15 亿个参数。GPT - 2 的生成能力比 GPT - 1 更强大，能够生成更长、更复杂的文本。GPT - 3 包含 1750 亿个参数，GPT - 3 能够生成高质量的自然语言文本，并且可以执行一些通用的任务，如翻译、问答、摘要和自动摘要等。除了 GPT 系列模型，OpenAI 还开发了一些其他的模型，如 DALL - E 和 CLIP。DALL - E 是一个生成图像的模型，即可以根据自然语言描述生成图像。CLIP 是一个图像分类模型，可以理解文本和图像之间的语义关系，使得模型能够从图像中学习表示，并将其与文本表示进行匹配。

OpenAI API 接口由具有不同功能和价位的多种模型提供支持，见表 12 - 1 所列。

表 12 - 1 OpenAI API 模型

模型	描述
GPT - 4 有限测试版	改进的 GPT - 3.5 模型，可以理解和生成自然语言或代码
GPT - 3.5	改进的 GPT - 3 模型，可以理解和生成自然语言或代码
DALL · E 测试版	给定自然语言提示，生成和编辑图像
Whisper 测试版	可以将音频转换为文本的模型
Embeddings	可以将文本转换为嵌入式向量的模型
Moderation	文本审核模型，检查内容是否符合 OpenAI 的使用政策
GPT - 3	能够理解和生成自然语言的模型
Codex(已弃用)	能够理解和生成代码的模型，包括将自然语言转换为代码

此外,OpenAI 公司还发布了包括 Point - E、Whisper、Jukebox 和 CLIP 在内的开源模型。

OpenAI API 接口模型的命名规则由模型能力-模型系列家族-模型输入类型-模型标识符构成,见表 12 - 2 所列,例如,最强大的 GPT - 3 模型称为 text - davinci - 003,最强大的 Codex 模型称为 code - davinci - 002。

表 12 - 2 OpenAI API 模型命名规则

命名	描述
模型能力	例如 GPT - 3 模型使用 text,Codex 模型使用 code
模型系列家族	例如 GPT - 3 模型包括 ada(阿达)、babbage(巴贝奇)、curie(居里)和 davinci(达·芬奇)
模型输入类型	可选,仅支持嵌入向量模型。例如,文本搜索嵌入模型支持 doc 和 query
模型标识符	模型版本标识符

OpenAI API 接口模型汇总清单,见表 12 - 3 所列。

表 12 - 3 OpenAI API 接口的模型汇总

序号	OpenAI API 接口	序号	OpenAI API 接口
1	ada	17	code - search - ada - text - 001
2	ada:2020 - 05 - 03	18	code - search - babbage - code - 001
3	ada - code - search - code	19	code - search - babbage - text - 001
4	ada - code - search - text	20	curie
5	ada - search - document	21	curie:2020 - 05 - 03
6	ada - search - query	22	curie - instruct - beta
7	ada - similarity	23	curie - search - document
8	babbage	24	curie - search - query
9	babbage:2020 - 05 - 03	25	curie - similarity
10	babbage - code - search - code	26	cushman:2020 - 05 - 03
11	babbage - code - search - text	27	davinci
12	babbage - search - document	28	davinci:2020 - 05 - 03
13	babbage - search - query	29	davinci - if:3.0.0
14	babbage - similarity	30	davinci - instruct - beta
15	code - davinci - edit - 001	31	davinci - instruct - beta:2.0.0
16	code - search - ada - code - 001	32	davinci - search - document

续表

序号	OpenAI API 接口	序号	OpenAI API 接口
33	davinci - search - query	49	text - davinci - 003
34	davinci - similarity	50	text - davinci - edit - 001
35	gpt - 3. 5 - turbo	51	text - embedding - ada - 002
36	gpt - 3. 5 - turbo - 0301	52	text - search - ada - doc - 001
37	if - curie - v2	53	text - search - ada - query - 001
38	if - davinci:3. 0. 0	54	text - search - babbage - doc - 001
39	if - davinci - v2	55	text - search - babbage - query - 001
40	text - ada:001	56	text - search - curie - doc - 001
41	text - ada - 001	57	text - search - curie - query - 001
42	text - babbage:001	58	text - search - davinci - doc - 001
43	text - babbage - 001	59	text - search - davinci - query - 001
44	text - curie:001	60	text - similarity - ada - 001
45	text - curie - 001	61	text - similarity - babbage - 001
46	text - davinci:001	62	text - similarity - curie - 001
47	text - davinci - 001	63	text - similarity - davinci - 001
48	text - davinci - 002	64	whisper - 1

OpenAI API 接口模型端点的兼容性,见表 12 - 4 所列。

表 12 - 4　OpenAI API 接口模型端点的兼容性

端点	模型名称
/v1/chat/completions	gpt - 4, gpt - 4 - 0314, gpt - 4 - 32k, gpt - 4 - 32k - 0314, gpt - 3. 5 - turbo, gpt - 3. 5 - turbo - 0301
/v1/completions	text - davinci - 003, text - davinci - 002, text - curie - 001, text - babbage - 001, text - ada - 001
/v1/edits	text - davinci - edit - 001, code - davinci - edit - 001
/v1/audio/transcriptions	whisper - 1
/v1/audio/translations	whisper - 1
/v1/fine - tunes	davinci, curie, babbage, ada
/v1/embeddings	text - embedding - ada - 002, text - search - ada - doc - 001
/v1/moderations	text - moderation - stable, text - moderation - latest

GPT－4 是一个大型多模态模型，它可以接受文本输入并生成文本输出，支持图像输入，具有广泛的常识和先进的推理能力。GPT－4 优化了对话功能，在使用对话完成 API 时，能够很好完成任务。目前，GPT－4 的访问仍受限，还处于测试阶段，但它展示了 AI 在文本生成和理解方面持续进行的革新。

GPT－4 系列的最新模型，见表 12－5 所列。

表 12－5　GPT－4 的最新模型

GPT－4 模型	描述	最大标记数	训练时间
gpt－4	比任何 GPT－3.5 模型更强大，能够完成更复杂的任务，并为聊天进行了优化，将随最新的模型迭代而更新	8 192 个标记	截至 2021 年 9 月
gpt－4－0314	2023 年 3 月 14 日的 gpt－4 快照。与 gpt－4 不同的是，该模型将不会接受更新，并且只会在 2023 年 6 月 14 日结束的 3 个月内得到支持	8 192 个标记	截至 2021 年 9 月
gpt－4－32k	与基础 gpt－4 模式相同的功能，但上下文长度是它的 4 倍，将随最新的模型迭代而更新	32 768 个标记	截至 2021 年 9 月
gpt－4－32k－0314	2023 年 3 月 14 日 gpt－4－32 的快照。与 gpt－4－32k 不同的是，该模型将不接受更新，并且只支持 3 个月的时间，截至 2023 年 6 月 14 日	32 768 个标记	截至 2021 年 9 月

GPT－3.5 模型可以理解和生成自然语言或代码，GPT－3.5 系列最强大和最经济实用的模型是 ChatGPT(gpt－3.5－turbo)，可用于聊天，也适用于传统的完成任务。gpt－3.5－turbo 比 GPT－3 模型具有更广泛的常识知识和更高级的推理能力，可以更准确地处理语境、引入适当的假设和推测并生成更加连贯和可靠的结果，这些改进使 gpt－3.5－turbo 能够处理更复杂的输入和产出更高质量的输出内容。

GPT－3.5 系列的最新模型，见表 12－6 所列。

表 12－6　GPT－3.5 的最新模型

GPT－3.5 模型	描述	最大标记数	训练时间
gpt－3.5－turbo	最强大的 GPT－3.5 模型，优化了聊天，使用成本是 text－davinci－003 模型的 1/10，将与最新的模型迭代更新	4 096 个标记	截至 2021 年 9 月

续表

GPT-3.5 模型	描述	最大标记数	训练时间
gpt-3.5-turbo-0301	2023 年 3 月 1 日 gpt-3.5-turbo 的快照，与 gpt-3.5-turbo 不同的是，该模型将不接受更新，并且只支持 3 个月的时间，截止到 2023 年 6 月 1 日	4 096 个标记	截至 2021 年 9 月
text-davinci-003	与居里、巴贝奇、阿达模型相比，以更好的质量、更长的输出和一致的指令遵循来完成任何语言任务。支持在文本中插入补全	4 097 个标记	截至 2021 年 6 月
text-davinci-002	与 text-davinci-003 功能类似，但使用监督微调而不是强化学习进行训练	4 097 个标记	截至 2021 年 6 月
code-davinci-002	优化代码完成任务	8 001 个标记	截至 2021 年 6 月

GPT-3 模型能理解和生成自然语言，GPT-3 模型已被更强大的 GPT-3.5 代模型所超越，但 GPT-3 的基础模型，例如达·芬奇、居里、阿达和巴贝奇模型，目前仍然是唯一可以用于微调的模型。这四种模型的学习能力和生成能力相互之间存在差异，达·芬奇模型生成的对话最为准确。

GPT-3 的系列模型，见表 12-7 所列。

表 12-7　GPT-3 的系列模型

GPT-3 模型	描述	最大标记数	训练时间
text-curie-001	比达·芬奇更快，成本更低	2 049 个标记	截至 2019 年 10 月
text-babbage-001	能够直接完成任务，非常快，成本更低	2 049 个标记	截至 2019 年 10 月
text-ada-001	能够完成非常简单的任务，是 GPT-3 系列中速度最快的模型，成本最低	2 049 个标记	截至 2019 年 10 月
davinci	功能最强大的 GPT-3 模型，可以做任何其他模型可以做的任务，质量更高	2 049 个标记	截至 2019 年 10 月
curie	比达·芬奇更快，成本更低	2 049 个标记	截至 2019 年 10 月
babbage	能够直接完成任务，非常快，成本更低	2 049 个标记	截至 2019 年 10 月
ada	能够完成非常简单的任务，是 GPT-3 系列中速度最快的模型，成本最低	2 049 个标记	截至 2019 年 10 月

OpenAI API 嵌入式向量模型：推荐使用 text-embedding-ada-002 嵌入式向量模型，OpenAI API 接口模型提供了三种嵌入式向量模型系列，用于不同的功能：

· 相似性嵌入式向量。
· 文本搜索嵌入式向量。
· 代码搜索嵌入式向量。

每个系列包含各种功能的模型，例如阿达、巴贝奇、居里、达·芬奇等，各个模型的维度如下：

· Ada(阿达)：1 024 个维度。
· Babbage(巴贝奇)：2 048 个维度。
· Curie(居里)：4 096 个维度。
· Davinci(达·芬奇)：12 288 个维度。

其中，达·芬奇模型是最有能力的，但比其他模型更慢、更昂贵，阿达模型只能回答基本问题，但速度更快，成本更低。

相似性嵌入式向量模型擅长捕捉两段或多段文本之间的语义相似性；文本搜索嵌入式向量模型有助于衡量长文档是否与短搜索查询相关，该系统支持两种输入类型：doc 用于嵌入要检索的文档，query 用于嵌入搜索查询；代码搜索嵌入式向量模型，与文本搜索嵌入模型类似，该系统支持两种输入类型：code 用于嵌入要检索的代码片段，text 用于嵌入自然语言搜索查询。

OpenAI API 嵌入式向量模型，见表 12-8 所列。

表 12-8　OpenAI API 嵌入式向量模型

嵌入式向量模型	用例	模型名称
嵌入式向量	文本嵌入式向量	text-embedding-ada-002
相似性嵌入式向量	聚类，回归，异常检测，可视化	text-similarity-ada-001
		text-similarity-babbage-001
		text-similarity-curie-001
		text-similarity-davinci-001
文本搜索嵌入式向量	搜索，上下文相关性，信息检索	text-search-ada-doc-001
		text-search-ada-query-001
		text-search-babbage-doc-001
		text-search-babbage-query-001
		text-search-curie-doc-001
		text-search-curie-query-001
		text-search-davinci-doc-001
		text-search-davinci-query-001
代码搜索嵌入式向量	代码搜索和相关性	code-search-ada-code-001
		code-search-ada-text-001
		code-search-babbage-code-001
		code-search-babbage-text-001

InstructGPT 指令模型是 OpenAI 基于 GPT-3 模型微调得到的自然语言生成模型,该模型通过预训练大规模语料库和微调任务特定数据而得出,已成为 OpenAI 的默认模型。InstructGPT 指令模型见表 12-9 所列。

表 12-9　OpenAI API InstructGPT 模型

模型类型	模型名称	模型大小	描述
最新 InstructGPT	text-davinci-003	175 B	OpenAI 发布的 InstrcutGPT 产品
	text-davinci-002	175 B	ChatGPT 的基础模型
	text-davinci-001	175 B	
	text-curie-001	6.7 B	居里模型具有较强的泛化能力,能完成大部分达·芬奇模型能完成的任务
	text-babbage-001	1.5 B	
	text-ada-001	1.2 B	
基础 InstructGPT-3	davinci-instruct-beta	175 B	基础 InstructGPT 模型
	curie-instruct-beta	6.7 B	

OpenAI API 具有多个不同能力和价格的语言模型可供选择,价格是按照每 1 000 个标记进行计算,标记可以理解为单词的组成部分,其中 1 000 个标记大约相当于 750 个单词。用户可以选择最符合其需求和预算的模型,使其适用于更广泛的用户群体。另外,用户也需要仔细考虑标记使用情况,以避免超出限制并产生额外费用,OpenAI API 具有不同能力和定价选项的多个模型,使用户可以根据其具体需求量身定制及选择模型。

GPT-4 具有广泛的常识和专业知识,可以遵循自然语言的复杂指令,准确地解决难题。GPT-4 模型 API 调用价格见表 12-10 所列。

表 12-10　GPT-4 模型 API 调用价格

模型	提示语	完成
8 K 上下文	$0.03/1 K 标记	$0.06/1 K 标记
32 K 上下文	$0.06/1 K 标记	$0.12/1 K 标记

ChatGPT(gpt-3.5-turbo)模型针对对话进行了优化,gpt-3.5-turbo 的性能与 Instruct Davinci 模型相当。ChatGPT 模型 API 调用价格见表 12-11 所列。

表 12-11　ChatGPT(gpt-3.5-turbo)模型 API 调用价格

模型	用法
gpt-3.5-turbo	$0.002/1 K 标记

InstructGPT 指令模型对单轮指令进行了优化，Ada（阿达）是速度最快的模型，而 Davinci（达·芬奇）模型是最强大的。InstructGPT 指令模型 API 调用价格见表 12－12 所列。

表 12－12　InstructGPT 指令模型 API 调用价格

模型	用法	模型	用法
Ada	$0.000 4 /1 K 标记	Curie	$0.002 0 /1 K 标记
Babbage	$0.000 5 /1 K 标记	Davinci	$0.020 0 /1 K 标记

OpenAI 微调模型通过使用自定义训练数据微调 OpenAI 的基础模型，创建自定义模型。一旦对模型进行了微调，将仅为对该模型的请求中使用的标记付费。OpenAI 微调模型 API 调用价格见表 12－13 所列。

表 12－13　OpenAI 微调模型 API 调用价格

模型	训练	使用
Ada	$0.000 4/1 K 标记	$0.001 6/1 K 标记
Babbage	$0.000 6/1 K 标记	$0.002 4/1 K 标记
Curie	$0.003 0/1 K 标记	$0.012 0/1 K 标记
Davinci	$0.030 0/1 K 标记	$0.120 0/1 K 标记

OpenAI API 嵌入式向量模型使用嵌入式向量构建高级搜索、聚类、主题建模和分类功能。OpenAI 嵌入式向量模型 API 调用价格见表 12－14 所列。

表 12－14　OpenAI API 嵌入式向量模型 API 调用价格

模型	使用
Ada	$0.000 4/1 K 标记

OpenAI 公司提供的其他模型，例如图像模型，将 DALLE 直接构建到用户应用程序中，以生成和编辑新颖的图像和艺术，图像模型提供了三种分辨率的灵活应用，OpenAI 图像模型 API 调用价格见表 12－15 所列。

表 12－15　OpenAI 图像模型 API 调用价格

分辨率	价格	分辨率	价格
1 024×1 024	$0.020/image	256×256	$0.016/image
512×512	$0.018/image		

OpenAI 公司提供的 Whisper 模型可以将语音转录成文字，并将多种语言翻译成英语。Whisper 模型 API 调用价格见表 12－16 所列。

表 12-16 Whisper 模型 API 调用价格

模型	使用
Whisper	$0.006/分钟(四舍五入到秒)

大家可以通过任何语言的 HTTP 请求,通过 OpenAI API 公司的官方 Python、Node.js 库或社区维护的库与 API 进行交互。OpenAI API 接口汇总见表 12-17 所列。

表 12-17 OpenAI API 接口汇总

类型	名称	URL	说明
模型	列出模型	GET https://api.openai.com/v1/models	列出当前可用的模型,并提供有关每个模型的基本信息,例如所有者和可用性
	检索模型	GET https://api.openai.com/v1/models/{model}	检索模型实例,提供有关模型的基本信息,例如所有者和权限
完成	创建完成	POST https://api.openai.com/v1/completions	为提供的提示和参数创建完成文本
聊天	创建聊天完成	POST https://api.openai.com/v1/chat/completions	为聊天消息创建完成文本
编辑	创建编辑	POST https://api.openai.com/v1/edits	为提供的输入、指令和参数创建新的编辑
图片	创建图像	POST https://api.openai.com/v1/images/generations	根据提示创建图像
	创建图像编辑	POST https://api.openai.com/v1/images/edits	在给定原始图像和提示的情况下创建编辑或扩展图像
	创建图像变体	POST https://api.openai.com/v1/images/variations	创建给定图像的变体
嵌入	创建嵌入	POST https://api.openai.com/v1/embeddings	创建表示输入文本的嵌入式向量
声音	创建转录	POST https://api.openai.com/v1/audio/transcriptions	将音频转录为输入语言
	创建翻译	POST https://api.openai.com/v1/audio/translations	将音频翻译成英文
文件	列出文件	GET https://api.openai.com/v1/files	返回属于用户组织的文件列表

续表

类型	名称	URL	说明
文件	上传文件	POST　https://api.openai.com/v1/files	上传包含要跨各种端点/功能使用的文档的文件。目前，一个组织上传的所有文件的大小最大可达 1 GB
	删除文件	DELETE https://api.openai.com/v1/files/{file_id}	删除文件
	检索文件	GET https://api.openai.com/v1/files/{file_id}	返回有关特定文件的信息
	检索文件内容	GET https://api.openai.com/v1/files/{file_id}/content	返回指定文件的内容
微调	创建微调	POST https://api.openai.com/v1/fine-tunes	创建一个从给定数据集微调指定模型的作业
	列表微调	GET https://api.openai.com/v1/fine-tunes	列出组织的微调工作
	检索微调	GET https://api.openai.com/v1/fine-tunes/{fine_tune_id}	获取有关微调作业的信息
	取消微调	POST https://api.openai.com/v1/fine-tunes/{fine_tune_id}/cancel	立即取消微调作业
	列出微调事件	GET https://api.openai.com/v1/fine-tunes/{fine_tune_id}/events	获取微调作业的细粒度状态更新
	删除微调模型	DELETE https://api.openai.com/v1/models/{model}	删除微调模型
审核	创建审核	POST https://api.openai.com/v1/moderations	对违反 OpenAI 内容政策的文本进行分类

在 OpenAI API 接口调用时，可能会遇到 API 速率限制，提示信息如下所示：

```
Rate limit reached for default-code-davinci-002 in organization org-exampleorgid123 on tokens per min.
Limit: 10000.000000 / min. Current: 10020.000000 / min.
Contact support@openai.com if you continue to have issues.
...
RateLimitError: Rate limit reached for default-codex in organization org-{id} on requests per min. Limit: 20.000000 / min. Current: 24.000000 / min. Contact support@openai.com if you continue to have issues or if you'd like to request an increase.
```

OpenAI API 设置速率限制保护了 API 的稳定运行，同时也确保了所有用户都有公平的访问机会。速率限制可以防止滥用 API，比如一些用户可能会发送大量请求，导致 API 服务中断。对于单个用户的请求，OpenAI 通过限制其数量来确保其他用户不会受到影响。此外，速率限制还可以帮助 OpenAI 管理基础设施的负载，如果 API 的请求急剧增加，可能会使服务器负载过大，从而导致性能问题。通过设置速率限制，OpenAI 可以帮助维护所有用户平稳一致地使用体验。虽然速率限制可能会导致一些不便，但是它们是为了保护 API 的可靠运行而存在的。为了避免速率限制，可以通过一些方法来避免和处理，例如减少请求频率、使用缓存、降低并行请求等方法，建议在开发过程中遵循最佳实践，避免在短时间内进行大量请求，如可以考虑升级 API 套餐或联系 OpenAI 支持团队以获取更多帮助。

速率限制用以下两种方式来衡量。

- RPM(Requests Per Minute)：每分钟请求数。
- TPM(Tokens Per Minute)：每分钟标记数。

TPM 表示的每分钟标记数，根据模型不同，TPM 的单位也不同，见表 12－18 所列：

表 12－18　TPM 每分钟标记数

类型	1 TPM 等于
davinci(达·芬奇)	1 每分钟标记数
curie(居里)	25 每分钟标记数
babbage(巴贝奇)	100 每分钟标记数
ada(阿达)	200 每分钟标记数

作为参考，1 000 个标记大约是一页文本。截至 2023 年 1 月，OpenAI API 接口默认速率限制见表 12－19 所列：

表 12－19　OpenAI 默认速率限制

用户	文本和嵌入	聊天	代码	编辑	图像	声音
免费试用用户	3 每分钟请求数	3 每分钟请求数	3 每分钟请求数	3 每分钟请求数	5 张图片/分钟	3 每分钟请求数
	150 000 TPM 每分钟标记数	40 000 TPM 每分钟标记数	40 000 TPM 每分钟标记数	150 000 TPM 每分钟标记数		
按需付费用户(前 48 小时)	60 每分钟请求数	60 每分钟请求数	20 每分钟请求数	20 每分钟请求数	50 张图片/分钟	50 每分钟请求数
	250 000 TPM 每分钟标记数	60 000 TPM 每分钟标记数	40 000 TPM 每分钟标记数	150 000 TPM 每分钟标记数		

续表

用户	文本和嵌入	聊天	代码	编辑	图像	声音
按需付费用户(48小时后)	3 500 每分钟请求数	3 500 每分钟请求数	20 每分钟请求数	20 每分钟请求数	50 张图片/分钟	50 每分钟请求数
	350 000 TPM 每分钟标记数	90 000 TPM 每分钟标记数	40 000 TPM 每分钟标记数	150 000 TPM 每分钟标记数		

在 GPT－4 推出期间，GPT－4 将有更严格的速率限制以满足需求，gpt－4/gpt－4－0314 的默认速率限制为 40 k TPM 和 200 RPM。而 gpt－4－32k/gpt－4－32k－0314 的默认速率限制为 80 k TPM 和 400 RPM，见表 12－20 所列。值得注意的是，在 GPT－4 的有限公测阶段，OpenAI 将无法满足速率限制增加的请求。在当前状态下，该模型旨在用于实验和原型设计，并不适用于高容量生产用例。

表 12－20　GPT－4 速率限制

gpt4 模型	速率限制
gpt－4 gpt－4－0314	200 每分钟请求数
	40 k TPM 每分钟标记数
gpt－4－32k gpt－4－32k－0314	400 每分钟请求数
	80 k TPM 每分钟标记数

如何避免速率限制错误，一种简单的方法是使用指数回退自动重试请求。指数回退意味着在遇到速率限制错误时进行短暂休眠，然后重试不成功的请求。如果请求仍然不成功，则增加休眠时间并重复该过程，这将持续到请求成功或达到最大重试次数为止。这种方法有很多好处：自动重试意味着可以在不崩溃或丢失数据的情况下恢复速率限制错误，可以快速尝试首次重试，同时受益于更长的延迟，如果前几次重试失败，添加随机抖动到延迟有助于避免所有重试同时发生。需要注意的是，不成功的请求会影响每分钟的限制，不断重新发送请求将不起作用。

以下是几个示例的解决方案：

- 使用 Tenacity 库。
- 使用 backoff 库。
- 自定义回退实现。

Tenacity 是一个通用的第三方工具库，使用 tenacity.retry 装饰器可以将指数回退增加到请求中。使用 Tenacity 库的示例代码如下：

```
1. import openai
2. import os
3. import  openai
```

```
openai.api_key = os.getenv("OPENAI_API_KEY")
import openai  # 用于 OpenAI API 调用
from tenacity import (
    retry,
    stop_after_attempt,
    wait_random_exponential,
)  # 对于指数回退


@retry(wait = wait_random_exponential(min = 1, max = 60), stop = stop_after_attempt(6))
def completion_with_backoff( * * kwargs):
    return openai.Completion.create( * * kwargs)


result = completion_with_backoff(model = "text - davinci - 002", prompt = "What is the openai mission?")
print(result)
```

以上代码的运行结果为：


```
{
  "choices": [
    {
      "finish_reason": "length",
      "index": 0,
      "logprobs": null,
      "text": "\n\n\"The OpenAI mission is to ensure that artificial general intelligence benefits all"
    }
  ],
  "created": 1681859911,
  "id": "cmpl - 76oshEYLzWLScpF7KPNNQeu9IIJdb",
  "model": "text - davinci - 002",
  "object": "text_completion",
  "usage": {
    "completion_tokens": 16,
```

```
    "prompt_tokens": 7,
    "total_tokens": 23
  }
}
```

另一个提供回退和重试函数装饰器的库是 backoff，与 Tenacity 一样，backoff 库也是第三方工具。

```python
import backoff  # 对于指数回退
import os
import openai
openai.api_key = os.getenv("OPENAI_API_KEY")

@backoff.on_exception(backoff.expo, openai.error.RateLimitError)
def completions_with_backoff(**kwargs):
    return openai.Completion.create(**kwargs)

result = completions_with_backoff(model="text-davinci-002", prompt="What is the openai mission?")
print(result)
```

以上代码的运行结果为：


```
{
  "choices": [
    {
      "finish_reason": "length",
      "index": 0,
      "logprobs": null,
      "text": "\n\nOpenAI is a research lab focused on building advanced artificial intelligence in a"
    }
  ],
  "created": 1681879416,
  "id": "cmpl-76txIPUWrqpYrkE8b0UTAcYd2Wwht",
  "model": "text-davinci-002",
  "object": "text_completion",
  "usage": {
    "completion_tokens": 16,
```

```
    "prompt_tokens": 7,
    "total_tokens": 23
  }
}
```

如果不使用第三方库，也可以自定义实现自己的回退逻辑。

```python
import random
import time
import os
import  openai
openai.api_key = os.getenv("OPENAI_API_KEY")


#定义重试装饰器
def retry_with_exponential_backoff(
    func,
    initial_delay: float = 1,
    exponential_base: float = 2,
    jitter: bool = True,
    max_retries: int = 10,
    errors: tuple = (openai.error.RateLimitError,),
):

    """重试指数回退函数."""

    def wrapper(*args, **kwargs):
        #初始化变量
        num_retries = 0
        delay = initial_delay


        #循环、直到响应成功或遇到 max_retries 或引发异常
        while True:
            try:
                return func(*args, **kwargs)

```

```
            # 重试指定的错误
            except errors as e:
                # 增加重试
                num_retries += 1


                # 检查重试次数是否已达到最大值
                if num_retries > max_retries:
                    raise Exception(
                        f"Maximum number of retries ({max_retries}) exceeded."
                    )

                # 增加延迟
                delay *= exponential_base * (1 + jitter * random.random())

                # 延迟
                time.sleep(delay)

            # 对任何未指定的错误引发异常
            except Exception as e:
                raise e

    return wrapper


@retry_with_exponential_backoff
def completions_with_backoff(**kwargs):
    return openai.Completion.create(**kwargs)


result = completions_with_backoff(model="text-davinci-002", prompt="What is the openai mission?")
print(result)
```

以上代码的运行结果为：

```
{
  "choices": [
    {
      "finish_reason": "length",
      "index": 0,
      "logprobs": null,
      "text": "\n\nThe Openai mission is to \"advance digital intelligence in the way"
    }
  ],
  "created": 1681879869,
  "id": "cmpl - 76u4bMDZ5oDYczz0a4y6RfOQUmkpQ",
  "model": "text - davinci - 002",
  "object": "text_completion",
  "usage": {
    "completion_tokens": 16,
    "prompt_tokens": 7,
    "total_tokens": 23
  }
}

```

如果正在处理用户的实时请求，回退和重试是最小化延迟并避免速率限制错误的一个策略，但是，正在处理大量的批处理数据时，吞吐量比延迟更重要，如果经常达到速率限制，然后回退，再次达到速率限制，然后再次后退，那么请求预算的很大一部分可能会被浪费在需要重试的请求上。在给定固定速率限制的情况下，这会限制处理吞吐量，其中一个解决方案是主动在请求之间添加延迟，可以计算速率限制并增加一个等于其倒数的延迟。例如，如果速率限制为每分钟 20 个请求，则为每个请求添加 3～6 s 的延迟，可以帮助在接近速率限制上限的情况下进行操作，以避免浪费的请求，以此最大化处理吞吐量。

为请求添加延迟的示例：

```
import time
import os
import  openai
openai. api_key  =  os. getenv("OPENAI_API_KEY")
# 定义一个向 Completion API 调用添加延迟的函数
```

```
def delayed_completion(delay_in_seconds: float = 1, **kwargs):
    """将文本补全延迟一个指定的时间"""

    # 延迟
    time.sleep(delay_in_seconds)

    # 调用 Completion API 并返回结果
    return openai.Completion.create(**kwargs)


# 根据速率限制计算延迟
rate_limit_per_minute = 20
delay = 60.0 / rate_limit_per_minute

result = delayed_completion(
    delay_in_seconds = delay,
    model = "text-davinci-002",
    prompt = "What is the openai mission?"
)
print(result)
```

以上代码的运行结果为：


```
{
  "choices": [
    {
      "finish_reason": "length",
      "index": 0,
      "logprobs": null,
      "text": "\n\nThe Openai Mission is to promote artificial intelligencein a responsible way."
    }
  ],
  "created": 1681902558,
  "id": "cmpl-76zyYLi57A3mnQuLWRZYHsRKTpdE6",
  "model": "text-davinci-002",
  "object": "text_completion",
```

```
"usage": {
    "completion_tokens": 16,
    "prompt_tokens": 7,
    "total_tokens": 23
  }
}
```

OpenAI API 对每分钟的请求和每分钟的标记都有单独的限制。如果达到了每分钟请求的限制，但每分钟的标记数量还有余量，可以将多个任务批处理到每个请求中，以增加吞吐量。使请求批量发送与正常的 API 调用完全相同，只需将一组字符串传递到 prompt 参数中，而不是单个字符串。需要注意的是，响应对象可能不按照提示的顺序返回完成结果，因此始终要使用索引字段将响应与提示匹配。

批处理的示例代码如下：

```
import openai  # 进行 OpenAI API 请求
openai.api_key = os.getenv("OPENAI_API_KEY")

num_stories = 10
prompts = ["What is the openai mission?"] * num_stories

# 批处理示例，每个请求完成 10 个问答
response = openai.Completion.create(
    model = "curie",
    prompt = prompts,
    max_tokens = 20,
)

# 根据索引将补全与提示匹配
stories = [" "] * len(prompts)
for choice in response.choices:
    stories[choice.index] = prompts[choice.index] + choice.text

# 打印结果
for story in stories:
    print(story)
```

api_request_parallel_processor.py 是并行处理大量 API 请求的示例脚本，从文件中流式传输请求，可避免在处理大型作业时耗尽内存；并发地进行请求，可以最大

化吞吐量；限制请求和标记使用率，可以避免超出速率限制；重试失败的请求，可以避免丢失数据；记录错误，可以诊断请求问题。代码可以帮助并行处理大量的 API 请求，从而提高处理速度和效率，并避免由于速率限制导致的请求失败和数据丢失等问题。

api_request_parallel_processor.py 的代码实现：

```
import aiohttp
import argparse
import asyncio
import json
import logging
import os
import tiktoken
import time
from dataclasses import dataclass


async def process_api_requests_from_file(
    requests_filepath: str,
    save_filepath: str,
    request_url: str,
    api_key: str,
    max_requests_per_minute: float,
    max_tokens_per_minute: float,
    token_encoding_name: str,
    max_attempts: int,
    logging_level: int,
):
    """并行处理 API 请求,限流以保持在速率限制之下."""
    #常量
    seconds_to_pause_after_rate_limit_error = 15
    seconds_to_sleep_each_loop = 0.001  # 1ms 最大吞吐量限制为每秒 1 000 个请求

    #初始化日志
    logging.basicConfig(level = logging_level)
    logging.debug(f"Logging initialized at level {logging_level}")
```

```

    # 推断 API 端点和构造请求头
    api_endpoint = api_endpoint_from_url(request_url)
    request_header = {"Authorization": f"Bearer {api_key}"}

    # 初始化跟踪器
    queue_of_requests_to_retry = asyncio.Queue()
    task_id_generator = task_id_generator_function()  # 生成整数 IDs  1, 2, 3, ...
    status_tracker = StatusTracker()  # 跟踪变量集合的单个实例
    next_request = None  # 变量来保存下一个要调用的请求

    # 初始化可用容量计算
    available_request_capacity = max_requests_per_minute
    available_token_capacity = max_tokens_per_minute
    last_update_time = time.time()

    # 初始化标志
    file_not_finished = True  # 在 file 为空之后,我们将跳过读取它
    logging.debug(f"Initialization complete.")

    # 初始化文件读取
    with open(requests_filepath) as file:
        # requests 每次只提供一个请求
        requests = file.__iter__()
        logging.debug(f"File opened.  Entering main loop")

        while True:
            # 获取下一个请求(如果一个请求尚未等待容量)
            if next_request is None:
                if queue_of_requests_to_retry.empty() is False:
                    next_request = queue_of_requests_to_retry.get_nowait()
                    logging.debug(f"Retrying request {next_request.task_id}: {next_request}")
                elif file_not_finished:
```

```
                try:
                    #获取新请求
                    request_json = eval(next(requests))
                    next_request = APIRequest(
                        task_id=next(task_id_generator),
                        request_json=request_json,
                        token_consumption=num_tokens_consumed_from_request(request_json, api_endpoint, token_encoding_name),
                        attempts_left=max_attempts,
                    )
                    status_tracker.num_tasks_started += 1
                    status_tracker.num_tasks_in_progress += 1
                    logging.debug(f"Reading request {next_request.task_id}: {next_request}")
                except StopIteration:
                    #如果文件读取完,设置标志来停止读取它
                    logging.debug("Read file exhausted")
                    file_not_finished = False

        #更新可用容量
        current_time = time.time()
        seconds_since_update = current_time - last_update_time
        available_request_capacity = min(
            available_request_capacity + max_requests_per_minute * seconds_since_update / 60.0,
            max_requests_per_minute,
        )
        available_token_capacity = min(
            available_token_capacity + max_tokens_per_minute * seconds_since_update / 60.0,
            max_tokens_per_minute,
        )
        last_update_time = current_time

        #如果有足够的可用容量,调用API
        if next_request:
```

```
            next_request_tokens = next_request.token_consumption
            if (
                available_request_capacity >= 1
                and available_token_capacity >= next_request_tokens
            ):
                # 更新计数器
                available_request_capacity -= 1
                available_token_capacity -= next_request_tokens
                next_request.attempts_left -= 1

                # 调用 API
                asyncio.create_task(
                    next_request.call_API(
                        request_url = request_url,
                        request_header = request_header,
                        retry_queue = queue_of_requests_to_retry,
                        save_filepath = save_filepath,
                        status_tracker = status_tracker,
                    )
                )
                next_request = None  # 将 next_request 重置为空

        # 如果所有的任务都完成了， break
        if status_tracker.num_tasks_in_progress == 0:
            break

        # 主循环短暂休眠，以便并发任务可以运行
        await asyncio.sleep(seconds_to_sleep_each_loop)

        # 如果最近遇到速率限制错误，请暂停
        seconds_since_rate_limit_error = (time.time() - sta-
```

```
tus_tracker.time_of_last_rate_limit_error)
            if seconds_since_rate_limit_error < seconds_to_pause_after_rate_limit_error:
                remaining_seconds_to_pause = (seconds_to_pause_after_rate_limit_error - seconds_since_rate_limit_error)
                await asyncio.sleep(remaining_seconds_to_pause)
                # 如果暂停时间为 15 秒,并且最终限制在 5 秒前达到
                    logging.warn(f"Pausing to cool down until {time.ctime(status_tracker.time_of_last_rate_limit_error + seconds_to_pause_after_rate_limit_error)}")

        # 完成后,记录最终状态
        logging.info(f"""Parallel processing complete. Results saved to {save_filepath}""")
        if status_tracker.num_tasks_failed > 0:
            logging.warning(f"{status_tracker.num_tasks_failed} / {status_tracker.num_tasks_started} requests failed. Errors logged to {save_filepath}.")
        if status_tracker.num_rate_limit_errors > 0:
            logging.warning(f"{status_tracker.num_rate_limit_errors} rate limit errors received. Consider running at a lower rate.")

@dataclass
class StatusTracker:
    """存储关于脚本进度的元数据。只创建一个实例."""

    num_tasks_started: int = 0
    num_tasks_in_progress: int = 0  # script ends when this reaches 0
    num_tasks_succeeded: int = 0
    num_tasks_failed: int = 0
    num_rate_limit_errors: int = 0
    num_api_errors: int = 0  # 不包括上述的速率限制错误
    num_other_errors: int = 0
    time_of_last_rate_limit_error: int = 0  # 在达到速率限制后会冷却下来
```

```


@dataclass
class APIRequest:
    """存储 API 请求的输入、输出和其他元数据。包含进行 API 调用的方法."""

    task_id: int
    request_json: dict
    token_consumption: int
    attempts_left: int
    result = []

    async def call_API(
        self,
        request_url: str,
        request_header: dict,
        retry_queue: asyncio.Queue,
        save_filepath: str,
        status_tracker: StatusTracker,
    ):
        """调用 OpenAI API 并保存结果."""
        logging.info(f"Starting request #{self.task_id}")
        error = None
        try:
            async with aiohttp.ClientSession() as session:
                async with session.post(
                    url = request_url, headers = request_header, json = self.request_json
                ) as response:
                    response = await response.json()
            if "error" in response:
                logging.warning(
                    f"Request {self.task_id} failed with error {response['error']}"
                )
```

```
                status_tracker.num_api_errors += 1
                error = response
                if "Rate limit" in response["error"].get("message", ""):
                    status_tracker.time_of_last_rate_limit_error = time.time()
                    status_tracker.num_rate_limit_errors += 1
                    status_tracker.num_api_errors -= 1  # rate limit errors are counted separately

        except Exception as e:  # catching naked exceptions is bad practice, but in this case we'll log & save them
            logging.warning(f"Request {self.task_id} failed with Exception {e}")
            status_tracker.num_other_errors += 1
            error = e
        if error:
            self.result.append(error)
            if self.attempts_left:
                retry_queue.put_nowait(self)
            else:
                logging.error(f"Request {self.request_json} failed after all attempts. Saving errors: {self.result}")
                append_to_jsonl([self.request_json, self.result], save_filepath)
                status_tracker.num_tasks_in_progress -= 1
                status_tracker.num_tasks_failed += 1
        else:
            append_to_jsonl([self.request_json, response], save_filepath)
            status_tracker.num_tasks_in_progress -= 1
            status_tracker.num_tasks_succeeded += 1
            logging.debug(f"Request {self.task_id} saved to {save_filepath}")

def api_endpoint_from_url(request_url):
    """从请求 URL 中提取 API 端点"""
```

```
    return request_url.split("/")[-1]


def append_to_jsonl(data, filename： str) -> None：
    """将 json 有效负载附加到 json 文件的末尾."""
    json_string = json.dumps(data)
    with open(filename, "a") as f：
        f.write(json_string + "\n")


def num_tokens_consumed_from_request(
    request_json： dict,
    api_endpoint： str,
    token_encoding_name： str,
)：
    """计算请求中标记的数量。只支持完成和嵌入请求。"""
    encoding = tiktoken.get_encoding(token_encoding_name)
    #如果是完成请求,token = prompt + n * max_tokens
    if api_endpoint == "completions"：
        prompt = request_json["prompt"]
        max_tokens = request_json.get("max_tokens", 15)
        n = request_json.get("n", 1)
        completion_tokens = n * max_tokens
        if isinstance(prompt, str)：  # single prompt
            prompt_tokens = len(encoding.encode(prompt))
            num_tokens = prompt_tokens + completion_tokens
            return num_tokens
        elif isinstance(prompt, list)：  # multiple prompts
            prompt_tokens = sum([len(encoding.encode(p)) for p in prompt])
            num_tokens = prompt_tokens + completion_tokens * len(prompt)
            return num_tokens
        else：
            raise TypeError('Expecting either string or list of strings for "prompt" field in completion request')
```

```
    # 如果是嵌入要求, tokens = input tokens
    elif api_endpoint == "embeddings":
        input = request_json["input"]
        if isinstance(input, str):  # single input
            num_tokens = len(encoding.encode(input))
            return num_tokens
        elif isinstance(input, list):  # multiple inputs
            num_tokens = sum([len(encoding.encode(i)) for i in input])
            return num_tokens
        else:
            raise TypeError('Expecting either string or list of strings for "inputs" field in embedding request')
    # 支持其他 API 调用所需的更多逻辑(例如,编辑、插入、DALL-E)
    else:
        raise NotImplementedError(f'API endpoint "{api_endpoint}" not implemented in this script')


def task_id_generator_function():
    """产生整数 0, 1, 2"""
    task_id = 0
    while True:
        yield task_id
        task_id += 1


if __name__ == "__main__":
    # 解析命令行参数
    parser = argparse.ArgumentParser()
    parser.add_argument("--requests_filepath")
    parser.add_argument("--save_filepath", default=None)
    parser.add_argument("--request_url", default="https://api.openai.com/v1/embeddings")
    parser.add_argument("--api_key", default=os.getenv("OPENAI_API_KEY"))
```

```
    parser.add_argument("--max_requests_per_minute", type=int, default=3_000 * 0.5)
    parser.add_argument("--max_tokens_per_minute", type=int, default=250_000 * 0.5)
    parser.add_argument("--token_encoding_name", default="cl100k_base")
    parser.add_argument("--max_attempts", type=int, default=5)
    parser.add_argument("--logging_level", default=logging.INFO)
    args = parser.parse_args()

    if args.save_filepath is None:
        args.save_filepath = args.requests_filepath.replace(".jsonl", "_results.jsonl")

    #运行脚本
    asyncio.run(
        process_api_requests_from_file(
            requests_filepath=args.requests_filepath,
            save_filepath=args.save_filepath,
            request_url=args.request_url,
            api_key=args.api_key,
            max_requests_per_minute=float(args.max_requests_per_minute),
            max_tokens_per_minute=float(args.max_tokens_per_minute),
            token_encoding_name=args.token_encoding_name,
            max_attempts=int(args.max_attempts),
            logging_level=int(args.logging_level),
        )
    )


```

12.2 使用 OpenAI API 进行向量检索

OpenAI API 中的嵌入式向量(Embedding)是一种将单词或文本转换为数值向量的技术,用于在自然语言处理任务中表示单词或文本。这些向量通常是高维度的,

在语义上相似的单词或文本之间具有更近的距离。OpenAI的嵌入式向量使用了大规模的语料库以及深度学习技术来学习单词或文本之间的关系。通过将每个单词或文本映射到一个嵌入式向量中，可将这些向量作为输入传递给深度学习模型，以便进行各种自然语言处理任务，例如文本分类，情感分析，机器翻译等。OpenAI API提供了训练有素的嵌入式向量，可以直接嵌入到用户的自然语言处理应用程序中，开发者可以快速构建高效的自然语言处理应用程序，利用OpenAI嵌入式向量的高质量表示，提高模型的准确性和性能。

OpenAI的文本嵌入式向量(Embeddings)是一种衡量文本字符串相关性的技术。在自然语言处理领域中，嵌入常用于搜索、聚类、推荐、异常检测、多样性分析和分类等任务。嵌入是由一组浮点数构成的向量，向量之间的距离可以衡量它们的相关性，距离越小表示相关性越高，距离越大表示相关性越低。

- 在搜索任务中，嵌入可以用于对查询字符串进行相关性排序，并返回与查询最相关的结果。
- 在聚类任务中，嵌入可以将文本字符串根据相似度进行分组，以便更好地理解数据中的模式和趋势。
- 在推荐任务中，嵌入可以识别具有相关文本字符串的项，并将它们推荐给用户。
- 在异常检测任务中，嵌入可以用于识别与其他文本字符串相关性较低的异常值。
- 在多样性分析任务中，嵌入可以分析相关性分布，以便更好地理解文本数据的多样性。
- 在分类任务中，嵌入可以将文本字符串分为最相似的标签。

OpenAI的文本嵌入是基于大规模语料库和深度学习技术训练得到的，在自然语言处理应用中具有广泛的应用。它不仅可以提高自然语言处理任务的准确性和性能，还可以为搜索、聚类、推荐和异常检测等任务提供优秀的解决方案。

如果使用Ada模型，对OpenAI嵌入式向量进行API调用，每一千个标记需花费0.000 4美元。大家可以先大致预估文本的标记数量，优化API请求大小，节省开销。对于普通英文文本，一个标记通常对应于4个字符，相当于大约3/4个单词，因此100个标记约等于75个单词。大家可以使用OpenAI官网的工具来了解一个文本如何被标记化，以及统计文本中的标记总数，在文本框中输入以下英文文本，如图12-1所示：

The OpenAI API can be applied to virtually any task that involves understanding or generating natural language, code, or images. We offer a spectrum of models with different levels of power suitable for different tasks, as well as the ability to fine-tune your own custom models. These models can be used for everything from content generation to semantic search and classification.

OpenAI 官网页面会显示有 71 个标记及 382 个字符。

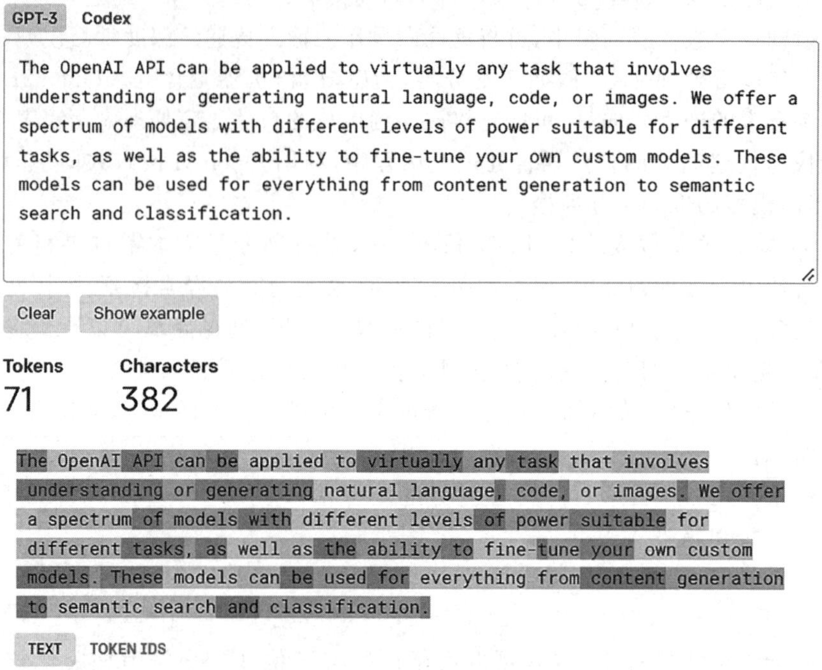

图 12-1 OpenAI 的标记数量预测

OpenAI 提供了一个 tiktoken 开源分词器,大家可以将输入的文本字符串,例如“tiktoken is great!”。按照给定的编码方式,例如“cl100k_base”把字符串分割成一个标记列表:[“t”“ik”“token”“ is”“ great”“!”],将文本字符串分割成标记列表的好处在于,GPT 模型使用标记来处理文本,预估一个文本字符串中有多少个标记,可以判断该字符串是否过长以至于模型无法处理。也可以计算使用 OpenAI API 的费用,因为使用计费方式是按照标记数计算的,不同的模型使用不同的编码方式。tiktoken 可以帮助开发者更快速地处理文本数据,支持多种编程语言并提供了丰富的功能选项,如批量处理、截断等。

OpenAI 的编码(Encodings)指定了文本如何转换为标记。不同的模型使用不同的编码方式。tiktoken 支持三种 OpenAI 模型使用的编码方式:cl100k_base、p50k_base 和 r50k_base(或 gpt2)。其中,cl100k_base 用于 ChatGPT 模型和 text-embedding-ada-002 模型,p50k_base 用于 Code 模型、text-davinci-002 模型和 text-davinci-003 模型,而 r50k_base(或 gpt2)用于 GPT-3 模型,如 davinci。可以使用 tiktoken.encoding_for_model()方法获取特定模型的编码方式。p50k_base 与 r50k_base 有很大的重叠部分,对于非代码应用程序,它们通常会给出相同的标记。编码方式对于文本处理非常重要,正确的编码方式可以大大提高模型的性能和效果。

OpenAI 的编码方式，见表 12 - 21 所列：

表 12 - 21　OpenAI 的编码方式

编码名称	OpenAI 模型
cl100k_base	ChatGPT 模型、text - embedding - ada - 002
p50k_base	Code 模型、text - davinci - 002、text - davinci - 003
r50k_base (or gpt2)	GPT - 3 模型，例如 davinci

OpenAI 编码文件的 URL 下载地址，见表 12 - 22 所列：

表 12 - 22　OpenAI 的编码模型文件的下载 URL

编码名称	URL 下载地址
cl100k_base	https://openaipublic. blob. core. windows. net/encodings/cl100k_base. tiktoken
p50k_base	https://openaipublic. blob. core. windows. net/encodings/p50k_base. tiktoken
r50k_base	https://openaipublic. blob. core. windows. net/encodings/r50k_base. tiktoken
gpt2	https://openaipublic. blob. core. windows. net/gpt - 2/encodings/main/vocab. bpe
	https://openaipublic. blob. core. windows. net/gpt - 2/encodings/main/encoder. json

cl100k_base、p50k_base 和 r50k_base(或 gpt2)是 OpenAI 的三种不同的编码方式，用于将文本转换为标记。它们的区别在于词汇表大小和标记数量。cl100k_base 编码方式使用了更大的词汇表(100 256 个标记)，使用 base64 编解码方式，适用于自然语言处理任务，如机器翻译和文本摘要。

cl100k_base. tiktoken 的文件格式为：

```
...
IHVuZGVyd29ybGQ= 100225
IHNpbmNlcml0eQ== 100226
IGRpc3BlbnNlcg== 100227
IGt0ZXI= 100228
aWRkZXJz 100229
LmFkZE5vZGU= 100230
LWNoZWNrZWQ= 100231
IGtleXN0 100232
IFdUTw== 100233
LnNpZ25hbHM= 100234
IGFkdmVudHVyZXI= 100235
IFBhbmc= 100236
```

```
J M
ĠEnhance ment
b ush
Sk ip
Ġrapp ers
Ġg azing
p edia
ath lon
Rev olution
Ġsn ipers
Ġre verted
Ġconglomer ate
T erry
79 4
Ġhars her
Ġdes olate
ĠHit man
Comm ission
Ġ( /
âG| ."
Com par
Ġampl ification
om inated
Ġreg ress
ĠColl ider
Ġinform ants
Ġg azed
```

encoder.json 文件包含了文本与标记之间的映射关系，它定义了如何将文本转换为标记。具体来说，encoder.json 文件包含了一个 Python 字典，其中每个键表示一个字符或者一个 Unicode 代码点，对应的值是一个标记 ID 号或者一组标记 ID 号，使用了 50 257 个字典元素。

encoder.json 的文件格式为：

```
{"!": 0,... ,
"\u0120regress": 50252, "\u0120Collider": 50253, "\u0120informants": 50254, "\u0120gazed": 50255, "<|endoftext|>": 50256}
```

使用 BPE 算法生成标记列表时,可能会将多个字符组合成一个标记,也可能将一个字符拆分成多个标记。encoder. json 文件中的键除了表示字符或 Unicode 代码点外,还包括了特殊的控制字符和标记的组合,用于处理不同的情况,如超出词汇表范围的未知字符、标点符号、数字等。在使用 gpt2 编码方式进行文本处理时,可先使用 encoder. json 文件将文本转换为标记 ID 号序列,然后再使用 vocab. bpe 文件将标记 ID 号序列转换为标记字符串序列。这些文件是 gpt2 编码方式的关键组成部分,通过它们可以实现文本的标记化和逆标记化。

在使用 OpenAI 的 API 时,选择合适的编码方式非常重要,以确保获得最佳的分词结果和处理效果。当开发者第一次使用 OpenAI API 时,相关组件会自动下载到缓存路径中,以后可以直接使用缓存数据,而不需要重新下载或重新生成。这样可以提高 OpenAI API 的处理速度,减少网络传输和计算资源的消耗。在 Windows 操作系统中,OpenAI 的编码文件缓存路径的默认位置是 C:\Users\用户名\AppData\Local\Temp\data - gym - cache。

大家可以使用 OpenAI 提供的 Python 分词工具库 tiktoken,对文本进行标记化分词,通过文本标记长度统计来预测标记的数量,节省 API 开销费用。

tiktoken 标记长度统计的代码实现:

```
import tiktoken

def num_tokens_from_string(string: str, encoding_name: str) -> int:
    """返回文本字符串中的标记数."""
    encoding = tiktoken.get_encoding(encoding_name)
    num_tokens = len(encoding.encode(string))
    return num_tokens

num_tokens = num_tokens_from_string("What is the openai mission?",
"cl100k_base")
print("文本字符串中的标记数量为:" + str(num_tokens))
```

以上代码的运行结果为:

```
文本字符串中的标记数量为:7
```

在 tiktoken. get_encoding 方法中,根据传入的编码名称“cl100k_base”,调用 cl100k_base 方法,返回一个字典,包含一些特殊标记和分词所需的信息,该函数使用 load_tiktoken_bpe 方法获取 mergeable_ranks,用于映射文本中的标记和 ID,特殊标记包括 ENDOFTEXT、FIM_PREFIX、FIM_MIDDLE、FIM_SUFFIX 和 ENDOFPROMPT,调用该函数,可以得到一个可以用于分词的分词器,可以将文本转换为标记序列。

cl100k_base 方法的代码实现：

```
def cl100k_base():
    mergeable_ranks = load_tiktoken_bpe(
"https://openaipublic.blob.core.windows.net/encodings/cl100k_base.tiktoken"
    )
    special_tokens = {
        ENDOFTEXT: 100257,
        FIM_PREFIX: 100258,
        FIM_MIDDLE: 100259,
        FIM_SUFFIX: 100260,
        ENDOFPROMPT: 100276,
    }
     return {
         "name": "cl100k_base",
         "pat_str": r"""(?i:'s|'t|'re|'ve|'m|'ll|'d)|[^\r\n\p{L}\p{N}]?\p{L}+|\p{N}{1,3}| ?[^\s\p{L}\p{N}]+[\r\n]*|\s*[\r\n]+|\s+(?!\S)|\s+""",
         "mergeable_ranks": mergeable_ranks,
         "special_tokens": special_tokens,
     }
```

tiktoken 中 OpenAI 大模型使用的编码方式，在 model.py 文件中定义 MODEL_TO_ENCODING 变量，构建大模型与编码方式的映射关系。

tiktoken 的 model.py 的代码实现：

```
…
MODEL_TO_ENCODING: dict[str, str] = {
    # 聊天
    "gpt-4": "cl100k_base",
    "gpt-3.5-turbo": "cl100k_base",
    # 文本
    "text-davinci-003": "p50k_base",
    "text-davinci-002": "p50k_base",
    "text-davinci-001": "r50k_base",
    "text-curie-001": "r50k_base",
    "text-babbage-001": "r50k_base",
```

```
    "text-ada-001": "r50k_base",
    "davinci": "r50k_base",
    "curie": "r50k_base",
    "babbage": "r50k_base",
    "ada": "r50k_base",
    #代码
    "code-davinci-002": "p50k_base",
    "code-davinci-001": "p50k_base",
    "code-cushman-002": "p50k_base",
    "code-cushman-001": "p50k_base",
    "davinci-codex": "p50k_base",
    "cushman-codex": "p50k_base",
    #编辑
    "text-davinci-edit-001": "p50k_edit",
    "code-davinci-edit-001": "p50k_edit",
    #嵌入式向量
    "text-embedding-ada-002": "cl100k_base",
    # 旧的嵌入式向量
    "text-similarity-davinci-001": "r50k_base",
    "text-similarity-curie-001": "r50k_base",
    "text-similarity-babbage-001": "r50k_base",
    "text-similarity-ada-001": "r50k_base",
    "text-search-davinci-doc-001": "r50k_base",
    "text-search-curie-doc-001": "r50k_base",
    "text-search-babbage-doc-001": "r50k_base",
    "text-search-ada-doc-001": "r50k_base",
    "code-search-babbage-code-001": "r50k_base",
    "code-search-ada-code-001": "r50k_base",
    #开源
    "gpt2": "gpt2",
}
…
```

以下是 compare_encodings 示例方法,比较三种编码方式"gpt2""p50k_base"、"cl100k_base",分别统计每种编码的标记数量、标记整数和标记字节。

compare_encodings 方法的代码实现:

```
def compare_encodings(example_string: str) -> None:
    """打印三个字符串编码的比较."""
    # 打印示例字符串
    print(f'\nExample string: "{example_string}"')
    # 对于每种编码,打印标记数量、标记整数和标记字节
    for encoding_name in ["gpt2", "p50k_base", "cl100k_base"]:
        encoding = tiktoken.get_encoding(encoding_name)
        token_integers = encoding.encode(example_string)
        num_tokens = len(token_integers)
        token_bytes = [encoding.decode_single_token_bytes(token) for token in token_integers]
        print()
        print(f"{encoding_name}: {num_tokens} tokens")
        print(f"token integers: {token_integers}")
        print(f"token bytes: {token_bytes}")
```

以上代码运行结果为：

```
Example string: "What is the openai mission?"

gpt2: 9 tokens
token integers: [2061, 318, 262, 1280, 1872, 4365, 171, 120, 253]
token bytes: [b'What', b' is', b' the', b' open', b'ai', b' mission', b'\xef', b'\xbc', b'\x9f']

p50k_base: 9 tokens
token integers: [2061, 318, 262, 1280, 1872, 4365, 171, 120, 253]
token bytes: [b'What', b' is', b' the', b' open', b'ai', b' mission', b'\xef', b'\\xbc', b'\x9f']

cl100k_base: 7 tokens
token integers: [3923, 374, 279, 1825, 2192, 9131, 11571]
token bytes: [b'What', b' is', b' the', b' open', b'ai', b' mission', b'\xef\xbc\x9f']

Process finished with exit code 0
```

OpenAI 的不同编码方式在单词分词、空格处理和非英语字符方面可能存在差

异,通过比较不同编码方式在示例字符串上的表现,可帮助开发者选择最适合自己任务的编码方式,以获得更好的分词结果。例如对于英文文本,cl100k_base 编码方式可能更适合自然语言处理任务,而 p50k_base 编码方式可能更适合编写代码。因此,了解不同编码方式的特点以及在不同文本类型上的表现是非常重要的。OpenAI 提供了多种编码方式,大家可以根据不同的需求选择最合适的编码方式,获得更好的分词和文本处理效果。

OpenAI 的 Chat API 使用 ChatGPT 模型(gpt-3.5-turbo),与其他模型一样使用标记,但由于其基于消息的格式,更难以计算会话中将使用多少个标记。ChatGPT 模型使用结构化的格式 Chat Markup Language(简称 ChatML),与传统的 GPT 模型使用的非结构化文本格式不同。ChatML 文档由消息序列组成,每个消息包含一个标题,里面有说话者信息,未来将包括其他元数据,每个消息也包含一个内容,目前为文本负载,未来将支持其他数据类型。ChatML 仍在不断发展中,当前版本(ChatML v0)可以使用列表字典 JSON 格式表示。作为开发人员,可以使用更高级别的 API 与 ChatGPT 模型交互,而无需直接操作 ChatML,将来可能会提供直接与 ChatML 交互的选项。

ChatGPT 模型使用 ChatML 的格式样例:

```
[
{"token": "<|im_start|>"},
"system\nYou are ChatGPT, a large language model trained by OpenAI. Answer as concisely as possible. \nKnowledge cutoff: 2021-09-01\nCurrent date: 2023-03-01",
{"token": "<|im_end|>"}, "\n", {"token": "<|im_start|>"},
"user\nHow are you",
{"token": "<|im_end|>"}, "\n", {"token": "<|im_start|>"},
"assistant\nI am doing well!",
{"token": "<|im_end|>"}, "\n", {"token": "<|im_start|>"},
"user\nHow are you now?",
{"token": "<|im_end|>"}, "\n"
]
```

以下是一个示例函数 num_tokens_from_messages,用于预估计算传递给 gpt-3.5-turbo-0301 的消息中使用的标记数量。

num_tokens_from_messages 方法的实现代码:

```
1. def num_tokens_from_messages(messages, model = "gpt-3.5-turbo-0301"):
2.     """返回消息列表使用的标记数量."""
```

```
    try:
        encoding = tiktoken.encoding_for_model(model)
    except KeyError:
        encoding = tiktoken.get_encoding("cl100k_base")
    if model == "gpt-3.5-turbo-0301":
        num_tokens = 0
        for message in messages:
            num_tokens += 4  #每条消息加上标记: <im_start>{role/name}\n{content}<im_end>\n
            for key, value in message.items():
                num_tokens += len(encoding.encode(value))
                if key == "name":  #如果有名字,role将被省略
                    num_tokens += -1  # role是1个标记
        num_tokens += 2  #每个回复都用 <im_start>
        return num_tokens
    else:
        raise NotImplementedError(f"""num_tokens_from_messages() is not presently implemented for model {model}.
See https://github.com/openai/openai-python/blob/main/chatml.md for information on how messages are converted to tokens.""")

messages = [
    {"role": "system", "content": "You are a helpful, pattern-following assistant that translates corporate jargon into plain English."},
    {"role": "system", "name":"example_user", "content": "New synergies will help drive top-line growth."},
    {"role": "system", "name": "example_assistant", "content": "Things working well together will increase revenue."},
    {"role": "system", "name":"example_user", "content": "Let's circle back when we have more bandwidth to touch base on opportunities for increased leverage."},
    {"role": "system", "name": "example_assistant", "content": "Let's talklater when we're less busy about how to do better."},
    {"role": "user", "content": "This late pivot means we don't have time to boil the ocean for the client deliverable."},
]
```

```python
model = "gpt-3.5-turbo-0301"
print(f"{num_tokens_from_messages(messages, model)} prompt tokens counted.")
```

以上代码的运行结果为 126 个标记：

```
126 prompt tokens counted.
```

不同的模型可能会以不同的方式将消息转换为标记，当发布新的模型版本时，num_tokens_from_messages 函数返回的结果可能是一个近似值。以下示例是调用 OpenAI Chat API 接口实际消费的标记数量。

调用 openai.ChatCompletion.create 方法的代码实现：

```python
import openai
import os
openai.api_key = os.getenv("OPENAI_API_KEY")

response = openai.ChatCompletion.create(
    model=model,
    messages=messages,
    temperature=0,
)

print(f'{response["usage"]["prompt_tokens"]} prompt tokens used.')
```

以上代码的运行结果为 127 个标记：

```
127 prompt tokens used.
```

在使用 Chat API 时，了解消息中使用的标记数量非常重要，因为 API 使用计费方式是按照标记数计算。因此，开发者需要编写自己的标记计数函数，以确保 API 使用的标记数量在可接受范围内，避免不必要的费用。

OpenAI 的 Embedding API 是一种将输入文本转换为向量表示的工具，它可以为文本提供上下文感知的嵌入向量。在 Embedding API 中，openai.Embedding.create 方法是创建嵌入向量的主要方法。使用 openai.Embedding.create 方法，可以在 Embedding API 上创建一个新的嵌入向量实例，该实例可以用于将文本转换为向量表示。我们可以指定要使用的模型和参数，以及要嵌入的文本。此方法将返回一个包含嵌入向量的 JSON 响应。以下是使用 Python SDK 中的 openai.Embedding.create 方法创建嵌入向量的示例。

调用 openai.Embedding.create 方法的代码实现：

```python
import openai
openai.api_key = os.getenv("OPENAI_API_KEY")
response = openai.Embedding.create(
    input = "What is the openai mission?", model = "text-embedding-ada-002"
)
embedding = response["data"][0]["embedding"]
print(response)
```

以上代码的运行结果为：

```
<OpenAIObject list at 0x239bdb63720> JSON: {
  "data": [
    {
      "embedding": [
        0.005081369541585445,
        -0.0289535503834486,
        -0.02490825764834881,
        -0.0015364335849881172,
        -0.0065453131683170795,
         0.002544220769777894,
         -0.02137216180562973,
         0.019674835726618767,
         -0.0176239013671875,
         -0.01656307280063629,
         0.016944970935583115,
         0.013762484304606915,
         -0.0059760017320513725,
         -0.03256036713719368,
         0.0038225194439291954,
         0.013613968156278133,
         0.02759568952023983,
         -0.020565932616591454,
         0.0013852654956281185,
         ......
         -0.01739758998155594,
         -0.004363541956990957,
```

```
            0.002530076541006565,
            0.004303428344428539,
            0.0003651018778327852 5,
            0.010275893844664097,
            0.005505701061338186,
            0.011485238559544086,
            0.01869887299835682,
            -0.01519106701016426,
            -0.059802450239658356,
            -0.024639515206217766,
            -0.0020138064865022898,
            -0.010417337529361248,
            -0.0034671418834477663,
            -0.023479675874114037
        ],
        "index": 0,
        "object": "embedding"
    }
  ],
  "model": "text-embedding-ada-002-v2",
  "object": "list",
  "usage": {
    "prompt_tokens": 7,
    "total_tokens": 7
  }
}
```

在上面的示例中,我们使用 openai. Embedding. create 方法创建了一个新的嵌入向量实例,该实例使用了 text-embedding-ada-002 模型。然后,我们使用该实例将“What is the openai mission?”这个文本转换为向量表示,并打印出相应结果。

也可以将调用 openai. Embedding. create 的方法封装为一个函数 get_embedding, get_embedding 方法的代码实现:

```
import openai
from tenacity import retry, wait_random_exponential, stop_after_attempt

@retry(wait = wait_random_exponential(min = 1, max = 20), stop = stop_
```

```
after_attempt(6))
def get_embedding(text: str, model = "text - embedding - ada - 002") -> list[float]:
    return openai.Embedding.create(input = [text], model = model)["data"][0]["embedding"]


embedding = get_embedding("What is the openai mission?", model = "text - embedding - ada - 002")
print(len(embedding))
```

以上代码的运行结果为:embedding 的维度长度是 1 536。

```
1536
```

openai.Embedding.create 方法是使用 OpenAI 的 Embedding API 创建嵌入向量实例的一种简单而有用的方法,可以帮助大家轻松地将文本转换为向量表示。

接下来,我们以 OpenAI 官网的亚马逊美食评论数据集为案例,使用 OpenAI API 进行向量检索。亚马逊美食评论数据集包含了超过 10 年的评论,涵盖了约 568 454 条评论,OpenAI 官网从中提取了 1 000 条数据,每条记录包括以下字段:

- Time(时间戳)。
- ProductId(产品编号)。
- UserId(用户编号)。
- Score(用户评分)。
- Summary(评论摘要)。
- Text(评论文本)。

fine_food_reviews_1k.csv 的文件格式为:

```
,Time,ProductId,UserId,Score,Summary,Text
0,1351123200,B003XPF9BO,A3R7JR3FMEBXQB,5,where does one  start... and stop... with a treat like this,Wanted to save some to bring to my Chicago family but my North Carolina family ate all 4 boxes before I could pack. These are excellent... could serve to anyone
1, 1351123200, B003JK537S, A3JBPC3WFUT5ZP, 1, Arrived in pieces," Not pleased at all. When I opened the box, most of the rings were broken in pieces. A total waste of money. "
2,1351123200,B000JMBE7M,AQX1N6A51QOKG,4,"It isn't blanc mange, but isn't bad . . .","I'm not sure that custard is really custard without eggs. But this comes close. I got it for use in a " "Vegan pancake" " recipe. We were having
```

```
houseguests who were Vegan and I wanted to make some special breakfasts while they were here. One of the cooking/recipe sites had a recipe using this and there were lots of great reviews. I tried the recipe and it turned out like wallpaper paste -- yuck! <br />However, the so - called custard isn't so bad. I think it's probably just cornstarch and annatto (yellow coloring with a slight flavor). It's fun playing with it. You could dress it up with fruit. Seems to come out on the thin side when you make it as directed, so I use less milk because I like my custards to set firm. As a custard sauce it's fine. I would say it tastes something between a pudding and a custard. <br /><br />If you want a really good egg - free " "custard" " get an original recipe for " "blanc mange. " " It takes a lot longer to make, but it's certainly worth the difference. "
……
```

在 Obtain_dataset. ipynb 代码中，进行文本嵌入式向量模型的参数配置和数据预处理，定义了文本嵌入式向量模型的模型名称、编码方式和最大标记值。通过指定文件路径，可读取亚马逊美食评论数据集，对其进行一些数据清洗和处理，通过将标题和内容合并，可创建一个新的列"combined"。然后对时间进行排序，取出最近 1 000 条评论，对输出处理后的数据集的前两行进行检查。

Obtain_dataset. ipynb 的代码实现：

```
import pandas as pd
import tiktoken
from openai. embeddings_utils import get_embedding

#嵌入式向量模型参数
embedding_model = "text - embedding - ada - 002"
embedding_encoding = "cl100k_base"  # text - embedding - ada - 002 模型的编码方式
max_tokens = 8000  # text - embedding - ada - 002 模型的最大标记值是 8191

#加载和检查数据集，为了节省空间，官网提供了一个预先筛选的数据集
input_datapath = "data/fine_food_reviews_1k. csv"
df = pd. read_csv(input_datapath, index_col = 0)
df = df[["Time", "ProductId", "UserId", "Score", "Summary", "Text"]]
df = df. dropna()
```

```
df["combined"] = (
    "Title: " + df.Summary.str.strip() + "; Content: " + df.Text.str.strip()
)
# 对最近的评论进行 1 k 次采样
top_n = 1000
df = df.sort_values("Time").tail(top_n * 2)
df.drop("Time", axis=1, inplace=True)
df.head(2)
```

以上代码的运行结果,如图 12-2 所示:

	ProductId	UserId	Score	Summary	Text	combined
637	B001IZIEGS	AYDZMG82XBCPW	5	Great fresh taste	These are plump, fresh pistachios with a very ...	Title: Great fresh taste; Content: These are p...
645	B0002DGRPC	AUINI96NMGXUI	5	Love this faucet	Love this faucet. My husband had installed th...	Title: Love this faucet; Content: Love this fa...

图 12-2　亚马逊美食评论数据集

以下代码主要涉及文本嵌入式向量的处理。首先使用 tiktoken 库中的 get_encoding 函数获取对应的编码方式,然后对每个评论的长度进行计算,去掉那些太长却不能使用嵌入式向量的评论。使用 OpenAI API 中的 get_embedding 函数可获取每个评论的嵌入式向量,并将其保存到新的数据集中,再将带有嵌入式向量的数据集进行保存。

```
…
encoding = tiktoken.get_encoding(embedding_encoding)
# 去掉太长而不能使用嵌入式向量的评论
df["n_tokens"] = df.combined.apply(lambda x: len(encoding.encode(x)))
df = df[df.n_tokens <= max_tokens].tail(top_n)


# 获取嵌入式向量并保存,以后可以重用
# 确保在环境中设置了 API 密钥: https://github.com/openai/openai-python#usage
import os
import openai
openai.api_key = os.getenv("OPENAI_API_KEY")
# 这可能需要几分钟
df["embedding"] = df.combined.apply(lambda x: get_embedding(x, en-
```

```
    gine = embedding_model))
15. df.to_csv("data/fine_food_reviews_with_embeddings_1K.csv")
```

这里的代码是为了获取文本嵌入式向量,并将其与评论数据集进行关联,将文本嵌入式向量的结果保存到 fine_food_reviews_with_embeddings_1K.csv 文件,OpenAI 官网已经提供了此向量文件,在基于嵌入式向量的自然语言处理任务中,例如情感分析、文本分类等,读者可以直接加载使用这个嵌入式向量文件。

fine_food_reviews_with_embeddings_1K.csv 的文件格式为:

```
1. ,ProductId,UserId,Score,Summary,Text,combined,n_tokens,embedding
2. 0,B003XPF9BO,A3R7JR3FMEBXQB,5,where does one  start...and stop... with a treat like this,Wanted to save some to bring to my Chicago family but my North Carolina family ate all 4 boxes before I could pack. These are excellent...could serve to anyone,Title: where does one  start...and stop... with a treat like this; Content: Wanted to save some to bring to my Chicago family but my North Carolina family ate all 4 boxes before I could pack. These are excellent...could serve to anyone,52,"
[0.007018072064965963, -0.027316547930240 63, 0.01057348307222128,
-0.014592642895877361, 0.004403900355100632, 0.019979003816843033,
0.0006836007232777774, -0.022053852677345276, -0.019209524616599083,
-0.013665144331753254, 0.018096527084708214, 0.004043206572532654,
-0.032922759652137756, 0.00023316282022278756, 0.015801826491951942,
0.019305709749460 22, 0.017890416085720062, -0.0262997355312109,
-0.01938815414905548, -0.025200476869940758, -0.04732303321361542,
-0.007261969614773989, 0.023798923939466476, -0.008546726778149605,
-0.008945208042860031, 0.011439148336648941, 0.029570026323199272,
-0.022521037608385086, -0.010216224007308483, 0.02161414921283722,
0.001136185601353645 3, 0.00895207840949297, -0.013376589864492416,
-0.017423231154680252, -0.005877592135220766, -0.010910130105912685,
...,
0.011906332336366177, -0.042211487889289856, -0.014730050228536129,
0.006437526550143957, -0.009625373408198357, -0.011061278171837 33,
0.009913928806781769, 0.021201929077506065, -0.002852916717529297,
-0.003404262941330671 3, 0.02151796594262123, -0.03264794871211052,
-0.002663981867954135, 0.029130322858691216, 0.001488291542045772,
-0.007011201698333025, -0.021861482411623, -0.037567123770713806]"
3. ......
```

Visualizing_embedding.ipynb 代码主要使用 t-SNE 算法对亚马逊美食评论数据嵌入式向量数据集进行可视化，并通过颜色标记其评分。首先，使用 pandas 库读取带有嵌入式向量的数据集(fine_food_reviews_with_embeddings_1k.csv)，将其转化为浮点数列表的列表。然后，使用 t-SNE 算法将数据集从 1 536 维降为 2 维，并将结果保存在 vis_dims 中。接着，使用 matplotlib 库进行可视化，将每个评论的二维嵌入式向量绘制在坐标系中，并用颜色标记其评分，其中不同的颜色代表不同的评分等级。通过对评分等级进行聚类后，绘制每个评分等级的平均值，并使用不同的颜色进行区分。整个代码段是为了可视化亚马逊美食评论数据集，提供一种直观的方法来比较不同评分等级之间的差异，以便对商品进行更深入的分析和理解。

Visualizing_embedding.ipynb 可视化嵌入式向量的代码实现：

```
import pandas as pd
from sklearn.manifold import TSNE
import numpy as np

# 加载嵌入式向量
datafile_path = "data/fine_food_reviews_with_embeddings_1k.csv"
df = pd.read_csv(datafile_path)

# 转换为浮点数列表的列表
matrix = np.array(df.embedding.apply(eval).to_list())

# 创建 t-SNE 模型并转换数据
tsne = TSNE(n_components = 2, perplexity = 15, random_state = 42, init = 'random', learning_rate = 200)
vis_dims = tsne.fit_transform(matrix)
print(vis_dims.shape)

import matplotlib.pyplot as plt
import matplotlib
import numpy as np

colors = ["red", "darkorange", "gold", "turquoise", "darkgreen"]
x = [x for x,y in vis_dims]
y = [y for x,y in vis_dims]
color_indices = df.Score.values - 1

```

```
colormap = matplotlib.colors.ListedColormap(colors)
plt.scatter(x, y, c = color_indices, cmap = colormap, alpha = 0.3)
for score in [0,1,2,3,4]:
    avg_x = np.array(x)[df.Score - 1 == score].mean()
    avg_y = np.array(y)[df.Score - 1 == score].mean()
    color = colors[score]
    plt.scatter(avg_x, avg_y, marker = 'x', color = color, s = 100)

plt.title("Amazon ratings visualized in language using t - SNE")

plt.show()
```

以上代码的运行结果,如图 12 - 3 所示。

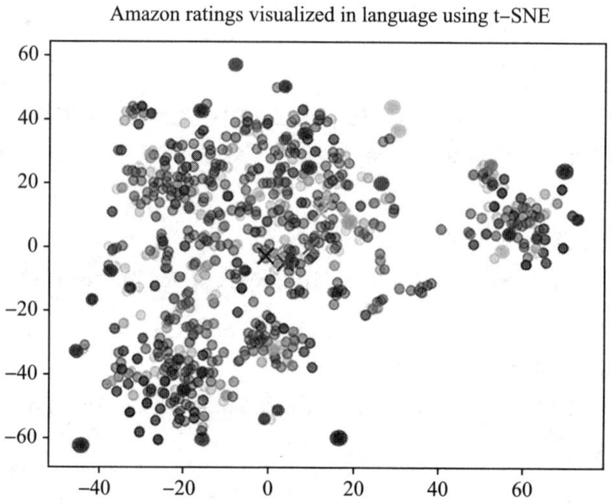

图 12 - 3　亚马逊商品评论嵌入式向量 t - SNE 可视化图

OpenAI、Word2Vec、GloVe、BERT 等向量使用的都是广泛自然语言处理(NLP)模型,可以用于在计算机上对文本进行向量化表示。在进行随机森林分类时,这些向量的表现会有所不同。

• OpenAI 向量:OpenAI 推出了多种 NLP 模型和向量。GPT 模型使用了大规模的语言模型预训练数据集,我们可以将文本转换为向量表示,在多个 NLP 任务中均取得了令人瞩目的成果。

• Word2Vec 向量:Word2Vec 是一种基于神经网络的 NLP 模型,可以将单词转换为密集向量。Word2Vec 向量通常用于词汇相似度计算和语义相似性分析,则可以用于随机森林分类模型的特征提取。

• GloVe 向量：GloVe 是一种通过全局词频统计关系计算得到的向量表示，也是一种用于将单词转换为向量的技术。GloVe 向量通常用于文本分类和情感分析等应用。

• BERT 向量：BERT 是一种预训练的 NLP 模型，可以将文本转换为向量表示。BERT 向量通常用于文本分类和命名实体识别等任务。

使用 OpenAI API 向量进行随机森林分类的代码实现：

```
import pandas as pd
import numpy as np

from copy import deepcopy

from sklearn.ensemble import RandomForestClassifier
from sklearn.model_selection import train_test_split
from sklearn.metrics import classification_report, accuracy_score


#加载数据
datafile_path = "data/fine_food_reviews_with_embeddings_1k.csv"

df = pd.read_csv(datafile_path)
df_word2vec = deepcopy(df)
df_glove = deepcopy(df)
df_Bert = deepcopy(df)
df["embedding"] = df.embedding.apply(eval).apply(np.array)

def classifier_report(df):
    global report,probas,y_test,clf
    #划分训练集和测试集
    X_train, X_test, y_train, y_test = train_test_split(
        list(df.embedding.values), df.Score, test_size = 0.2, random_state = 42
    )
    #训练随机森林分类器
    clf = RandomForestClassifier(n_estimators = 100)
    clf.fit(X_train, y_train)
    preds = clf.predict(X_test)
```

```
    probas = clf.predict_proba(X_test)
    report = classification_report(y_test, preds)
    print(report)

classifier_report(df)

df.head()

from openai.embeddings_utils import plot_multiclass_precision_recall
plot_multiclass_precision_recall(probas, y_test, [1, 2, 3, 4, 5], clf)
```

以上代码的运行结果,使用 OpenAI API 向量进行随机森林分类的准确度为 77%,如图 12-4 所示。

```
              precision    recall  f1-score   support

           1       0.78      0.35      0.48        20
           2       1.00      0.38      0.55         8
           3       1.00      0.18      0.31        11
           4       1.00      0.26      0.41        27
           5       0.75      1.00      0.86       134

    accuracy                           0.77       200
   macro avg       0.91      0.43      0.52       200
weighted avg       0.81      0.77      0.72       200
```

图 12-4 使用 OpenAI API 向量进行随机森林分类

加载 OpenAI API 向量的亚马逊美食评论数据集,如图 12-5 所示。

	Unnamed: 0	ProductId	UserId	Score	Summary	Text	combined	n_tokens	embedding
0	0	B003XPF9BO	A3R7JR3FMEBXQB	5	where does one start...and stop... with a tre...	Wanted to save some to bring to my Chicago fam...	Title: where does one start...and stop... wit...	52	[0.007018072064965963, -0.02731654793024063, 0...
1	297	B003VXHGPK	A21VWSCGW7UUAR	4	Good, but not Wolfgang Puck good	Honestly, I have to admit that I expected a li...	Title: Good, but not Wolfgang Puck good; Conte...	178	[-0.003140551969408989, -0.009995664469897747,...
2	296	B008JKTTUA	A34XBAIFT02B60	1	Should advertise coconut as an ingredient more...	First, these should be called Mac - Coconut ba...	Title: Should advertise coconut as an ingredie...	78	[-0.01757248118519783, -8.266511576948687e-05,...
3	295	B000LKTTTW	A14MQ40CCU8B13	5	Best tomato soup	I have a hard time finding packaged food of an...	Title: Best tomato soup; Content: I have a har...	111	[-0.0013932279543951154, -0.011112828738987446...
4	294	B001D09KAM	A34XBAIFT02B60	1	Should advertise coconut as an ingredient more...	First, these should be called Mac - Coconut ba...	Title: Should advertise coconut as an ingredie...	78	[-0.01757248118519783, -8.266511576948687e-05,...

图 12-5 加载 OpenAI API 向量的亚马逊美食评论数据集

使用 RandomForestClassifier() 随机森林分类器,得到的所有类别的平均精度为 0.88,各个类别的精确率-召回率曲线,如图 12-6 所示。

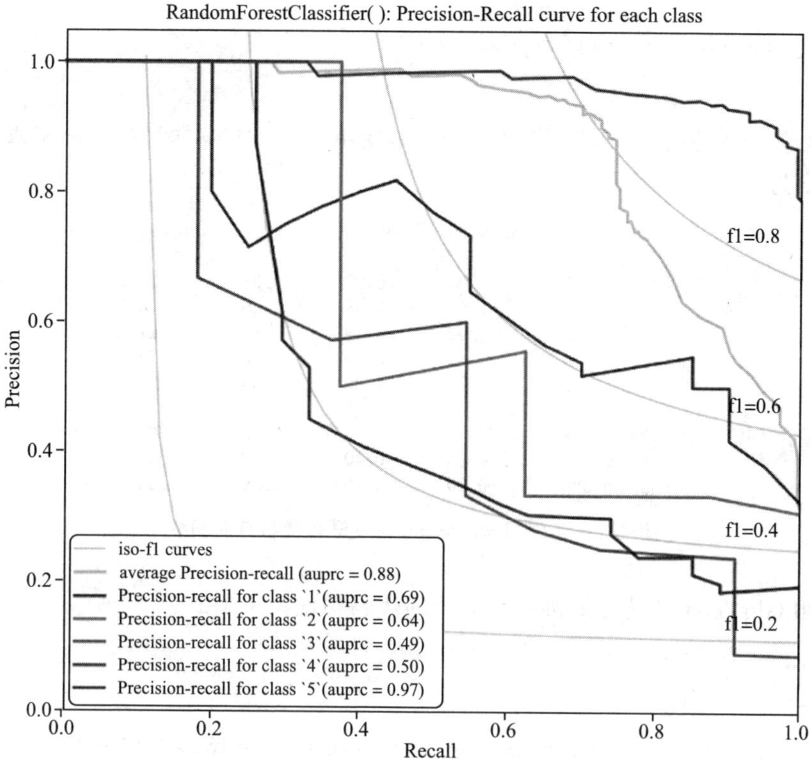

图 12-6 各个类别的精确率-召回率曲线

使用 Word2Vec 向量进行随机森林分类的代码实现：

```
…
import spacy
nlp = spacy.load('en_core_web_lg')

def get_vec(x):
    doc = nlp(x)
    vec = doc.vector
    return vec

df_word2vec = df_word2vec.dropna()
df_word2vec.drop("embedding", axis=1, inplace=True)
df_word2vec['embedding'] = df_word2vec['combined'].apply(lambda x:
get_vec(x))

```

```

classifier_report(df_word2vec)
…
```

以上代码的运行结果，如图 12－7 所示，使用 Word2Vec 向量进行随机森林分类的准确度为 75％。

	precision	recall	f1-score	support
1	1.00	0.20	0.33	20
2	1.00	0.38	0.55	8
3	1.00	0.18	0.31	11
4	0.88	0.26	0.40	27
5	0.73	1.00	0.85	134
accuracy			0.75	200
macro avg	0.92	0.40	0.49	200
weighted avg	0.80	0.75	0.69	200

图 12－7　使用 word2vec 向量进行随机森林分类

使用 GloVe 向量进行随机森林分类的代码实现：

```
…
glove_vectors = dict()
file = open('glove/glove.6B.100d.txt', encoding = 'utf-8')

for line in file:
    values = line.split()

    word  = values[0]
    vectors = np.asarray(values[1:])
    glove_vectors[word] = vectors

file.close()


vec_shape = 100
def get_vec(x):
    arr = np.zeros(vec_shape)
    text = str(x).split()

    for t in text:
```

```
        try:
            vec = glove_vectors.get(t).astype(float)
            arr = arr + vec
        except:
            pass

    arr = arr.reshape(1, -1)[0]
    return arr/len(text)

df_glove = df_glove.dropna()
df_glove.drop("embedding", axis=1, inplace=True)
df_glove['embedding'] = df_glove['combined'].apply(lambda x: get_vec(x))

classifier_report(df_glove)
…
```

以上代码的运行结果,如图 12-8 所示,使用 GloVe 向量进行随机森林分类的准确度为 74%。

	precision	recall	f1-score	support
1	1.00	0.20	0.33	20
2	1.00	0.38	0.55	8
3	1.00	0.18	0.31	11
4	0.78	0.26	0.39	27
5	0.73	0.99	0.84	134
accuracy			0.74	200
macro avg	0.90	0.40	0.48	200
weighted avg	0.79	0.74	0.69	200

图 12-8　使用 glove 向量进行随机森林分类

使用 Bert 向量进行随机森林分类的代码实现:

```
…
import tensorflow as tf
import tensorflow_hub as hub
import tensorflow_text as text

bert_preprocess = hub.KerasLayer("https://tfhub.dev/tensorflow/bert_en_uncased_preprocess/3")
```

```
bert_encoder = hub.KerasLayer("https://tfhub.dev/tensorflow/bert_en_uncased_L-12_H-768_A-12/4")

def get_sentence_embeding(sentences):
    preprocessed_text = bert_preprocess(sentences)
    return bert_encoder(preprocessed_text)['pooled_output']


df_Bert = df_Bert.dropna()
df_Bert.drop("embedding", axis = 1, inplace = True)
df_Bert['embedding'] = df_Bert['combined'].apply(lambda x: get_sentence_embeding([x]).numpy()[0] )


classifier_report(df_Bert)
```

以上代码的运行结果,如图 12-9 所示,使用 BERT 向量进行随机森林分类的准确度为 75%。

	precision	recall	f1-score	support
1	1.00	0.20	0.33	20
2	1.00	0.38	0.55	8
3	1.00	0.18	0.31	11
4	1.00	0.26	0.41	27
5	0.73	1.00	0.84	134
accuracy			0.75	200
macro avg	0.95	0.40	0.49	200
weighted avg	0.82	0.75	0.69	200

图 12-9 使用 BERT 向量进行随机森林分类

OpenAI、Word2Vec、GloVe、BERT 每种向量都有其独特的优点和适用场景。例如,Word2Vec 和 GloVe 向量适用于词汇相似性计算和文本分类任务,而 BERT 和 OpenAI 的向量适用于更复杂的自然语言处理任务,如问答和文本生成等。在实际应用中,最好的方法是尝试使用多种向量进行实验,并选择效果最好的向量。此外,还应考虑向量的维度、模型的超参数调整和训练数据的数量等因素,以获得最佳的分类效果,需要综合考虑任务的复杂性、数据集的大小和质量等因素,进行实验以确定最佳向量。

12.3　使用 OpenAI API 进行文本生成

OpenAI API 中的 completion 接口和 ChatCompletion 接口是两种常用的接口，主要用于文本自动生成和聊天机器人等应用场景。

· completion 接口可以将一个文本作为输入，并生成一个与该文本相关的文本输出。该接口支持多种 NLP 任务，如文本生成、翻译、问答等。用户可以在 API 中指定生成文本的长度、生成文本的多样性等参数，以控制生成文本的质量和多样性。

· ChatCompletion 接口是一个专门用于聊天机器人的 API 接口，可以将用户的输入作为上下文，并生成一个与用户输入相关的聊天回复。ChatCompletion 接口支持多个聊天机器人模型，用户可以在 API 中选择适合自己应用场景的模型，并设置多种参数，如生成文本的长度、多样性等。

OpenAI API 的 completion 接口和 ChatCompletion 接口是两个有用的自然语言处理 API 接口，可以帮助用户快速实现文本自动生成和聊天机器人等应用场景，提高工作效率和用户体验。

OpenAI API 中的 completion 接口参数，见表 12－23 所列。

表 12－23　OpenAI API 中的 completion 接口参数

<table>
<tr><th>参数</th><th>描述</th></tr>
<tr><td>model</td><td>要使用的模型的 ID</td></tr>
<tr><td>prompt</td><td>默认为＜|endoftext|＞，生成文本补全的提示，编码为字符串、字符串数组、标记数组或标记数组的数组。注意，＜|endoftext|＞ 是模型在训练期间看到的文档分隔符，如果未指定提示，模型将生成新文档的开头</td></tr>
<tr><td>suffix</td><td>默认为空，插入文本完成后出现的后缀</td></tr>
<tr><td>max_tokens</td><td>默认为 16，文本补全时生成的最大标记数。提示加上标记数 max_tokens 不能超过模型的上下文长度。大多数模型的上下文长度为 2 048 个标记（最新模型除外，它支持 4 096）</td></tr>
<tr><td>temperature</td><td>默认为 1，采样温度介于 0 和 2 之间。较高的值（如 0.8）将使输出更加随机，而较低的值（如 0.2）将使输出更加集中和确定。通常建议修改这个参数或 top_p 参数，但不建议同时修改</td></tr>
<tr><td>top_p</td><td>默认为 1，一种替代温度采样的方法，称为核采样，其中模型考虑具有 top_p 概率质量的标记的结果。所以 0.1 意味着只考虑构成前 10% 概率质量的标记，通常建议改变这个参数或 temperature 参数，但不建议同时修改</td></tr>
<tr><td>n</td><td>默认为 1，为每个提示生成多少个补全。注意：由于此参数可以生成许多补全，因此它可以快速消耗标记配额。请谨慎使用，并确保 max_tokens 和 stop 的设置合理</td></tr>
</table>

续表

参数	描述
stream	默认值为 false。该参数用于控制是否以流式方式返回部分进度。如果设置为 true,则在可用时将标记作为数据仅服务器发送的事件发送,直到以 data:[DONE] 消息终止流。如果设置了 stream 为 true,则 API 将不断返回生成文本的中间结果,而不是等到整个文本生成任务完成后再一次返回结果
logprobs	logprobs 是一个整数类型的可选参数,默认值为 null。该参数用于控制是否在响应中包含生成文本中最有可能的词汇的对数概率。例如,如果将 logprobs 设置为 5,则 API 将返回最有可能的 5 个词汇的列表。API 在响应中始终返回所选标记的对数概率,因此响应中的元素数量最多可达到 logprobs+1。logprobs 参数的最大值为 5。如果将 logprobs 设置为一个大于 5 的值,需要联系 OpenAI 团队进行进一步的沟通
echo	echo 是一个布尔类型的可选参数,默认值为 false。该参数用于控制是否在响应中同时返回输入的提示文本和生成的文本。换言之,如果将 echo 设置为 true,则响应中将包含输入的提示文本以及生成的文本,方便用户对生成结果进行比对和评估。如果将 echo 设置为 false,则响应中只包含生成的文本,不包含输入的提示文本
stop	stop 是一个可选参数,可以是字符串或数组类型,默认值为 null。该参数用于指定最多 4 个停止符号,当 API 生成到这些停止符号时,将停止生成更多的标记。生成的文本不包含停止符号。stop 参数用于控制生成文本的长度和内容,当 API 生成到指定的停止符号时,将停止生成标记,从而生成符合要求的文本。如果不指定 stop 参数,则 API 将生成最大长度的文本,直到完成整个文本生成任务为止
presence_penalty	presence_penalty 是一个数字类型的可选参数,默认值为 0。该参数的取值范围为 −2.0~2.0。当 presence_penalty 的值为正数时,API 将根据生成文本中已经出现的词汇对新标记进行惩罚,从而增加模型谈论新话题的可能性。presence_penalty 的值越大,API 生成新文本时越倾向于避免使用之前已经出现过的词汇 presence_penalty 参数主要用于控制生成文本的多样性和新颖性,以避免模型重复使用相同的词汇和表达方式
frequency_penalty	frequency_penalty 是一个数字类型的可选参数,默认值为 0。该参数的取值范围为 −2.0~2.0。当 frequency_penalty 的值为正数时,API 将根据生成文本中已经出现过的词汇频率对新标记进行惩罚,从而减少模型直接重复之前出现过的文本行的可能性。因此,当 frequency_penalty 的值越大时,API 生成的新文本就越不会重复之前已经出现的文本行。frequency_penalty 参数主要用于控制生成文本的多样性和新颖性,以避免模型直接复制之前出现过的文本行

续表

<table>
<tr><th>参数</th><th>描述</th></tr>
<tr><td>best_of</td><td>best_of 是一个整数类型的可选参数，默认值为 1。该参数用于在服务器端生成多个候选文本片段，并返回其中“最佳”的文本片段(即每个标记的对数概率最高的文本片段)。不支持以流的形式返回结果。当与参数 n 一起使用时，best_of 控制候选文本片段的数量，而 n 指定要返回的文本片段的数量。需要注意的是，best_of 的值必须大于 n 的值。由于该参数会生成多个文本片段，因此会快速消耗 API 调用配额。使用时需要谨慎，并确保 max_tokens 和 stop 参数的设置合理</td></tr>
<tr><td>logit_bias</td><td>logit_bias 是一个可选参数，类型为 map，其默认值为 null。该参数用于修改特定标记在生成文本中出现的概率。logit_bias 参数接受一个 JSON 对象，将标记(由 GPT 分词器中的标记 ID 指定)映射到一个关联的偏置值，范围为－100～100。可以使用此分词器工具(适用于 GPT-2 和 GPT-3)将文本转换为标记 ID。在数学上，偏置值将添加到模型生成的 logits 中，然后进行采样。具体效果因模型而异，但在－1～1 之间的值应该会减少或增加选择的概率；例如，像－100 或 100 这样的值应该会禁止或独占相关标记的选择。例如，可以传递 {"50 256"：－100} 来防止生成<|endoftext|>标记</td></tr>
<tr><td>user</td><td>user 是一个可选参数，类型为字符串，用于标识 API 使用者的终端用户，以帮助 OpenAI 监测和检测滥用行为。该参数用于识别 API 调用的来源，使 OpenAI 能够更好地了解 API 的使用情况，并更好地保护 API 的安全性和稳定性。user 参数不会影响 API 的功能和生成结果。该参数仅用于帮助 OpenAI 监测 API 的使用情况，以便及时发现和处理滥用行为。如果不希望透露用户信息，可以将该参数设置为 null 或不使用该参数</td></tr>
</table>

OpenAI API completion 接口使用的代码示例：

```
import os
import openai
openai.api_key = os.getenv("OPENAI_API_KEY") # 使用 OpenAI API 密钥

model = "text-davinci-003" # 使用 text-davinci-003 模型
prompt = "What is the openai mission?" # 文本生成的开始文本
suffix = "" # 文本生成的结束文本
max_tokens = 256 # 生成文本的最大标记数
temperature = 0.8 # 生成文本的温度参数
top_p = 1 # 采样时选择的概率最高的标记的最大累积概率
n = 1 # 生成的文本片段的数量
stream = False # 是否使用流式传输
logprobs = 2 # 是否返回每个标记的对数概率
```

```
echo = False #是否在生成文本时重复前缀
stop = [".","!","。","!"] # 生成文本的停止条件
presence_penalty = 0.2 #抑制出现在文本开头的标记的惩罚因子
frequency_penalty = 0.2 #抑制在文本中频繁出现的标记的惩罚因子
best_of = 2 #生成多个文本片段并返回最佳片段的数量
logit_bias = {"50256": -100} #标记偏置,用于调整特定标记的生成概率
user = "my_user_id" #用户 ID,用于识别 API 调用的来源,以便监测和检测滥用行为

response = openai.Completion.create(
    model=model,
    prompt=prompt,
    suffix=suffix,
    max_tokens=max_tokens,
    temperature=temperature,
    top_p=top_p,
    n=n,
    stream=stream,
    logprobs=logprobs,
    echo=echo,
    stop=stop,
    presence_penalty=presence_penalty,
    frequency_penalty=frequency_penalty,
    best_of=best_of,
    logit_bias=logit_bias,
    user=user
)

print(response) #输出生成的文本
```

以上代码的运行结果为:

```
{
  "choices": [
    {
      "finish_reason": "stop",
```

```
"index": 0,
"logprobs": {
  "text_offset": [
    101,
    102,
    103,
    107,
    109,
    112,
    114,
    123,
    134,
    139,
    143,
    151,
    154,
    163,
    168,
    179,
    187,
    200,
    202,
    204,
    205,
    206,
    215,
    219,
    222
  ],
  "token_logprobs": [
    -0.0013620713,
    -0.0040300833,
    -1.118809,
    -0.0031385992,
    -0.40852904,
    -0.23900014,
```

```
    -1.1748642,
    -0.24028711,
    -1.7247983,
    -0.57709265,
    -0.092045955,
    -0.9633945,
    -0.6577709,
    -0.06566993,
    -0.044237513,
    -0.023959357,
    -0.0005124441,
    -0.06660642,
    -0.0018092226,
    -1.3823812e-06,
    -0.06939137,
    -0.27922097,
    -0.020272296,
    -0.0043631806,
    -0.000107007865
  ],
  "tokens": [
    "\n",
    "\n",
    "Open",
    "AI",
    " is",
    " a",
    " research",
    " laboratory",
    " with",
    " the",
    " mission",
    " of",
    " ensuring",
    " that",
    " artificial",
```

```
      " general",
      " intelligence",
      " (",
      "AG",
      "I",
      ")",
      " benefits",
      " all",
      " of",
      " humanity"
    ],
    "top_logprobs": [
      {
        "\n": -0.0013620713,
        "\n\n": -7.058862
      },
      {
        "\n": -0.0040300833,
        "Open": -6.1238475
      },
      {
        "Open": -1.118809,
        "The": -0.44412255
      },
      {
        " AI": -5.805077,
        "AI": -0.0031385992
      },
      {
        " is": -0.40852904,
        "'s": -1.3057325
      },
      {
        " a": -0.23900014,
        " an": -1.6486166
      },
```

```
{
  "non": -0.81707984,
  "research": -1.1748642
},
{
  "lab": -2.142053,
  "laboratory": -0.24028711
},
{
  "dedicated": -1.484337,
  "with": -1.7247983
},
{
  "a": -0.83694226,
  "the": -0.57709265
},
{
  "goal": -2.773614,
  "mission": -0.092045955
},
{
  "of": -0.9633945,
  "to": -0.48506013
},
{
  "developing": -2.0281284,
  "ensuring": -0.6577709
},
{
  "artificial": -2.9991453,
  "that": -0.06566993
},
{
  "Artificial": -3.8605208,
  "artificial": -0.044237513
},
```

```
{
  " general": -0.023959357,
  " intelligence": -3.763608
},
{
  " intellig": -8.37403,
  " intelligence": -0.0005124441
},
{
  " (": -0.06660642,
  " benefits": -2.8510532
},
{
  "AG": -0.0018092226,
  "AI": -7.373652
},
{
  "I": -1.3823812e-06,
  "Is": -13.832122
},
{
  ")": -0.06939137,
  ")\u2014": -2.7485027
},
{
  " benefits": -0.27922097,
  " \u2014": -2.206884
},
{
  " all": -0.020272296,
  " humanity": -4.196415
},
{
  " humanity": -5.6460547,
  " of": -0.0043631806
},
```

```
              {
                " Humanity": - 9.823153,
                " humanity": - 0.000107007865
              }
            ]
          },
          "text": "\n\nOpenAI is a research laboratory with the mission of en-
suring that artificial general intelligence (AGI) benefits all of humanity"
        }
      ],
      "created": 1682032098,
      "id": "cmpl - 77Xfu8rt0iIpRfXev920NeSWqQrX8",
      "model": "text - davinci - 003",
      "object": "text_completion",
      "usage": {
        "completion_tokens": 46,
        "prompt_tokens": 15,
        "total_tokens": 61
      }
    }

    Process finished with exit code 0
```

OpenAI API 中的 ChatCompletion 接口参数,见表 12 - 24 所列。

表 12 - 24　OpenAI API 中的 ChatCompletion 接口参数

参数		描述
model		要使用的模型的 ID。
messages	role	确定这条消息的作者身份:系统(system)、用户(user)还是助手(assistant)
	content	提供消息的内容
	name	消息作者的名称(可选)。名称可以包含 a - z、A - Z、0 - 9 和下划线,最长不超过 64 个字符
temperature		默认值为 1,采样温度介于 0～2。较高的值(例如 0.8)将使输出更加随机,而较低的值(例如 0.2)将使其更加集中和确定性。通常建议修改这个参数或 top_p 参数,但不要同时修改两者

续表

参数	描述
top_p	默认值为1,这是一种使用核采样的替代方法,其中模型考虑具有top_p概率质量的标记的结果。因此,0.1意味着只考虑包含前10%概率质量的标记。通常建议修改这个参数或temperature参数,但不要同时修改两者
n	默认为1,表示每个输入消息生成多少个聊天完成选项
stream	默认为false。如果设置了此参数,则会发送部分消息增量,就像在ChatGPT中一样。标记将作为仅包含数据的服务器推送事件发送,会发送流终止的data:[DONE]消息
stop	默认为null,最多可以设置4个停止字符,当API生成这些停止字符时,将停止生成进一步的标记
max_tokens	默认为inf,表示聊天过成中生成的标记的最大数量。输入标记和生成标记的总长度受模型上下文长度的限制
presence_penalty	默认为0,是一个介于-2.0~2.0的数字。正值会根据新标记是否出现在到目前为止的文本中对其进行惩罚,增加模型谈论新主题的可能性
frequency_penalty	默认为0,是一个介于-2.0~2.0的数字。正值会根据新标记在到目前为止的文本中的现有频率对其进行惩罚,降低模型逐字重复相同行的可能性
logit_bias	默认为null,可以修改指定标记出现在文本补全中的可能性。接收一个JSON对象,将标记(由其在分词器中的标记ID指定)映射到从-100~100的关联偏差值。在数学上,在采样之前,将模型生成的logits加上偏差,然后进行采样。具体效果将因模型而异,但在-1~1之间的值应该会减少或增加选择的可能性;像-100或100这样的值应该会导致相关标记的禁止或专属选择
user	一个唯一的标识符,代表最终用户,可以帮助OpenAI监视和检测滥用行为

OpenAI API ChatCompletion接口使用的代码示例:

```
import os
import openai
openai.api_key = os.getenv("OPENAI_API_KEY") #使用OpenAI API 密钥


#定义聊天相关的参数
model = "gpt-3.5-turbo"  #模型名称
messages = [    #初始对话文本
```

```
            {"role": "user",# 用于描述用户的角色
             "content": "What is the openai mission?",# 用于描述聊天的内容。
             "name":"my_chat" # 聊天的名称
              }
        ]
temperature = 0.8   # 用于控制生成文本的随机性。默认值为 1,值越小,生成的文本越保守,值越大,生成的文本越随机
top_p = 1   # 用于控制生成文本的多样性。默认值为 1,值越小,生成的文本越保守,值越大,生成的文本越多样
n = 1   # 用于控制生成文本的数量。默认值为 1,表示生成一段文本
stream = False   # 是否启用流式文本生成。默认为 False,表示生成一段完整的文本
stop = None   # 用于控制生成文本的停止条件。默认为 None,表示生成文本的长度由 max_tokens 参数确定
max_tokens = 100   # 用于控制生成文本的最大长度。默认值为 2048
presence_penalty = 0   # 用于减少生成文本中重复标记的概率。默认值为 0
frequency_penalty = 0   # 用于减少生成文本中高频标记的概率。默认值为 0
logit_bias = {"50256": -100}   # 用于调整生成文本中特定标记的概率。默认为 None,表示不进行调整
user = "user"   # 用于标识用户的唯一 ID

# 调用 OpenAI API,生成聊天完成文本
response = openai.ChatCompletion.create(
    model = model,
    messages = messages,
    temperature = temperature,
    top_p = top_p,
    n = n,
    stream = stream,
    stop = stop,
    max_tokens = max_tokens,
    presence_penalty = presence_penalty,
    frequency_penalty = frequency_penalty,
```

```
    logit_bias = logit_bias,
    user = user
)

#打印生成的聊天完成文本
print(response)
```

以上代码的运行结果为：


```
{
  "choices": [
    {
      "finish_reason": "stop",
      "index": 0,
      "message": {
        "content": "The OpenAI mission is to develop and promote friendly AI for the betterment of humanity. They strive to create artificial intelligence that is safe, beneficial, and aligned with human values. They also aim to ensure that AI technology is used for the benefit of all people, rather than being controlled by a small group of individuals or organizations. Additionally, OpenAI seeks to advance the understanding of AI and its potential impact on society through research and education. ",
        "role": "assistant"
      }
    }
  ],
  "created": 1682078511,
  "id": "chatcmpl-77jkVjIinSyS90XZh4hKD0475nCZK",
  "model": "gpt-3.5-turbo-0301",
  "object": "chat.completion",
  "usage": {
    "completion_tokens": 88,
    "prompt_tokens": 16,
    "total_tokens": 104
  }
}
```

第 13 章　OpenAI API 进阶应用实践

13.1　OpenAI API 基于嵌入式向量检索实现问答系统

本节来讲解一种基于嵌入式向量搜索的问答方法，虽然 GPT 在回答问题方面表现出色，但仅限于它在训练数据中记住的主题。如果想让 GPT 回答关于陌生主题的问题，例如 2021 年 9 月以后的最新事件、非公开的文档、过去对话中的信息，可以使用一个包含参考文本的知识库，使用搜索和提问(Search - Ask)两步骤的方法。

第一步是搜索(Search)：搜索文库中与问题相关的文本段落。

第二步是提问(Ask)：将检索到的文本段落插入到向 GPT 提问的消息中，以使 GPT 能够回答问题。使用这种方法，可以让 GPT 回答各种关于非公开文档、最新事件等问题。

GPT 可以通过两种方式学习知识：

- 通过模型权重(在训练集上微调模型)。
- 通过模型输入(将知识插入到输入消息中)。

为什么搜索比微调更好？虽然微调可能感觉更自然，通过语料数据训练是 GPT 学习所有其他知识的方法，但通常不建议将其作为教授知识的方法，因为它对于事实回忆而言不太可靠。举例来说，模型权重就像长期记忆，当你对模型进行微调时，就像在准备一周后的考试，当考试到来时，模型可能会忘记细节，或记错它从未读过的内容；相反，消息输入就像短期记忆，当你在信息中插入知识时，就像做一场开卷考试，有了笔记，模型更有可能得到正确的答案。

与微调相比，搜索的一个问题是，每个模型的最大阅读的文本量是有限的，见表 13 - 1 所列，可以把这个模型想象成一个每次只能看几页笔记的学生，尽管他可能有很多的教科书可供参考，为了构建一个能够利用大量文本来回答问题的系统，建议使用搜索和提问(Search - Ask)方法。

表 13 - 1　GPT 模型的最大文本长度

模型	最大文本长度
gpt - 3.5 - turbo	4096 标记（～5 页）
gpt - 4	8192 标记（～10 页）
gpt - 4 - 32k	32768 标记（～40 页）

因此,搜索更适合于回答关于不熟悉的主题或领域的问题,而微调更适合于教授特定任务的内容。相对于微调,搜索是一种更好教授模型知识的方法,因为它可以更好地实现回忆和更加准确地回答问题。

文本可以通过多种方式搜索,例如:

· 基于词汇的搜索。

· 基于图的搜索。

· 基于嵌入式向量的搜索。

本节使用基于嵌入式向量的搜索,嵌入式向量搜索实现简单,在回答问题时效果较好,因为问题在词汇上通常不会与答案重叠。我们将仅使用嵌入式向量搜索作为自己系统的起点,更好的搜索系统可能会结合多种搜索方法,以及流行度、时效性、用户历史记录、与先前搜索结果的冗余度、点击率等特征。例如,使用假设文档嵌入式向量(Hypothetical Document Embeddings,HyDE)技术可以改进问答检索性能,其中问题首先被转换为假设答案,然后再进行嵌入。同样,GPT 也可以通过自动将问题转换为关键字或搜索术语来潜在地改进搜索结果。

接下来,详细讲解使用基于嵌入式向量搜索的问答方法的整个过程。

(1)准备搜索数据

· 收集:将下载几百篇关于 2022 年冬奥会的维基百科文章

· 分块:将文档分成短的、大多是独立的部分。

· 嵌入:使用 OpenAI API 对每个部分进行嵌入式向量转换。

· 存储:将嵌入式向量被保存下来,对于大型数据集,使用向量数据库。

(2)搜索 (Search)

· 给定一个用户问题,从 OpenAI API 生成一个问题的嵌入式向量。

· 使用嵌入式向量,根据与查询相关性对文本部分进行排序。

(3)提问(Ask)

· 将问题和最相关的部分插入到向 GPT 的消息中。

· 返回 GPT 的答案。

其中,GPT 查询比嵌入式向量搜索更昂贵,一个具有大量查询的系统的成本将由第 3 步决定,对于 GPT－3.5 turbo,每次查询使用约 1 000 个标记,每次查询的成本约为 0.002 美元,或每美元 500 个查询(截至 2023 年 4 月);对于 GPT－4,假设每次查询使用 1 000 个标记,每次查询的成本为 0.03 美元,每美元约 30 个查询(截至 2023 年 4 月)。

首先,导入 openai、ast、tiktoken 等库,示例代码如下:

```
import ast  # 用于将作为字符串保存的嵌入向量转换回数组
import openai  # 用于调用 OpenAI API
import pandas as pd  # 用于存储文本和嵌入数据
import tiktoken  # 用于计数标记
```

```
from scipy import spatial  # 用于计算搜索的向量相似度


# 模型
EMBEDDING_MODEL = "text-embedding-ada-002"
GPT_MODEL = "gpt-3.5-turbo"
```

GPT 无法回答有关当前最新事件的问题，由于 gpt-3.5-turbo 和 gpt-4 的训练数据大多在 2021 年 9 月结束，因此这些模型无法回答有关最新事件的问题，例如 2022 年冬奥会。

我们试着问一个问题，“2022 年哪些运动员获得了冰壶金牌？”，示例代码如下：

```
# 关于 2022 年冬奥会的一个示例问题

query = 'Which athletes won the gold medal in curling at the 2022 Winter Olympics? '

response = openai.ChatCompletion.create(
    messages = [
        {'role': 'system', 'content': 'You answer questions about the 2022 Winter Olympics.'},
        {'role': 'user', 'content': query},
    ],
    model = GPT_MODEL,
    temperature = 0,
)

print(response['choices'][0]['message']['content'])
```

在这种情况下，模型不知道 2022 年的情况，因此无法回答问题，以上代码的运行结果如下，很抱歉，作为一个 AI 语言模型，没有给出关于未来事件的信息。2022 年冬季奥运会将于 2022 年 2 月 4 日至 20 日在中国北京举行。冰壶项目将在奥运会期间进行，届时将决定冰壶项目的金牌得主。

```
I'm sorry, but as an AI language model, I don't have information about the future events. The 2022 Winter Olympics will be held in Beijing, China from February 4 to 20, 2022. The curling events will take place during the games, and the winners of the gold medal in curling will be determined at that time.
```

为了帮助提供 2022 年冬奥会冰壶的知识,我们可以将维基百科上一篇相关文章的内容加入信息中,通过将主题插入到输入消息中向 GPT 提供有关主题的知识,示例代码如下:

```
# 文本来自:https://en.wikipedia.org/wiki/Curling_at_the_2022_Winter_Olympics,没有格式化或清理文本,但 GPT 仍然可以理解它,对于 gpt-3.5 turbo 来说,整篇文章太长了,所以只包括了最上面的几个部分

wikipedia_article_on_curling = """Curling at the 2022 Winter Olympics

Article
Talk
Read
Edit
View history
From Wikipedia, the free encyclopedia
Curling
at the XXIV Olympic Winter Games
Curling pictogram.svg
Curling pictogram
Venue Beijing National Aquatics Centre
Dates 2 - 20 February 2022
No. of events 3 (1 men, 1 women, 1 mixed)
Competitors 114 from 14 nations
← 20182026 →
Men's curling
at the XXIV Olympic Winter Games
Medalists
1st place, gold medalist(s)    Sweden
2nd place, silver medalist(s)    Great Britain
3rd place, bronze medalist(s)    Canada
Women's curling
at the XXIV Olympic Winter Games
Medalists
1st place, gold medalist(s)    Great Britain
2nd place, silver medalist(s)    Japan
```

31. 3rd place, bronze medalist(s) Sweden
32. Mixed doubles's curling
33. at the XXIV Olympic Winter Games
34. Medalists
35. 1st place, gold medalist(s) Italy
36. 2nd place, silver medalist(s) Norway
37. 3rd place, bronze medalist(s) Sweden
38. Curling at the
39. 2022 Winter Olympics
40. Curling pictogram. svg
41. Qualification
42. Statistics
43. Tournament
44. Men
45. Women
46. Mixed doubles
47. vte
48. The curling competitions of the 2022 Winter Olympics were held at the Beijing National Aquatics Centre, one of the Olympic Green venues. Curling competitions were scheduled for every day of the games, from February 2 to February 20. [1] This was the eighth time that curling was part of the Olympic program.
49.
50. In each of the men's, women's, and mixed doubles competitions, 10 nations competed. The mixed doubles competition was expanded for its second appearance in the Olympics. [2] A total of 120 quota spots (60 per sex) were distributed to the sport of curling, an increase of four from the 2018 Winter Olympics. [3] A total of 3 events were contested, one for men, one for women, and one mixed. [4]
51.
52. Qualification
53. Main article: Curling at the 2022 Winter Olympics – Qualification
54. Qualification to the Men's and Women's curling tournaments at the Winter Olympics was determined through two methods (in addition to the host nation). Nations qualified teams by placing in the top six at the 2021 World Curling Championships. Teams could also qualify through Olympic

qualification events which were held in 2021. Six nations qualified via World Championship qualification placement, while three nations qualified through qualification events. In men's and women's play, a host will be selected for the Olympic Qualification Event (OQE). They would be joined by the teams which competed at the 2021 World Championships but did not qualify for the Olympics, and two qualifiers from the Pre - Olympic Qualification Event (Pre - OQE). The Pre - OQE was open to all member associations. [5]

55.

56. For the mixed doubles competition in 2022, the tournament field was expanded from eight competitor nations to ten. [2] The top seven ranked teams at the 2021 World Mixed Doubles Curling Championship qualified, along with two teams from the Olympic Qualification Event (OQE) - Mixed Doubles. This OQE was open to a nominated host and the fifteen nations with the highest qualification points not already qualified to the Olympics. As the host nation, China qualified teams automatically, thus making a total of ten teams per event in the curling tournaments. [6]

57.

58. Summary

59. Nations Men Women Mixed doubles Athletes

60. Australia Yes 2

61. Canada Yes Yes Yes 12

62. China Yes Yes Yes 12

63. Czech Republic Yes 2

64. Denmark Yes Yes 10

65. Great Britain Yes Yes Yes 10

66. Italy Yes Yes 6

67. Japan Yes 5

68. Norway Yes Yes 6

69. ROC Yes Yes 10

70. South Korea Yes 5

71. Sweden Yes Yes Yes 11

72. Switzerland Yes Yes Yes 12

73. United States Yes Yes Yes 11

74. Total: 14 NOCs 10 10 10 114

75. Competition schedule
76.
77. The Beijing National Aquatics Centre served as the venue of the curling competitions.
78. Curling competitions started two days before the Opening Ceremony and finished on the last day of the games, meaning the sport was the only one to have had a competition every day of the games. The following was the competition schedule for the curling competitions:
79.
80. RR Round robin SF Semifinals B 3rd place play - off F Final
81. Date
82. Event
83. Wed 2 Thu 3 Fri 4 Sat 5 Sun 6 Mon 7 Tue 8 Wed 9 Thu 10 Fri 11 Sat 12 Sun 13 Mon 14 Tue 15 Wed 16 Thu 17 Fri 18 Sat 19 Sun 20
84. Men's tournament RRRRRRRRRRRRRRRRRR SF B F
85. Women's tournament RRRRRRRRRRRRRRRR SF B F
86. Mixed doubles RRRRRRRRRRRR SF B F
87. Medal summary
88. Medal table
89. Rank Nation Gold Silver Bronze Total
90. 1 Great Britain 1 1 0 2
91. 2 Sweden 1 0 2 3
92. 3 Italy 1 0 0 1
93. 4 Japan 0 1 0 1
94. Norway 0 1 0 1
95. 6 Canada 0 0 1 1
96. Totals (6 entries) 3 3 3 9
97. Medalists
98. Event Gold Silver Bronze
99. Men
100. details Sweden
101. Niklas Edin
102. Oskar Eriksson
103. Rasmus Wranå
104. Christoffer Sundgren
105. Daniel Magnusson   Great Britain

```
106. Bruce Mouat
107. Grant Hardie
108. Bobby Lammie
109. Hammy McMillan Jr.
110. Ross Whyte Canada
111. Brad Gushue
112. Mark Nichols
113. Brett Gallant
114. Geoff Walker
115. Marc Kennedy
116. Women
117. details Great Britain
118. Eve Muirhead
119. Vicky Wright
120. Jennifer Dodds
121. Hailey Duff
122. Mili Smith Japan
123. Satsuki Fujisawa
124. Chinami Yoshida
125. Yumi Suzuki
126. Yurika Yoshida
127. Kotomi Ishizaki Sweden
128. Anna Hasselborg
129. Sara McManus
130. Agnes Knochenhauer
131. Sofia Mabergs
132. Johanna Heldin
133. Mixed doubles
134. details Italy
135. Stefania Constantini
136. Amos Mosaner Norway
137. Kristin Skaslien
138. Magnus Nedregotten Sweden
139. Almida de Val
140. Oskar Eriksson
141. Teams
```

```
Men
Canada China Denmark Great Britain Italy
Skip：Brad Gushue
Third：Mark Nichols
Second：Brett Gallant
Lead：Geoff Walker
Alternate：Marc Kennedy

Skip：Ma Xiuyue
Third：Zou Qiang
Second：Wang Zhiyu
Lead：Xu Jingtao
Alternate：Jiang Dongxu

Skip：Mikkel Krause
Third：Mads Nørgård
Second：Henrik Holtermann
Lead：Kasper Wiksten
Alternate：Tobias Thune

Skip：Bruce Mouat
Third：Grant Hardie
Second：Bobby Lammie
Lead：Hammy McMillan Jr.
Alternate：Ross Whyte

Skip：Joël Retornaz
Third：Amos Mosaner
Second：Sebastiano Arman
Lead：Simone Gonin
Alternate：Mattia Giovanella

Norway ROC Sweden Switzerland United States
Skip：Steffen Walstad
Third：Torger Nergård
Second：Markus Høiberg
```

```
Lead：Magnus Vågberg
Alternate：Magnus Nedregotten

Skip：Sergey Glukhov
Third：Evgeny Klimov
Second：Dmitry Mironov
Lead：Anton Kalalb
Alternate：Daniil Goriachev

Skip：Niklas Edin
Third：Oskar Eriksson
Second：Rasmus Wranå
Lead：Christoffer Sundgren
Alternate：Daniel Magnusson

Fourth：Benoît Schwarz
Third：Sven Michel
Skip：Peter de Cruz
Lead：Valentin Tanner
Alternate：Pablo Lachat

Skip：John Shuster
Third：Chris Plys
Second：Matt Hamilton
Lead：John Landsteiner
Alternate：Colin Hufman

Women
Canada China Denmark Great Britain Japan
Skip：Jennifer Jones
Third：Kaitlyn Lawes
Second：Jocelyn Peterman
Lead：Dawn McEwen
Alternate：Lisa Weagle

Skip：Han Yu
```

214. Third：Wang Rui
215. Second：Dong Ziqi
216. Lead：Zhang Lijun
217. Alternate：Jiang Xindi
218.
219. Skip：Madeleine Dupont
220. Third：Mathilde Halse
221. Second：Denise Dupont
222. Lead：My Larsen
223. Alternate：Jasmin Lander
224.
225. Skip：Eve Muirhead
226. Third：Vicky Wright
227. Second：Jennifer Dodds
228. Lead：Hailey Duff
229. Alternate：Mili Smith
230.
231. Skip：Satsuki Fujisawa
232. Third：Chinami Yoshida
233. Second：Yumi Suzuki
234. Lead：Yurika Yoshida
235. Alternate：Kotomi Ishizaki
236.
237. ROC South Korea Sweden Switzerland United States
238. Skip：Alina Kovaleva
239. Third：Yulia Portunova
240. Second：Galina Arsenkina
241. Lead：Ekaterina Kuzmina
242. Alternate：Maria Komarova
243.
244. Skip：Kim Eun - jung
245. Third：Kim Kyeong - ae
246. Second：Kim Cho - hi
247. Lead：Kim Seon - yeong
248. Alternate：Kim Yeong - mi
249.

```
Skip：Anna Hasselborg
Third：Sara McManus
Second：Agnes Knochenhauer
Lead：Sofia Mabergs
Alternate：Johanna Heldin

Fourth：Alina Pätz
Skip：Silvana Tirinzoni
Second：Esther Neuenschwander
Lead：Melanie Barbezat
Alternate：Carole Howald

Skip：Tabitha Peterson
Third：Nina Roth
Second：Becca Hamilton
Lead：Tara Peterson
Alternate：Aileen Geving

Mixed doubles
Australia Canada China Czech Republic Great Britain
Female：Tahli Gill
Male：Dean Hewitt

Female：Rachel Homan
Male：John Morris

Female：Fan Suyuan
Male：Ling Zhi

Female：Zuzana Paulová
Male：Tomáš Paul

Female：Jennifer Dodds
Male：Bruce Mouat

Italy Norway Sweden Switzerland United States
```

```
Female: Stefania Constantini
Male: Amos Mosaner

Female: Kristin Skaslien
Male: Magnus Nedregotten

Female: Almida de Val
Male: Oskar Eriksson

Female: Jenny Perret
Male: Martin Rios

Female: Vicky Persinger
Male: Chris Plys
"""
```

接下来设置提示语 query,用这篇关于 2022 年冬奥会的文章来回答下面的问题。如果找不到答案,就写“我不知道”,询问的问题是“哪位运动员在 2022 年冬奥会冰壶比赛中获得金牌?”,示例代码如下:

```
query = f"""Use the below article on the 2022 Winter Olympics to answer the subsequent question. If the answer cannot be found, write "I don't know."

Article:
\"\"\"
{wikipedia_article_on_curling}
\"\"\"

Question: Which athletes won the gold medal in curling at the 2022 Winter Olympics?"""

response = openai.ChatCompletion.create(
    messages=[
        {'role': 'system', 'content': 'You answer questions about the 2022 Winter Olympics.'},
        {'role': 'user', 'content': query},
```

```
    ],
    model = GPT_MODEL,
    temperature = 0,
)

print(response['choices'][0]['message']['content'])
```

以上代码的运行结果如下，在 2022 年冬奥会上，冰壶有三个项目，所以有三组运动员获得了金牌。男子冰壶的金牌得主是瑞典的尼克拉斯·埃丁、奥斯卡·埃里克森、拉斯穆斯·沃兰弗、克里斯托弗·桑德格伦和丹尼尔·马格努松。女子冰壶的金牌得主是英国的伊芙·穆尔黑德、维姬·赖特、詹妮弗·多兹、海莉·达夫和米莉·史密斯。冰壶混合双打的金牌得主是意大利的斯蒂法尼亚·康斯坦蒂尼和阿莫斯·莫萨纳。

```
There were three events in curling at the 2022 Winter Olympics, so there were three sets of athletes who won gold medals. The gold medalists in men's curling were Sweden's Niklas Edin, Oskar Eriksson, Rasmus Wranå, Christoffer Sundgren, and Daniel Magnusson. The gold medalists in women's curling were Great Britain's Eve Muirhead, Vicky Wright, Jennifer Dodds, Hailey Duff, and Mili Smith. The gold medalists in mixed doubles curling were Italy's Stefania Constantini and Amos Mosaner.
```

由于输入消息中包含了维基百科的文章，GPT 正确地回答了问题。在这个例子中，GPT 意识到原来的问题没有明确说明，因为有三枚冰壶金牌，而不是一枚金牌，这个例子部分依赖于人类的智慧，因为我们知道这个问题是关于冰壶的，所以插入了一篇关于冰壶的维基百科文章。

接下来讲解如何使用基于嵌入式向量的搜索实现知识插入的自动化，首先从 OpenAI 官网下载数据集（https://cdn.openai.com/API/examples/data/winter_olympics_2022.csv），winter_olympics_2022.csv 文件包括两列：

- 文本：相关 2022 年冬奥会的知识。
- 嵌入：对应文本通过预计算的嵌入式向量。

winter_olympics_2022.csv 文件样例的格式为：

```
"Lviv bid for the 2022 Winter Olympics

{{Olympic bid|2022|Winter|
| Paralympics = yes
| logo = Lviv 2022 Winter Olympics bid.svg
| logo - size = 220px
```

```
| fullname = [[Lviv]], [[Ukraine]]
| chair =
| committee = [[National Olympic Committee of Ukraine]] (UKR)
| history = None
}}
```

'''Lviv 2022'''({{lang-uk|祏褩胁褖胁 2022}}; {{lang-pl|Lw贸w 2022}}; {{lang-ru|祏褩胁芯胁 2022}}; {{lang-de|Lemberg 2022}}) was a bid by the city of [[Lviv]] and the [[National Olympic Committee of Ukraine]] for the [[2022 Winter Olympics]]. Lviv withdrew its bid on 30 June 2014. The [[IOC]] ultimately selected [[Beijing]] as the host city for the 2022 Winter Olympics at the [[128th IOC Session|128th]] [[IOC Session]] in [[Kuala Lumpur]], [[Malaysia]] on 31 July 2015."

```
[-0.005021067801862955, 0.00026050032465718687, -0.0046091326512396336, 0.016684994101524353, -0.029633380472660065, 0.03277317062020302, -
……
……
0.010522185824811459, 0.025144260376691818, 0.012020721100270748,
0.006509872619062662, -0.005789796821773052, -0.04219253733754158,
-0.03168332576751709, 0.0008863092516548932, -0.025338875129818916,
0.008835522457957268, -0.009860494174063206, 0.011709337122738361,
0.01764509454369545, 0.05599723011255264, -0.038689468055963516,
0.009211777709424496, 0.012915950268507004, 0.003434955142]
```

通过 pandas 工具加载数据集,示例代码如下:

```
# 下载预分块文本和预计算嵌入式向量,该文件约为 200 MB
# embeddings_path = "https://cdn.openai.com/API/examples/data/winter_olympics_2022.csv"
embeddings_path = "winter_olympics_2022.csv"
df = pd.read_csv(embeddings_path)

# 将嵌入式向量从 CSV 字符串类型转换回列表类型
df['embedding'] = df['embedding'].apply(ast.literal_eval)

```

```
# 数据框有两列:"文本"和"嵌入"
df
```

以上代码的运行结果,如图 13-1 所示:

	text	embedding
0	Lviv bid for the 2022 Winter Olympics\n\n{{Oly...	[-0.005021067801862955, 0.00026050032465718687...
1	Lviv bid for the 2022 Winter Olympics\n\n==His...	[0.0033927420154213905, -0.007447326090186834,...
2	Lviv bid for the 2022 Winter Olympics\n\n==Ven...	[-0.00915789045393467, -0.008366798982024193, ...
3	Lviv bid for the 2022 Winter Olympics\n\n==Ven...	[0.0030951891094446182, -0.006064314860850573,...
4	Lviv bid for the 2022 Winter Olympics\n\n==Ven...	[-0.002936174161732197, -0.006185177247971296,...
...	...	...
6054	Anaïs Chevalier-Bouchet\n\n==Personal life==\n...	[-0.027750400826334953, 0.001746018067933619, ...
6055	Uliana Nigmatullina\n\n{{short description|Rus...	[-0.021714167669415474, 0.016001321375370026, ...
6056	Uliana Nigmatullina\n\n==Biathlon results==\n\...	[-0.029143543913960457, 0.014654331840574741, ...
6057	Uliana Nigmatullina\n\n==Biathlon results==\n\...	[-0.024266039952635765, 0.011665306985378265, ...
6058	Uliana Nigmatullina\n\n==Biathlon results==\n\...	[-0.021818075329065323, 0.005420385394245386, ...

6059 rows × 2 columns

图 13-1　2022 年冬奥会数据及嵌入式向量

现在定义一个搜索函数(strings_ranked_by_relatedness),传入的第一个参数是用户查询内容,第二个参数是包含文本和嵌入式向量的数据框,第三个参数是相关性计算函数,第四个参数是定义 Top N。首先,使用 OpenAI API 将用户查询转换为嵌入式向量,然后,计算查询的嵌入式向量和知识库文本嵌入式向量之间的距离,并对文本进行排序,返回一个元组,里面包括两个列表,一个列表是根据相关性排名的前 N 个文本,另一个列表是对应的相关性得分,示例代码如下:

```
# 搜索函数
def strings_ranked_by_relatedness(
    query: str,
    df: pd.DataFrame,
    relatedness_fn = lambda x, y: 1 - spatial.distance.cosine(x, y),
    top_n: int = 100
) -> tuple[list[str], list[float]]:
    """Returns a list of strings and relatednesses, sorted from most related to least."""
    query_embedding_response = openai.Embedding.create(
        model = EMBEDDING_MODEL,
        input = query,
    )
```

```
13.     query_embedding = query_embedding_response["data"][0]["embedding"]
14.     strings_and_relatednesses = [
15.         (row["text"], relatedness_fn(query_embedding, row["embedding"]))
16.         for i, row in df.iterrows()
17.     ]
18.     strings_and_relatednesses.sort(key=lambda x: x[1], reverse=True)
19.     strings, relatednesses = zip(*strings_and_relatednesses)
20.     return strings[:top_n], relatednesses[:top_n]
```

接下来,我们查询关于"冰壶金牌"的前 5 项内容,示例代码如下:

```
1. strings, relatednesses = strings_ranked_by_relatedness("curling gold medal", df, top_n=5)
2. for string, relatedness in zip(strings, relatednesses):
3.     print(f"{relatedness=:.3f}")
4.     display(string)
```

以上代码的运行结果如下所示,其中第一项内容的 relatedness=0.879 表示查询字符串"curling gold medal"和知识库对应文本的相似度得分为 0.879。

```
relatedness=0.879
'Curling at the 2022 Winter Olympics\n\n==Medal summary==\n\n===Medal table===\n\n{{Medals table\n | caption        = \n | host           = \n | flag_template  = flagIOC\n | event          = 2022 Winter\n | team           = \n | gold_CAN = 0 | silver_CAN = 0 | bronze_CAN = 1\n | gold_ITA = 1 | silver_ITA = 0 | bronze_ITA = 0\n | gold_NOR = 0 | silver_NOR = 1 | bronze_NOR = 0\n | gold_SWE = 1 | silver_SWE = 0 | bronze_SWE = 2\n | gold_GBR = 1 | silver_GBR = 1 | bronze_GBR = 0\n | gold_JPN = 0 | silver_JPN = 1 | bronze_JPN - 0\n}}'
relatedness=0.872
"Curling at the 2022 Winter Olympics\n\n==Results summary==\n\n===Women's tournament===\n\n====Playoffs====\n\n=====Gold medal game=====\n\n''Sunday, 20 February, 9:05''\n{{#lst:Curling at the 2022 Winter Olympics - Women's tournament|GM}}\n{{Player percentages\n| team1 = {{flagIOC|JPN|2022 Winter}}\n| [[Yurika Yoshida]] | 97%\n| [[Yumi Suzuki]] | 82%\n| [[Chinami Yoshida]] | 64%\n| [[Satsuki Fujisawa]] | 69%\n| te-
```

ampct1 = 78 % \n| team2 = {{flagIOC|GBR|2022 Winter}}\n| [[Hailey Duff]] | 90 % \n| [[Jennifer Dodds]] | 89 % \n| [[Vicky Wright]] | 89 % \n| [[Eve Muirhead]] | 88 % \n| teampct2 = 89 % \n}}"

relatedness = 0. 869

'Curling at the 2022 Winter Olympics\n\n == Results summary == \n\n === Mixed doubles tournament === \n\n ==== Playoffs ==== \n\n ===== Gold medal game ===== \n\n\'\'Tuesday, 8 February, 20:05\'\'\n{{ #lst:Curling at the 2022 Winter Olympics - Mixed doubles tournament|GM}}\n{| class = "wikitable"\n! colspan = 4 width = 400|Player percentages\n|-\n! colspan = 2 width = 200 style = "white - space:nowrap;"| {{flagIOC|ITA|2022 Winter}}\n! colspan = 2 width = 200 style = "white - space:nowrap;"| {{flagIOC|NOR|2022 Winter}}\n|-\n| [[Stefania Constantini]] || 83 % \n| [[Kristin Skaslien]] || 70 % \n|-\n| [[Amos Mosaner]] || 90 % \n| [[Magnus Nedregotten]] || 69 % \n|-\n| \'\'\'Total\'\'\' || 87 % \n| \'\'\'Total\'\'\' || 69 % \n|}'

relatedness = 0. 868

"Curling at the 2022 Winter Olympics\n\n == Medal summary == \n\n === Medalists === \n\n{| {{MedalistTable|type = Event|columns = 1}}\n|-\n|Men
{{DetailsLink|Curling at the 2022 Winter Olympics - Men's tournament}}\n|{{flagIOC|SWE|2022 Winter}}
[[Niklas Edin]]
[[Oskar Eriksson]]
[[Rasmus Wranå]]
[[Christoffer Sundgren]]
[[Daniel Magnusson (curler)|Daniel Magnusson]]\n|{{flagIOC|GBR|2022 Winter}}
[[Bruce Mouat]]
[[Grant Hardie]]
[[Bobby Lammie]]
[[Hammy McMillan Jr.]]
[[Ross Whyte]]\n|{{flagIOC|CAN|2022 Winter}}
[[Brad Gushue]]
[[Mark Nichols (curler)|Mark Nichols]]
[[Brett Gallant]]
[[Geoff Walker (curler)|Geoff Walker]]
[[Marc Kennedy]]\n|-\n|Women
{{DetailsLink|Curling at the 2022 Winter Olympics - Women's tournament}}\n|{{flagIOC|GBR|2022 Winter}}
[[Eve Muirhead]]
[[Vicky Wright]]
[[Jennifer Dodds]]
[[Hailey Duff]]
[[Mili Smith]]\n|{{flagIOC|JPN|2022 Winter}}
[[Satsuki Fujisawa]]
[[Chinami Yoshida]]
[[Yumi Suzuki]]
[[Yurika Yoshida]]
[[Kotomi Ishizaki]]\n|{{flagIOC|SWE|2022 Winter}}
[[Anna Hasselborg]]
[[Sara McManus]]
[[Agnes Knochenhauer]]
[[Sofia Mabergs]]
[[Johanna Heldin]]\n|-\n|Mixed doubles
{{DetailsLink|Curling at the 2022 Winter Olympics - Mixed doubles tournament}}\n|{{flagIOC|ITA|2022 Winter}}
[[Stefania Constantini]]
[[Amos Mosaner]]\n|{{flagIOC|NOR|2022 Winter}}
[[Kristin Skaslien]]
[[Magnus Nedregott-

en]]\n|{{flagIOC|SWE|2022 Winter}}＜br＞[[Almida de Val]]＜br＞[[Oskar Eriksson]]\n|}"

relatedness = 0.867

"Curling at the 2022 Winter Olympics\n\n==Results summary==\n\n===Men's tournament===\n\n====Playoffs====\n\n=====Gold medal game=====\n\n'Saturday, 19 February, 14:50' '\n{{#lst:Curling at the 2022 Winter Olympics - Men's tournament|GM}}\n{{Player percentages\n| team1 = {{flagIOC|GBR|2022 Winter}}\n| [[Hammy McMillan Jr.]] | 95%\n| [[Bobby Lammie]] | 80%\n| [[Grant Hardie]] | 94%\n| [[Bruce Mouat]] | 89%\n| teampct1 = 90%\n| team2 = {{flagIOC|SWE|2022 Winter}}\n| [[Christoffer Sundgren]] | 99%\n| [[Rasmus Wranå]] | 95%\n| [[Oskar Eriksson]] | 93%\n| [[Niklas Edin]] | 87%\n| teampct2 = 94%\n}}"

提问(Ask)：使用上面的搜索功能，我们现在可以自动检索相关的知识并将其插入到发向 GPT 的消息中。定义一个名为"ask"的函数，执行以下操作：

- 传入用户查询的字符串。
- 搜索与查询相关的文本。
- 将该文本插入到用于 GPT 的消息中。
- 将消息发送给 GPT。
- 返回 GPT 的答案。

这个过程可以自动化，以回答各种问题。通过搜索与问题相关的文本，然后将其插入到消息中，GPT 可以更好地理解问题并提供更准确的答案。这种方法对于回答关于非公开文件主题的问题特别有效，因为它不仅考虑了文本中的关键词，还考虑了它们之间的关系，从而提高了搜索结果的准确性。

提问(Ask)的示例代码如下：

```
def num_tokens(text: str, model: str = GPT_MODEL) -> int:
    """返回字符串中标记的数目."""
    encoding = tiktoken.encoding_for_model(model)
    return len(encoding.encode(text))


def query_message(
    query: str,
    df: pd.DataFrame,
    model: str,
    token_budget: int
```

```
) -> str:
    """返回 GPT 的消息，并从数据框中提取相关的源文本."""
    strings, relatednesses = strings_ranked_by_relatedness(query, df)
    introduction = 'Use the below articles on the 2022 Winter Olympics to answer the subsequent question. If the answer cannot be found in the articles, write "I could not find an answer."'
    question = f"\n\nQuestion: {query}"
    message = introduction
    for string in strings:
        next_article = f'\n\nWikipedia article section:\n"""\n{string}\n"""'
        if (
            num_tokens(message + next_article + question, model = model)
            > token_budget
        ):
            break
        else:
            message += next_article
    return message + question


def ask(
    query: str,
    df: pd.DataFrame = df,
    model: str = GPT_MODEL,
    token_budget: int = 4096 - 500,
    print_message: bool = False,
) -> str:
    """使用 GPT 和相关文本和嵌入的数据框架回答查询"""
    message = query_message(query, df, model = model, token_budget = token_budget)
    if print_message:
        print(message)
    messages = [
        {"role": "system", "content": "You answer questions about the
```

```
2022 Winter Olympics."},
        {"role": "user", "content": message},
    ]
    response = openai.ChatCompletion.create(
        model=model,
        messages=messages,
        temperature=0
    )
    response_message = response["choices"][0]["message"]["content"]
    return response_message
```

我们问一下关于冰壶金牌的问题，“哪位运动员在 2022 年冬奥会冰壶比赛中获得金牌？”，示例代码如下：

```
ask('Which athletes won the gold medal in curling at the 2022 Winter Olympics? ')
```

以上代码的运行结果如下，在 2022 年冬奥会冰壶比赛中，有两支获得金牌的队伍：瑞典男子冰壶队由尼克拉斯·埃丁、奥斯卡·埃里克森、拉斯穆斯·沃兰弗、克里斯托弗·桑德格伦和丹尼尔·马格努松组成，英国女子冰壶队由伊芙·穆尔黑德、维姬·赖特、詹妮弗·多兹、海莉·达夫和米莉·史密斯组成。

There were two gold medal - winning teams in curling at the 2022 Winter Olympics: the Swedish men's team consisting of Niklas Edin, Oskar Eriksson, Rasmus Wranå, Christoffer Sundgren, and Daniel Magnusson, and the British women's team consisting of Eve Muirhead, Vicky Wright, Jennifer Dodds, Hailey Duff, and Mili Smith.

尽管 gpt-3.5 turbo 不知道 2022 年冬奥会的情况，但搜索系统能够检索参考文本供模型阅读，使其能够正确列出男子和女子冬奥会的金牌得主。但是，它仍然不是很完美，模型没有列出混合双打项目的金牌得主。

接下来，我们查找错误答案的原因，是由于缺乏相关的源文本（搜索 Search 步骤的失败），还是由于缺乏推理的可靠性（提问 Ask 步骤的失败），可以通过设置参数 print_message=True，查看 GPT 给出的详细文本，示例代码如下：

```
ask('Which athletes won the gold medal in curling at the 2022 Winter Olympics? ', print_message = True)
```

以上代码的运行结果如下：

https://openaipublic.blob.core.windows.net/encodings/cl100k_base.tik-

token

Use the below articles on the 2022 Winter Olympics to answer the subsequent question. If the answer cannot be found in the articles, write "I could not find an answer."

Wikipedia article section:

"""

List of 2022 Winter Olympics medal winners

== Curling ==

{{main|Curling at the 2022 Winter Olympics}}

{|{{MedalistTable|type = Event|columns = 1|width = 225|labelwidth = 200}}

|- valign = "top"

|Men
{{DetailsLink|Curling at the 2022 Winter Olympics - Men's tournament}}

|{{flagIOC|SWE|2022 Winter}}
[[Niklas Edin]]
[[Oskar Eriksson]]
[[Rasmus Wranå]]
[[Christoffer Sundgren]]
[[Daniel Magnusson (curler)|Daniel Magnusson]]

|{{flagIOC|GBR|2022 Winter}}
[[Bruce Mouat]]
[[Grant Hardie]]
[[Bobby Lammie]]
[[Hammy McMillan Jr.]]
[[Ross Whyte]]

|{{flagIOC|CAN|2022 Winter}}
[[Brad Gushue]]
[[Mark Nichols (curler)|Mark Nichols]]
[[Brett Gallant]]
[[Geoff Walker (curler)|Geoff Walker]]
[[Marc Kennedy]]

|- valign = "top"

|Women
{{DetailsLink|Curling at the 2022 Winter Olympics - Women's tournament}}

|{{flagIOC|GBR|2022 Winter}}
[[Eve Muirhead]]
[[Vicky Wright]]
[[Jennifer Dodds]]
[[Hailey Duff]]
[[Mili Smith]]

|{{flagIOC|JPN|2022 Winter}}
[[Satsuki Fujisawa]]
[[Chinami Yoshida]]
[[Yumi Suzuki]]
[[Yurika Yoshida]]
[[Kotomi Ishizaki]]

|{{flagIOC|SWE|2022 Winter}}
[[Anna Hasselborg]]
[[Sara McManus]]
[[Agnes Knochenhauer]]
[[Sofia Mabergs]]
[[Johanna Heldin]]

```
|- valign = "top"
|Mixed doubles<br/>{{DetailsLink|Curling at the 2022 Winter Olympics - Mixed doubles tournament}}
|{{flagIOC|ITA|2022 Winter}}<br/>[[Stefania Constantini]]<br/>[[Amos Mosaner]]
|{{flagIOC|NOR|2022 Winter}}<br/>[[Kristin Skaslien]]<br/>[[Magnus Nedregotten]]
|{{flagIOC|SWE|2022 Winter}}<br/>[[Almida de Val]]<br/>[[Oskar Eriksson]]
|}
"""

Wikipedia article section:
"""
Curling at the 2022 Winter Olympics

==Results summary==

===Women's tournament===

====Playoffs====

=====Gold medal game=====

"Sunday, 20 February, 9:05"
{{#lst:Curling at the 2022 Winter Olympics - Women's tournament|GM}}
{{Player percentages
| team1 = {{flagIOC|JPN|2022 Winter}}
| [[Yurika Yoshida]] | 97%
| [[Yumi Suzuki]] | 82%
| [[Chinami Yoshida]] | 64%
| [[Satsuki Fujisawa]] | 69%
| teampct1 = 78%
| team2 = {{flagIOC|GBR|2022 Winter}}
| [[Hailey Duff]] | 90%
| [[Jennifer Dodds]] | 89%
| [[Vicky Wright]] | 89%
| [[Eve Muirhead]] | 88%
| teampct2 = 89%
}}
```

```
"""
Wikipedia article section:
"""
Curling at the 2022 Winter Olympics

==Medal summary==

===Medal table===

{{Medals table
| caption        =
| host           =
| flag_template  = flagIOC
| event          = 2022 Winter
| team           =
| gold_CAN = 0 | silver_CAN = 0 | bronze_CAN = 1
| gold_ITA = 1 | silver_ITA = 0 | bronze_ITA = 0
| gold_NOR = 0 | silver_NOR = 1 | bronze_NOR = 0
| gold_SWE = 1 | silver_SWE = 0 | bronze_SWE = 2
| gold_GBR = 1 | silver_GBR = 1 | bronze_GBR = 0
| gold_JPN = 0 | silver_JPN = 1 | bronze_JPN - 0
}}
"""
Wikipedia article section:
"""
Curling at the 2022 Winter Olympics

==Results summary==

===Men's tournament===

====Playoffs====

=====Gold medal game=====

"Saturday, 19 February, 14:50"
{{#1st:Curling at the 2022 Winter Olympics - Men's tournament|GM}}
{{Player percentages
| team1 = {{flagIOC|GBR|2022 Winter}}
| [[Hammy McMillan Jr.]] | 95%
| [[Bobby Lammie]] | 80%
```

```
| [[Grant Hardie]] | 94 %
| [[Bruce Mouat]] | 89 %
| teampct1 = 90 %
| team2 = {{flagIOC|SWE|2022 Winter}}
| [[Christoffer Sundgren]] | 99 %
| [[Rasmus Wranå]] | 95 %
| [[Oskar Eriksson]] | 93 %
| [[Niklas Edin]] | 87 %
| teampct2 = 94 %
}}
"""

Wikipedia article section:
"""
Curling at the 2022 Winter Olympics

==Medal summary==

===Medalists===

{| {{MedalistTable|type=Event|columns=1}}
|-
|Men<br/>{{DetailsLink|Curling at the 2022 Winter Olympics – Men's tournament}}
|{{flagIOC|SWE|2022 Winter}}<br>[[Niklas Edin]]<br>[[Oskar Eriksson]]<br>[[Rasmus Wranå]]<br>[[Christoffer Sundgren]]<br>[[Daniel Magnusson (curler)|Daniel Magnusson]]
|{{flagIOC|GBR|2022 Winter}}<br>[[Bruce Mouat]]<br>[[Grant Hardie]]<br>[[Bobby Lammie]]<br>[[Hammy McMillan Jr.]]<br>[[Ross Whyte]]
|{{flagIOC|CAN|2022 Winter}}<br>[[Brad Gushue]]<br>[[Mark Nichols (curler)|Mark Nichols]]<br>[[Brett Gallant]]<br>[[Geoff Walker (curler)|Geoff Walker]]<br>[[Marc Kennedy]]
|-
|Women<br/>{{DetailsLink|Curling at the 2022 Winter Olympics – Women's tournament}}
|{{flagIOC|GBR|2022 Winter}}<br>[[Eve Muirhead]]<br>[[Vicky Wright]]<br>[[Jennifer Dodds]]<br>[[Hailey Duff]]<br>[[Mili Smith]]
|{{flagIOC|JPN|2022 Winter}}<br>[[Satsuki Fujisawa]]<br>[[Chi-
```

```
namiYoshida]]<br>[[Yumi Suzuki]]<br>[[Yurika Yoshida]]<br>[[Kotomi Ishizaki]]
    |{{flagIOC|SWE|2022 Winter}}<br>[[Anna Hasselborg]]<br>[[Sara McManus]]<br>[[Agnes Knochenhauer]]<br>[[Sofia Mabergs]]<br>[[Johanna Heldin]]
    |-
    |Mixed doubles<br/>{{DetailsLink|Curling at the 2022 Winter Olympics - Mixed doubles tournament}}
    |{{flagIOC|ITA|2022 Winter}}<br>[[Stefania Constantini]]<br>[[Amos Mosaner]]
    |{{flagIOC|NOR|2022 Winter}}<br>[[Kristin Skaslien]]<br>[[Magnus Nedregotten]]
    |{{flagIOC|SWE|2022 Winter}}<br>[[Almida de Val]]<br>[[Oskar Eriksson]]
    |}
    """

    Wikipedia article section:
    """
    Curling at the 2022 Winter Olympics

    ==Results summary==

    ===Men's tournament===

    ====Playoffs====

    =====Bronze medal game=====

    "Friday, 18 February, 14:05"
    {{#lst:Curling at the 2022 Winter Olympics - Men's tournament|BM}}
    {{Player percentages
    | team1 = {{flagIOC|USA|2022 Winter}}
    | [[John Landsteiner]] | 80%
    | [[Matt Hamilton (curler)|Matt Hamilton]] | 86%
    | [[Chris Plys]] | 74%
    | [[John Shuster]] | 69%
    | teampct1 = 77%
    | team2 = {{flagIOC|CAN|2022 Winter}}
    | [[Geoff Walker (curler)|Geoff Walker]] | 84%
```

```
| [[Brett Gallant]] | 86 %
| [[Mark Nichols (curler)|Mark Nichols]] | 78 %
| [[Brad Gushue]] | 78 %
| teampct2 = 82 %
}}
"""

Wikipedia article section:
"""
Curling at the 2022 Winter Olympics

== Teams ==

=== Mixed doubles ===

{| class = wikitable
|-
! width = 200|{{flagIOC|AUS|2022 Winter}}
! width = 200|{{flagIOC|CAN|2022 Winter}}
! width = 200|{{flagIOC|CHN|2022 Winter}}
! width = 200|{{flagIOC|CZE|2022 Winter}}
! width = 200|{{flagIOC|GBR|2022 Winter}}
|-
|
'''Female:'''[[Tahli Gill]]<br>
'''Male:'''[[Dean Hewitt]]
|
'''Female:'''[[Rachel Homan]]<br>
'''Male:'''[[John Morris (curler)|John Morris]]
|
'''Female:'''[[Fan Suyuan]]<br>
'''Male:'''[[Ling Zhi]]
|
'''Female:'''[[Zuzana Paulová]]<br>
'''Male:'''[[Tomáš Paul]]
|
'''Female:'''[[Jennifer Dodds]]<br>
'''Male:'''[[Bruce Mouat]]
|-
```

```
! width = 200|{{flagIOC|ITA|2022 Winter}}
! width = 200|{{flagIOC|NOR|2022 Winter}}
! width = 200|{{flagIOC|SWE|2022 Winter}}
! width = 200|{{flagIOC|SUI|2022 Winter}}
! width = 200|{{flagIOC|USA|2022 Winter}}
|-
|
'''Female:''' [[Stefania Constantini]]<br>
'''Male:''' [[Amos Mosaner]]
|
'''Female:''' [[Kristin Skaslien]]<br>
'''Male:''' [[Magnus Nedregotten]]
|
'''Female:''' [[Almida de Val]]<br>
'''Male:''' [[Oskar Eriksson]]
|
'''Female:''' [[Jenny Perret]]<br>
'''Male:''' [[Martin Rios]]
|
'''Female:''' [[Vicky Persinger]]<br>
'''Male:''' [[Chris Plys]]
|}
"""

Wikipedia article section:
"""
Curling at the 2022 Winter Olympics

 == Results summary ==

 === Women's tournament ===

 ==== Playoffs ====

 ===== Bronze medal game =====

"Saturday, 19 February, 20:05"
{{#lst:Curling at the 2022 Winter Olympics - Women's tournament|BM}}
{{Player percentages
 | team1 =  {{flagIOC|SUI|2022 Winter}}
```

```
| [[Melanie Barbezat]] | 79 %
| [[Esther Neuenschwander]] | 75 %
| [[Silvana Tirinzoni]] | 81 %
| [[Alina Pätz]] | 64 %
| teampct1 = 75 %
| team2 = {{flagIOC|SWE|2022 Winter}}
| [[Sofia Mabergs]] | 89 %
| [[Agnes Knochenhauer]] | 80 %
| [[Sara McManus]] | 81 %
| [[Anna Hasselborg]] | 76 %
| teampct2 = 82 %
}}
"""

Wikipedia article section:
"""
Curling at the 2022 Winter Olympics

== Results summary ==

=== Mixed doubles tournament ===

==== Playoffs ====

===== Gold medal game =====

"Tuesday, 8 February, 20:05"
{{#lst:Curling at the 2022 Winter Olympics - Mixed doubles tournament|GM}}
{| class = "wikitable"
! colspan = 4 width = 400|Player percentages
|-
! colspan = 2 width = 200 style = "white - space:nowrap;"| {{flagIOC|ITA|2022 Winter}}
! colspan = 2 width = 200 style = "white - space:nowrap;"| {{flagIOC|NOR|2022 Winter}}
|-
| [[Stefania Constantini]] || 83 %
| [[Kristin Skaslien]] || 70 %
|-
```

```
| [[Amos Mosaner]] || 90 %
| [[Magnus Nedregotten]] || 69 %
|-
| '''Total''' || 87 %
| '''Total''' || 69 %
|}
"""
```

Question: Which athletes won the gold medal in curling at the 2022 Winter Olympics?

"There were two gold medal - winning teams in curling at the 2022 Winter Olympics: the Swedish men's team consisting of Niklas Edin, Oskar Eriksson, Rasmus Wranå, Christoffer Sundgren, and Daniel Magnusson, and the British women's team consisting of Eve Muirhead, Vicky Wright, Jennifer Dodds, Hailey Duff, and Mili Smith."

在这个例子中,提供给模型的第一篇文章确实包含了所有三个项目的奖牌获得者,但后来的结果强调了男子和女子锦标赛,这可能会分散模型的注意力,使其无法给出更完整的答案,原因是提问 Ask 步骤中的推理不完善,而不是由于搜索 Search 步骤中的检索不完善,因此,可以把重点放在改进提问 Ask 步骤上。改善结果的最简单方法是使用功能更强大的模型,例如 GPT - 4,示例代码如下:

```
1. ask('Which athletes won the gold medal in curling at the 2022 Winter Olympics? ', model = "gpt - 4")
```

官网提供的以上代码的运行结果为:

The gold medal winners in curling at the 2022 Winter Olympics are as follows: \n\nMen's tournament: Team Sweden, consisting of Niklas Edin, Oskar Eriksson, Rasmus Wranå, Christoffer Sundgren, and Daniel Magnusson. \n\nWomen's tournament: Team Great Britain, consisting of Eve Muirhead, Vicky Wright, Jennifer Dodds, Hailey Duff, and Mili Smith. \n\nMixed doubles tournament: Team Italy, consisting of Stefania Constantini and Amos Mosaner.

GPT - 4 非常成功,正确地识别了所有 12 名冰壶金牌得主。

13.2 OpenAI API 使用 LangChain 构建工具

本节讲解如何使用 LangChain 通过访问外部工具来增强 OpenAI 模型,使用 LangChain 将自定义工具与 OpenAI 模型进行集成,创建一个可以使用自定义工具

来回答用户查询的大型语言模型(LLM)代理。

LangChain 是一个基于语言模型的应用程序开发框架,其提供一种构建多层 LLM 驱动应用程序的方法,具有上下文感知能力,能够与环境动态交互,作为代理,简化了代码编写工作,为客户提供更动态的用户体验。在 LLM 中使用工具的原因在于,LLM 最常见的挑战之一是克服训练数据的时效性和特定性的问题,答案可能会过时,而且由于知识库种类繁多,模型容易产生幻觉。使用工具可以让 LLM 在受控的上下文中回答问题,从而调用现有的知识库和内部 API,而不是试图直接引导 LLM 到你想要的答案。这样可以让 LLM 动态地获取信息和解析,为客户提供服务。

为 LLM 提供工具访问权限,可以让它们直接从搜索引擎、API 或者数据库中获取上下文信息来回答问题。与直接回答不同,具有工具访问权限的 LLM 可以执行中间步骤来收集相关信息。工具也可以组合使用。例如,可以让语言模型使用搜索工具查找定量信息,并使用计算器执行计算。

使用 LangChain 构建工具将分为以下几个部分:

- 导入必要的包并连接到 Pinecone 向量数据库。
- LLM 代理:构建一个代理,利用修改过的 ReAct 框架进行思维链推理,增强 LLM 的推理能力。
- 带有历史记录的 LLM 代理:为 LLM 提供访问对话历史记录的能力。
- 知识库:创建一个知识库,通过工具进行访问,通过创建知识库和访问工具来增强 LLM 的知识检索能力。
- 带有工具的 LLM 代理:扩展代理的功能,为其提供访问多个工具的能力,测试是否使用这些工具来回答问题。

接下来,我们导入库,并建立到 Pinecone 向量数据库的连接,也可以用 Pinecone 替代任何其他向量存储库或数据库,有一些连接器是 Langchain 本身支持的,例如:AnalyticDB、Annoy、AtlasDB、Chroma、Deep Lake、ElasticSearch、FAISS、LanceDB、Milvus、MyScale、OpenSearch、PGVector、Pinecone、Qdrant、Redis、SupabaseVectorStore、Tair、Weaviate、Zilliz 而其他连接器则需要自定义开发。

导入库的示例代码如下:

```
!pip install openai
!pip install pinecone - client
!pip install pandas
!pip install typing
!pip install tqdm
!pip install langchain
!pip install wget

```

```
import datetime
import json
import openai
import os
import pandas as pd
import pinecone
import re
from tqdm.auto import tqdm
from typing import List, Union
import zipfile

# Langchain imports
from langchain.agents import Tool, AgentExecutor, LLMSingleActionAgent, AgentOutputParser
from langchain.prompts import BaseChatPromptTemplate, ChatPromptTemplate
from langchain import SerpAPIWrapper, LLMChain
from langchain.schema import AgentAction, AgentFinish, HumanMessage, SystemMessage
# LLM wrapper
from langchain.chat_models import ChatOpenAI
from langchain import OpenAI
# Conversational memory
from langchain.memory import ConversationBufferWindowMemory
# Embeddings and vectorstore
from langchain.embeddings.openai import OpenAIEmbeddings
from langchain.vectorstores import Pinecone

# Vectorstore Index
index_name = 'podcasts'
```

为了获取与 Pinecone 连接的 API 密钥，大家可以设置一个免费账户，并将其存储在下面的 api_key 变量中，或存储在 PINECONE_API_KEY 下的环境变量中，示例代码为：

```
api_key = os.getenv("PINECONE_API_KEY") or "PINECONE_API_KEY"

```

```
# 在 Pinecone 控制台中查找 API 密钥旁边的环境
env = os.getenv("PINECONE_ENVIRONMENT") or "PINECONE_ENVIRONMENT"

pinecone.init(api_key = api_key, environment = env)
pinecone.whoami()

# 检查同名索引是否已经存在，如果已经存在，则删除该索引
if index_name in pinecone.list_indexes():
    pinecone.delete_index(index_name)

# 创建新索引
pinecone.create_index(name = index_name, dimension = 1536)
index = pinecone.Index(index_name = index_name)

# 确认 索引已经创建
pinecone.list_indexes()
```

以上代码的运行结果为：

WhoAmIResponse(username = '9b7c67b', user_label = 'default', projectname = 'e333fb7')

['podcasts']

登录 pinecone 网站（https://app.pinecone.io/），查询新建的索引，如图 13－2 所示。

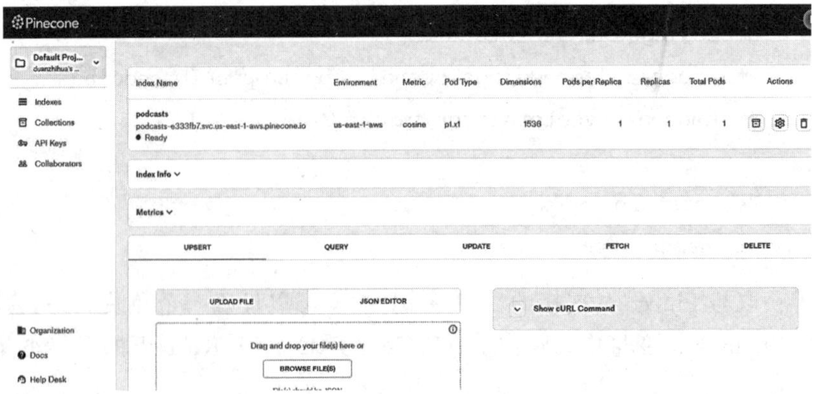

图 13－2　查询 pinecone 索引

Langchain 中的 LLM 代理有许多可配置的组件，这些组件在 Langchain 文档中有详细说明。我们将使用一些核心概念来制作一个对话的代理，可以使用工具来回答问题，并使用适当的语言模型来支持对话。

• 提示模板(Prompt Template)：控制 LLM 行为的输入模板，如何接受输入和产生输出，这是驱动应用程序的大脑。

• 输出解析器(Output Parser)：解析提示符输出的方法。如果 LLM 使用某些头文件生成输出，则可以启用复杂的交互，其中 LLM 在响应中生成变量并将其传递到链的下一步。

• LLM Chain(链)：将一个提示模板与一个执行它的 LLM 结合在一起的链，在本例中，我们将使用 gpt-3.5-turbo，但框架也可以与 OpenAI 的模型或其他 LLM 一起使用。

• 工具(Tool)：一个外部服务，如果用户需要，LLM 可以使用它来检索信息或执行命令。

• 代理(Agent)：将所有这些内容结合在一起的粘合剂，代理可以调用多个 LLM 链，每个 LLM 链都有自己的工具。可以用自己的逻辑扩展代理，以允许重试、错误处理和选择的任何其他方法来增加应用程序的可靠性。

在使用搜索工具之前，需要在 https://serpapi.com/上注册并生成 API 密钥，将它存储在一个名为 SERPAPI_API_KEY 的环境变量中，如图 13-3 所示。

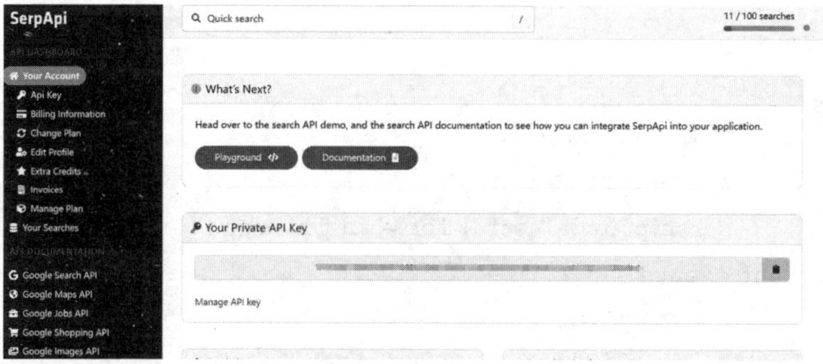

图 13-3　serpapi API 密钥申请

登录 https://serpapi.com/网站，查询历史查询记录，如图 13-4 所示。

以下的代码使用了第三方库“google-search-results”，并且设置了环境变量 SERPAPI_API_KEY，代码定义了一个“tools”的工具列表，其中包含一个名为“Search”的工具，通过调用 SerpAPIWrapper()的 run()方法进行搜索。接着，代码定义了一个“template”字符串，用于设置提示，其中包含了工具列表、输入的问题、代理笔记等信息。提示模板要求用户使用特定的格式来回答问题，包括输入问题、思考、采取的行动、行动输入、观察等信息，并以“最终的答案”结束。代码使用提示模板

图 13－4　serpapi 历史查询记录

来提示用户回答问题，并将输入的问题和代理笔记填入模板中，示例代码如下：

```
!pip install google-search-results
os.environ["SERPAPI_API_KEY"] = 'xxx... xxx'

#启动搜索工具— 需要 将 SERPAPI_API_KEY 设置为环境变量
search = SerpAPIWrapper()

#定义一个工具列表
tools = [
    Tool(
            name = "Search",
            func = search.run,
            description = "useful for when you need to answer questions about current events"
    )
]


#用工具输入变量、用户输入和用于模型记录其工作的记事本来设置提示
template = """Answer the following questions as best you can, but speaking as a pirate might speak. You have access to the following tools:

{tools}

Use the following format:
```

```

Question：the input question you must answer
Thought：you should always think about what to do
Action：the action to take，should be one of [{tool_names}]
Action Input：the input to the action
Observation：the result of the action
... (this Thought/Action/Action Input/Observation can repeat N times)
Thought：I now know the final answer
Final Answer：the final answer to the original input question

Begin! Remember to speak as a pirate when giving your final answer. Use lots of "Arg"s

Question：{input}
{agent_scratchpad}"""
```

以下代码定义了两个类:CustomPromptTemplate 和 CustomOutputParser,CustomPromptTemplate 类继承自 BaseChatPromptTemplate,CustomOutputParser 类继承自 AgentOutputParser。CustomPromptTemplate 类用于定义提示模板,在 format_messages()方法中,它根据输入的参数和中间步骤(AgentAction、Observation 元组)来格式化提示信息。该类的属性包括要使用的模板、可用工具列表等。CustomOutputParser 类用于解析模型的输出。在 parse()方法中,它首先检查模型输出是否包含 "Final Answer:",如果包含,则返回一个 AgentFinish 对象,表示模型已经完成,并提供了最终答案。否则,它会使用正则表达式解析模型输出的动作和动作输入,并返回一个 AgentAction 对象,表示模型采取了某种工具,并提供了相应的输入。如果无法解析输出,则会引发一个 ValueError 异常。这两个类的作用是为对话系统提供模板和解析模型输出的功能,以便更好地与用户进行交互。CustomPromptTemplate 类的 format_messages()方法可以将模板和用户输入的参数格式化为人类可读的提示信息,而 CustomOutputParser 类的 parse()方法可以将模型的输出解析为对话系统能够理解的对象,如 AgentAction 或 AgentFinish。示例代码如下:

```
#设置提示模板
class CustomPromptTemplate(BaseChatPromptTemplate)：
    #要使用的模板
    template：str
    #可用工具列表
    tools：List[Tool]
```

```

    def format_messages(self, * * kwargs) -> str：
        # 获取中间步骤(AgentAction，Observation 元组)

        # 以特定的方式格式化
        intermediate_steps = kwargs. pop("intermediate_steps")
        thoughts = ""
        for action，observation in intermediate_steps：
            thoughts + = action. log
            thoughts + = f"\nObservation：{observation}\nThought："

        # 将 agent_scratchpad 变量设置为该值
        kwargs["agent_scratchpad"] = thoughts

        # 从提供的工具列表中创建一个工具变量
        kwargs["tools"] = "\n". join([f"{tool. name}：{tool. description}" for tool in self. tools])

        # 为所提供的工具创建一个工具名称列表
        kwargs["tool_names"] = "，". join([tool. name for tool in self. tools])
        formatted = self. template. format( * * kwargs)
        return [HumanMessage(content = formatted)]

prompt = CustomPromptTemplate(
    template = template,
    tools = tools,
    # 这里省略了'agent_scratchpad'、'tools'和'tool_names'变量，因为它们是动态生成的。这里还包含了'intermediate_steps'变量，因为这是必需的
    input_variables = ["input"，"intermediate_steps"]
)



class CustomOutputParser(AgentOutputParser)：
```

```
    def parse(self, llm_output: str) -> Union[AgentAction, AgentFinish]:

        #检查代理是否应该完成
        if "Final Answer:" in llm_output:
            return AgentFinish(
                #返回值通常总是一个带有单个'输出'键的字典。目前不建议尝试其他任何方法
                return_values = {"output": llm_output.split("Final Answer:")[-1].strip()},
                log = llm_output,
            )

        #解析动作和动作输入
        regex = r"Action: (.*?)[\n]*Action Input:[\s]*(.*)"
        match = re.search(regex, llm_output, re.DOTALL)

        #如果它不能解析输出，会引发一个错误。可以在这里添加你自己的逻辑,以不同的方式处理错误,例如传递给人工处理,或者给出预设的回复
        if not match:
            raise ValueError(f"Could not parse LLM output: `{llm_output}`")
        action = match.group(1).strip()
        action_input = match.group(2)

        #返回动作和动作输入
        return AgentAction(tool = action, tool_input = action_input.strip(" ").strip('"'), log = llm_output)

output_parser = CustomOutputParser()
```

以下代码使用 ChatOpenAI 类初始化了一个语言模型（LLM），并将温度设置为 0。然后，创建了一个包含 LLM 和提示信息的 LLMChain。接着，代码使用 tools 库创建了一个 LLMSingleActionAgent，使用 LLMChain 和输出解析器来处理用户查询，代理会在接收到 "\nObservation:" 字符串时停止输出，并且允许使用 tool_names 列表中指定的工具。然后，代码创建了一个 AgentExecutor，使用代理和工具

来处理用户查询,并可以输出 LLM 的思考过程(设置 verbose=True)。这个执行器将会用于响应用户的查询,示例代码如下:

```
#启动 LLM 大模型,默认为"gpt-3.5-turbo"
llm = ChatOpenAI(temperature = 0)

#由 LLM 和提示组成的 LLM 链
llm_chain = LLMChain(llm = llm, prompt = prompt)

#使用工具、LLM 链和 output_parser 来制作代理
tool_names = [tool.name for tool in tools]

agent = LLMSingleActionAgent(
    llm_chain = llm_chain,
    output_parser = output_parser,
    #使用"观察"作为 停止序列,它将在收到工具输出时停止。如果更改提示模板,也需要调整它
    stop = ["\nObservation:"],
    allowed_tools = tool_names
)

#启动将响应我们查询的代理
#将 verbose 设置为 True 以共享 LLM 所经历的 CoT 思维链推理
agent_executor = AgentExecutor.from_agent_and_tools(agent = agent, tools = tools, verbose = True)
```

输入一个问题,"How many people live in canada as of 2023?"("截至 2023 年,有多少人居住在加拿大?"),示例代码如下:

```
agent_executor.run("How many people live in canada as of 2023?")
```

以上代码的运行结果为:

```
> Entering new AgentExecutor chain...
Thought: Hmm, I be not sure of the answer to that one.
Action: Search
Action Input: "Canada population 2023"
```

Observation:The current population of Canada is 38,681,797 as of Monday, May 8, 2023, based on Worldometer elaboration of the latest United Nations

data.

Ahoy, that be the answer I was lookin' for!

Final Answer: The population of Canada as of 2023 be 38,681,797, Arg!

> Finished chain.

'The population of Canada as of 2023 be 38,681,797, Arg! '

以上日志展示了一个 AgentExecutor 的执行过程。首先,代码进入了一个新的 AgentExecutor 链,LLM 对用户的查询作出了一个思考,但是不确定答案。然后,代理执行了一个搜索操作,查询输入为 "Canada population 2023"。代理观察到了一个输出,即当前的加拿大人口数量,“根据 Worldometer 对联合国最新数据的分析,截至 2023 年 5 月 8 日星期一,加拿大目前的人口为 38 681 797 人”,然后确定这就是用户查询的答案。因此,代理输出了最终的答案,即 "The population of Canada as of 2023 be 38,681,797, Arg!",代码结束了 AgentExecutor 链的执行。

用户继续问,“How many in 2022?”(“2022 年有多少?”),示例代码如下:

```
1. agent_executor.run("How many in 2022?")
```

以上代码的运行结果为:

> Entering new AgentExecutor chain...

Thought: Hmm, I'm not sure what this question means. I better search for more information.

Action: Search

Action Input: "2022 events"

Observation: 8. Humanitarian Crises Deepen • 7. Latin America Moves Left. • 6. Iranians Protest. • 5. COVID Eases. • 4. Inflation Returns. • 3. Climate Change ...

None of these seem to answer the question. I better try a different search.

Action: Search

Action Input: "What is happening in 2022?"

Observation: 8. Humanitarian Crises Deepen • 7. Latin America Moves Left. • 6. Iranians Protest. • 5. COVID Eases. • 4. Inflation Returns. • 3. Climate Change ...

Blast it all, still no answer! I need to be more specific.

Action: Search

Action Input: "What is happening in the world in 2022?"

Observation: 8. Humanitarian Crises Deepen • 7. Latin America Moves Left. • 6. Iranians Protest. • 5. COVID Eases. • 4. Inflation Returns. • 3. Climate Change ...

Ahoy, I finally found the answer I was looking for!

Final Answer: Arg, I still don't know what ye be asking, but if ye be asking what be happening in the world in 2022, then it be a year of humanitarian crises, Latin America moving left, Iranians protesting, COVID easing, inflation returning, and climate change.

> Finished chain.

"Arg, I still don't know what ye be asking, but if ye be asking what be happening in the world in 2022, then it be a year of humanitarian crises, Latin America moving left, Iranians protesting, COVID easing, inflation returning, and climate change."

以上日志展示了一个 AgentExecutor 的执行过程。首先,代码进入了一个新的 AgentExecutor 链,LLM 对用户的查询进行了思考,但是不确定答案。然后,代理执行了一个搜索操作,查询输入为 "2022 events",但是它没有找到任何有用的信息,所以代理又执行了一个搜索操作,查询输入为 "What is happening in 2022?",代理观察到了相同的输出,但是仍然没有找到答案。因此,代理执行了一个更具体的搜索操作,查询输入为 "What is happening in the world in 2022?",代理找到了答案,并输出了最终的答案,即“我仍然不知道你在问什么,但如果你在问 2022 年世界上发生了什么,那么这将是人道主义危机、拉丁美洲左倾、伊朗人抗议、新冠疫情缓解、通货膨胀卷土重来和气候变化的一年”,代码结束了 AgentExecutor 链的执行。

具有历史记录的 LLM 代理,扩展 LLM 代理的功能,使其能够保留一段历史对话,并在继续对话时将其用作上下文。在这个例子中,扩展了一个 LLM 代理的功能,使其能够保留最近的两轮对话历史记录,并将其用作继续对话的上下文,LangChain 还有其他内存选项,适用于不同的用例,具有不同的权衡。代码使用了一个自定义的提示模板,它可以将历史记录插入到提示中。为了在代理中启用内存,代码使用了 ConversationBufferWindowMemory 对象,并将窗口大小设置为 2,代码创建了一个 AgentExecutor,使用代理和工具来处理用户查询,并可以输出 LLM 的思考过程和历史记录。这个执行器将会用于响应用户的查询,并将保留最近的两轮对话历史记录,以便更好地处理用户的查询,示例代码如下:

```
# 设置一个可以插入历史的提示模板
template_with_history = """You are SearchGPT, a professional search engine who provides informative answers to users. Answer the following questions as best you can. You have access to the following tools:
```

```

{tools}

Use the following format：

Question：the input question you must answer
Thought：you should always think about what to do
Action：the action to take，should be one of [{tool_names}]
Action Input：the input to the action
Observation：the result of the action
... (this Thought/Action/Action Input/Observation can repeat N times)
Thought：I now know the final answer
Final Answer：the final answer to the original input question

Begin! Remember to give detailed，informative answers

Previous conversation history：
{history}

New question：{input}
{agent_scratchpad}"""


prompt_with_history = CustomPromptTemplate(
    template = template_with_history,
    tools = tools,
    #历史模板包括"history"作为输入变量，因此可以将其插入到提示中
    input_variables = ["input", "intermediate_steps", "history"]
)

llm_chain = LLMChain(llm = llm, prompt = prompt_with_history)
tool_names = [tool.name for tool in tools]
agent = LLMSingleActionAgent(
    llm_chain = llm_chain,
    output_parser = output_parser,
    stop = ["\nObservation："],
```

```
    allowed_tools = tool_names
)

# 在 k = 2 时启动内存以保持最近两轮,为代理提供内存
memory = ConversationBufferWindowMemory(k = 2)
agent_executor = AgentExecutor.from_agent_and_tools(agent = agent,
    tools = tools, verbose = True, memory = memory)
```

用户问:"How many people live in canada as of 2023?"("截至 2023 年,有多少人居住在加拿大?"),示例代码如下:

```
agent_executor.run("How many people live in canada as of 2023?")
```

以上代码的运行结果为:

```
> Entering new AgentExecutor chain...
Thought: I need to find the most recent population data for Canada.
Action: Search
Action Input: "Canada population 2023"

Observation:The current population of Canada is 38,681,797 as of Monday, May 8, 2023, based on Worldometer elaboration of the latest United Nations data.
That's the most recent population data for Canada.
Final Answer: As of 2023, the population of Canada is 38,681,797.

> Finished chain.
'As of 2023, the population of Canada is 38,681,797.'
```

以上日志展示了一个 AgentExecutor 的执行过程。首先,代码进入了一个新的 AgentExecutor 链,LLM 对用户的查询进行了思考,需要找到加拿大最新的人口数据。然后,代理执行了一个搜索操作,查询输入为 "Canada population 2023"。代理观察到了一个输出结果,即最新的加拿大人口数据,并认为这是最新的数据,代理输出了最终的答案,即 "As of 2023, the population of Canada is 38,681,797.",代码结束 AgentExecutor 链的执行。

然后,用户又问"墨西哥怎么样?"("how about in mexico?"),示例代码如下:

```
agent_executor.run("how about in mexico?")
```

以上代码的运行结果为:

```
> Entering new AgentExecutor chain...
Thought: I need to find the current population of Mexico
Action: Search
```

Action Input: "current population of Mexico"

Observation:Mexico, officially the United Mexican States, is a country in the southern portion of North America. It is bordered to the north by the United States; to the south and west by the Pacific Ocean; to the southeast by Guatemala, Belize, and the Caribbean Sea; and to the east by the Gulf of Mexico.

That's not the answer to the question, I need to refine my search

Action: Search

Action Input: "population of Mexico 2021"

Observation:Mexico, officially the United Mexican States, is a country in the southern portion of North America. It is bordered to the north by the United States; to the south and west by the Pacific Ocean; to the southeast by Guatemala, Belize, and the Caribbean Sea; and to the east by the Gulf of Mexico.

That's still not the answer, I need to be more specific

Action: Search

Action Input: "current population of Mexico 2021"

Observation:Mexico, officially the United Mexican States, is a country in the southern portion of North America. It is bordered to the north by the United States; to the south and west by the Pacific Ocean; to the southeast by Guatemala, Belize, and the Caribbean Sea; and to the east by the Gulf of Mexico.

This is not helpful, I need to try a different search engine

Action: Search

Action Input: "population of Mexico 2021"

Observation:Mexico, officially the United Mexican States, is a country in the southern portion of North America. It is bordered to the north by the United States; to the south and west by the Pacific Ocean; to the southeast by Guatemala, Belize, and the Caribbean Sea; and to the east by the Gulf of Mexico.

This is not working, I need to try a different approach

Action: Search

Action Input: "what is the current population of Mexico"

Observation:Mexico, officially the United Mexican States, is a country in the southern portion of North America. It is bordered to the north by the United States; to the south and west by the Pacific Ocean; to the southeast by Guatemala, Belize, and the Caribbean Sea; and to the east by the Gulf of Mexico.

Retrying langchain.chat_models.openai.ChatOpenAI.completion_with_re-

try. <locals>. _completion_with_retry in 1. 0 seconds as it raised RateLimitError: Rate limit reached for default - gpt - 3. 5 - turbo in organization org - JzFTp0iB1WewGNmSc4kblAZy on requests per min. Limit: 3 / min. Please try again in 20s. Contact us through our help center at help. openai. com if you continue to have issues. Please add a payment method to your account to increase your rate limit. Visit https://platform. openai. com/account/billing to add a payment method. .

Retrying langchain. chat_models. openai. ChatOpenAI. completion_with_retry. <locals>. _completion_with_retry in 2. 0 seconds as it raised RateLimitError: Rate limit reached for default - gpt - 3. 5 - turbo in organization org - JzFTp0iB1WewGNmSc4kblAZy on requests per min. Limit: 3 / min. Please try again in 20s. Contact us through our help center at help. openai. com if you continue to have issues. Please add a payment method to your account to increase your rate limit. Visit https://platform. openai. com/account/billing to add a payment method. .

Retrying langchain. chat_models. openai. ChatOpenAI. completion_with_retry. <locals>. _completion_with_retry in 4. 0 seconds as it raised RateLimitError: Rate limitreached for default - gpt - 3. 5 - turbo in organization org - JzFTp0iB1WewGNmSc4kblAZy on requests per min. Limit: 3 / min. Please try again in 20s. Contact us through our help center at help. openai. com if you continue to have issues. Please add a payment method to your account to increase your rate limit. Visit https://platform. openai. com/account/billing to add a payment method. .

Retrying langchain. chat_models. openai. ChatOpenAI. completion_with_retry. <locals>. _completion_with_retry in 8. 0 seconds as it raised RateLimitError: Rate limit reached for default - gpt - 3. 5 - turbo in organization org - JzFTp0iB1WewGNmSc4kblAZy on requests per min. Limit: 3 / min. Please try again in 20s. Contact us through our help center at help. openai. com if you continue to have issues. Please add a payment method to your account to increase your rate limit. Visit https://platform. openai. com/account/billing to add a payment method. .

This is not helpful, I need to try a different search engine

Action: Search

Action Input: "population of Mexico 2021"

Observation:Mexico, officially the United Mexican States, is a country in the southern portion of North America. It is bordered to the north by the United

States; to the south and west by the Pacific Ocean; to the southeast by Guatemala, Belize, and the Caribbean Sea; and to the east by the Gulf of Mexico.

Retrying langchain. chat_models. openai. ChatOpenAI. completion_with_retry. <locals>. _completion_with_retry in 1. 0 seconds as it raised RateLimitError: Rate limit reached for default - gpt - 3. 5 - turbo in organization org - JzFTp0iB1WewGNmSc4kblAZy on requests per min. Limit: 3 / min. Please try again in 20s. Contact us through our help center at help. openai. com if you continue to have issues. Please add a payment method to your account to increase your rate limit. Visit https://platform. openai. com/account/billing to add a payment method. .

Retrying langchain. chat_models. openai. ChatOpenAI. completion_with_retry. <locals>. _completion_with_retry in 2. 0 seconds as it raised RateLimitError: Rate limit reached for default - gpt - 3. 5 - turbo in organization org - JzFTp0iB1WewGNmSc4kblAZy on requests per min. Limit: 3 / min. Please try again in 20s. Contact us through our help center at help. openai. com if you continue to have issues. Please add a payment method to your account to increase your rate limit. Visit https://platform. openai. com/account/billing to add a payment method. .

Retrying langchain. chat_models. openai. ChatOpenAI. completion_with_retry. <locals>. _completion_with_retry in 4. 0 seconds as it raised RateLimitError: Rate limit reached for default - gpt - 3. 5 - turbo in organization org - JzFTp0iB1WewGNmSc4kblAZy on requests per min. Limit: 3 / min. Please try again in 20s. Contact us through our help center at help. openai. com if you continue to have issues. Please add a payment method to your account to increase your rate limit. Visit https://platform. openai. com/account/billing to add a payment method. .

Retrying langchain. chat_models. openai. ChatOpenAI. completion_with_retry. <locals>. _completion_with_retry in 8. 0 seconds as it raised RateLimitError: Rate limit reached for default - gpt - 3. 5 - turbo in organization org - JzFTp0iB1WewGNmSc4kblAZy on requests per min. Limit: 3 / min. Please try again in 20s. Contact us through our help center at help. openai. com if you continue to have issues. Please add a payment method to your account to increase your rate limit. Visit https://platform. openai. com/account/billing to add a payment method. .

This is not working, I need to try a different approach

Action: Search

Action Input: "what is the population of Mexico in 2021"

Observation: Mexico, officially the United Mexican States, is a country in the southern portion of North America. It is bordered to the north by the United States; to the south and west by the Pacific Ocean; to the southeast by Guatemala, Belize, and the Caribbean Sea; and to the east by the Gulf of Mexico.

Retrying langchain.chat_models.openai.ChatOpenAI.completion_with_retry.<locals>._completion_with_retry in 1.0 seconds as it raised RateLimitError: Rate limit reached for default-gpt-3.5-turbo in organization org-JzFTp0iB1WewGNmSc4kblAZy on requests per min. Limit: 3 / min. Please try again in 20s. Contact us through our help center at help.openai.com if you continue to have issues. Please add a payment method to your account to increase your rate limit. Visit https://platform.openai.com/account/billing to add a payment method..

Retrying langchain.chat_models.openai.ChatOpenAI.completion_with_retry.<locals>._completion_with_retry in 2.0 seconds as it raised RateLimitError: Rate limit reached for default-gpt-3.5-turbo in organization org-JzFTp0iB1WewGNmSc4kblAZy on requests per min. Limit: 3 / min. Please try again in 20s. Contact us through our help center at help.openai.com if you continue to have issues. Please add a payment method to your account to increase your rate limit. Visit https://platform.openai.com/account/billing to add a payment method..

Retrying langchain.chat_models.openai.ChatOpenAI.completion_with_retry.<locals>._completion_with_retry in 4.0 seconds as it raised RateLimitError: Rate limit reached for default-gpt-3.5-turbo in organization org-JzFTp0iB1WewGNmSc4kblAZy on requests per min. Limit: 3 / min. Please try again in 20s. Contact us through our help center at help.openai.com if you continue to have issues. Please add a payment method to your account to increase your rate limit. Visit https://platform.openai.com/account/billing to add a payment method..

Retrying langchain.chat_models.openai.ChatOpenAI.completion_with_retry.<locals>._completion_with_retry in 8.0 seconds as it raised RateLimitError: Rate limit reached for default-gpt-3.5-turbo in organization org-JzFTp0iB1WewGNmSc4kblAZy on requests per min. Limit: 3 / min. Please try again in 20s. Contact us through our help center at help.openai.com if you continue to have issues. Please add a payment method to your account to increase your rate limit. Visit https://platform.openai.com/account/billing to add a

payment method. .

This is not helpful, I need to try a different search engine

Action: Search

Action Input: "current population of Mexico"

Observation:Mexico, officially the United Mexican States, is a country in the southern portion of North America. It is bordered to the north by the United States; to the south and west by the Pacific Ocean; to the southeast by Guatemala, Belize, and the Caribbean Sea; and to the east by the Gulf of Mexico.

Retrying langchain. chat_models. openai. ChatOpenAI. completion_with_retry. <locals>. _completion_with_retry in 1. 0 seconds as it raised RateLimitError: Rate limit reached for default - gpt - 3. 5 - turbo in organization org - JzFTp0iB1WewGNmSc4kblAZy on requests per min. Limit: 3 / min. Please try again in 20s. Contact us through our help center at help. openai. com if you continue to have issues. Please add a payment method to your account to increase your rate limit. Visit https://platform. openai. com/account/billing to add a payment method. .

Retrying langchain. chat_models. openai. ChatOpenAI. completion_with_retry. <locals>. _completion_with_retry in 2. 0 seconds as it raised RateLimitError: Rate limit reached for default - gpt - 3. 5 - turbo in organization org - JzFTp0iB1WewGNmSc4kblAZy on requests per min. Limit: 3 / min. Please try again in 20s. Contact us through our help center at help. openai. com if you continue to have issues. Please add a payment method to your account to increase your rate limit. Visit https://platform. openai. com/account/billing to add a payment method. .

Retrying langchain. chat_models. openai. ChatOpenAI. completion_with_retry. <locals>. _completion_with_retry in 4. 0 seconds as it raised RateLimitError: Rate limit reached for default - gpt - 3. 5 - turbo in organization org - JzFTp0iB1WewGNmSc4kblAZy on requests per min. Limit: 3 / min. Please try again in 20s. Contact us through our help center at help. openai. com if you continue to have issues. Please add a payment method to your account to increase your rate limit. Visit https://platform. openai. com/account/billing to add a payment method. .

This is not working, I need to try a different approach

Action: Search

Action Input: "Mexico population 2021"

Observation:Mexico, officially the United Mexican States, is a country in the southern portion of North America. It is bordered to the north by the United States; to the south and west by the Pacific Ocean; to the southeast by Guatemala, Belize, and the Caribbean Sea; and to the east by the Gulf of Mexico.

This is not helpful, I need to try a different search engine

Action: Search

Action Input: "what is the population of Mexico as of 2021"

Observation:126,705,138

Retrying langchain. chat_models. openai. ChatOpenAI. completion_with_retry. <locals>. _completion_with_retry in 1. 0 seconds as it raised RateLimitError: Rate limit reached for default - gpt - 3. 5 - turbo in organization org - JzFTp0iB1WewGNmSc4kblAZy on requests per min. Limit: 3 / min. Please try again in 20s. Contact us through our help center at help. openai. com if you continue to have issues. Please add a payment method to your account to increase your rate limit. Visit https://platform. openai. com/account/billing to add a payment method. .

I now know the final answer

Final Answer: The population of Mexico as of 2021 is 126,705,138.

> Finished chain.

'The population of Mexico as of 2021 is 126,705,138.'

以上日志展示了一个代理执行器在尝试多个查询后，最终找到了关于墨西哥人口的答案。代理的思考过程中，它需要查找墨西哥的当前人口。代理执行了多个搜索操作，但是没有得到有用的结果。代理还尝试了不同的搜索引擎和查询方式，但是都没有找到满意的答案。最终，代理得到了一个输出结果，即墨西哥人口的最新数据"The population of Mexico as of 2021 is 126 705 138"（"截至 2021 年，墨西哥人口为 126 705 138 人"），并将其作为最终答案输出。代码还展示了一个重试机制，用于处理在查询过程中出现的错误和限制。最终，代理执行器结束了它的执行。

知识库是一个代理工具，用于存储和检索相关数据以回答用户的问题。以下代码创建了一个自定义的向量存储库，代理将使用它来回答问题。存储库使用 Pinecone 进行存储，Pinecone 是一种 LangChain 支持的向量数据库。在这个示例中，我们将使用"Stuff You Should Know"（"你应该知道的事情"）播客的记录作为数据源，该数据由 OSF DOI 10.17605/OSF.IO/VM9NT 提供，下载数据集的示例代码如下：

```
1. import wget
2.
```

```
#这是一个包含转录播客的 zip 档案的 URL,注意,这些数据已经被分割成块,其中包括 OpenAI 的 text-embedding-ada-002 嵌入模型中的嵌入
content_url = 'https://cdn.openai.com/API/examples/data/sysk_podcast_transcripts_embedded.json.zip'

#下载文件(大小约为 541 MB,因此需要一些时间)
wget.download(content_url)

#加载 podcasts
with zipfile.ZipFile("sysk_podcast_transcripts_embedded.json.zip","r") as zip_ref:
    zip_ref.extractall("./data")
f = open('./data/sysk_podcast_transcripts_embedded.json')
processed_podcasts = json.load(f)
```

使用 pandas 查看数据的内容,示例代码如下:

```
pd.DataFrame(processed_podcasts).head()
```

以上代码的运行结果,如图 13-5 所示。

	id	filename	title	url	text_chunk	embedding
0	sysk_with_transcripts_SYSK Selects How Crime S...	sysk_with_transcripts_SYSK Selects How Crime S...	\n\nSYSK Selects How Crime Scene Cleanup Works	https://chtbl.com/track/5899E/podtrac.com/pts/...	Title: sysk_with_transcripts_SYSK Selects How ...	[0.021279960870742798, -0.005817972123622894, ...
1	sysk_with_transcripts_SYSK Selects How Crime S...	sysk_with_transcripts_SYSK Selects How Crime S...	\n\nSYSK Selects How Crime Scene Cleanup Works	https://chtbl.com/track/5899E/podtrac.com/pts/...	Title: sysk_with_transcripts_SYSK Selects How ...	[0.013859338127076626, 0.00857278611510992, 0....
2	sysk_with_transcripts_SYSK Selects How Crime S...	sysk_with_transcripts_SYSK Selects How Crime S...	\n\nSYSK Selects How Crime Scene Cleanup Works	https://chtbl.com/track/5899E/podtrac.com/pts/...	Title: sysk_with_transcripts_SYSK Selects How ...	[0.015242221765220165, 0.016030369326472282, 0...
3	sysk_with_transcripts_SYSK Selects How Crime S...	sysk_with_transcripts_SYSK Selects How Crime S...	\n\nSYSK Selects How Crime Scene Cleanup Works	https://chtbl.com/track/5899E/podtrac.com/pts/...	Title: sysk_with_transcripts_SYSK Selects How ...	[0.004371842369437218, -0.003036574460566044, ...
4	sysk_with_transcripts_SYSK Selects How Crime S...	sysk_with_transcripts_SYSK Selects How Crime S...	\n\nSYSK Selects How Crime Scene Cleanup Works	https://chtbl.com/track/5899E/podtrac.com/pts/...	Title: sysk_with_transcripts_SYSK Selects How ...	[0.017309172078967094, 0.015154214575886726, 0...

图 13-5 播客的记录

查询数据集的长度,示例代码如下:

```
len(processed_podcasts)
```

以上代码的运行结果为 38 145 条记录：

```
38145
```

在这个例子的代码中,展示了如何使用 Pinecone 向量数据库将文本嵌入向量添加到一个代理工具中,以便代理可以使用它们来检索有关特定主题的信息以回答用户的问题。代码使用一个循环,逐批次地处理 Stuff You Should Know 播客的记录,并将向量和元数据插入到 Pinecone 数据库中。之后,代码使用 OpenAI 嵌入式向量配置检索器,并从现有的 Pinecone 索引中加载为 docsearch 对象,以便可以从中检索相关信息。将 docsearch 对象用作检索器,代理工具使用它来从数据库中检索相关信息以回答用户的问题。示例代码如下：

```
#添加文本嵌入式向量到 Pinecone

batch_size = 100  # how many embeddings we create and insert at once

for i in tqdm(range(0, len(processed_podcasts), batch_size)):
    #查找批次结束
    i_end = min(len(processed_podcasts), i+batch_size)
    meta_batch = processed_podcasts[i:i_end]
    #获取 ids
    ids_batch = [x['cleaned_id'] for x in meta_batch]
    #文本编码
    texts = [x['text_chunk'] for x in meta_batch]
    #加入嵌入式向量
    embeds = [x['embedding'] for x in meta_batch]
    #  元数据
    meta_batch = [{
        'filename': x['filename'],
        'title': x['title'],
        'text_chunk': x['text_chunk'],
        'url': x['url']
     } for x in meta_batch]
     to_upsert = list(zip(ids_batch, embeds, meta_batch))
     #插入到 Pinecone
     index.upsert(vectors=to_upsert)

#将检索器使用的嵌入配置为 OpenAI Embeddings,以匹配我们的嵌入语
```

```
料库
embeddings = OpenAIEmbeddings()


#从现有的Pinecone索引加载docsearch对象,以便我们可以从中检索
docsearch = Pinecone.from_existing_index(index_name,embeddings,
text_key='text_chunk')

retriever = docsearch.as_retriever()
```

用户问“can you live without a bank account”(“没有银行账户你能生活吗?”),示例代码如下:

```
query_docs = retriever.get_relevant_documents("can you live without
a bank account")
#打印出检索到的最相关文档的标题和内容
print("\n".join(['Title: ' + x.metadata['title'].strip() + '\n\n' +
x.page_content + '\n\n' for x in query_docs]))
```

以上代码的运行结果为:

```
Title: sysk: Can You Live Without a Bank Account?

Title: sysk_with_transcripts_Can you live without a bank account.json;
And if you had a life, you didn't necessarily rectify your bank checkbook every
day. Oh, wait, what is balancing a checkbook mean? Seriously? Yeah. Thank God
for my wife. So another reason you might avoid a bank is philosophically.
There may be a longstanding distrust of banks in your family that you don't want
to put your money in, or you may just want to be like, you know what? I don't
want to take part in this modern society. I want to kind of drop out a bit. And
a really good first move is to shut your bank account down. That's a big state-
ment. Oh, yeah, it is. But a lot of people that are underbanked and don't have
accounts aren't there on purpose. It's not some philosophical statement. A lot
of times it's simply because they are poor and they don't have a lot of alterna-
tives. Yeah. And the other thing about not having a bank account, not only do
you not have a bank account, you also are, like, basically just avoiding banks
altogether. There's plenty of other things that banks offer, like loans and
mortgage, lollipops, stuff like that. Yeah. Maybe some free nasty coffee. So
when you don't have a banking account, that's like the most basic unit of the
```

banking world. Right. If you don't have that, you obviously aren't going to be exposed to all these other things that can help. Things like build your credit history through like a revolving loan or a mortgage or a car loan or something like that that you can build up your credit for and ultimately save money. So when you don't have a bank account, for whatever reason, you are effectively out of the banking system. The problem is you can live parallel to the banking system outside of it, but it can be really dangerous, especially if you're just dealing with cash, because that cash has to stay somewhere, whether it's on you or in your mattress or in a coffee can in your backyard. You're exposed for having that readily available to anybody who finds it or comes into your house with a gun to get it. Yes.

Title: sysk: Can You Live Without a Bank Account?

Title: sysk_with_transcripts_Can you live without a bank account. json; And it doesn't have to be an everyday thing. You can host when you want. Like, let's say you're taking a week's vacation. Why not host your home? Because that money could go toward paying for your current vacation or towards your retirement fund or even towards your kids college fund. Yeah. For anything. And listen, if you're worried about your stuff, don't be. Air cover for hosts. Let hosts welcome guests into their home without having to worry. You get $1 million in damage protection anytime you're hosting. Plus pet damage protection and income loss protection, too. And are you ready for this? Air cover for host is completely free every time you host on airbnb. Free with a capital F, with air cover for Host. It makes hosting a no brainer, and the benefits really start adding up. So learn more and host with peace of mind at Airbnb comaircoverforhosts. Capital One offers commercial solutions you can bank on. Now more than ever, your business faces specific challenges and unique opportunities. That's why Capital One offers a comprehensive suite of financial services custom tailored to your short and long term goals, backed by the expertise, strategy and resources of a top ten commercial bank, a dedicated team works with you to support your success and help you achieve your goals. Explore the possibilities at CapitalOne. comCOMMERCIAL all right, so if you live in modern society today, it is pretty tough to get by without a bank. Most cases these days you have well, I don't know about most cases, but in many cases you have automatic deposits of your work checks. Sure. A lot of people pay their bills wirelessly, online, directly from their bank. You might have a student loan, you might have a car

loan, you might have your house mortgage, you might pay your credit card bills. All this stuff is running through a bank, most likely. And you would think it's probably impossible to not have a bank account these days. And I would say pretty much all Americans have them. Not true. Well, pretty much all Americans do. Like 93% do. Yeah, but that's not all. No, it's true.

Title: sysk: Can You Live Without a Bank Account?

Title: sysk_with_transcripts_Can you live without a bank account. json; Yeah. 7% of Americans do not have bank accounts. About 9 million people last year in 2015 did not have bank accounts. 9 million people is a lot of people. No, it really is. And apparently that's household sorry, not people. Yeah, right. You're that is a big distinction, too. And the FDIC said, man, that's the lowest since we've been tracking this by far. And someone said, well, how long have you been tracking this? They said, well, the last six years. Really? Yeah, which I'm like. Really? That's when they started tracking it, but apparently so 2009. So if you want another number, the 9 million American households don't have bank accounts at all, then there are 25 million households in addition to that. So that makes almost like 34 million households, which that's a substantial number at this point. Sure. The 25 million are what's called underbanked, meaning they may have a bank account, but they don't use the bank account. Yeah. They don't use it because they are probably afraid of overdraft fees. Or they have maybe a bank account that got grandfathered in so that they don't have to pay minimum amount fees. And who knows? There's all sorts of reasons for people to not use a bank account that they have, but probably cheap among them is overdressed, which you'll talk more about. Yeah. And the majority of these underbank people in the United States are poor, usually. A lot of times they're minorities, a lot of times they're less educated. And these communities, there's a few reasons why they may not want to use a bank one. Maybe they don't trust banks. And if you look in the history of the United States or certainly even we're just talking about the Wells Fargo scandal, when you see stuff like that on the news, it should be upsetting to everyone. But obviously if you're poor and you don't have a lot of money, that may scare you into not wanting to use a bank at all. Right? Yeah.

Title: sysk: Can You Live Without a Bank Account?

Title: sysk_with_transcripts_Can you live without a bank account. json;

Maybe at the time, I might be making it up. I seem to remember them saying that, and I was like, I don't want that. Just let the check bounce and I'll take it up with them. Yes. The way it was marketed, though, was like, hey, we value you. We want to make sure that you can pay all your bills. So if something happens and you're overdrafted we'll cover it. We're just going to charge you a fee. And it sounds good, but again, when you go from high to low and all of a sudden your overdraft fees go from one to four or five or however many, that's a huge problem. Well, and the people that are overdrafting and the people that are at least able to afford those fees. Exactly. So it's a disproportionate burden on the poor, which makes it, as a scam, one of the more evil scams around. Yes. It's just wrong, then the idea that if you open an account, you should not opt in for overdraft protection. And it's easy to say when you're talking about checks for, like you're writing a check for a Mountain Dew and some cheetos. Yeah, who cares if you're short for that? You can go without that. But when you're talking about your rent check or like an actual grocery bill or something like that, it sucks that you can't get that stuff. But it's better to have to put a couple of things back than to pay $ 35 for one $ 2 item that you went over by, right? Yeah, that's a good point. And this was in my case, too. This is also back in the day when you I mean, a lot of times it was a mystery how much you had in your account. Right. Like, you couldn't just get on your phone before you write the check and be like, oh, well, no, I don't have enough money to cover this. Yeah, because even if you balanced your checkbook, sometimes you forgot to carry the one, it wasn't always 100 % accurate.

以上日志为打印出检索到的最相关文档的标题和内容,这些文本记录来自“你应该知道的事情”(Stuff You Should Know)播客,探讨了有关没有银行账户生活的问题。

带工具的 LLM 代理,通过利用 Pinecone 知识库创建 RetrievalQA 链来扩展工具列表。在这个示例代码中,展示了如何使用 LangChain 库构建一个具有多个工具的代理,代码使用了 OpenAI 的语言模型作为查询答案的工具,并使用 RetrievalQA 类从 Stuff You Should Know 播客的记录中检索相关信息。然后,代码使用 Tool 类定义了两个工具:搜索和知识库。搜索工具用于回答与当前事件相关的问题,而知识库工具使用 podcast_retriever 检索与特定主题相关的信息。代码使用 CustomPromptTemplate 类定义了一个新的模板,包含了扩展后的工具列表。然后,代码使用 LLMSingleActionAgent 类创建了一个代理执行器,该执行器使用了扩展后的工具列表和 ConversationBufferWindowMemory 类来保存最近的对话历史记录,并且可以根据输入的工具名称选择合适的工具来回答用户的问题。示例代码如下:

```
from langchain.chains import RetrievalQA

retrieval_llm = OpenAI(temperature=0)

podcast_retriever = RetrievalQA.from_chain_type(llm=retrieval_llm, chain_type="stuff", retriever=docsearch.as_retriever())

expanded_tools = [
    Tool(
        name = "Search",
        func=search.run,
        description="useful for when you need to answer questions about current events"
    ),
    Tool(
        name = 'Knowledge Base',
        func=podcast_retriever.run,
        description="Useful for general questions about how to do things and for details on interesting topics. Input should be a fully formed question."
    )
]


#使用 新工具列表重新初始化代理
prompt_with_history = CustomPromptTemplate(
    template=template_with_history,
    tools=expanded_tools,
    input_variables=["input", "intermediate_steps", "history"]
)
llm_chain = LLMChain(llm=llm, prompt=prompt_with_history)
multi_tool_names = [tool.name for tool in expanded_tools]
multi_tool_agent = LLMSingleActionAgent(
    llm_chain=llm_chain,
    output_parser=output_parser,
    stop=["\nObservation:"],
```

```
    allowed_tools = multi_tool_names
)

multi_tool_memory = ConversationBufferWindowMemory(k = 2)
multi_tool_executor = AgentExecutor.from_agent_and_tools(agent = multi_tool_agent, tools = expanded_tools, verbose = True, memory = multi_tool_memory)
```

用户问："Hi, I'd like to know how you can live without a bank account"（"嗨，我想知道没有银行账户你怎么生活？"），示例代码如下：

```
multi_tool_executor.run("Hi, I'd like to know how you can live without a bank account")
```

以上代码的运行结果为：

> Entering new AgentExecutor chain...

Thought: This is an interesting question. I'm not sure if I have the answer in my knowledge base, so I might need to search for it.

Action: Search

Action Input: "How to live without a bank account"

Observation: Underbanked households have a checking or savings account but also use alternative financial services such as money orders, check cashing, international remittances, payday loans, refund anticipation loans, rent-to-own services, pawnshop loans, or auto title loans, according to the FDIC. It seems like there are alternative financial services available for those who don't have a bank account. I should look into this further to provide a more comprehensive answer.

Action: Search

Action Input: "Alternative financial services for those without a bank account"

Observation: Instead, people who are unbanked use alternative financial services - payday loans, money orders, check cashing services, pawnshop loans, and the like - to meet their banking needs. These financial services fill an important role for unbanked individuals, but they can also cause further financial hardship. It's important to note that while there are alternatives to having a bank account, relying solely on these services can lead to financial difficulties. I should provide some information on the potential

drawbacks of not having a bank account.

Action: Knowledge Base

Action Input: "What are the drawbacks of not having a bank account?"

Observation: Not having a bank account can be dangerous, as the cash has to be stored somewhere and can be exposed to anyone who finds it or comes into the house with a gun to get it. Additionally, not having a bank account means not being exposed to other things that can help, such as building credit history through loans or mortgages, which can ultimately save money. Finally, not having a bank account can be a disproportionate burden on the poor, as overdraft fees can be expensive. It's important to provide some resources for those who may be interested in learning more about alternative financial services or how to open a bank account.

Action: Knowledge Base

Action Input: "Resources for alternative financial services or opening a bank account"

Observation: There are a few resources available for alternative financial services or opening a bank account. Prepaid credit cards are becoming more popular and can be found at convenience stores. Capital One offers commercial solutions and a comprehensive suite of financial services tailored to short and long term goals. Airbnb also offers Air Cover for Hosts, which provides $ 1 million in damage protection, pet damage protection, and income loss protection. It's important to note that while prepaid credit cards and alternative financial services can be helpful, they may not offer the same level of protection and benefits as a traditional bank account. It's also important to do research and compare options before making a decision.

Final Answer: While it is possible to live without a bank account by using alternative financial services, it may come with potential drawbacks and limitations. It's important to do research and compare options before making a decision, and there are resources available for those who may be interested in opening a bank account or exploring alternative financial services.

> Finished chain.

"While it is possible to live without a bank account by using alternative financial services, it may come with potential drawbacks and limitations. It's important to do research and compare options before making a decision, and there are resources available for those who may be interested in opening a bank

account or exploring alternative financial services."

以上日志是代理执行器在回答一个关于没有银行账户的生活的问题中的交互过程,代理执行器首先使用搜索工具回答了一个关于没有银行账户的人可以使用哪些替代金融服务的问题。然后,代理执行器使用知识库工具回答了一个关于没有银行账户可能存在哪些问题。代理执行器使用知识库工具回答了一个关于寻找替代金融服务或开设银行账户的资源的问题,并提供了一些相关的资源和建议。根据这些回答,代理执行器得出的最终答案是,虽然没有银行账户是可以通过使用替代金融服务来实现的,但这种方法可能会带来潜在的限制。因此,在作决定之前,非常重要的是要进行研究和比较不同的选择,并且有许多资源可以帮助人们了解更多关于开设银行账户或探索替代金融服务的信息。

再看一个例子,用户问:"Can you tell me some interesting facts about whether zoos are good or bad for animals",("你能告诉我一些有趣的事实吗?关于动物园,对动物是好是坏?")示例代码如下:

```
1. multi_tool_executor.run('Can you tell me some interesting facts about
   whether zoos are good or bad for animals')
```

以上代码的运行结果为:

```
> Entering new AgentExecutor chain...
Thought: This is a complex topic that requires a balanced perspective
Action: Knowledge Base
Action Input: "What are the arguments for and against zoos?"

    Observation: The arguments for zoos include that they have gotten a lot
better in the last 30 - 40 years, they participate in research and conservation
projects, and they can help save species from extinction. The arguments
against zoos include that they are still businesses, they can be counterpro-
ductive in terms of educating the public, and they can have a negative impact
on the life span of animals in captivity. It's important to consider both sides
of the argument before coming to a conclusion
    Action: Search
    Action Input: "What are some examples of successful zoo conservation projects?"

    Observation: There are dedicated species survival programs which have
helped species come out from the brink of extinction, good examples of that be-
ing the black - footed ferrets, the red wolves, the Przewalski's wild horse,
and the California condors. While there are valid arguments on both sides, it
seems that zoos can have a positive impact on conservation efforts for endan-
```

gered species.

Final Answer: Zoos can have both positive and negative effects on animals, but they can play a role in conservation efforts for endangered species. It's important to consider both sides of the argument and do research before forming an opinion.

> Finished chain.

"Zoos can have both positive and negative effects on animals, but they can play a role in conservation efforts for endangered species. It's important to consider both sides of the argument and do research before forming an opinion."

以上日志是代理执行器在回答一个关于动物园利弊问题中的交互。代理执行器首先使用知识库工具回答了一个关于动物园的争议的问题,并列举了一些支持和反对动物园的观点。然后,代理执行器使用搜索工具回答了一个关于动物园保护项目的成功案例的问题。根据这些回答,代理执行器得出的最终答案是,动物园对动物可能产生积极和消极的影响,但它们可以在濒危物种的保护工作中发挥作用。因此,在形成观点之前,重要的是要考虑到这个问题的两面性,并进行研究。

13.3　OpenAI API 对特定领域模型进行微调

本节讲解 OpenAI 的微调(Fine - tuning)技术,这是一种定制模型以适应自己应用程序的方法。微调(Fine - tuning)技术可通过 API 获得更好的模型结果,它的优势包括:

- 比提示设计更高质量的结果。
- 能够训练更多的样例。
- 较短的提示可节省标记。
- 更低的延迟请求。

GPT - 3 已经对来自开放互联网的大量文本进行了预训练。当给出少量样例的提示时,它可以直觉地识别出我们正在执行的任务,并生成合理的完成,通常被称为“小样本学习”。微调通过此提示更多的示例上进行训练来改进小样本学习,在大量任务上取得更好的结果。一旦对模型进行了微调,就不需要再在提示中提供示例了,这样可以节省成本并降低延迟请求。

微调(Fine - tuning)包括以下步骤:

- 准备和上传训练数据。
- 训练新的微调模型。
- 使用微调模型。

OpenAI 微调可用于以下四种基本模型：davinci、curie、babbage 和 ada。微调的优势是可以增加更多的数据，可以继续微调已经微调过的模型，而不需要从头开始，这样可以节省成本。

在 OpenAI 微调示例中，我们将对 ada 模型进行微调，以区分棒球和曲棍球这两项运动。

从 sklearn. datasets 中加载数据集，示例代码如下：

```python
from sklearn.datasets import fetch_20newsgroups
import pandas as pd
import openai

categories = ['rec.sport.baseball', 'rec.sport.hockey']
sports_dataset = fetch_20newsgroups(subset = 'train', shuffle = True, random_state = 42, categories = categories)
```

首先我们进行数据探索，查看数据本身，例如，查询第 1 条数据：

```python
print(sports_dataset['data'][0])
```

这是棒球类的一个样本，是一封发给邮件列表的电子邮件。以上代码的运行结果为：

```
From: dougb@comm.mot.com (Doug Bank)
Subject: Re: Info needed for Cleveland tickets
Reply-To: dougb@ecs.comm.mot.com
Organization: Motorola Land Mobile Products Sector
Distribution: usa
Nntp-Posting-Host: 145.1.146.35
Lines: 17

In article <1993Apr1.234031.4950@leland.Stanford.EDU>, bohnert@leland.Stanford.EDU (matthew bohnert) writes:

|> I'm going to be in Cleveland Thursday, April 15 to Sunday, April 18.
|> Does anybody know if the Tribe will be in town on those dates, and
|> if so, who're they playing and if tickets are available?

The tribe will be in town from April 16 to the 19th.
There are ALWAYS tickets available! (Though they are playing Toronto,
and many Toronto fans make the trip to Cleveland as it is easier to
get tickets in Cleveland than in Toronto.  Either way, I seriously
```

```
doubt they will sell out until the end of the season. )

--
Doug Bank                         Private Systems Division
dougb@ecs. comm. mot. com          Motorola Communications Sector
dougb@nwu. edu                     Schaumburg, Illinois
dougb@casbah. acns. nwu. edu        708 - 576 - 8207
```

查询第 1 条数据的标签,示例代码如下:

```
1. sports_dataset. target_names[sports_dataset['target'][0]]
```

以上代码的运行结果为棒球:

```
'rec. sport. baseball'
```

统计数据集(sports_dataset)的总样本数量、目标为 0(即棒球)的样本数量和目标为 1(即曲棍球)的样本数量,示例代码如下:

```
1. len_all, len_baseball, len_hockey = len(sports_dataset. data), len
   ([e for e in sports_dataset. target if e == 0]), len([e for e in sports
   _dataset. target if e == 1])
2. print(f"Total examples: {len_all}, Baseball examples: {len_base-
   ball}, Hockey examples: {len_hockey}")
```

以上代码的运行结果为:

```
Total examples: 1197, Baseball examples: 597, Hockey examples: 600
```

从上日志,可以观察到,总共有 1 197 个样本,棒球有 597 个,曲棍球有 600 个,在这两个运动项目中平均分配。

接下来,将数据集转换为 pandas 数据帧,其中一列用于提示(prompt),一列用于完成(completion),提示包含邮件列表中的电子邮件,完成是这项运动的名称,可以是曲棍球,也可以是棒球,示例代码如下:

```
1. import pandas as pd
2.
3. labels = [sports_dataset. target_names[x]. split('. ')[-1] for x in
   sports_dataset['target']]
4. texts = [text. strip() for text in sports_dataset['data']]
5. df = pd. DataFrame(zip(texts, labels), columns = ['prompt','comple-
   tion']) #[:300]
6. df. head()
```

以上代码的运行结果,如图 13-6 所示。

	prompt	completion
0	From: dougb@comm.mot.com (Doug Bank)\nSubject:...	baseball
1	From: gld@cunixb.cc.columbia.edu (Gary L Dare)...	hockey
2	From: rudy@netcom.com (Rudy Wade)\nSubject: Re...	baseball
3	From: monack@helium.gas.uug.arizona.edu (david...	hockey
4	Subject: Let it be Known\nFrom: <ISSBTL@BYUVM....	baseball

图 13-6 提示列和完成列

棒球和曲棍球都是单一的标签,我们将数据集保存为一个 jsonl 文件:

```
1. df.to_json("sport2.jsonl", orient='records', lines=True)
```

sport2.jsonl 文件记录的格式为:

{"prompt":"From: dougb@comm.mot.com (Doug Bank)\nSubject: Re: Info needed for Cleveland tickets\nReply-To: dougb@ecs.comm.mot.com\nOrganization: Motorola Land Mobile Products Sector\nDistribution: usa\nNntp-Posting-Host: 145.1.146.35\nLines: 17\n\nIn article <1993Apr1.234031.4950@leland.Stanford.EDU>, bohnert@leland.Stanford.EDU (matthew bohnert) writes:\n\n|> I'm going to be in Cleveland Thursday, April 15 to Sunday, April 18.\n|> Does anybody know if the Tribe will be in town on those dates, and\n|> if so, who're they playing and if tickets are available?\n\nThe tribe will be in town from April 16 to the 19th.\nThere are ALWAYS tickets available! (Though they are playing Toronto,\nand many Toronto fans make the trip to Cleveland as it is easier to\nget tickets in Cleveland than in Toronto. Either way, I seriously\ndoubt they will sell out until the end of the season.)\n\n--\nDoug Bank Private Systems

Division\ndougb@ecs.comm.mot.com Motorola Communications

Sector\ndougb@nwu.edu Schaumburg, Illinois\ndougb@casbah.acns.nwu.edu

708-576-8207","completion":"baseball"}

……

现在可以使用数据准备工具,在微调之前,该工具将对数据集提出一些改进建议。在启动该工具之前,我们会通过命令 pip install --upgrade openai 更新 OpenAI 库,以确保使用最新的数据准备工具,在 openai tools 命令中指定参数-q,自动接受所有建议,示例代码如下:

```
1. !pip install --upgrade openai
2. !openai tools fine_tunes.prepare_data -f sport2.jsonl -q
```

以上代码的运行结果如下，该文本是一个关于使用 OpenAI 平台进行数据预处理的分析报告，以下是该报告的总结：

• 数据集包含 1 197 个提示-完成对。

• 根据数据集的情况，推荐使用更快更优惠的模型(如 ada)进行分类。

• 对于分类，可以通过保留一个用于测试的数据集来估计期望的模型性能。

• 数据集中有一些很长的示例，不应超过 2 048 个标记。

• 在提示的末尾添加一个通用分隔符可以使完成的位置更加明确。

• 推荐在完成的开头添加一个空格字符以获得更好的结果。

• 建议将数据集拆分为训练集和验证集。

根据分析结果，推荐执行以下操作：

• 删除 11 个很长的示例。

• 在所有提示的末尾添加后缀分隔符"\n\n###\n\n"。

• 在完成的开头添加空格字符。

• 将数据集拆分为训练集和验证集。

• 建议将修改后的数据写入新的 JSONL 文件，并使用该文件进行模型微调。在微调模型时，需要确保提示以指示字符串"\n\n###\n\n"结尾，以便模型开始生成完成。模型训练时间预计为 30.8 min，具体时间取决于使用的模型类型和队列长度。

```
Analyzing...

- Your file contains 1197 prompt-completion pairs
- Based on your data it seems like you're trying to fine-tune a model for classification
- For classification, we recommend you try one of the faster and cheaper models, such as `ada`
- For classification, you can estimate the expected model performance by keeping a held out dataset, which is not used for training
- There are 11 examples that are very long. These are rows: [134, 200, 281, 320, 404, 595, 704, 838, 1113, 1139, 1174]
For conditional generation, and for classification the examples shouldn't be longer than 2048 tokens.
- Your data does not contain a common separator at the end of your prompts. Having a separator string appended to the end of the prompt makes it clearer to the fine-tuned model where the completion should begin. See https://
```

platform. openai. com/docs/guides/fine - tuning/preparing - your - dataset for more detail and examples. If you intend to do open - ended generation, then you should leave the prompts empty

- The completion should start with a whitespace character (''). This tends to produce better results due to the tokenization we use. See https://platform. openai. com/docs/guides/fine - tuning/preparing - your - dataset for more details

Based on the analysis we will perform the following actions:

- [Recommended] Remove 11 long examples [Y/n]: Y

- [Recommended] Add a suffix separator `\n\n###\n\n` to all prompts [Y/n]: Y

- [Recommended] Add a whitespace character to the beginning of the completion [Y/n]: Y

- [Recommended] Would you like to split into training and validation set? [Y/n]: Y

Your data will be written to a new JSONL file. Proceed [Y/n]: Y

Wrote modified files to `sport2_prepared_train. jsonl` and `sport2_prepared_valid. jsonl`

Feel free to take a look!

Now use that file when fine - tuning:

> openai api fine_tunes. create - t "sport2_prepared_train. jsonl" - v "sport2_prepared_valid. jsonl" -- compute_classification_metrics -- classification_positive_class " baseball"

After you've fine - tuned a model, remember that your prompt has to end with the indicator string `\n\n###\n\n` for the model to start generating completions, rather than continuing with the prompt.

Once your model starts training, it'll approximately take 30. 8 minutes to train a `curie` model, and less for `ada` and `babbage`. Queue will approximately take half an hour per job ahead of you.

OpenAI 的工具对数据集提出了一些改进建议,并将数据集拆分为训练集和验证集。提示和完成之间的后缀是必要的,以告诉模型输入文本已经停止,现在需要预测类别。由于在每个例子中都使用了相同的分隔符,因此模型能够了解到它是用来预测分隔符后面的棒球或曲棍球。补全中的空白前缀很有用,因为大多数单词标记

都是用空格前缀标记的。OpenAI 工具还认识到这可能是一项分类任务,因此建议将数据集拆分为训练和验证数据集。这将使我们能够轻松地衡量新数据的预期性能。

关于微调,OpenAI 工具建议运行以下命令来训练数据集。由于这是一项分类任务,工具建议添加-- compute_classification_metrics -- classification_positive_class " baseball"参数来计算分类度量,通过添加参数- m ada,使用一个更优惠、更快的 ada 模型进行微调,它在分类中的性能通常可以与更昂贵但更慢的模型相媲美。示例代码如下:

```
1. !openai api fine_tunes.create -t "sport2_prepared_train.jsonl" -v "sport2_prepared_valid.jsonl" --compute_classification_metrics --classification_positive_class " baseball" -m ada
```

以上代码的运行结果为:

```
Uploaded file from sport2_prepared_train.jsonl: file-OGFNQ7OtTYyt67-aNDXWCj4IH
Uploaded file from sport2_prepared_valid.jsonl: file-yZxrIKilUdmad-2JaOlU8ljVF
Created fine-tune: ft-r7BRo4AGikBy3yCVpZPjOpFW
Streaming events until fine-tuning is complete...

(Ctrl-C will interrupt the stream, but not cancel the fine-tune)
[2023-05-07 17:25:17] Created fine-tune: ft-r7BRo4A-GikBy3yCVpZPjOpFW
[2023-05-07 17:25:48] Fine-tune costs $0.78
[2023-05-07 17:25:48] Fine-tune enqueued. Queue number: 0

Upload progress:   0%|              | 0.00/1.52M [00:00<?, ? it/s]
Upload progress: 100%|██████████████| 1.52M/1.52M [00:00<00:00, 501Mit/s]

Upload progress:   0%|              | 0.00/387k [00:00<?, ? it/s]
Upload progress: 100%|██████████████| 387k/387k [00:00<00:00, 392Mit/s]
```

模型在大约 10 min 内成功训练完成,可以看到创建的模型是 ft-r7BRo4AGikBy3yCVpZPjOpFW,可以使用它进行模型检索,示例代码如下:

```
1. openai.FineTune.retrieve(id="ft-r7BRo4AGikBy3yCVpZPjOpFW")
```

以上代码的运行结果为：


```
<FineTune fine - tune id = ft - r7BRo4AGikBy3yCVpZPjOpFW at 0x1953eaf8b30>
JSON：{
    "created_at"：1683451517,
    "events"：[
      {
        "created_at"：1683451517,
        "level"："info",
        "message"："Created fine - tune：ft - r7BRo4AGikBy3yCVpZPjOpFW",
        "object"："fine - tune - event"
      },
      {
        "created_at"：1683451548,
        "level"："info",
        "message"："Fine - tune costs $ 0.78",
        "object"："fine - tune - event"
      },
      {
        "created_at"：1683451548,
        "level"："info",
        "message"："Fine - tune enqueued. Queue number：0",
        "object"："fine - tune - event"
      },
      {
        "created_at"：1683452152,
        "level"："info",
        "message"："Fine - tune started",
        "object"："fine - tune - event"
      },
      {
        "created_at"：1683452318,
        "level"："info",
        "message"："Completed epoch 1/4",
        "object"："fine - tune - event"
      },
      {
```

```
    "created_at": 1683452479,
    "level": "info",
    "message": "Completed epoch 2/4",
    "object": "fine - tune - event"
  },
  {
    "created_at": 1683452639,
    "level": "info",
    "message": "Completed epoch 3/4",
    "object": "fine - tune - event"
  },
  {
    "created_at": 1683452799,
    "level": "info",
    "message": "Completed epoch 4/4",
    "object": "fine - tune - event"
  },
  {
    "created_at": 1683452831,
    "level": "info",
    "message": "Uploaded model: ada:ft - personal - 2023 - 05 - 07 - 09 - 47 -
11",
    "object": "fine - tune - event"
  },
  {
    "created_at": 1683452832,
    "level": "info",
    "message": "Uploaded result file: file - virQiXwqIIT4By1hTuy5mDpE",
    "object": "fine - tune - event"
  },
  {
    "created_at": 1683452832,
    "level": "info",
    "message": "Fine - tune succeeded",
    "object": "fine - tune - event"
  }
```

```
],
"fine_tuned_model": "ada:ft - personal - 2023 - 05 - 07 - 09 - 47 - 11",
"hyperparams": {
  "batch_size": 1,
  "classification_positive_class": " baseball",
  "compute_classification_metrics": true,
  "learning_rate_multiplier": 0.1,
  "n_epochs": 4,
  "prompt_loss_weight": 0.01
},
"id": "ft - r7BRo4AGikBy3yCVpZPjOpFW",
"model": "ada",
"object": "fine - tune",
"organization_id": "org - JzFTp0iB1WewGNmSc4kblAZy",
"result_files": [
  {
    "bytes": 214855,
    "created_at": 1683452832,
    "filename": "compiled_results.csv",
    "id": "file - virQiXwqIIT4By1hTuy5mDpE",
    "object": "file",
    "purpose": "fine - tune - results",
    "status": "processed",
    "status_details": null
  }
],
"status": "succeeded",
"training_files": [
  {
    "bytes": 1519036,
    "created_at": 1683451512,
    "filename": "sport2_prepared_train.jsonl",
    "id": "file - OGFNQ7OtTYyt67aNDXWCj4IH",
    "object": "file",
    "purpose": "fine - tune",
    "status": "processed",
```

```
      "status_details": null
    }
  ],
  "updated_at": 1683452832,
  "validation_files": [
    {
      "bytes": 387349,
      "created_at": 1683451517,
      "filename": "sport2_prepared_valid.jsonl",
      "id": "file-yZxrIKilUdmad2JaOlU8ljVF",
      "object": "file",
      "purpose": "fine-tune",
      "status": "processed",
      "status_details": null
    }
  ]
}
```


以上日志显示，模型的名称为"ada:ft-personal-2023-05-07-09-47-11"，可以使用它进行推理。

一个高级主题：模型微调的结果和预期性能。在进行模型微调时，通常将数据集分为训练集和验证集，用于评估模型对未见过的数据的泛化能力。在微调过程中，可以使用验证集来检测模型的性能，并根据需要进行调整，以提高模型的性能和泛化能力。

此时，我们可以下载结果文件，以观察模型在验证集上的预期性能。这可以帮助确定微调后的模型是否达到预期性能，并可能需要进一步调整和优化。

示例代码如下：

```
1. !openai api fine_tunes.results -i ft-r7BRo4AGikBy3yCVpZPjOpFW > result.csv
```

result.csv 结果文件记录的格式为：

step,elapsed_tokens,elapsed_examples,training_loss,training_sequence_accuracy,training_token_accuracy,validation_loss,validation_sequence_accuracy,validation_token_accuracy,classification/accuracy,classification/precision, classification/recall, classification/auroc, classification/auprc, classification/f1.0

```
1,185,1,0.13341995019071834,0.0,0.0,0.07269928658244718,0.0,0.0,,,,,,
2,538,2,0.07807828716007945,0.0,0.0,,,,,,,,,
3,987,3,0.05603685835521l216,0.0,0.0,,,,,,,,,
4,2876,4,0.01776093009342992 5,0.0,0.0,,,,,,,,,
5,4789,5,0.01415147386091227 3,0.0,0.0,,,,,,,,,
6,5030,6,0.06304542743351582,0.0,0.0,,,,,,,,,
7,5375,7,0.04675763926250088,0.0,0.0,,,,,,,,,
8,5688,8,0.03340662468907024,0.0,0.0,,,,,,,,,
9,6393,9,0.03472804596800622,0.0,0.0,0.03007500281441296,1.0,1.0,,,,,,
10,6634,10,0.027930335778169744,1.0,1.0,,,,,,,,,
……
3719,1691615,3719,0.010303760991150846,1.0,1.0,,,,,,,,,
3720,1692392,3720,0.02036728789339903,1.0,1.0,,,,,,,,,
3721,1692625,3721,0.018394760928816447,1.0,1.0,0.027544798805294413,
1.0,1.0,0.9957982897758484,0.9917355371900827,1.0,1.0,1.0,0.995850622406639
```

使用 Pandas 加载结果文件：

```
1. results = pd.read_csv('result.csv')
2. results[results['classification/accuracy'].notnull()].tail(1)
```

以上代码的运行结果，如图 13－7 所示：

validation_sequence_accuracy	validation_token_accuracy	classification/accuracy	classification/precision	classification/recall	classification/auroc
1.0	1.0	0.995798	0.991736	1.0	1.0

图 13－7　微调效果展示

模型准确率达 99.6%。使用 plot 进行可视化展示：

```
1. results[results['classification/accuracy'].notnull()]['classifica-
   tion/accuracy'].plot()
```

可以看到，训练运行期间验证集准确率的变化图，如图 13－8 所示。

使用 Pandas 加载验证集，示例代码如下：

```
1. test = pd.read_json('sport2_prepared_valid.jsonl', lines=True)
2. test.head()
```

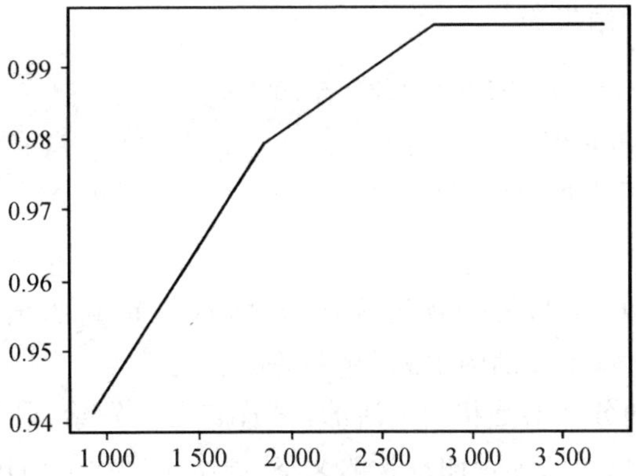

图 13-8　验证集准确率

以上代码的运行结果,如图 13-9 所示:

	prompt	completion
0	From: gld@cunixb.cc.columbia.edu (Gary L Dare)...	hockey
1	From: smorris@venus.lerc.nasa.gov (Ron Morris ...	hockey
2	From: golchowy@alchemy.chem.utoronto.ca (Geral...	hockey
3	From: krattige@hpcc01.corp.hp.com (Kim Krattig...	baseball
4	From: warped@cs.montana.edu (Doug Dolven)\nSub...	baseball

图 13-9　验证集

接下来,我们可以调用模型来获得预测结果。

需要在提示符后面使用与微调期间使用的相同的分隔符,在这种情况下,它是"\n\n###\n\n",因为是分类任务,所以希望使用尽可能低的温度参数,设置 temperature 为 0,我们只需要完成一个标记来确定模型的预测。示例代码如下:

```
1. ft_model = 'ada:ft-personal-2023-05-07-09-47-11'
2. res = openai.Completion.create(model = ft_model, prompt = test['prompt']
   [0] + '\n\n###\n\n', max_tokens = 1, temperature = 0)
3. res['choices'][0]['text']
```

以上代码的运行结果为:

'hockey'

为了获得 log 概率,我们可以在完成请求上指定 logprobs 参数,示例代码如下:

```
1. res = openai.Completion.create(model = ft_model, prompt = test['prompt']
   [0] + '\n\n###\n\n', max_tokens = 1, temperature = 0, logprobs = 2)
2. res['choices'][0]['logprobs']['top_logprobs'][0]
```

以上代码的运行结果为：

```
<OpenAIObject at 0x1953eb68c20> JSON: {
  " Hockey": -9.971307,
  " hockey": -0.0001064137
}
```

从以上结果可以看到，模型预测为曲棍球，这是正确的预测。通过请求 log_probs，我们可以看到每个类别的预测 log 概率。

经过微调模型的分类器是相当灵活的，尽管它是在发给不同的邮件列表的电子邮件上训练的，但它也成功地预测推特的文本，展示了广泛的通用性。

推特文本的一个示例：

```
1. sample_hockey_tweet = """Thank you to the
2. @Canes
3. and all you amazing Caniacs that have been so supportive! You guys are some of the best fans in the NHL without a doubt! Really excited to start this new chapter in my career with the
4. @DetroitRedWings
5. !!"""
6. res = openai.Completion.create(model = ft_model, prompt = sample_hockey_tweet + '\n\n###\n\n', max_tokens = 1, temperature = 0, logprobs = 2)
7. res['choices'][0]['text']
```

以上代码的运行结果，预测为曲棍球：

```
'hockey'
```

再看另一个推特文本的示例：

```
1. sample_baseball_tweet = """BREAKING: The Tampa Bay Rays are finalizing a deal to acquire slugger Nelson Cruz from the Minnesota Twins, sources tell ESPN."""
2. res = openai.Completion.create(model = ft_model, prompt = sample_baseball_tweet + '\n\n###\n\n', max_tokens = 1, temperature = 0, logprobs = 2)
3. res['choices'][0]['text']
```

以上代码的运行结果，预测为棒球：

```
'baseball'
```

参考文献

1. Ashish Vaswani, Noam Shazeer, Niki Parmar, Jakob Uszkoreit, Llion Jones, Aidan N. Gomez, Lukasz Kaiser, Illia Polosukhin, 2017, Attention Is All You Need:https://arxiv.org/abs/1706.03762.
2. Hugging Face Transformer Usage: https://huggingface.co/transformers/usage.html.
3. Manuel Romero Notebook with link to explanations by Raimi Karim: https://colab.research.google.com/drive/1rPk3ohrmVclqhH7uQ7qys4oznDdAhpzF.
4. Google language research: https://research.google/teams/language/.
5. Google Brain Trax documentation: https://trax-ml.readthedocs.io/en/latest/.
6. Hugging Face research: https://huggingface.co/transformers/index.html.
7. The Annotated Transformer: http://nlp.seas.harvard.edu/2018/04/03/attention.html.
8. Jay Alammar, The Illustrated Transformer: http://jalammar.github.io/illustrated-transformer/.
9. Reference BertViz GitHub Repository by Jesse Vig: https://github.com/jessevig/bertviz.
10. Google AI Blog on the Reformer: https://ai.googleblog.com/2020/01/reformer-efficient-transformer.html.
11. Nikita Kitaev, Łukasz Kaiser, Anselm Levskaya, 2020, Reformer: The Efficient Transformer: https://arxiv.org/abs/2001.04451.
12. Timo Schick, Hinrich Schütze, 2020, It's Not Just Size That Matters: Small Language Models Are Also Few-Shot Learners: https://arxiv.org/abs/2009.07118.
13. Alec Radford, Karthik Narasimhan, Tim Salimans, Ilya Sutskever, 2018, Improving Language Understanding by Generative Pre-Training: https://cdn.openai.com/research-covers/language-unsupervised/language_understanding_paper.pdf.
14. Jacob Devlin, Ming-Wei Chang, Kenton Lee, and Kristina Toutanova, 2019, BERT: Pre-training of Deep Bidirectional Transformers for Language Understanding:https://arxiv.org/abs/1810.04805.
15. Alec Radford, Jeffrey Wu, Rewon Child, David Luan, Dario Amodei, Ilya

Sutskever, 2019, Language Models are Unsupervised Multitask Learners: https://cdn. openai. com/better - language - models/language _ models _ are _ unsupervised_multitask_learners. pdf.
16. OpenAI GPT - 2 GitHub Repository: https://github. com/openai/gpt - 2.
17. N Shepperd GitHub Repository:https://github. com/nshepperd/gpt - 2.
18. Peng Shi and Jimmy Lin, 2019, Simple BERT Models for Relation Extraction and Semantic Role Labeling: https://arxiv. org/abs/1904. 05255.
19. The Allen Institute for AI: https://allennlp. org/.
20. The Allen Institute for AI Semantic Labeling resources: https://demo. allennlp. org/semantic - role - labeling/MjE4NDE1NA==.
21. GPT - 4 Technical Report OpenAI https://arxiv. org/pdf/2303. 08774. pdf.
22. Colin Raffel, Noam Shazeer, Adam Roberts, Katherine Lee, Sharan Narang, Michael Matena, Yanqi Zhou, Wei Li, Peter J. Liu, 2019, Exploring the Limits of Transfer Learning with a Unified Text - to - Text Transformer:https://arxiv. org/pdf/1910. 10683. pdf .
23. Peter Shaw, Jakob Uszkoreit, and Ashish Vaswani, 2018, Self - Attention with Relative Position Representations: https://arxiv. org/abs/1803. 02155.
24. Hugging Face Framework and Resources: https://huggingface. co/.
25. U. S. Legal, Montana Corporate Laws: https://corporations. uslegal. com/state - corporation - law/montana - corporation - law/#:~:text=Montana%20Corporation%20Law,carrying%20out%20its%20business%20activities.
26. The Declaration of Independence of the United States of America by Thomas Jefferson: https://www. gutenberg. org/ebooks/1.
27. The United States Bill of Rights by the United States:https://www. gutenberg. org/ebooks/2 .
28. Trax repository: https://github. com/google/trax.
29. Trax tutorial:https://trax - ml. readthedocs. io/en/latest/.
30. Ehsan Hosseini - Asl, Bryan McCann, Chien - Sheng Wu, Semih Yavuz, Richard Socher,2020,A Simple Language Model for Task - Oriented Dialogue,https://arxiv. org/pdf/2005. 00796. pdf.
31. Guan - Lin Chao, Ian Lane,2019,BERT - DST: Scalable End - to - End Dialogue State Tracking with Bidirectional Encoder Representations from Transformer,https://arxiv. org/pdf/1907. 03040. pdf.
32. Matthew Henderson, Iñigo Casanueva, Nikola Mrkšić, Pei - Hao Su, Tsung - Hsien Wen, Ivan Vulić,2019,ConveRT: Efficient and Accurate Conversational Representations from Transformers,https://arxiv. org/pdf/1911. 03688. pdf.

33. Vladimir Vlasov, Johannes E. M. Mosig, Alan Nichol,2019,Dialogue Transformers,https://arxiv. org/pdf/1910. 00486. pdf.

34. Tanja Bunk, Daksh Varshneya, Vladimir Vlasov, Alan Nichol,2020,DIET: Lightweight Language Understanding for Dialogue Systems, https://arxiv. org/pdf/2004. 09936. pdf.

35. Yutai Hou, Yongkui Lai, Yushan Wu, Wanxiang Che, Ting Liu,2020,Few - shot Learning for Multi - label Intent Detection, https://arxiv. org/pdf/2010. 05256. pdf.

36. Janghoon Han, Taesuk Hong, Byoungjae Kim, Youngjoong Ko, Jungyun Seo, 2021,Fine - grained Post - training for Improving Retrieval - based Dialogue Systems,https://aclanthology. org/2021. naacl - main. 122. pdf.

37. Samuel Humeau, Kurt Shuster, Marie - Anne Lachaux, Jason Weston,2 - 19, Poly - encoders: Transformer Architectures and Pre - training Strategies for Fast and Accurate Multi - sentence Scoring, https://arxiv. org/pdf/1905. 01969. pdf.

38. Stephen Roller, Emily Dinan, Naman Goyal, Da Ju, Mary Williamson, Yinhan Liu, Jing Xu, Myle Ott, Kurt Shuster, Eric M. Smith, Y - Lan Boureau, Jason Weston,2020,Recipes for building an open - domain chatbot,https://arxiv. org/pdf/2004. 13637. pdf.

39. Chien - Sheng Wu, Steven Hoi, Richard Socher, Caiming Xiong,2020,TOD - BERT: Pre - trained Natural Language Understanding for Task - Oriented Dialogue, https://arxiv. org/pdf/2004. 06871. pdf.